Microsoft
Azure AI Services 與 Azure OpenAI
從入門到人工智慧程式開發-使用Python

序

　　Azure 是 Microsoft 建立的雲端運算平台，運用 AI 技術來協助企業建置符合業務目標的解決方案。使用 Azure 雲端運算服務能為企業降低營運成本，且可以根據業務需求，彈性運用平台所提供的各項資源，建置、管理和部署應用程式。Microsoft 為了推廣人工智慧，辦理「AI-900：Microsoft Azure AI 基礎」國際認證，取得認證是踏入 AI 技術領域的重要一步。

　　本書是針對大專院校學習 AI 技術的教科書，使用 Python 配合 Azure 平台開發 Azure AI 服務應用程式。第一、二章介紹 Microsoft Azure AI 的基本概念，以及負責任 AI 的六個原則，說明人工智慧的重要理論基礎。第三、四章介紹如何在 Colab 程式編輯環境，使用 Python 配合 Gradio 建立互動式網頁，做為 AI 應用程式的輸出入介面。第五～八章探索電腦視覺，例如 OCR、臉部服務和自訂視覺等有關 AI 視覺功能。第九～十一章探索自然語言處理，介紹文字分析、對話式 AI、語音與翻譯等有關 AI 語言功能。第十二、十三章介紹機器學習基本原理和實作，探索分類、迴歸和叢集模型的原理和實作。第十四章探索生成式 AI，使用 Azure OpenAI 服務實作以 AI 生成出文字或影像。

　　為方便教學，本書另提供教學投影片、試題解答，採用本書授課之教師可向碁峰業務索取。有關本書問題可 E-Mail 至 itPCBook@gmail.com 信箱討論。本書是針對「Azure AI 服務」初學者所編寫，希望兼顧理論和程式設計，雖已經多次精心校對，難免百密一疏，尚祈讀者先進不吝指正，以期再版時能更趨紮實。在此聲明，本書中所提及相關產品名稱皆各所屬公司之註冊商標。

微軟最有價值專家、僑光科技大學多媒體與遊戲設計系副教授 蔡文龍

張志成、何嘉益、張力元　編著

目 錄

第 1 章　Microsoft Azure AI 基本概念：使用人工智慧的開始

- 1.1　人工智慧簡介 1-1
- 1.2　Microsoft Azure AI 簡介 1-2
  - 1.2.1　Azure AI 視覺 1-3
  - 1.2.2　Azure AI 語音 1-7
  - 1.2.3　Azure AI 語言 1-8
  - 1.2.4　Azure AI 內容安全性 1-10
  - 1.2.5　機器學習 (Azure Machine Learning) 1-12
- 1.3　模擬試題 1-13

第 2 章　負責任的 AI

- 2.1　AI 造成的道德和社會問題 2-1
- 2.2　了解負責任的 AI 2-2
- 2.3　申請 Azure 帳戶 2-9
  - 2.3.1　Azure 帳戶方案 2-9
  - 2.3.2　申請 Azure 帳戶 2-10
- 2.4　模擬試題 2-14

第 3 章　認識 Colab 程式編輯環境

- 3.1　Colab 簡介 3-1
- 3.2　安裝 Colab 3-2
- 3.3　Colab 環境簡介 3-5
- 3.4　編輯第一個 Colab 筆記本 3-7
- 3.5　Colab 常用功能 3-11

第 4 章　Gradio 互動式網頁

4.1 簡介認識 Gradio 4-1
 4.1.1 Gradio 簡介 4-1
 4.1.2 開發互動式網頁的步驟 4-2

4.2 Gradio 基本語法介紹 4-5
 4.2.1 Interface 物件的主要屬性 4-5
 4.2.2 Interface 物件的進階屬性 4-8

4.3 Gradio 常用的輸出入元件 4-11
 4.3.1 Textbox 元件 4-11
 4.3.2 Slider 元件 4-12
 4.3.3 Checkbox 元件 4-12
 4.3.4 CheckboxGroup 元件 4-15
 4.3.5 Radio / Dropdown 元件 4-15
 4.3.6 Image 元件 4-16
 4.3.7 Audio 元件 4-18
 4.3.8 Video 元件 4-19

第 5 章　探索電腦視覺(一)電腦視覺分析

5.1 Azure AI 視覺簡介 5-1
5.2 Azure AI 視覺服務 5-4
5.3 Azure AI 服務開發環境與必要條件 5-10
5.4 Azure AI 視覺開發實作 5-11
 5.4.1 影像描述開發步驟 5-11
 5.4.2 影像描述範例實作 5-12
 5.4.3 影像分析開發步驟 5-19
 5.4.4 影像分析範例實作 5-20
5.5 模擬試題 5-25

第 6 章　探索電腦視覺(二)OCR 與文件智慧服務

6.1 光學字元識別 (OCR) 6-1
 6.1.1 OCR 的使用範例 6-1

6.1.2 傳統 OCR 的辨識流程 6-3
6.1.3 傳統 OCR 與深度學習 OCR 6-4
6.1.4 OCR 的實用案例 6-5
6.2 Azure AI 視覺服務讀取文字 6-6
6.3 文件智慧服務和知識採礦 6-6
 6.3.1 文件智慧服務和知識採礦簡介 6-6
 6.3.2 文件智慧服務的建置模型 6-7
6.4 Azure AI 視覺服務讀取影像文字開發實作 6-11
 6.4.1 讀取 url 影像文字開發步驟 6-11
 6.4.2 讀取 url 影像文字範例實作 6-11
 6.4.3 讀取本地路徑影像文字範例實作 6-14
6.5 模擬試題 6-17

第 7 章　探索電腦視覺(三)臉部服務

7.1 臉部辨識服務簡介 7-1
7.2 臉部偵測 7-2
7.3 臉部分析 7-5
7.4 臉部識別 7-9
7.5 臉部辨識服務開發實作 7-15
 7.5.1 臉部辨識服務開發步驟 7-15
 7.5.2 臉部偵測範例實作 7-17
 7.5.3 臉部屬性分析開發步驟 7-19
 7.5.4 臉部 屬性分析範例實作 7-21
7.6 模擬試題 7-24

第 8 章　探索電腦視覺(四)自訂視覺

8.1 自訂視覺簡介 8-1
8.2 自訂視覺影像分類 8-2
 8.2.1 電腦如何進行影像分類 8-2
 8.2.2 影像分類的用途 8-3
8.3 在 Azure 使用影像分類 8-3

8.3.1 蒐集相關特性的影像群組 8-3
8.3.2 建立影像分類功能的自訂視覺服務模型 8-4
8.4 自訂視覺物件偵測 8-14
8.5 在 Azure 使用物件偵測 8-16
8.5.1 蒐集相關特性的影像群組 8-16
8.5.2 建立物件偵測功能的自訂視覺服務模型 8-17
8.6 自訂視覺範例實作 8-24
8.6.1 取得偵測影像 JSON 字串 8-24
8.6.2 自訂視覺範例實作(一)-取得偵測影像 JSON 字串 8-25
8.6.3 解析偵測影像 JSON 字串 8-28
8.6.4 自訂視覺範例實作(二)-解析偵測影像 JSON 字串 8-29
8.7 模擬試題 8-33

第 9 章　探索自然語言處理(一)文字分析

9.1 自然語言處理簡介 9-1
9.2 自然語言處理 9-2
9.3 使用 Azure AI 語言服務分析文字 9-3
9.3.1 Azure AI 語言服務功能 9-4
9.3.2 語言分析技術 9-5
9.3.3 Azure AI 語言服務 9-7
9.4 文字分析開發實作 9-11
9.4.1 語言偵測範例實作 9-11
9.4.2 文字情感分析實作 9-17
9.4.3 關鍵片語擷取實作 9-20
9.5 模擬試題 9-23

第 10 章　探索自然語言處理(二)對話式 AI

10.1 對話式 AI 簡介 10-1
10.2 問題與解答對話系統 10-2
10.2.1 自訂問題解答 10-2
10.2.2 問題與解答 10-3

10.3	使用交談語言理解建立語言模型	10-4
10.4	Azure AI 機器人服務	10-6
10.5	自訂問題解答開發實作	10-8
	10.5.1 自訂問題解答開發步驟	10-8
	10.5.2 建立與部署自訂問題解答知識庫	10-9
	10.5.3 自訂問題解答實作	10-20
10.6	模擬試題	10-23

第 11 章 探索自然語言處理(三)語音與翻譯

11.1	語音辨識與語音合成	11-1
11.2	語音服務功能介紹	11-3
	11.2.1 語音轉換文字 API	11-3
	11.2.2 文字轉換語音 API	11-4
11.3	文字翻譯	11-5
	11.3.1 直譯與意譯	11-5
	11.3.2 文字和語音翻譯	11-6
11.4	翻譯服務功能介紹	11-7
11.5	文字翻譯開發實作	11-9
	11.5.1 文字翻譯開發步驟	11-9
	11.5.2 文字翻譯範例實作(一)-取得翻譯結果	11-10
	11.5.3 文字翻譯範例實作(二)-翻譯多國語言	11-16
11.6	語音合成開發實作	11-19
	11.6.1 語音合成開發步驟	11-19
	11.6.2 語音合成範例實作	11-20
11.7	模擬試題	11-27

第 12 章 Azure 機器學習基本原理

12.1	機器學習簡介	12-1
12.2	機器學習的工作流程	12-3
12.3	機器學習的模型	12-10

12.3.1 監督式學習 12-10
12.3.2 非監督式學習 12-12
12.3.3 半監督式學習 12-13
12.3.4 增強學習 12-13

12.4 分類模型 12-14
12.4.1 分類模型簡介 12-14
12.4.2 分類模型常用的演算法 12-16
12.4.3 評估分類模型常用的指標 12-18

12.5 迴歸模型 12-22
12.5.1 迴歸模型簡介 12-22
12.5.2 迴歸模型常用的演算法 12-22
12.5.3 評估迴歸模型常用的指標 12-24

12.6 叢集模型 12-26
12.6.1 叢集模型簡介 12-26
12.6.2 叢集歸模型常用的演算法 12-27

12.7 模擬試題 12-28

第 13 章　Azure 機器學習實作

13.1 Azure 機器學習服務簡介 13-1
13.1.1 Azure 機器學習服務 13-2
13.1.2 Azure 機器學習方案的生命週期 13-4
13.1.3 使用 Azure ML 設計工具開發模型流程 13-4
13.1.4 如何建立 Azure 機器學習服務工作區 13-5

13.2 Azure 機器學習設計工具的工作流程 13-12
13.2.1 Azure 機器學習設計工具功能 13-12
13.2.2 Azure 機器學習設計工具環境 13-13
13.2.3 Azure 機器學習的管線簡介 13-14
13.2.4 使用設計工具建立模型管線的工作流程 13-14

13.3 使用設計工具建立模型 13-16
13.3.1 資料集結構介紹 13-16
13.3.2 建立迴歸模型操作步驟 13-16

13.4 使用 Azure 機器學習自動化 ML 13-32

13.4.1 資料集結構介紹 13-32
　　13.4.2 自動化 ML 操作步驟 13-33
　　13.4.3 檢視自動化 ML 結果 13-39
13.5 使用提示流程建立 AI 應用程式 13-41
　　13.5.1 建立提示流程 13-41
　　13.5.2 測試提示流程 13-43
　　13.5.3 修改提示流程 13-46
13.6 模擬試題 13-48

第 14 章　Azure OpenAI

14.1 生成式 AI 簡介 14-1
14.2 大型語言模型 14-2
14.3 Azure OpenAI 簡介 14-5
14.4 Copilots 簡介 14-7
14.5 使用提示工程改善生成式 AI 回應 14-8
14.6 Azure OpenAI 生成式 AI 應用程式開發實作 14-9
　　14.6.1 Azure OpenAI 應用程式開發步驟 14-10
　　14.6.2 Azure OpenAI 模型部署與測試 14-11
　　14.6.3 QA 聊天機器人範例實作 14-20
　　14.6.4 飯店客服機器人範例實作 14-23
　　14.6.5 Azure OpenAI 影像生成範例實作 14-27
14.7 模擬試題 14-31

附錄 A　MCF AI-900 人工智慧基礎國際認證模擬試題

▶ 線上下載

本書範例檔、模擬試題解答請至碁峰網站
http://books.gotop.com.tw/download/ACL072300 下載。
其內容僅供合法持有本書的讀者使用，未經授權不得抄襲、轉載或任意散佈。

Microsoft Azure AI 基本概念：使用人工智慧的開始

CHAPTER 01

1.1 人工智慧簡介

近年來 AI 已融入在日常生活中，例如：手機刷臉開機、智慧音箱、網路搜尋、掃地機器人、汽車自動駕駛、導覽機器人、智慧醫療診斷…等，使得工作更輕鬆生活更加便利。AI 是 artificial intelligence 的縮寫，中文稱為「人工智慧」或「機器智慧」，是指由人類生產的機器所表現出的智慧。

1956 年由美國的麥卡錫等人所發起的達特茅斯會議 (Dartmouth workshop)，開啟了人工智慧的研究大門。當時可以利用程式來處理簡單的問題，例如：推演走出迷宮的最佳路徑，但是對於人類生活上的現實問題無法提出適當的解決方案。1980 年代興起的專家系統 (expert system)，是先由專家建立內容充實的知識庫，再配合知識推理技術，來推論出一般只能由領域專家才能解決的問題。專家系統在某些領域有傑出表現，例如：在醫療診斷方面，但是面對於多樣化的領域時會遇到無法突破的瓶頸。但是人類對於人工智慧研究的腳步並沒有停歇，神經網路 (neural network)、模糊邏輯 (fuzzy logic) … 等理論不斷提出。

```
1960年代          1980年代          2020年代
人工智慧萌芽  →  專家系統興起  →  人工智慧再起
```

▲ 人工智慧發展的歷史進程

目前機器學習 (machine learning) 和深度學習 (deep learning) 成為 AI 的核心技術，同時配合監視器、偵測器 … 等物聯網硬體的進步，各種 AI 產品在日常生活運用，使得人工智慧的研發又再度掀起熱潮。

（圖：人工智慧 ⊃ 機器學習 ⊃ 深度學習 同心圓關係圖）

▲ 人工智慧、機器學習、深度學習的關係圖

1.2 Microsoft Azure AI 簡介

Azure 是 Microsoft 公司所建立的雲端運算平台，是運用 AI 技術來協助企業建置符合業務目標的解決方案，目前已經提供眾多服務，而且仍然不斷地擴充和優化中。使用 Azure 雲端服務可以為企業提供快速創新的環境，利用平台所提供的服務應用程式介面，設計人員可以專心在創新開發，使得方案開發更加快速。企業可以根據業務需求，彈性運用 Azure 雲端平台

所提供的各項資源。另外，Azure 提供超大型全域網路，企業可以自由地建置、管理和部署應用程式，創建規模經濟來降低營運成本。

Azure 提供的服務可以協助企業完成各項工作，例如將現有的應用程式移到雲端虛擬機器上執行、大量的資料儲存在雲端動態儲存體、建立行動裝置應用程式的後端服務⋯等。本書主要在介紹 Azure 所提供的「AI 服務」和「機器學習」服務，能夠透過視覺、聽覺以及語音來和使用者進行溝通；以及使用 Azure OpenAI 服務開發生成式 AI 應用程式。

Azure AI 服務是雲端式 (cloud-based) 人工智慧服務，可協助開發人員不需要 AI 或資料科學技能，就能將認知智慧建置到應用程式中。在 Azure AI 雲端運算服務中，是以機器學習技術為核心，提供視覺、語音、語言、內容安全性、搜尋服務、OpenAI ⋯ 等多種 AI 工作負載服務類型。機器學習是一種資料科學技術，可以讓電腦運用現有資料來預測未來的行為、結果和趨勢。例如線上購物網站，機器學習服務會根據使用者以往購物的紀錄，快速顯示可能購買的產品，甚至進一步推薦適當的其它產品。利用 Azure AI 機器學習，使用者不需要編寫程式就能指導電腦進行學習。

1.2.1 Azure AI 視覺

一. 電腦視覺 (Computer Vision)

Azure AI 視覺服務是使用 AI 影像處理演算法識別圖片及影片，可以加上標題、編製索引、進行修改，並傳回相關資訊。另外，可以存取進階演算法，使用感興趣的視覺功能來處理影像。例如：「判斷相片中是否有人物」、「計算某區域的動物數目」。Azure 電腦視覺的主要功能如下：

1. **光學字元辨識** (OCR，Optical Character Recognition)：
   電腦視覺的光學字元辨識服務會擷取影像中的文字，使用者可以從相片和文件 (發票、名片、信件⋯) 中擷取其中印刷和手寫的文字。光學字元辨識服務可以支援一百多種語言的列印文字，以及九種語言的手寫文字。例如要開發「識別手寫字母。」的方案，就可以使用 Azure AI 視覺中光學字元辨識的功能。

▲ 使用光學字元辨識服務識別出便條紙中的手寫字母 (取自 Microsoft Azure 官網)

1. **影像分析 (Image Analysis)**：
   電腦視覺的影像分析功能會從影像中擷取出許多視覺特徵，例如：物件、臉部、特定品牌、成人內容、自動產生標記 (tag) 描述。例如：要開發「刪除含成人內容的圖片。」、「偵測圖片中狗的影像並取得其座標。」、「辨識影像中品牌標誌。」…等方案，就可以使用 Azure AI 視覺中影像分析的功能。

   ▲ 使用影像分析取得圖片中物件的位置和大小 (取自 Microsoft 技術文件網站)

2. **臉部 (Face)**
   臉部 (或稱人臉、臉部辨識) 服務提供進階的臉部識別演算法，來偵測和辨識影像中人類臉部的屬性。其臉部「偵測」功能，可以感知臉部特徵及屬性 (例如：是否有戴眼鏡、化妝…等)。臉部「驗證」功能，可以根據信賴分數來判斷兩張人臉是否為同一個人。例如：要開發

「在社交媒體中的自動標記您朋友的圖像。」方案，就可以使用 Azure 電腦視覺的臉部服務。

▲ 判斷影像和證件上照片中的人臉是否為同一個人 (取自 Microsoft Azure 官網)

3. **影片分析 (Video Analysis)**

    影片分析服務處理和影片相關的功能，例如：空間分析和影片擷取。空間分析功能會從影片中偵測人員的存在和移動，並產生事件供其他程式做適當回應。其功能包括計算進入指定空間的人數，偵測人員是否戴口罩，以及人員之間的距離。例如：開發「當空間中超過指定的人數時就產生警示。」、「偵測空間中人員是否遵循社交距離。」…等方案，就可以使用 Azure AI 視覺中空間分析的功能。2025 年 4 月後該服務將停用，將改用 Azure AI 影片索引器 (Video Indexer)。

▲ 使用空間分析偵測空間中的人員是否遵循社交距離 (取自 Microsoft 技術文件網站)

影片擷取服務可以建立搜尋索引、將文件(影片和影像)新增至其中，並使用自然語言進行搜尋。影片擷取服務使用 AI 從儲存的影片中擷取可採取動作的深入解析，例如：要開發「透過分析音訊和影片內容來插入適當廣告。」、「數位資產和媒體庫的管理。」…等方案，就可以使用 Azure AI 視覺中影片分析的功能。

二. 自訂視覺 (Custom Vision)

自訂視覺是一種影像辨識服務，可以自行建置、部署和改善專屬的影像識別工具模型。使用電腦視覺時，會根據偵測到的結果將標籤 (label) 套用至影像，每個標籤都代表一個分類或物件。而自訂視覺可以自行指定標籤，提交加上標籤的影像群組，經過定型 (train，或稱訓練)、測試 (test)、重新定型 (retrain) 等步驟來訓練自訂模型。

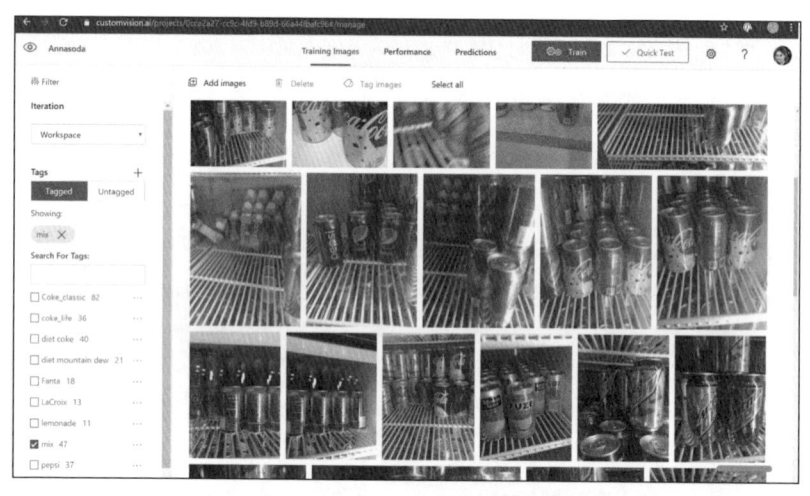

▲ 提供方便的介面來開發和部署自訂電腦視覺模型 (取自 Microsoft Azure 官方網站)

例如：要開發「使用您自己的影像來訓練物件偵測。」、「使用自訂模型由零售商店的影像中識別出競爭對手的產品。」、「打造瓶罐回收機能夠自動識別正確形狀的瓶罐，拒收所有其他物品。」…等方案，就可以使用 Azure AI 視覺的自訂視覺服務。

1.2.2 Azure AI 語音

　　Azure AI 語音能將語音和文字整合運用，可以及時將語音轉換成文字、文字轉換成語音、語音翻譯，以及在交談期間辨識說話者。

1. **語音轉換文字**：

    使用 Azure 語音的語音轉換文字功能，將音訊串流或本機檔案即時轉譯為文字，可以交給應用程式、工具或裝置取用或顯示。

    例如：要開發「製作通話或會議的記錄。」、「製作錄音資料的文字內容。」的方案，就可以使用 Azure AI 語音的語音轉換文字功能。

2. **文字轉換語音**：

    使用 Azure 語音的文字轉換語音功能，會使用語音合成標記語言 (SSML)，將輸入的文字轉換成人工合成語音。Azure 是採類神經網路技術來合成語音，使用者也可以建立自訂的語音。

    例如：要開發「為錄製或直播視頻提供隱藏式字幕。」的方案，就可以使用 Azure AI 語音的文字轉換語音功能。

3. **語音翻譯**：

    使用 Azure 語音的語音翻譯功能，可以將語音即時翻譯成多種語言到應用程式和裝置。

    例如：要開發「在國際會議中將各國發言人的內容即時翻譯成英語。」方案，就可以使用 Azure 語音的語音翻譯功能。

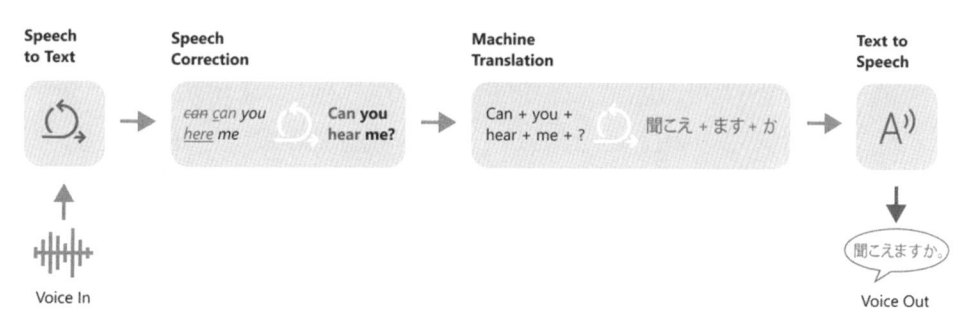

▲ 語音翻譯能將發音不夠標準的英語翻譯成正確日語 (取自 Microsoft Azure 官網)

4. 意圖辨識：

   意圖辨識功能搭配交談語言理解 (CLU)，能了解使用者口說中想要做的事情 (如訂機票、查看天氣或打電話)，來確定想要執行的動作。

   使用 Azure 語音可以開發類似人類自然對話的使用者介面。例如：開發「使用語音命令打開收音機」、「語音式的客戶服務專線」方案，就可以使用意圖辨識功能。

5. 說話者辨識：

   使用 Azure 語音的說話者辨識功能，會根據演算法由個人獨特的語音特性，來驗證和識別出說話者的身分。例如：開發「根據語音可以辨識出人員是否在參加會議名單中？」方案，就能用說話者辨識功能。

1.2.3 Azure AI 語言

Azure AI 語言服務是一種雲端式服務，可提供自然語言處理 (Natural Language Processing，NLP) 功能，用來了解和分析文字內容。Azure AI 語言服務主要功能為文字分析、交談語言理解 (CLU) 和問題解答，可以處理自然語言、評估情感，以及辨識使用者想要的內容。

一. 文字分析

文字分析又細分為情感分析與意見挖掘、關鍵片語擷取 … 等多項功能。

1. 情感分析與意見挖掘：

   使用 Azure AI 語言的情感分析功能，可以分析出文章是屬於正面、中性或負面情感，藉此找出對公司、品牌或話題的看法。例如：開發「確定評論是屬於正面還是負面。」、「根據支援票證中包含的文本了解客戶的不安程度。」、「按照正負尺度評估文本。」、「分析客戶評論，並確定每個評論的正面或負面影響。」、「預測社交媒體貼文的情緒。」…等方案。

2. **關鍵片語擷取：**

   使用 Azure AI 語言的關鍵片語擷取功能，可以從文章中以擷取關鍵片語方式，快速識別出文章的主要概念。例如若輸入文字「The food was delicious and the staff were wonderful.」，擷取後會傳回「food」和「wonderful staff」關鍵片語，摘錄出文句的重點。

   例如：要開發「確定哪些文檔提供了有關相同主題的資訊。」、「確定文件集合中的主要討論點。」、「總結支援票證中的重要資訊。」、「確定某些文件中的主要話題為何？」、「從文本的保險理賠報告中提取關鍵術語來生成摘要。」…等方案，就可以使用 Azure AI 語言的關鍵片語擷取功能。

3. **具名實體辨識：**

   使用 Azure AI 語言的具名實體辨識 (Named Entity Recognition 簡稱 NER，或稱實體辨識)，可以識別並分類非結構化文字中的實體，例如：文章中提到的人員、地點、組織、數量、日期 … 等實體。

   例如：要開發「從支援票證中提取關鍵日期。」、「從文本中提取人員、地點和組織等資訊。」…等方案，就可以使用 Azure AI 語言的具名實體辨識功能。

二. 交談語言理解

交談語言理解 (Conversational Language Understanding，CLU) 是雲端交談式 AI 服務，可以將自訂機器學習智慧套用到交談式或自然語言文字，用來預測整體意義並從中提取相關資訊。

例如：要開發「以自動聊天方式回答有關退款和兌換的問題。」、「輸入問題並互動式回答作為應用程式的一部分。」、「家用智能設備可以回答諸如『今天天氣會怎樣？』、『台積電股票價格是多少？』、『我的下一場約會是何時？』之類的問題。」、「使用知識庫以交互方式回答使用者問題的網站。」、「讓使用者能夠自行在網站上尋找答案的聊天機器人。」、「餐廳可以使用聊天機器人授權顧客透過網站或應用進行預訂。」、「餐廳可以使用聊天機器人回答網頁上關於上班時間的詢問。」、「使用網頁聊天介面與機器人交談。」…等方案,就可以使用 Azure AI 語言的交談語言理解 (CLU) 交談式 AI 功能。

三. 問題解答 (Question answering)

問題解答是使用者用自然語言提出問題,再由 AI 系統給予適當的答案。這種一問一答交談方式,就像傳統的常見問題集 (FAQ)、Q&A (Questions and Answers)。透過問題解答可建立支援應用程式或聊天機器人 (Bot) 的問題和答案配對知識庫。Azure AI 語言服務包含「問題解答」功能,可以自訂可使用自然語言輸入查詢的問答組知識庫。雖然通常可以建立包含個別問答配對的有效知識庫,但有時候可能需要先提出後續問題,以便在呈現明確的答案之前,從使用者引出更多資訊,這種互動稱為多回合交談。

例如:要開發「使用自然語言來查詢知識庫。」、「讓知識庫為提交相似問題的不同使用者提供相同的答案。」、「已有常見問題解答 (FAQ) PDF 檔,需要根據 FAQ 創建一個對話支持系統。」、「基於常見問題解答 (FAQ) 文件創建機器人。」、「已有產品疑難排解指南 (Word 文件) 和常見問題 FAQ 清單 (網頁),要為網站部署聊天機器人。」、「回答退款及換貨問題的自動化聊天機器人。」…等方案,就可以使用 Azure AI 語言的問題解答功能。

1.2.4 Azure AI 內容安全性

Azure AI 內容安全性可在應用程式與服務中,偵測文字和影像中使用者所產生的有害資料內容。

一. 分析文字、分析影像 API

分析文字 (Analyze Text) 和分析影像 (Analyze Image) API,分別是用於分析潛在有害文字或影像內容的 API,支援仇恨、自殘、色情與暴力等類別。分別由文字或影像中，偵測出不當的資料內容，可以用來監視聊天室、討論區、聊天機器人 … 中的文字或影像資料。

二. Content Safety Studio

Azure AI Content Safety Studio 是種雲端工具，使用最先進的內容仲裁 ML 模型來處理潛在冒犯性、風險性或不想要的內容。Content Safety Studio 提供預設的封鎖清單，也可以上傳自訂的封鎖清單，來加強有害內容的涵蓋範圍。也可以設定仲裁工作流程，以便持續監視和改善內容仲裁效能。

例如：要開發「為學生和授課者篩選掉不當的教育內容。」、「為社群軟體對使用者新增的影像、文字和影片進行內容仲裁。」、「為遊戲公司對使用者產生的遊戲成品和聊天室進行內容仲裁。」…等方案，就可以使用 Azure AI Content Safety Studio 服務。

三. 異常偵測器 (Anomaly Detector)

異常偵測器可以監視和偵測時間序列資料中的異常狀況。使用單變量或多變量異常偵測器應用程式來監視一段時間的資料，透過機器學習可以自動選擇出最佳的演算法和偵測技術，來確保高度的正確性。透過偵測資料的峰值、谷值、與循環模式的偏差，以及趨勢變化，協助使用者快速發現問題。異常偵測器的使用範圍可以是監視物聯網 (IoT) 裝置的流量、管理詐騙，以及回應市場不斷的變化。目前已經無法建立新的異常偵測器資源，該服務將於 2026 年 10 月 1 日淘汰。

例如：要開發「識別欺詐性的信用卡支付。」、「通過查找與通常模式的偏差來識別可疑的登錄。」…等方案，就可以使用使用 Azure 的異常偵測服務。

1.2.5 機器學習 (Azure Machine Learning)

在日常生活中會產生大量的資料，例如：電子郵件、簡訊、社群媒體貼文、照片、影片、購物紀錄…等。另外，住家、工廠、城市、車輛…中各種的監視器、感應器，也會產生許多資料。資料科學家可以利用這些資料來訓練 (定型) 機器學習 (Machine Learning，簡稱為 ML) 模型，並利用資料中找到的關聯性來進行預測和推斷。機器學習是人工智慧的子集合，而機器學習是 Azure 大部分 AI 解決方案的基礎。例如：收集農場的溫度、濕度、日照、作物生長情況…等資料，經過機器學習可以推測出最佳的灌溉和施肥時機和份量。又例如：要開發「預測下個月玩具的銷售量」、「預測貸款是否償還的銀行系統」方案，就可以使用 Azure 的機器學習服務。

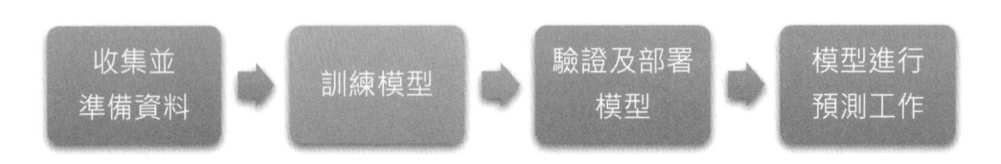

收集並準備資料 ➡ 訓練模型 ➡ 驗證及部署模型 ➡ 模型進行預測工作

▲ 機器學習的程序示意圖

一. 自動化機器學習 (Automated machine learning)

Azure 的自動化機器學習服務是種雲端式服務，可以開發、訓練、測試、部署、管理及追蹤機器學習服務模型。自動化機器學習是將開發機器學習模型，其中耗時且重複工作的過程自動化。這項服務讓非專家可以輸入資料後，快速建立有效的機器學習模型。更能協助專家和開發人員，快速建置、部署和管理高品質的機器學習模型。

二、機器學習設計工具 (Machine Learning designer)

Azure Machine Learning 工作室中的機器學習設計工具是一種圖形化介面，不需要撰寫程式碼即可進行機器學習解決方案的開發。使用設計工具可以用拖放資料集和元件 (模組) 的方式，來建立機器學習的工作流程，並進行機器學習模型的訓練、測試及部署。

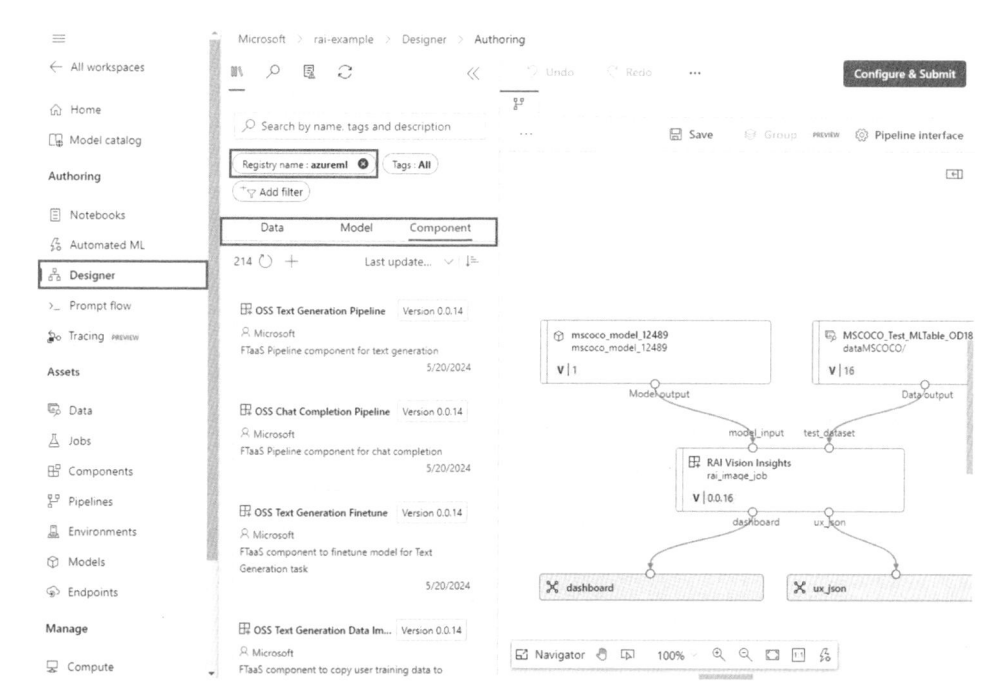

▲ 使用機器學習設計工具建立無程式碼機器學習模型(取自 Microsoft 技術文件網站)

1.3 模擬試題

題目(一)

下列關於 Microsoft Azure 異常偵測的說明是否正確？(請填 O 或 X)

1. ( ) 根據歷史數據預測房價，是異常偵測的一個實例。

2. ( ) 通過查找與通常模式的偏差來識別可疑的登錄，是異常偵測的一個實例。

3. ( ) 識別欺詐性的信用卡支付，是異常偵測的一個實例。

題目(二)

您有以文本形式儲存的保險理賠報告，您需要從報告中提取關鍵術語來生成摘要。您應該使用哪種類型的 AI 工作負載？
① 異常偵測　② 語言　③ 電腦視覺　④ 語音

題目(三)

請問「預測社交媒體貼文的情緒。」，是屬於下列何種 AI 工作負載的類型與方案？
① 異常偵測　② 電腦視覺　③ 機器學習(迴歸)　④ 語言

題目(四)

請問「確定照片是否包含某人」方案，是屬於下列何種 AI 工作負載的類型？　① 自訂視覺　② 語音　③ 語言　④ 電腦視覺

題目(五)

請問「確定評論是屬於正面還是負面」方案，是屬於下列何種 AI 工作負載的類型？
① 異常偵測　② 語音　③ 語言　④ 電腦視覺

題目(六)

請問「識別手寫字母」方案，是屬於下列何種 AI 工作負載的類型？
① 異常偵測　② 語音　③ 語言　④ 電腦視覺

題目(七)

請問「監視公開新聞網站是否包含產品負面陳述」方案，是屬於下列何種 AI 工作負載的類型？
① 語音　② 電腦視覺　③ 機器學習　④ 語言

負責任的 AI

CHAPTER 02

2.1 AI 造成的道德和社會問題

　　人工智慧能開發功能強大的工具，可以用來造福世界，但是 AI 應用程式的開發人員仍然可能要承擔一些風險。例如：核准貸款的模型因為其訓練資料有所偏差，而造成性別上的差別待遇。醫療診斷交談式 AI 應用程式會使用患者的資料進行訓練，如果這些資料未安全地儲存，資料被公開會嚴重侵害隱私權。萬一無辜的人因為來自臉部辨識的證據而被判定有罪，誰應該為此錯誤負起責任？視覺受損的使用者無法閱讀文字資料，解決方案並沒有提供語音訊息的輸出來協助，而損害視障者使用的公平性。

　　再以自駕車為例，目前的自動駕駛技術是經由大量的數據資料，讓 AI 學習辨識感應器所回傳的各種資訊，例如：雷達感測器回傳前方有障礙物，再由鏡頭拍攝的影像辨識出障礙為何物，然後 AI 會控制車輛採取必要的行動。但是在台灣就發生 AI 無法辨識出防撞緩衝車 (造型特殊的工程車輛)，而造成連環車禍。自駕車發生事故的責任，究竟是該由自駕車本身、車主、駕駛、研發公司還是核准的官員來負責？

當我們不斷利用 AI 來處理人類生活事物時，要如何解決延伸出來的道德問題？當日常生活日益依賴 AI 時，要如何確保 AI 推測的結果是值得信任？我們該如何在 AI 的開發效率，以及使用者公平性之間取得適當的平衡？最後，不要只聚焦在 AI 可以做什麼？該是 AI 應該為人類做什麼？

2.2 了解負責任的 AI

AI 技術除了本身所造成的事故外，也引發了複雜的道德和社會問題。AI 演算法是透過大量的資料來運作的，隨著收集的數據資料越來越多，人民的隱私也逐漸受到侵害，企業可能利用這些資料做不當的行銷，甚至政府藉此來壓迫人民。雖然 AI 最初的目標是要造福人類社會，但是為了完成工作，可能跨越道德或法律的界限，就會對社會產生負面的影響。另外 AI 技術取代許多的工作職務，因而造成部分民眾失業的問題。

所以想利用 AI 來協助使用者時，也要同時避免民眾遭受不公平、侵犯隱私、甚至生命受到傷害。雖然人工智慧可能會有所缺失，但是只要抱持負責任的態度，將可以有效減少甚至避免負面的問題。人工智慧技術必須以信任為中心，將保護隱私權、透明化與資安等能力融入其中。設計人工智慧裝置時，必須具備能偵測出新威脅的能力，並能進化發展出適當的防護措施。在開發 AI 應用程式時可以遵守下列六個原則，來確保 AI 應用程式能夠順利解決問題，並且不會產生非預期的負面後果。

一、公平性

AI 所產生的問題中最受廣泛討論，就是預測性分析系統中的偏見問題。曾經有 AI 演算法利用歷史數據資料推薦職位人選時，因為舊資料就存在性別偏見，所以演算結果也傾向選擇男性而造成性別的偏見。AI 的價值觀與道德觀不該只由科技業全權決定，也不該由富裕國家中強勢的一小群人來主導。地球上每種文化和社會階層，都應該有機會參與 AI 的設計，來防範因為文化和社會的偏見，有意或無心造成系統出現歧視。所以需要更廣、更深、更多元的族群投入 AI 設計，來確保 AI 系統具備公平性。

公平性是人類都要了解並遵守的核心道德準則，開發 AI 系統時此準則更為重要。AI 應用程式應該公平對待所有人，不得因為性別、年齡、種族、宗教或其他因素而影響預測結果。「訓練 AI 系統的資料集的偏差，不應該反映於 AI 系統的結果就是遵守公平性原則」。例如：建立機器學習模型來支援銀行申請貸款的核准時，不得有任何性別、種族、宗教或其他因素的偏見，導致特定族群的客戶獲得不公平的優勢或劣勢。

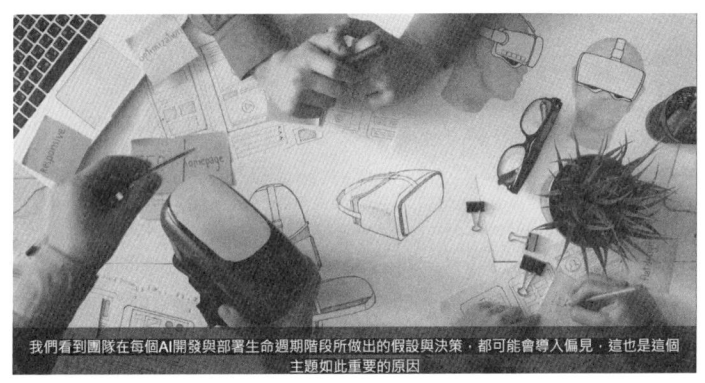

▲ 多元團隊共同參與開發 AI 系統 (取自微軟 Azure 官網)

二. 可靠性和安全性

一個運作穩定可靠且安全的 AI 系統，才能受到使用者信任。例如：用來診斷病患症狀並建議處方的 AI 機器學習模型，此系統如果不可靠可能會對人類生命造成極大風險。對於一個 AI 系統而言，能夠依照原始設計正確執行固然重要，但是因應新的狀況甚至惡意的操作時，也能夠確保安全更為重要。所以開發 AI 應用程式時，必須嚴格遵守測試和部署的管理程序，確保能如預期運作才能發行。發行後仍然必須持續監視和追蹤模型，必要時須重新訓練建立新模型，來確保系統的可靠性和安全性。

AI 應用程式應該在安全可靠的情況下執行。開發可能會對人類生命造成風險的 AI 系統時，必須嚴格遵守可靠性和安全性原則，審慎處理測試和部署管理程序，以確保能如預期安全運作才能正式發行。例如：「為自動駕駛汽車開發 AI 系統，要確保系統在使用壽命內能持續運行。」、「機器學習模型用於診斷病患症狀並建議處方。」、「重要欄位包含不尋常或缺少值時，確保 AI 系統不會提供預測」等，都是遵守可靠性和安全性原則。

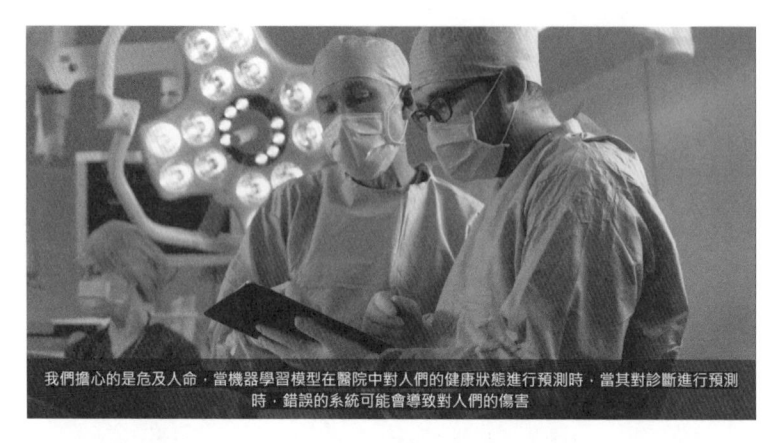

▲ 運用於醫療的 AI 系統可靠性至關重要 (取自微軟 Azure 官網)

三. 隱私權和安全性

儘管政府制定很多法規來保護消費者隱私，但潛在的威脅還是存在。許多 AI 設備都會收集個人的資料，以便提供更好、更個別化的服務。如果沒有用戶同意或資料運用不透明，那麼這種功能就會給用戶帶來不好的體驗。又例如手機的追蹤功能相當實用，但如果被運用來跟蹤個人的行蹤就會造成人身的危險。AI 系統必須能維護個人隱私，具備完備的保護機制保障個人和群體的資訊不被竊取。AI 系統的資料持有者有義務保護資料，存取資料時應以不侵犯隱私權為原則，因為隱私權和安全性是重要的準則。

AI 應用程式應該安全並且尊重隱私權，只有決策流程相關人員可以看到客戶個人資訊。開發 AI 應用程式時，訓練機器學習模型必須有大量資料，其中可能包含必須確保隱私的個人資料。AI 應用程式執行時，也會對新的資料進行記錄、預測或採取動作，這都需要考量隱私權或安全性。例如：「為消費者提供有關其數據的收集、使用和儲存的資訊和控制。」、「只有已核准的特定使用者可以看見個人資料。」等，都是遵守隱私和安全性原則。

▲ AI 系統應該尊重隱私並保護資料 (取自微軟 Azure 官網)

四. 包容性

AI 裝置應該造福社會中的每個人，不可因身體能力、性別、宗教、種族或其他因素而產生歧視或使用阻礙。所以 AI 設計應考慮所有人類的各種情況，而包容性原則就可以協助開發人員排除某些族群的潛在阻礙。開發 AI 系統時不只遵守技術規範外，還要兼顧倫理與同理心的需求。AI 系統可使用語音轉文字、文字轉語音和視覺辨識技術，來輔助有聽覺、視覺和其他障礙的使用者。使用 Seeing AI 技術透過手機就可聽到周圍環境的資訊，例如：可辨識身旁的人臉，和其年齡、表情...等，幫助認識所處的環境。

AI 應用程式應該賦予所有人相同權力，並且讓人們能共同參與。AI 應用程式應該造福社會的每一族群，無論其身體能力、性別、種族或其他因素。「給予所有人許可權的 AI 系統，包括有聽覺、視覺和其他障礙的人。」、「使用螢幕助讀程式或其他輔助技術的使用者必須能存取系統。」、「預測性應用程式會為視覺受損的使用者提供音訊輸出。」等，都是遵守包容性原則。所以我們打造的技術必須能包容並尊重每一個人，跨越文化、種族、國籍、經濟狀況、年齡、性別、體能、心智能力等的藩籬，服務全體人類。

▲ Seeing AI 配合專用裝置可為視障人士提供環境資訊 (取自微軟 Azure 官網)

五. 透明度

AI 科技經過學習會了解人類，人類也必須知道 AI 如何觀察與分析世界。例如：向銀行申請貸款，AI 系統評斷是否核准時，要能提出透明且可解釋的證明資訊。AI 金融服務工具提供使用者投資建議時，同樣要能解釋是基於那些資料所做的推估。AI 系統的公開透明非常必要，如此才能和使用者建立信任的關係，民眾才能誠心接納 AI 進入他們的生活。

AI 應用程式應該是公開透明易於理解，預測的結果是可以被了解和解釋。無論是專家或使用者，都要能夠明確了解 AI 系統的用途和運作方式，以及預測的限制。例如：「說明用以定型模型的資料來源」、「自動決策程序必須加以記錄，以便已核准使用者可以了解決策制定原因。」、「提供文件以利開發人員偵錯程式碼。」等，都是遵守透明度原則。

▲ AI 系統應該具備透明度和可解釋性 (取自微軟 Azure 官網)

六. 權責性

以 AI 為基礎的解決方案，設計和開發人員應該在有明確準則的組織架構中工作，以確保方案符合道德和法律標準。設計和部署 AI 系統的人員，必須為 AI 的動作和預測負責，尤其是當不斷發展更多系統時，更需注重權責是負責任 AI 的基本要素。例如：「實施過程以確保 AI 系統所做的決定可以被人類推翻。」、「必須記錄決策流程，讓相關人員得以確認特定報價的根據。」就是遵守權責性原則。且 AI 系統開發單位應該建立內部審查單位，例如：「成立合法小組、風險治理小組和隱私保護成員的風險治理委員會」，針對 AI 系統提供監督、深入解析和指引。

▲ 設計和開發人員應該為 AI 系統預測結果負責 (取自微軟 Azure 官網)

Microsoft 歸納出上述六個開發及使用 AI 的準則：公平性、可靠性和安全性、隱私權與安全性、包容性、透明度，以及權責。並且開發 Azure Machine Learning 雲端平台，提供支援符合上述準則的工具，使得開發人員和科學家能夠順利實作出負責任的 AI 方案。Azure Machine Learning 設計 AI 演算法時，會特別注意弱勢組群、種族、性別…等的分組，藉此避免資料的偏差。更提供負責任 AI 儀表板的功能，可以讓開發人員以視覺化評估模型是否符合負責任 AI 的準則。另外也提供負責任 AI 計分卡 (scorecard)，可以自訂報告與所有方案關係人共用，來了解資料、模型健康情況、合規性…等資訊，來評估模型是否可以正式部署。

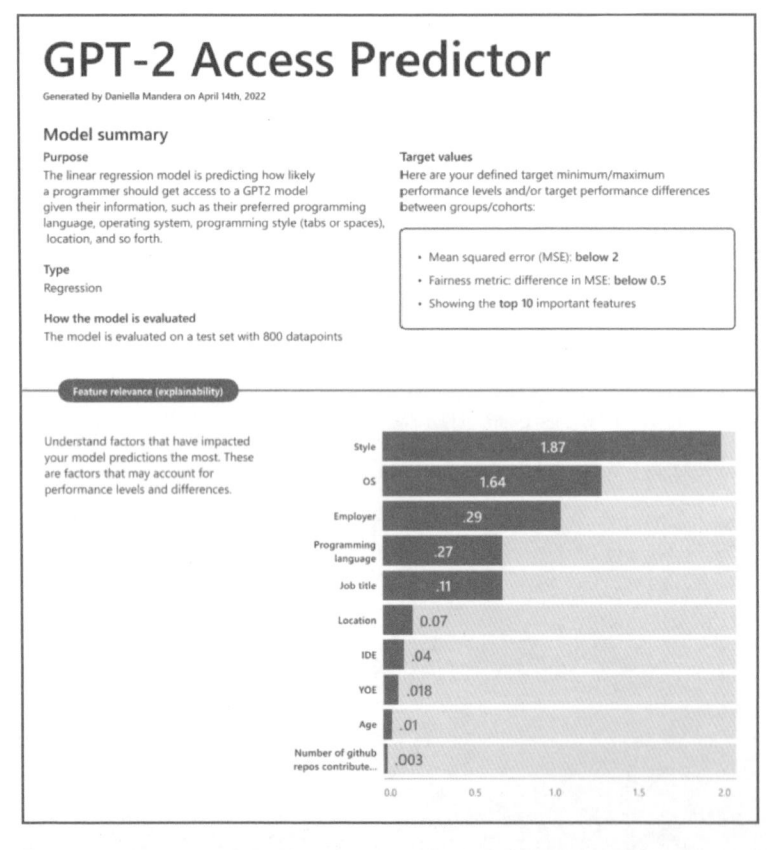

▲ 計分卡是負責任 AI 儀表板中對模型評估的摘要 (取自微軟 Azure 官網)

2.3 申請 Azure 帳戶

瞭解 Microsoft Azure 雲端平台後，可以申請免費的 Azure 帳戶，來建置、測試和部署 AI 應用程式、建立自訂的 Web 和行動體驗，並透過機器學習和功能強大的分析取得資料的新見解，體驗 AI 的強大功能。

2.3.1 Azure 帳戶方案

Azure 配合不同客戶類型提供各種訂用帳戶類型，有學生方案 (需要具備學生或教師的資格)、免費帳戶、隨用隨付方案 (需要有手機與信用卡才能註冊)。

一. 免費

1. 僅適用於新 Azure 客戶。
2. 12 個月內免費使用 25 項以上熱門服務，和超過 55 個永久免費服務。
3. 申請後會獲得美金 200 元的 Azure 點數，可以在 30 天內使用付費的服務。萬一贈送的點數使用完畢，只要為超出的使用量付費即可。
4. 申請時需要有手機和信用卡，才能完成註冊手續。
5. 申請網址：

   https://azure.microsoft.com/zh-tw/pricing/purchase-options/azure-account

二. 隨用隨付

1. 新客戶可享 12 個月內使用 25 項以上熱門服務的每月免費額度。
2. 超過 55 個永久免費服務的每月免費額度，並提供技術支援。
3. 無須預繳任何費用，只要支付超過免費數量的使用量即可，而且隨時都可以取消。
4. 申請時需要有手機和信用卡，才能完成註冊手續。

5. 申請網址：

   https://azure.microsoft.com/zh-tw/pricing/purchase-options/azure-account

三. 學生

1. 提供 12 個月內使用 25 項以上熱門服務的每月免費額度，包括計算、網路、儲存體和資料庫。另外，有超過 55 個永久免費服務。

2. 贈送美金 100 元的 Azure 點數，可以在 12 個月內使用付費的服務。

3. 申請時要有微軟帳戶或 Microsoft 365 帳戶、學校電子信箱 (帶有 edu.tw 格式) 和手機。

5. 申請網址：

   https://azure.microsoft.com/zh-tw/free/students

2.3.2 申請 Azure 帳戶

以申請學生帳戶為例，說明申請微軟 Azure AI 服務帳戶的操作步驟：

一. 申請微軟帳戶

1. 如果已經有微軟帳戶，請直接跳到 步驟二 提交學生帳戶申請即可。

2. 開啟 https://account.microsoft.com 網址，然後選取『建立帳戶』連結來建立微軟帳戶。

▲ 申請微軟帳戶的網頁畫面

3. 輸入您的電子郵件作為帳戶名稱後,接著要建立密碼,以及驗證電子郵件等步驟,請依照指示完成帳戶申請。

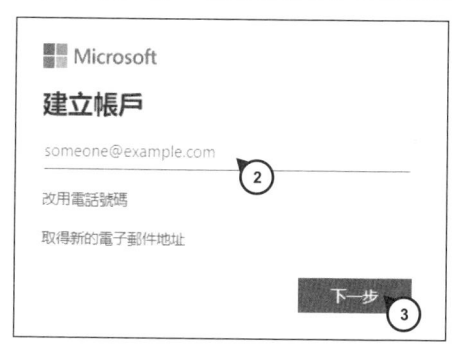

▲ 建立帳戶和密碼的畫面

二. 提交學生帳戶申請

1. 連結到 https://azure.microsoft.com/zh-tw/free/students/ 網址,進入 Azure 學生版網頁,並點選『開始免費使用』鈕。
2. 依照步驟輸入微軟帳戶和密碼進行登入。

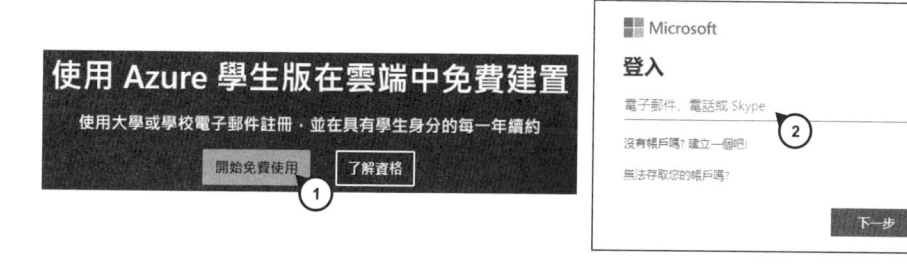

▲ 登入 Azure 學生版免費申請的網頁

3. 會詢問是否隨時保持登入,若有需要就按『是』鈕;否則就按『否』鈕。
4. 接著會使用手機進行身分識別驗證,輸入國碼和手機號碼後,按『傳送簡訊給我』鈕。先查看手機傳來簡訊的驗證碼,輸入驗證碼後按『驗證代碼』鈕即可。

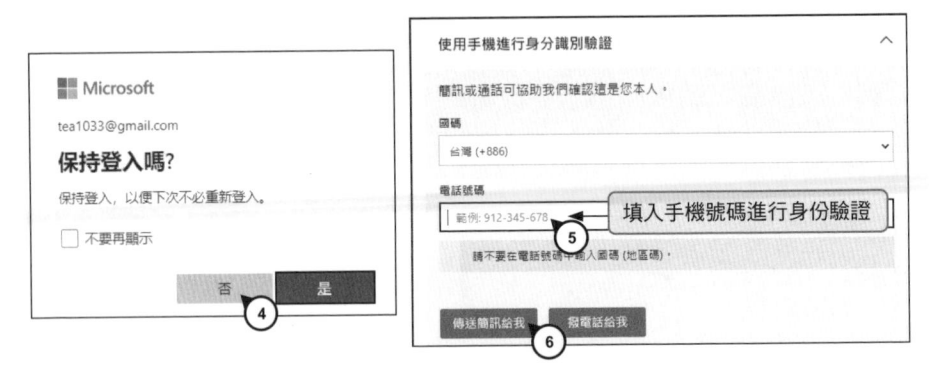

▲ 使用手機進行身分識別驗證的畫面

三. 驗證學生身份

1. 先選擇「學校電子郵件地址」驗證方式,輸入學校電子郵件地址後,按『驗證學術狀態』鈕。

2. 接著開啟學校信箱收取驗證信,來證明您的學生身份。請點擊信中的連結,如果無法點擊,請複製連結至瀏覽器並執行即可。

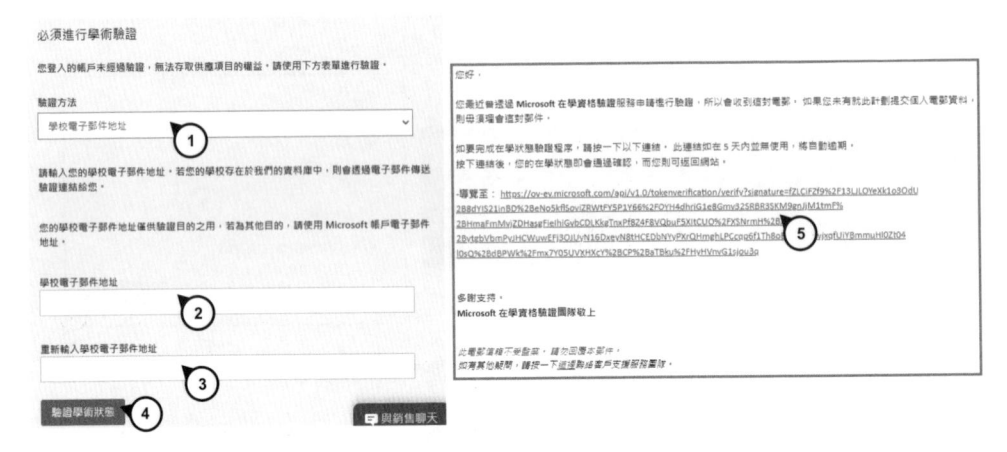

▲ 驗證學生身份的畫面

四. 填寫基本資訊

1. 連結到驗證信的網頁,會進入 Azure 學生版的設定檔畫面。需要通過學生身分驗證,輸入學校電子郵件地址後,按『驗證學術狀態』鈕。

2. 在「您的設定檔」中填寫基本資料後,按下『註冊』鈕就完成學生版 Azure 帳戶申請。

▲ 在「您的設定檔」中填寫基本資料的畫面

五. 開始使用

1. 接著會開啟學生版的歡迎頁面,就可以開始進入 Azure 的神奇世界!

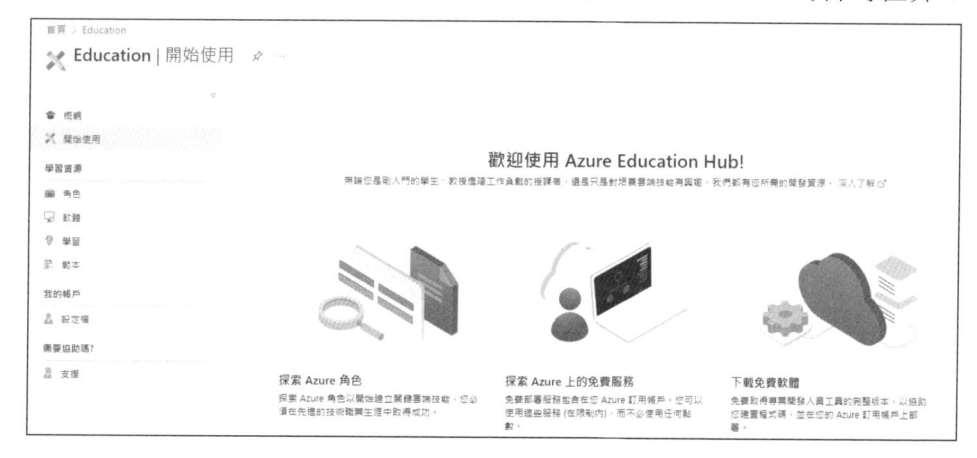

▲ 學生版的歡迎頁面

> **Tips** 其他 Azure 帳戶方案的申請步驟和學生方案大致相同,差異在其他方案不用學術驗證,但需要輸入信用卡的相關資料。

2-13

2.4 模擬試題

題目(一)

請問下列關於 Microsoft 負責任的 AI 說明是否正確？(請填 O 或 X)

1. ( ) 提供銀行貸款申請結果的解釋，是適用於透明原則的一個實例。

2. ( ) 根據受傷情況確定保險理賠優先順序的分類鑑別機器人，是適用於可靠性和安全性原則的一個實例。

3. ( ) 針對不同銷售區域提供不同價格的 AI 解決方案，是適用於包容性原則的一個實例。

題目(二)

下列何者不適用於 Microsoft 負責任的 AI 的指導原則？
① 包容性　② 果斷性　③ 可靠性和安全性　④ 公平性

題目(三)

您正在建構 AI 系統。您應該包括哪些任務來確保服務符合 Microsoft 負責任 AI 的透明度原則？

① 啟用自動縮放以確保服務根據需求進行擴展。
② 確保所有視覺物件都關聯有可由螢幕閱讀器讀取的文本。
③ 確保訓練數據集能夠代表總體。
④ 提供文檔以說明開發人員調試代碼。

題目(四)

請問「系統不得基於性別、種族或年齡產生歧視。」的描述，符合下列 Microsoft 負責任 AI 的哪個指導原則？
①透明度　② 可靠性和安全性　③ 公平性　④ 隱私和安全性

題目(五)

請問「確保 AI 系統按照最初的設計運行、對意外情況作出回應,並抵制有害操作。」的描述,符合下列 Microsoft 負責任 AI 的哪個指導原則?①權責性　② 可靠性和安全性　③ 公平性　④ 隱私和安全性

題目(六)

您的公司正在探索如何在智慧家居設備中運用語音辨識技術。公司希望識別出可能無意中遺漏特定使用者族群的所有障礙。該示例針對哪一個 Microsoft 負責任的 AI 的指導原則?
① 權責性　② 公平性　③ 隱私和安全性　④ 包容性

題目(七)

根據何種 Microsoft 負責任 AI 的指導原則,AI 系統不應反映用於為訓練系統的資料集偏差?① 權責性　② 包容性　③ 公平性　④ 透明度

題目(八)

為自動駕駛汽車開發 AI 系統時,確保系統在其使用壽命內持續運行,是適用於 Microsoft 負責任 AI 的何種原則?
① 公平性　② 可靠性和安全性　③ 權責性　④ 包容性

題目(九)

請問「為消費者提供有關其數據的收集、使用和儲存的資訊和控制。」的描述,符合下列 Microsoft 負責任 AI 的哪個指導原則?
① 包容性　②權責性　③公平性　④ 隱私和安全性

題目(十)

請問「自動決策程序必須加以記錄,以便對已核准使用者可以說明決策制定的原因。」的描述,符合下列 Microsoft 負責任 AI 的哪個指導原則?① 透明度　② 可靠性和安全性　③公平性　④隱私和安全性

CHAPTER 03 認識 Colab 程式編輯環境

3.1 Colab 簡介

　　Colab 全名為 Colaboratory，是 Google 公司以 Jupyter Notebook 為基礎，所開發的線上程式編輯器，方便使用者開發 Python 程式。Colab 是一種互動式環境，可以撰寫和執行 Python 程式碼。使用者只要擁有 Google 帳號和瀏覽器，經過簡單的安裝不必進行任何設定，就可以編寫 Python 程式並執行。Google Colab 具有下列優點：

1. **介面簡單容易操作**：Colab 是以 Jupyter 為基礎所開發，所以已經熟悉 Jupyter 的使用者特別便利。對初學者而言，因為介面簡單易學很快就能上手。另外，Colab 有程式碼感知 (IntelliSense) 功能，會自動顯示關鍵字、成員、參數 … 等訊息，編寫程式碼非常方便。

2. **開發環境設定簡易**：Python 程式的特色就是擁有很多支援的套件，在 Colab 開發環境下已經安裝常用的套件，只要進入介面就可以直接使用不必進行任何設定，對初學者非常友善。

3. **方便小組共同協作**：因為編輯的程式檔案存放在 Google 雲端硬碟中，所以透過檔案的共用權限設定，可以讓朋友或同事在筆記本上加上註解，或甚至進行編輯，輕輕鬆鬆就達成團體共用協作。

4. **整合 Google 雲端資源**：因為程式檔案就在雲端硬碟中，所以可以方便整合 Google 的雲端資源。例如遠端的使用者可以上傳檔案，然後程式就能讀取並加以處理。

5. **支援多種文字格式**：Colab 編輯器可以在一個筆記本中，結合可執行的程式碼和精美的文字資料。文字格式可以設定各種字型外，還可以加入數學方程式，甚至插入圖片、HTML … 等其他格式的內容。

6. **提供生成式 AI 功能**：Colab 引入生成式 AI 功能，讓編寫 Python 程式更加便利，顯著提高開發效率。AI 功能可根據上下文建議下一行程式碼，並協助用戶進行程式碼的除錯。使用者介面新增 AI 按鈕，透過自然語言描述的提示詞，就能生成相關的程式碼、範例、參考資料或建議。

　　上面說明是使用 Colab 編輯器開發 Python 程式的優點，但是也會有些不方便。因為是屬於雲端服務，所以只有在網路連線順暢時才能使用。若一段時間沒有編輯動作，連線會被停止並回收運算資源，此時必需再重新連接。如果需要長時間執行程式或是處理大量資料時，其執行速度可能會較慢。所幸我們只是初學 Azure AI 服務程式，使用 Colab 來開發已經足夠。

3.2 安裝 Colab

　　以下將說明安裝 Google Colab 的步驟，操作前必須要先有 Google 帳號才能順利進行。

1. **進入 Google 雲端硬碟**：首先開啟瀏覽器，官方建議使用 Chrome、Firefox 或 Safari 等瀏覽器，本書將以 Chrome 為主。開啟 Google https://www.google.com.tw/ 網址後，點按 ⋮⋮⋮ 圖示由清單中點選 △ 雲端硬碟，接著選擇帳號登入 Google。

2. **檢查是否已安裝 Colab**：點按「+新增」按鈕，檢查清單中有沒有 Google Colaboratory 程式，若無就點選「+ 連結更多應用程式」項目。

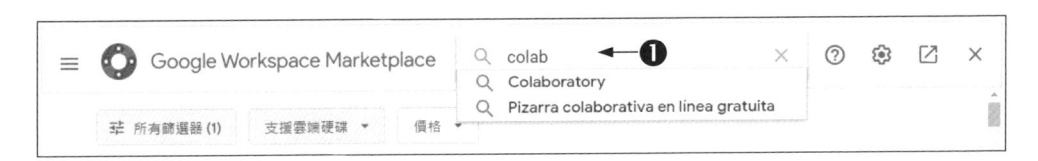

3. **搜尋 Colaboratory 應用程式**：在「Google Workspace Marketplace」的搜尋 🔍 欄位中，輸入「colab」或「colaboratory」後按 Enter↵ 鍵。然後由搜尋結果中，點選「Colaboratory」 CO 應用程式進行安裝。

4. **安裝 Colab**：點按「安裝」按鈕後，請依照下面圖示的步驟，進行「Colaboratory」應用程式的安裝。

3.3 Colab 環境簡介

在 Google 雲端硬碟安裝 Google Colab 完成後，點按「+新增」按鈕，在「更多」項目中點選「Google Colaboratory」。

進入 Google Colab 後會開啟編輯操作環境，常用的功能說明如下：

1. **檔案名稱**：預設會開啟檔名為「Untitled0.ipynb」的筆記本，檔案名稱可以自行更改。

2. **功能表列**：將功能項目分類安置在「檔案」、「編輯」、「檢視畫面」、「插入」、「執行階段」、「工具」、「說明」等主功能中。

3. **視窗列**：點按視窗列中的 ▤「目錄」、🔍「尋找並取代」、{x}「變數」、🔑「Secret」、📁「檔案」、<>「程式碼片段」、▤「指令區塊面板」、▷_「終端機」圖示鈕，會向右展開對應的視窗，不用時可按視窗右上角的 ☒ 圖示隱藏清單。

4. **編輯區**：Colab 筆記本的編輯區中，可以顯示所建立的儲存格 (Cell)。

5. **新增儲存格**：有「+程式碼」和「+文字」兩個圖示，可以快速建立最常用的程式碼儲存格 (Code cells) 和文字儲存格 (Text cells)。

6. **儲存格工具列**：工具列中提供對儲存格的常用功能圖示鈕。

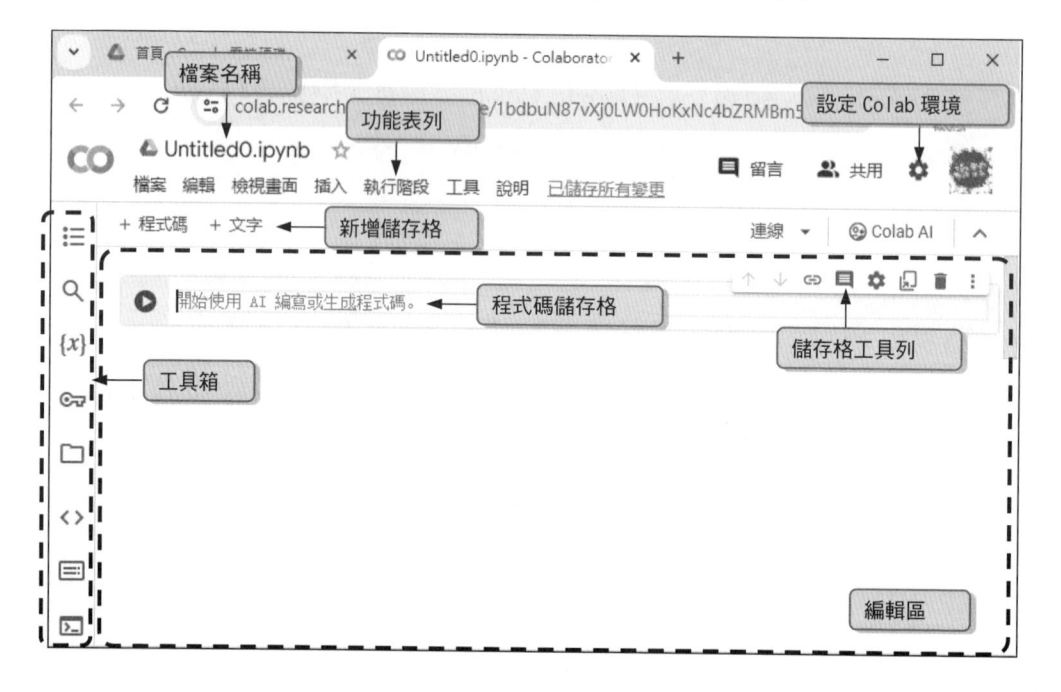

3.4 編輯第一個 Colab 筆記本

下面將用一個簡單的範例,來介紹編輯 Colab 筆記本的常用操作。

一. 建立資料夾

在 Google 雲端硬碟新增一個「AzureAI」資料夾,然後在「AzureAI」資料夾中再新增一個「ch03」資料夾。「ch03」資料夾中就放置第三章所有程式檔,以下章節依此類推。

二. 新增筆記本

開啟 Google 雲端硬碟的「AzureAI / ch03」資料夾,然後點按「+新增」按鈕,在「更多」項目中點選「Google Colaboratory」,就會在 Google 雲端硬碟的「AzureAI / ch03」資料夾中新增一個筆記本,在儲存格中就可以編輯 Python 程式碼。

三. 變更筆記本名稱

預設的筆記本名稱為「Untitled0.ipynb」,副檔名 ipynb 是 Jupyter Notebook 專屬的副檔名。在名稱上按一下就可以修改名稱,請將名稱改為「Hello.ipynb」。

四. 撰寫和執行程式碼

在程式碼儲存格上按一下就可以輸入 Python 程式碼,在此輸入「print('Colab 你好!')」程式敘述,然後按儲存格左邊的 ▶ 圖示 (或按 Ctrl +

`Enter ←` 快捷鍵) 執行該儲存格的程式，執行結果會輸出在該儲存格的下方。筆記本程式第一次執行時，Colab 要先會分配連線的主機資源，所以需要稍等一小段時間。

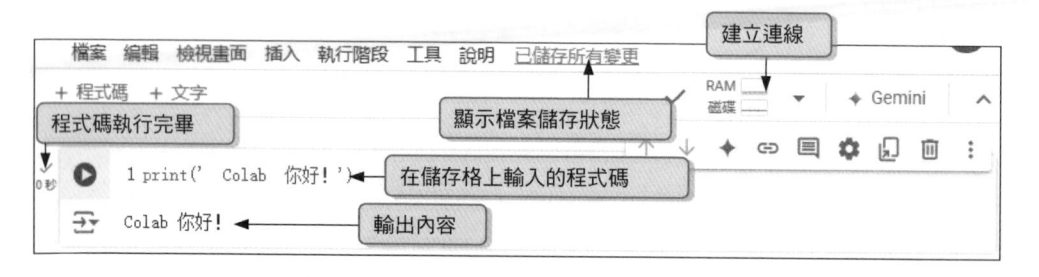

五. 清除輸出內容

如果想要移除程式執行所輸出的結果，可以將滑鼠移到其左邊按圖示，點選「清出所選輸出內容」項目。

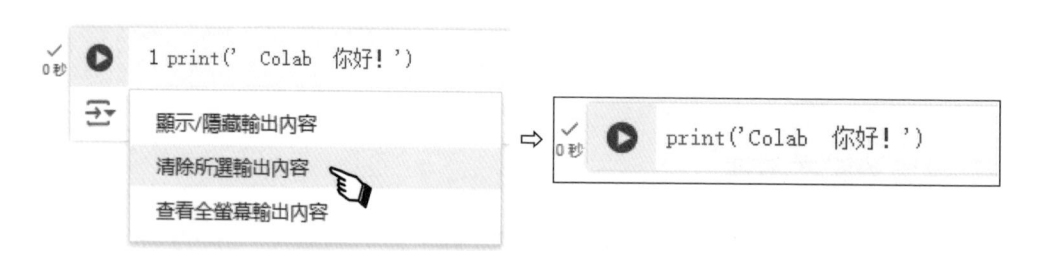

六. 新增文字儲存格

為程式碼加上 *註解* 是良好的寫程式習慣，想在目前程式碼儲存格的上面增加一個文字儲存格，並輸入「我的第一個程式」做為註解。將滑鼠移動到程式碼儲存格的上方，會出現一條插入線以及「+程式碼」和「+文字」兩個圖示，點按「+文字」圖示就可以在上面插入一個文字儲存格。

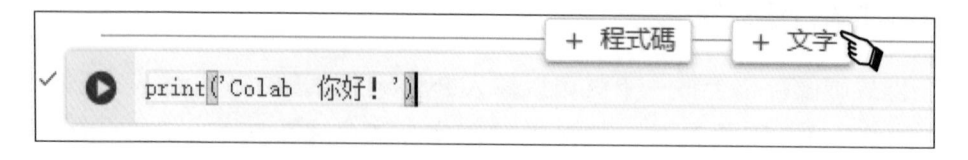

在新增的文字儲存格上快按兩下，就進入編輯模式輸入文字。文字是支援 markdown 和 Latex 語法，可以利用上方的工具列設定格式，設定的結果可以在右邊預視。輸入完成後，將滑鼠移至其他儲存格按下就完成輸入。

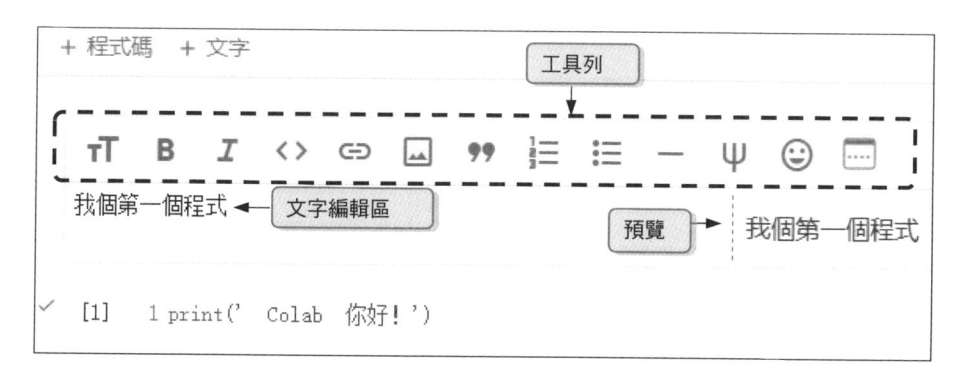

七. 儲存筆記本

Colab 會自動儲存筆記本的內容，若要立即儲存可以執行功能表列的「檔案 / 儲存」功能，或是使用快捷鍵 Ctrl + S 。

八. 新增程式碼儲存格並編寫程式敘述

想在程式碼或文字儲存格下面，再增加一個程式碼儲存格時。可以先點選程式碼或文字儲存格使成為目前聚焦的儲存格，然後點按功能表下面的「+程式碼」圖示，就會在聚焦儲存格下面新增一個程式碼儲存格。

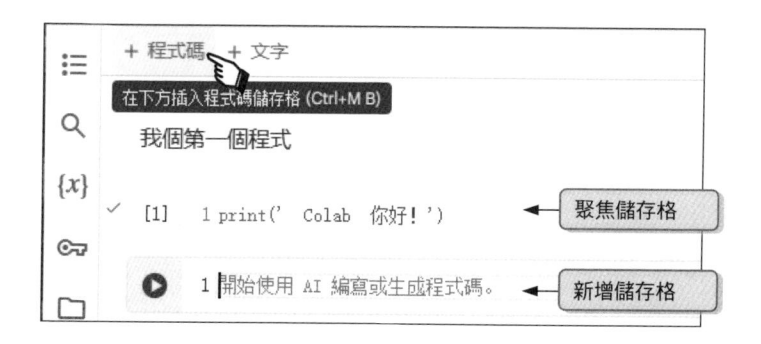

在新增的程式碼儲存格中，輸入「x = 10」程式敘述，並執行該程式。

九. 再新增程式碼儲存格並編寫程式

依照上面方法再新增一個程式碼儲存格，其中輸入「print(x + 2)」敘述。因為 Colab 編輯器有程式碼感知功能，我們輸入「pri」時就會以清單列出可用的關鍵字、函式、成員 ... 等，當「print」成為第一個項目時，按下 Tab 鍵就會自動完成程式碼，也可以直接用滑鼠點選項目。

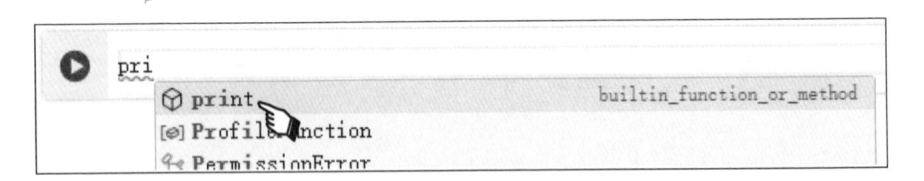

程式碼輸入完成後，執行的輸出結果為 12。雖然在目前程式碼儲存格中，沒有定義 x 變數的值，但是在上面的儲存格已經定義，執行過後 Colab 就會保留變數值，因此其他的儲存格就能取用。所以 Colab 的程式碼儲存格看似各自獨立，其實是相互間是有上下關連。

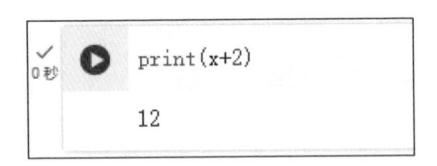

最後我們所編輯的第一個 Colab 筆記本結果如下：

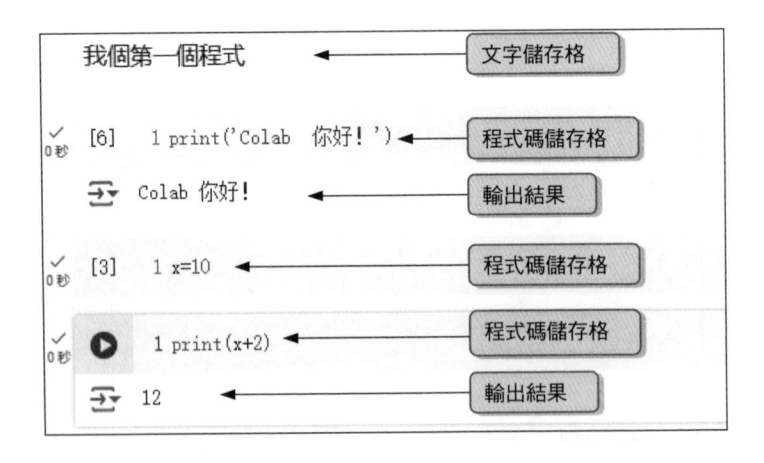

3.5 Colab 常用功能

介紹完編輯 Colab 筆記本的常用操作方法，本小節繼續說明 Colab 的常用功能。

一. 選取多個儲存格

如果想同時對多個儲存格做動作時，可以用滑鼠拖曳區域來選取。或是滑鼠點選加 Ctrl 鍵可逐一選取，若配合 ⇧ Shift 鍵點選最上和最下儲存格，則可以選取連續的儲存格。

二. 移動或刪除儲存格

點選 x=10 程式碼儲存格使成為聚焦儲存格，然後按其右邊工具列中的 ↓ 圖示，可以將目前聚焦的儲存格下移。

```
▶  x=10

[3]  print(x+2)
```
（儲存格上移、儲存格下移、刪除儲存格）

三. 複製儲存格和程式碼

在要複製的儲存格上按滑鼠右鍵，在清單中點選「複製儲存格」，接著點選要貼上的儲存格，然後按 Ctrl + V 鍵，就會在聚焦儲存格的下方貼上所複製的儲存格。如果是要複製程式碼，則先選取程式碼後按滑鼠右鍵，在清單中點選「複製選取範圍」，接著點選要貼上的位置，然後按 Ctrl + V 鍵即可。

四. 程式碼錯誤

如果將程式碼儲存格內容改為「print(x + 2」，此時程式碼下方會出現紅色的波浪線，提醒程式碼錯誤。此時如果執行程式，會出現錯誤訊息。

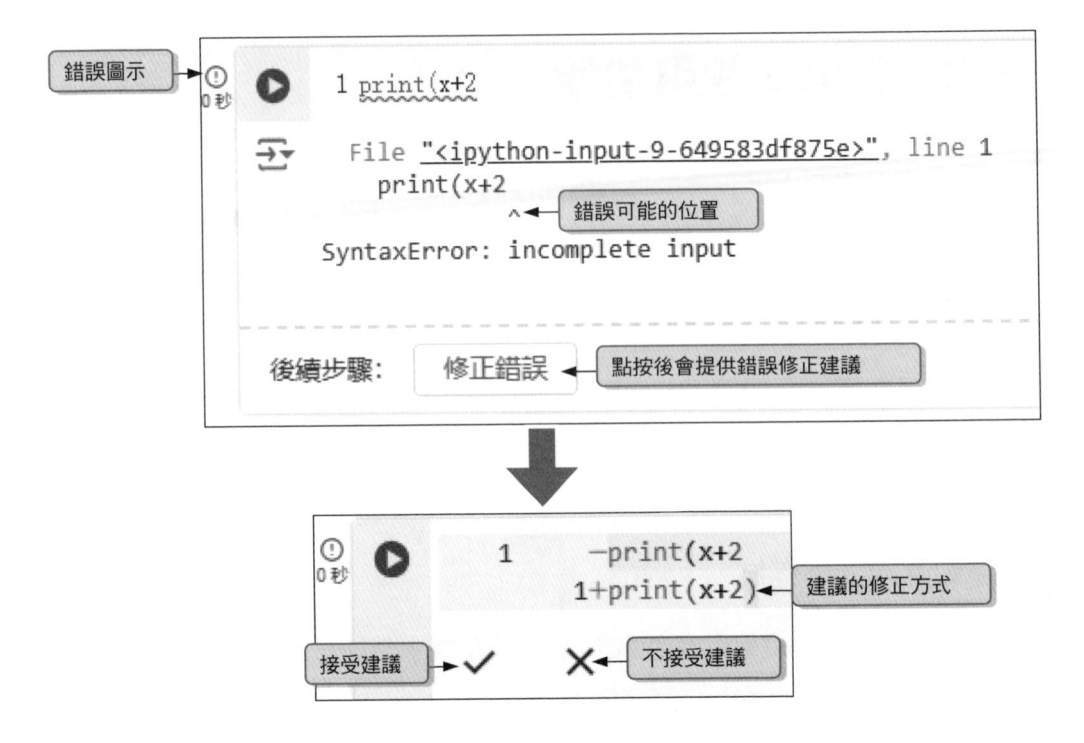

五. 查看變數

利用變數視窗可以查看變數值方便程式除錯，操作方式如下所示：

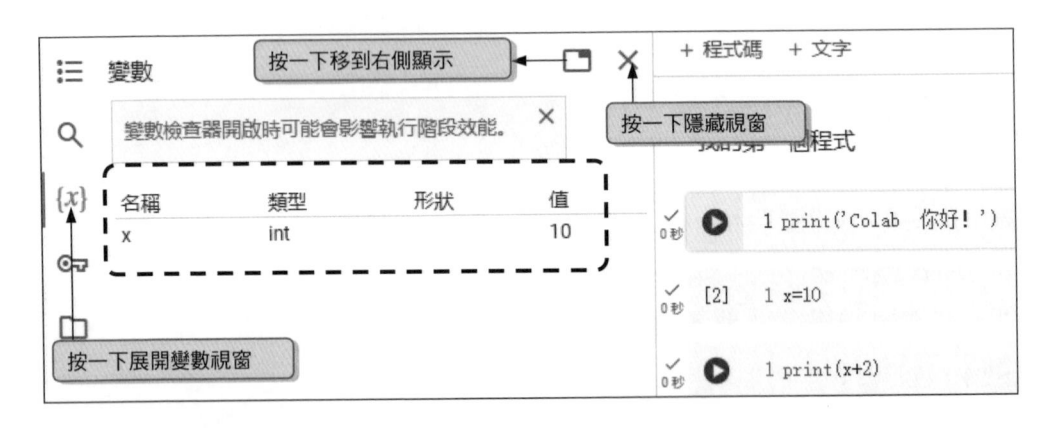

六. 尋找或取代程式碼

利用 尋找並取代 視窗可以搜尋程式碼的位置，也可以批次變更程式碼，操作方式如下所示：

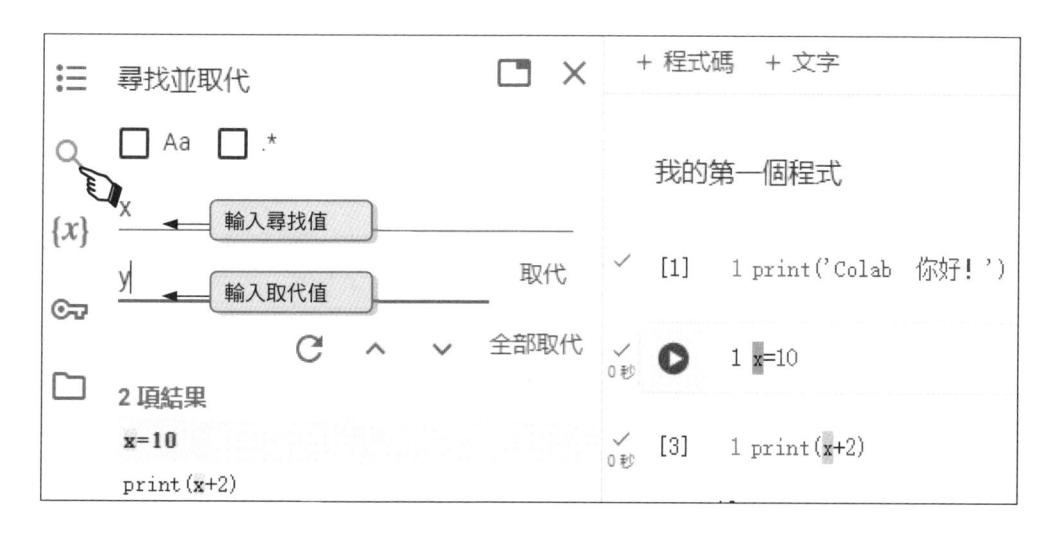

七. 中斷程式碼的執行

當程式執行的時間太長，或是程式錯誤造成無窮迴圈，想要中斷程式執行，可以執行功能表列的「執行階段 / 中斷執行」指令。

八. 設定顯示程式碼行號

程式碼較長時如果有行號會比較容易閱讀，請依照下列步驟設定：

九. 全部執行程式碼

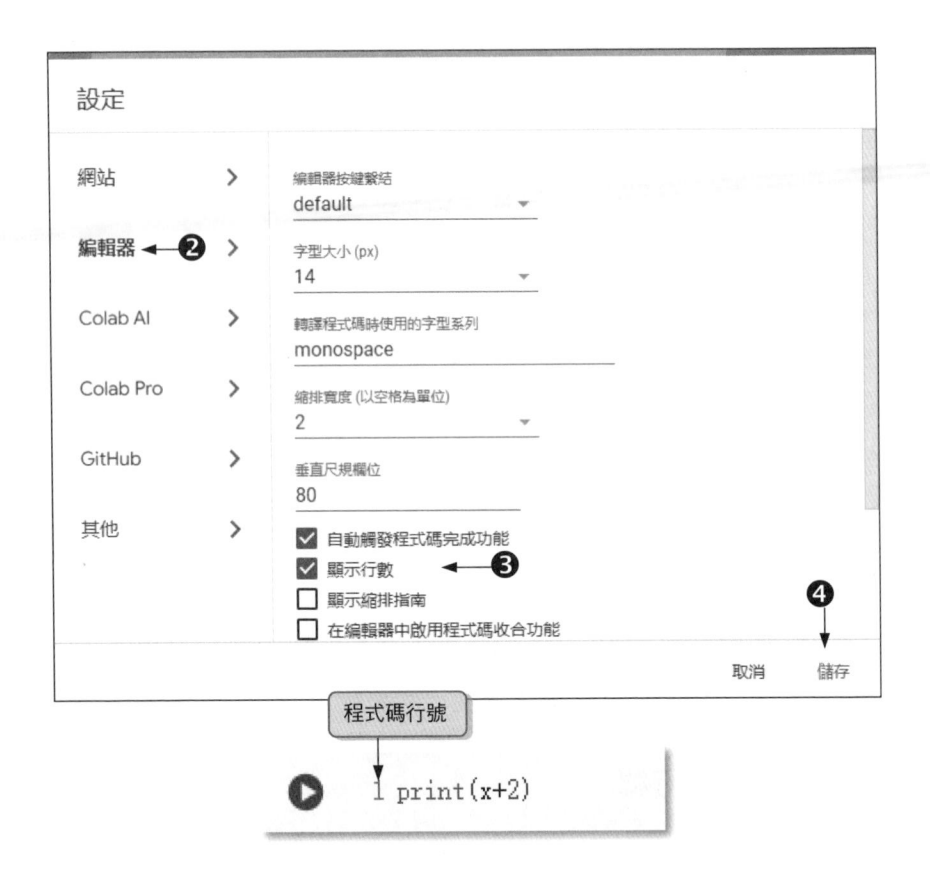

為何 Colab 要將程式碼分散在多個儲存格呢？程式碼分散有容易閱讀、容易除錯、節省時間和節省網路資源等優點。例如某個程式碼集中寫在一個儲存格中，如果程式碼有修改時，必須重頭全部執行一遍。如果分散在 A、B、C 三個儲存格中，A 儲存格程式碼修改只要執行 A 儲存格，其他儲存格執行結果會保留可直接讀取，如此就可節省 2 / 3 的時間。

當筆記本中有許多的程式碼儲存格需要執行時，可以執行功能表列的「執行階段 / 全部執行」指令或按 Ctrl + F9 快捷鍵，Colab 就會從最上面開始依序向下執行每一個儲存格的程式碼。特別是重新開啟筆記本時，「全部執行」是非常好用的指令。

十. AI 生成程式碼

點按工具列的 ✦ 工具執行「產生程式碼」項目,就可以用自然語言的提示詞生成程式碼。

輸入程式碼描述後按 Enter 鍵,可以會生成程式碼。

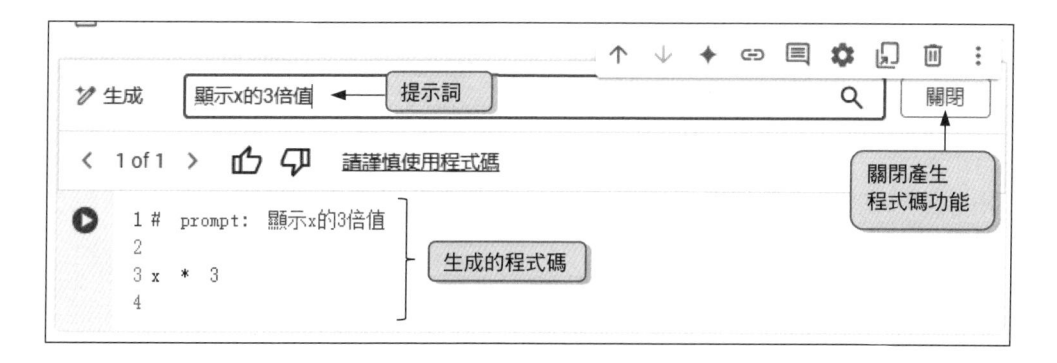

CHAPTER 04

Gradio 互動式網頁

4.1 認識 Gradio

4.1.1 Gradio 簡介

前面章節介紹如何在 Colab 開發環境中使用 Python 語言，因輸出入以主控台為主，程式所產生的結果無法分享。所幸使用 Gradio 套件可以快速建立互動式網頁，而且非常簡單易學。Gradio 是用來建立展示機器學習模型的瀏覽器互動式網頁程式，屬於 Python 語言的開源程式庫，在 2021 年被 Hugging Face 公司收購並持續維護和開發。

使用 Gradio 套件可以迅速建立出實用的使用者介面，而且可以在瀏覽器中進行文字輸入、圖像上傳、聲音錄製、視訊播放…等互動性的操作。現今 Gradio 廣為人工智慧開發者所愛用，因為 Gradio 具備以下的多種優點：

1. **容易學習**：Gradio 只需要短短幾行程式，就可以定義出輸入和輸出介面，快速建立互動式網頁。對於不熟悉 HTML、JavaScript、CSS…等網頁前端開發語言的初學者，是莫大的福音。

2. **方便除錯**：Gradio 在 Colab 開發環境中可以直接顯示網頁介面，在除錯方面非常方便。

3. **快速部署**：Gradio 建立互動網頁的時候，會同步發布到網站中部署，只要分享連結網址，就可以供使用者使用。不需要了解網路的後端服務，即可迅速完成部署公開分享。

4. **介面種類眾多**：Gradio 提供多種不同類型的介面元件 (component)，例如：文字方塊、滑桿、選項鈕、核取方塊、圖像、圖庫、音訊、視訊…等，使得所開發的介面實用又多元。

5. **支援自行微調介面**：除了使用 Gradio 預設的介面元件外，還可以自行進一步設定元件的各種參數，達到客製化的效果。

6. **免費使用**：Gradio 功能強大而且好用，因為是屬於開源程式，所以可以免費使用。

上面說明使用 Gradio 套件開發互動式網頁的優點，但是也會有些小小的缺點。例如所開發的介面相對比較簡單，不夠美觀和酷炫。所部署的網頁程式只有 72 小時的使用期限，不是永久有效 (可向 Hugging Face 公司進一步申請長期使用)。雖然如此，但是因為 Gradio 可以輕易地快速完成工作，仍是產生網頁使用者介面的利器。

4.1.2 開發互動式網頁的步驟

使用 Gradio 開發互動式網頁時，Python 的版本必須至少為 3.8 版。如果要查詢 Python 的版本可以輸入以下敘述：

```
!python --version
```

以下用一個簡單的範例，說明使用 Gradio 套件開發互動式網頁的方法。請先新增一個 FirstGradio.ipynb 筆記本，然後依照下列步驟撰寫程式。

1. **安裝 gradio 套件**：在程式碼儲存格輸入如下安裝 gradio 套件的敘述，並執行程式。

```
!pip install gradio
```

```
1 !pip install gradio
Collecting gradio
  Downloading gradio-5.9.1-py3-none-any.whl.metadata (16 kB)
```

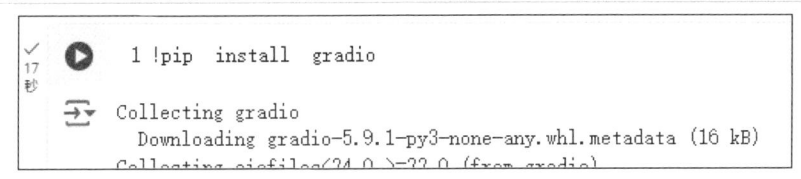

2. **引用 gradio 套件**：在新的程式碼儲存格輸入如下敘述，引用 gradio 套件並設別名為 gr，輸入後執行程式。

```
import gradio as gr
```

3. **定義處理函式**：在新的程式碼儲存格輸入如下的 hello() 函式，傳入 user_name 參數，傳回問候字串，輸入後執行程式。hello() 函式供 gradio 的 Interface() 方法呼叫，定義時要配合以下所定義 Interface 物件。函式的參數個數、資料型別和順序，要和 Interface 物件的輸入元件 (inputs) 相配合。函式傳回值的個數、資料型別和順序，也要和 Interface 物件的輸出元件 (outputs) 相配合。

```
1  def hello(user_name):
2      return user_name + '你好！'
```

4. **定義 Interface 物件**：在新的程式碼儲存格輸入如下程式，建立名稱為 iface 的 Interface 物件，輸入後執行程式。

```
1  iface = gr.Interface(        ← 用 gr(gradio) 的 Interface() 方法
2      fn=hello,                  宣告 iface 為 Interface 物件
3      inputs='text',
4      outputs='text')
```

說明

1. 第 1 行：gradio 的核心是 Interface 物件，可以建立使用者介面，其中有 fn、inputs、outputs 三個重要參數，傳回值指定給 Interface 物件 iface。

2. 第 2 行：fn 參數用來指定處理的函式，此處是指定為 hello() 函式。

3. 第 3 行：inputs 參數用來指定輸入介面的元件，此處是指定為 'text'，表示輸入元件為文字方塊，可供使用者輸入文字資料。輸入的資料會傳給 hello() 函式的 user_name 參數。

4. 第 4 行：outputs 參數用來指定輸出介面的元件，此處是指定為 'text'，表示輸出元件為文字方塊。輸出的資料來源為 hello() 函式的傳回值。

5. **部署網頁**：在新的程式碼儲存格輸入如下的敘述，輸入後執行程式來部署 Interface 物件所產生的互動式網頁。執行介面後可以直接在 Colab 整合開發環境看到結果，也可以連結到部署的網址由瀏覽器中查看。

```
1  iface.queue()
2  iface.launch()
```

說明

1. 第 1 行：queue() 方法執行後會開啟佇列，以便讓產生的結果會依照順序輸出。

2. 第 2 行：launch() 方法會啟動一個網路伺服器供展示網頁。產生的網頁只能供自己瀏覽，如果希望供大眾使用則必須將 share 參數設為 True。

   ```
   iface.launch(share = True)
   ```

   如果介面執行結果不正確需要除錯時，可以將 debug 參數設為 True。停止介面執行時，可以由執行情形判斷可能出錯的敘述。

   ```
   iface.launch(debug = True)
   ```

3. 定義 Interface 物件和部署網頁的程式碼，也可以用匿名方式寫在一起，程式碼會比較簡潔：

   ```
   1    gr.Interface(
   2        fn=hello,
   3        inputs='text',
   4        outputs='text').queue().launch()
   ```

4.2 Gradio 基本語法介紹

在上一節介紹使用 Gradio 開發互動式網頁的簡單方法，本節將介紹一些基本的用法，可以使得介面更加清楚。

4.2.1 Interface 物件的主要屬性

Interface 物件最主要的屬性是下列三個：

1. **fn**：指定處理的函式，函式處理的資料來自 inputs 屬性所指定的元件，而處理後的傳回值會在 outputs 屬性的元件上顯示。

2. **inputs**：指定輸入元件的類型，輸入元件接受的資料會傳給 fn 指定的函式處理。常用的元件類型有 'text' (供使用者輸入文字的文字方塊)、'image' (供使用者指定圖檔)、'checkbox' (核取方塊)、'audio' (音訊)…等。如果介面不需要有輸入元件，可以設為 None。如果有多個輸入元件時，可以使用串列來表示。例如 inputs = ['text', 'text']，會建立兩個可供輸入的文字方塊。

3. **outputs**：指定輸出元件的類型，輸出元件會顯示函式處理後的傳回值。常用的元件類型有 'text' (顯示和輸入文字)、'image' (顯示圖檔)、'label' (顯示文字的文字標籤)、'number' (顯示數值的數值標籤)…等。如果介面不需要有輸出元件時，可以設為 None。如果有多個輸出元件時，可使用串列來表示。例如：outputs = ['text', 'label', 'number']，會建立文字方塊、文字標籤和數值標籤三個輸出元件。

範例：

使用者可以輸入姓名和年份，勾選是否為西元年，會輸出問候訊息和所轉換的民國或西元年。

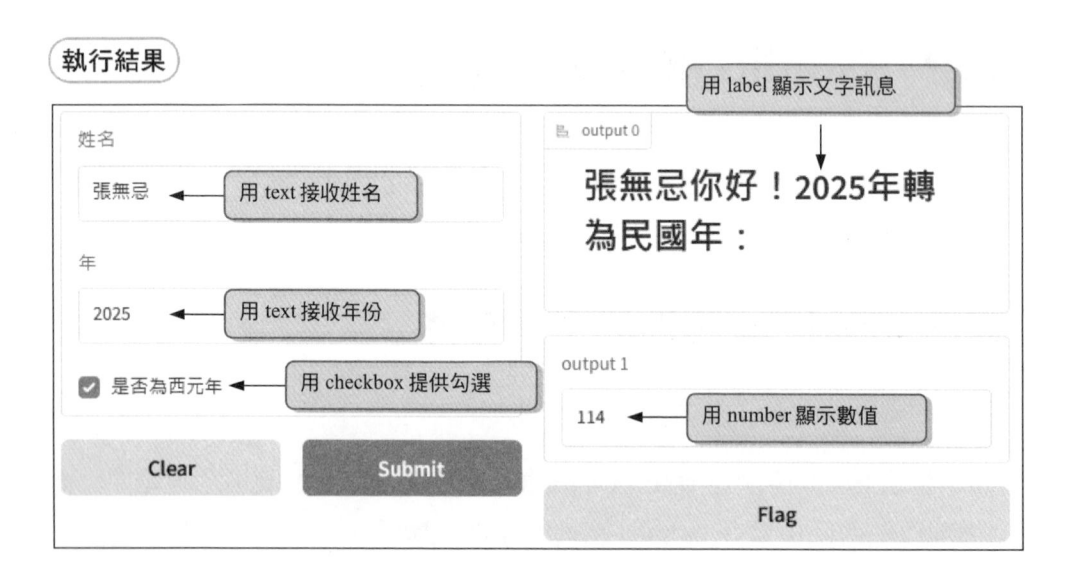

執行結果

（畫面示意）

- 姓名：張無忌 ← 用 text 接收姓名
- 年：2025 ← 用 text 接收年份
- ☑ 是否為西元年 ← 用 checkbox 提供勾選
- Clear / Submit

- output 0：張無忌你好！2025年轉為民國年： ← 用 label 顯示文字訊息
- output 1：114 ← 用 number 顯示數值
- Flag

程式碼 FileName : Year.ipynb

```
1-01 !pip install gradio
1-02 import gradio as gr
```
程式儲存格 1

```
2-01 def Change(姓名, 年, 是否為西元年):
2-02     years = int(年)
2-03     msg = ''
2-04     if 是否為西元年 == True:
2-05         years -= 1911
2-06         msg = '民國'
2-07     else:
2-08         years += 1911
2-09         msg = '西元'
2-10     return f'{姓名}你好！{年}年轉為{msg}年：', years
```
程式儲存格 2

```
3-01 iface = gr.Interface(
3-02     fn=Change,
3-03     inputs=['text','text','checkbox'],
3-04     outputs=['label','number'])
```
程式儲存格 3

```
4-01 iface.queue()
4-02 iface.launch()
```
程式儲存格 4

說明

1. 第 1-01~1-02 行為程式儲存格 1 中程式碼敘述、第 2-01~2-10 行表程式儲存格 2 中程式碼敘述 … 其他以此類推。

2. 第 1-01~1-02 行：安裝 gradio 套件後引用 gradio 套件，指定別名為 gr。

3. 第 2-01~2-10 行：定義 Change() 函式來處理 gradio 介面的元件值，其中有 姓名、年、是否為西元年 三個參數，依序分別對應 Interface 物件的三個輸入元件，兩個 text 和一個 checkbox。此處變數名稱使用中文，是因為 gradio 預設使用變數名稱做為元件的標題。函式的兩個傳回值，依序分別對應 Interface 物件的兩個輸出元件 label 和 number。

4. 第 2-02 行：參數 年 的資料型別為字串，須強制轉型為 int 才能運算。

5. 第 2-04~2-09 行：為選擇結構根據 是否為西元年 參數值，分別設定不同的 years 和 msg 值。

6. 第 3-01~3-04 行：定義 Interface 物件，指定 Change() 函式，inputs 屬性指定兩個 'text' (輸入值為字串) 和 一個 'checkbox' (輸入值為布林值) 輸入元件。outputs 屬性指定 'label' (輸出值為字串) 和 'number' (輸出值為數值) 輸出元件。

7. 如果 Change() 函式程式碼有修改時，除該程式儲存格要重新執行外，其後的程式儲存格 3、4 也要再執行，才能正確觀察到修正後的結果。

4.2.2 Interface 物件的進階屬性

Interface 物件除了 fn、inputs、outputs 三個最主要的屬性外，還有一些較不常用的屬性，但是設定這些屬性可以讓介面更加符合需求。

1. **title**：指定整個介面的**標題文字**，會顯示在輸入和輸出元件的上方。

2. **description**：指定**說明文字**，會顯示在標題文字的下方。屬性值可以採用一般文字，或是 HTML、markdown⋯等格式。

3. **article**：指定**註解文字**，會顯示在輸入、輸出區的下方。屬性值可以採用一般文字，或是 HTML、markdown⋯等格式。

4. **examples**：使用串列來顯示輸入元件的**範例**，會以表格的形式呈現，第一列為輸入元件標題，第二列起為所設定的串列值。

5. **allow_flagging**：如果不想顯示輸出介面下方的 Flag 按鈕，可以將屬性值設為 'never'。

6. **live**：如果需要每當輸入元件有更動時，介面就隨之更新，就可以設定屬性值為 True。

範例：

設計一個使用者輸入身高和體重，計算出 BMI 值和體重狀態的程式。
標準體重 BMI 值介於 18.5～24，小於 18.5 過輕，大於等於 24 則過重。
BMI 公式：體重/（身高 x 身高）【體重單位為公斤，身高單位為公尺】

執行結果

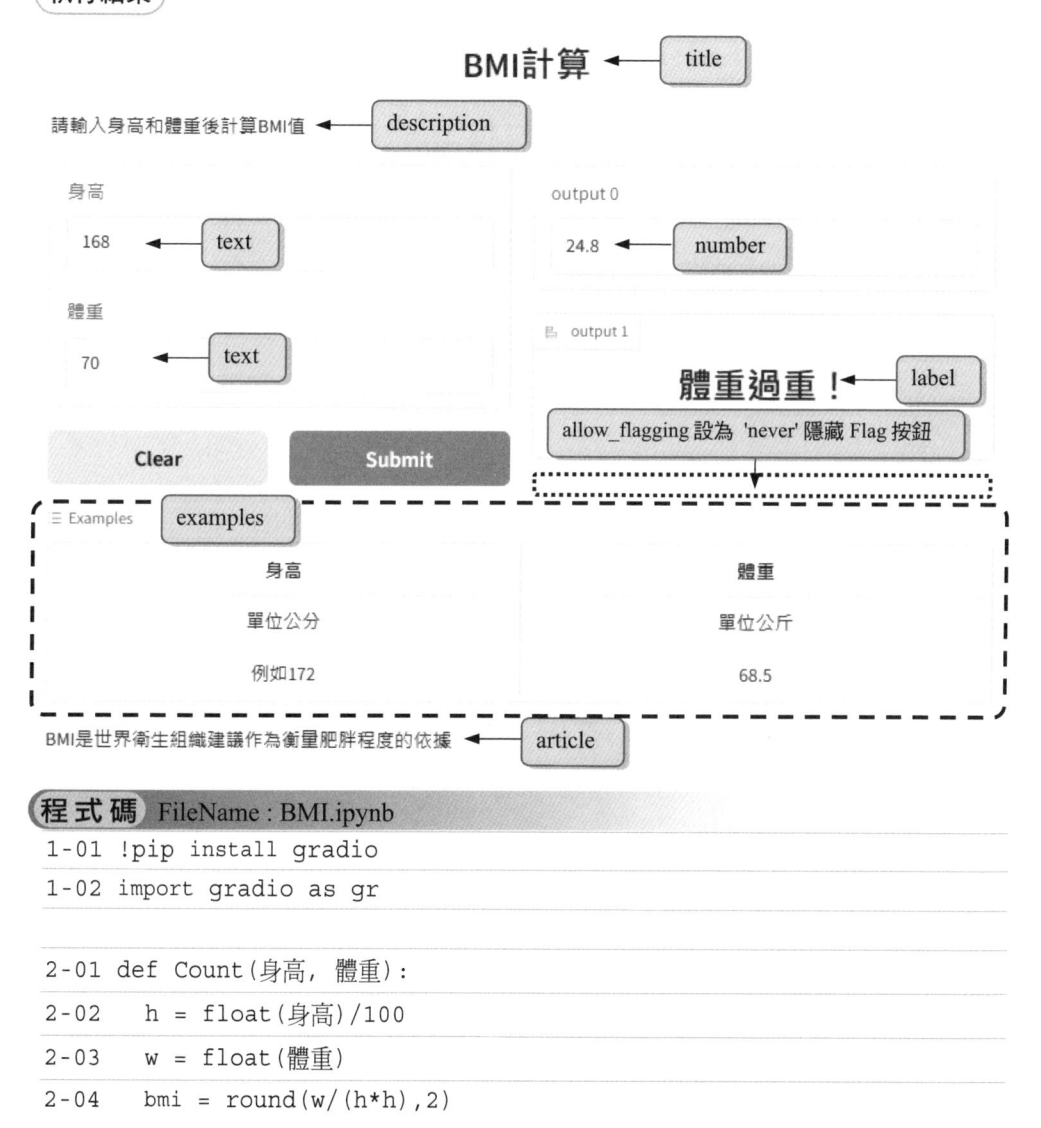

- BMI計算 ← title
- 請輸入身高和體重後計算BMI值 ← description
- 身高 168 ← text
- 體重 70 ← text
- output 0 : 24.8 ← number
- output 1 : 體重過重！ ← label
- allow_flagging 設為 'never' 隱藏 Flag 按鈕
- Clear / Submit
- Examples ← examples
  - 身高（單位公分，例如172）
  - 體重（單位公斤，68.5）
- BMI是世界衛生組織建議作為衡量肥胖程度的依據 ← article

程式碼　FileName : BMI.ipynb

```
1-01  !pip install gradio
1-02  import gradio as gr

2-01  def Count(身高, 體重):
2-02      h = float(身高)/100
2-03      w = float(體重)
2-04      bmi = round(w/(h*h),2)
```

```
2-05      msg = '體重過重！'
2-06      if bmi<18.5:
2-07          msg = '體重太輕！'
2-08      elif bmi>=18.5 and bmi<24:
2-09          msg = '體重正常！'
2-10      return bmi,msg

3-01 gr.Interface(
3-02     fn=Count,
3-03     inputs=['text','text'],
3-04     outputs=['number','label'],
3-05     title='BMI 計算',
3-06     description='請輸入身高和體重後計算 BMI 值',
3-07     article='BMI 是世界衛生組織建議作為衡量肥胖程度的依據',
3-08     examples=[['單位公分','單位公斤'],['例如 172','68.5']],
3-09     allow_flagging='never'
3-10 ).queue().launch()
```

◎ 說明

1. 第 2-01~2-10 行：定義 Count() 函式來處理 gradio 介面的元件值，其中有 **身高**、**體重** 兩個參數，計算後傳回 BMI 值和體重狀態訊息。

2. 第 2-02~2-03 行：**身高**、**體重** 參數值強制轉型為 float，其中身高要除以 100 轉為公尺。

3. 第 2-04 行：用 round() 函式將 BMI 值四捨五入到小數第二位。

4. 第 2-05~2-09 行：用選擇結構根據 BMI 值，設定 msg 體重狀態訊息。

5. 第 3-05~3-07 行：設定 title、description、article 屬性值，分別設定介面的「標題」、「說明」和「註解文字」內容。

6. 第 3-08 行：設定 examples 屬性顯示範例，屬性值為 [['單位公分', '單位公斤'], ['例如 172', '68.5']]。

7. 第 3-09 行：設定 allow_flagging 屬性值為 'never'，指定不顯示 Flag 鈕。

4.3 Gradio 常用的輸出入元件

前面介紹 Interface 物件的 inputs、outputs 屬性,都是使用元件的名稱字串來指定 (例如 'text'),此時所建立的元件是以預設值呈現。如果想要進一步指定元件的屬性值,達到客製化的效果,就必須採用元件的方式建立。因為 Gradio 提供的介面元件眾多,而且還不斷地開發,所以只介紹一些常用的元件,其餘的部分可以自行到 Gradio 官網 (https://www.gradio.app/) 查看。使用 Gradio 元件的語法如下:

> **語法** gr.元件名稱(屬性 1 = 屬性值 1, 屬性 2 = 屬性值 2, ...)

4.3.1 Textbox 元件

Textbox 文字方塊元件就像前面使用的 'text',可以接受和顯示文字資料。只是 Textbox 元件可以進一步設定標題、行數、預設值…等,使得介面可以更加符合需求。Textbox 元件常用的屬性如下:

1. **value**:指定文字方塊的預設文字內容,預設值為空字串。
2. **label**:指定文字方塊的標題,預設值為空字串。
3. **lines**:指定文字方塊呈現的最少行數,預設值為 1。
4. **placeholder**:指定文字方塊的提示文字內容,預設值為 None。

> **簡例**
>
> inputs=gr.Textbox(value='100', label='成績', lines=2, placeholder='輸入成績')

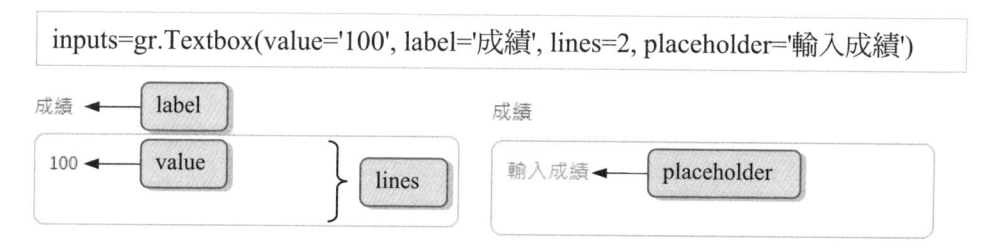

4.3.2 Slider 元件

如果使用 Textbox 元件供輸入數值資料時,使用者可能會輸入超出範圍,甚至是無法預期的資料,例如「一百」、「壹佰」、「１００」(全形字)…等。Slider 滑桿元件可以供使用者以拖曳方式輸入數值,如此就可以避免產生上述錯誤。

1. **value**:指定滑桿的預設值,當 randomize 屬性值為 True 時無效。
2. **minimum**:指定滑桿的最小值,預設值為 0。
3. **maximum**:指定滑桿的最大值,預設值為 100。
4. **step**:指定滑桿移動的間距值,預設值為 None。
5. **randomize**:預設值為 False。當屬性值設為 True 時,會隨機指定滑桿的 value 屬性值。

範例

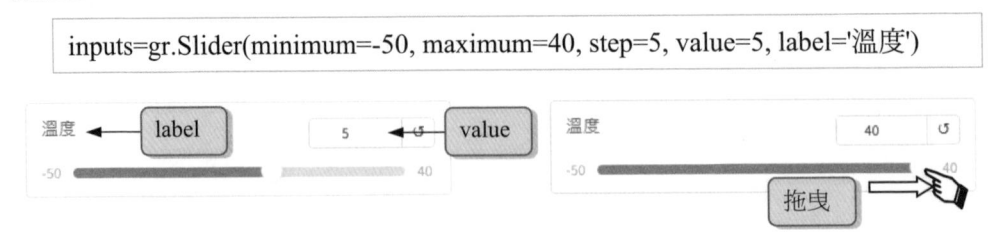

inputs=gr.Slider(minimum=-50, maximum=40, step=5, value=5, label='溫度')

4.3.3 Checkbox 元件

Checkbox 核取方塊元件就是前面使用過的 'checkbox',可以提供使用者勾選項目。

1. **value**:指定核取方塊的勾選狀態,勾選時值為 True;未勾選時值為 False,預設值為 False。
2. **label**:指定核取方塊的標題,預設值為空字串。
3. **info**:指定核取方塊的說明文字,預設值為空字串。

簡例

inputs=gr.Checkbox(label='自備環保杯', value=True, info='自備環保杯折 5 元')

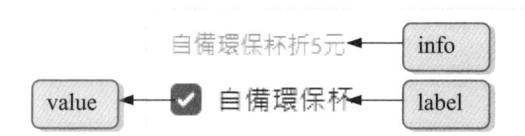

範例：

設計博物館門票查詢程式，使用者輸入姓名、年齡，勾選是否為學生或當地居民後，會顯示門票的金額(全票 100 元、半票 50 元、優待票 30 元)。

門票規則：6 歲以下免費、當地居民為優待票、學生為半票、18～64 歲全票、其餘年齡皆為半票。

執行結果

程式碼　FileName：Ticket.ipynb

```
1-01  !pip install gradio
1-02  import gradio as gr

2-01  def Price(u_name, u_age, student, local):
2-02      price=0
```

```
2-03    if u_age<6:
2-04        price=0
2-05    else:
2-06        if local==True:
2-07            price=30
2-08        elif student==True:
2-09            price=50
2-10        elif u_age >17 and u_age<=64:
2-11            price=100
2-12        else:
2-13            price=50
2-14    return f'{u_name}你好,你的票價是{price}元'

3-01 name=gr.Textbox(label='輸入你的姓名:')
3-02 age=gr.Slider(minimum=-1,maximum=120,step=1,value=50,label='輸入你的年齡:')
3-03 stu=gr.Checkbox(label='學生',value=False)
3-04 loc=gr.Checkbox(label='當地居民',value=False)
3-05 gr.Interface(
3-06     fn=Price,
3-07     inputs=[name,age,stu,loc],
3-08     outputs=gr.Label(label='票價:')
3-09 ).queue().launch(share = True)
```

說明

1. 第 2-01~2-14 行：定義 Price() 函式來處理 gradio 介面的元件值，其中有 u_name、u_age、student、local 四個參數，計算後傳回姓名和票價的文字訊息。

2. 第 2-03~2-13 行：使用選擇結構根據票價規則，計算出 price 票價。當使用者有勾選學生或當地居民項目時，該核取方塊元件的值會為 True。

3. 第 3-01~3-09 行：定義 Interface 物件指定網頁介面，並公開發布部署。

4. 第 3-01~3-04 行：當介面的元件眾多時可以先定義為變數，可以提高程式的可讀性。

5. 第 3-07 行：使用變數來指定 inputs 輸入元件。

4.3.4 CheckboxGroup 元件

CheckboxGroup 核取方塊群組元件可以提供多個可勾選的項目,供使用者複選。

1. **choices**:指定多個核取方塊的項目,屬性值可以為字串或數字的串列,例如:['運動', '音樂', '電玩']、[1000, 500, 100, 10]。

2. **value**:指定預設勾選的項目串列。

3. **label**:指定核取方塊群組的標題,預設值為空字串。

4. **info**:指定核取方塊群組的說明文字,預設值為空字串。

5. **type**:指定核取方塊群組傳回值的類型。屬性值為 'value' 時傳回選項的標題字串,若為 'index' 則傳回選項的索引值,預設值為 'value'。

簡例

```
inputs=gr.CheckboxGroup(choices=['阿里山', '日月潭', '台中公園', '故宮'],
        value=['日月潭','故宮'], label='景點', info='曾經去過的觀光景點')
```

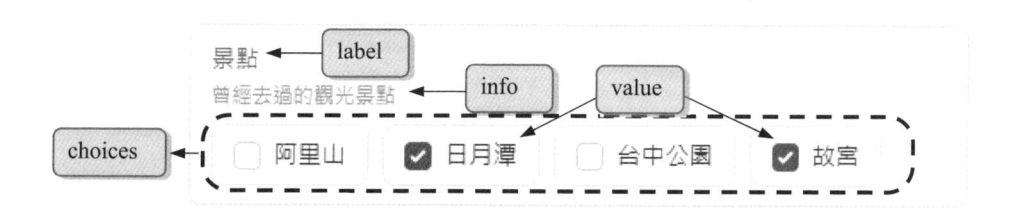

4.3.5 Radio / Dropdown 元件

Radio 選項鈕元件可以提供多個選擇項目,提供使用者擇一單選。而 Dropdown 下拉式清單元件會以清單形式提供多個選擇項目。兩者常用的屬性和 CheckboxGroup 物件相似,就不再重複說明。但 Dropdown 元件有 multiselect 屬性,屬性值設為 True 時可以指定為複選。

簡例

```
inputs=gr.Dropdown(choices=['臭豆腐', '雞排', '肉丸', '水煎包'],
        multiselect=True, label='最愛的小吃')
```

Dropdown

最愛的小吃

雞排 ×　水煎包 ×

臭豆腐
√ 雞排　　　　　multiselect=True
肉丸
√ 水煎包

```
inputs=gr.Radio(choices=['博碩士', '大學專科', '高中職', '國中'],
        value='大學專科', label='學歷')
```

Radio

學歷
○ 博碩士　　● 大學專科　　○ 高中職　　○ 國中

4.3.6　Image 元件

　　Image 圖像元件使用在輸入介面時,可以供使用者以拖曳或用檔案總管開啟方式指定上傳圖檔,甚至使用攝影機 (webcam) 拍照。Image 圖像元件使用在輸出介面時,則可以顯示圖像。

1. **value**:指定圖像元件的預設值,設定方式可以為 PIL 圖檔、路徑、URL …等。例如指定為網路的圖檔:

```
outputs=gr.Image(value='https://www.google.com.tw/images/branding/
googlelogo/1x/googlelogo_color_272x92dp.png')
```

2. **height/width**:指定圖像元件的高度和寬度,單位為像素。

3. **sources**：指定圖像的輸入來源，屬性值為串列，串列元素數量可以為 1~3 個，預設值為 ['upload', 'webcam', 'clipboard']。['upload'] 元素可以讓使用者用拖曳或由檔案總管開啟方式上傳圖檔。['webcam'] 元素可讓使用者從網路攝影機拍攝圖像。['clipboard'] 元素允許使用者從剪貼簿貼上圖像。

4. **type**：指定圖像傳遞到函式時的格式。預設值為 'filepath' 傳遞圖像所在的路徑，可以為本機路徑或網址。屬性值為 'pil' 時，會傳遞 PIL 格式圖像；屬性值若為 'numpy' 時，會傳遞 numpy 串列。

簡例

inputs=gr.Image(value='banana.jpg', height=200, width=150)

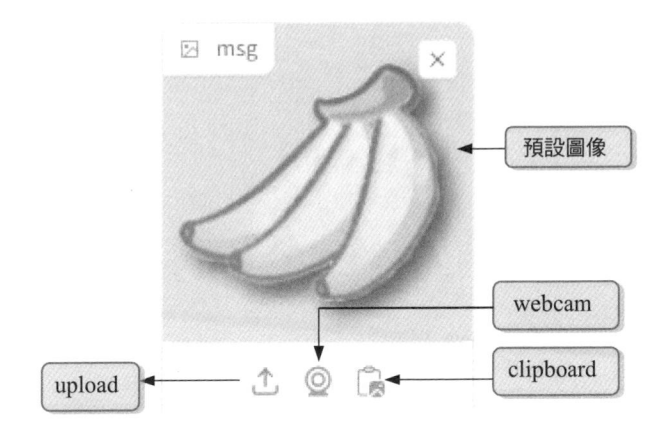

如果想要呈現多張圖像時，可以使用 Gallery 圖庫元件。

簡例

outputs = 'gallery'

4.3.7 Audio 元件

Audio 音訊元件使用在輸入介面時，可以供使用者以拖曳或用指定檔案方式上傳音訊檔，甚至使用麥克風錄音。Audio 音訊元件使用在輸出介面時，則可以播放音訊檔。

1. **value**：指定音訊元件的預設值，設定方式可以為路徑、URL…等。
2. **sources**：指定音訊來源，屬性值為串列，串列元素數量可以為 1~2 個，預設值為 ['upload', 'microphone']。['upload'] 元素可以讓使用者在其中上傳音訊檔。['microphone'] 元素可讓使用者用麥克風錄製音訊。

> 簡例

```
inputs = 'audio',
outputs = gr.Audio(value='banana.wav')
```

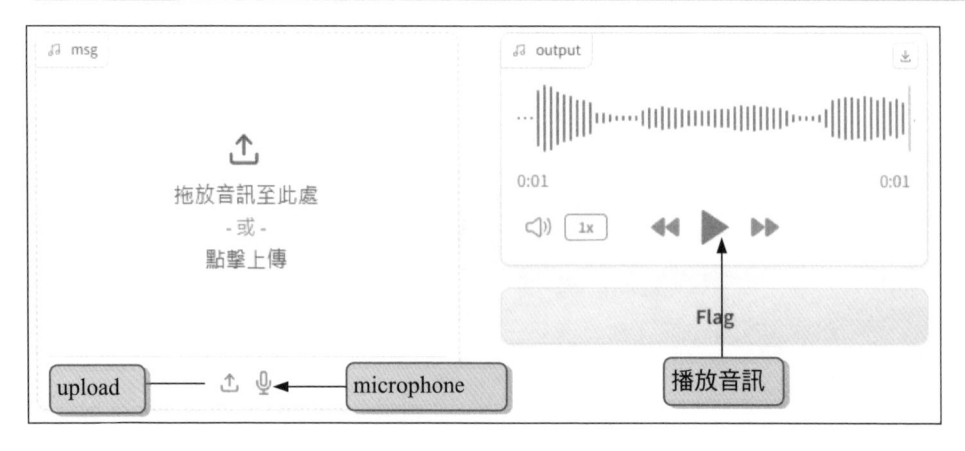

> **Tips**　如果 gradio 元件不需要特別指定屬性值時，使用元件名稱字串例如 'audio'、'video' …等，程式碼會較為簡潔。

4.3.8 Video 元件

Video 視訊元件使用在輸入介面時，可供使用者用拖曳或指定檔案方式上傳視訊檔，或是使用攝影機錄製影片。Video 視訊元件使用在輸出介面時，則可以播放視訊檔，影片格式可以為 .mp4、.ogg、.webm。

1. **value**：指定視訊元件的預設值，設定方式可以為路徑、URL…等。
2. **format**：指定視訊元件傳回影片的格式，屬性值有 'avi'、'mp4'、None。使用 'mp4' 可確保於瀏覽器順利播放，預設值為 None 即保持原上傳的格式。
3. **sources**：指定視訊來源，屬性值為串列，串列元素數量可以為 1~2 個，預設值為 ['upload', 'webcam']。['upload'] 元素可以讓使用者以拖曳或檔案總管開啟方式上傳視訊檔。['webcam'] 元素可讓使用者用攝影機錄製影片。
4. **height / width**：指定視訊物件的高度和寬度，單位為像素。

簡例

```
inputs = 'video',
outputs = gr.Video(value='AiDraw.mp4')
```

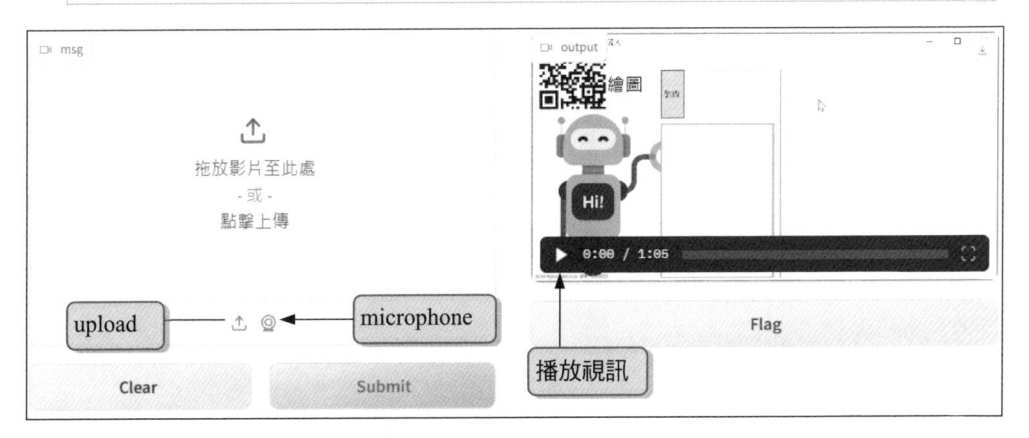

範例：

設計一個使用者選擇攝氏或華氏後，輸入溫度(範圍-100～100)可以換算成另一種溫標(溫度的數值表示法)，如果輸入的溫度高於30度C，就顯示 hot.jpg；否則就顯示 cold.jpg。

華氏溫度 = 9 / 5 * 攝氏溫度 + 32

攝氏溫度 = (攝氏溫度 - 32) * 5 / 9

執行結果

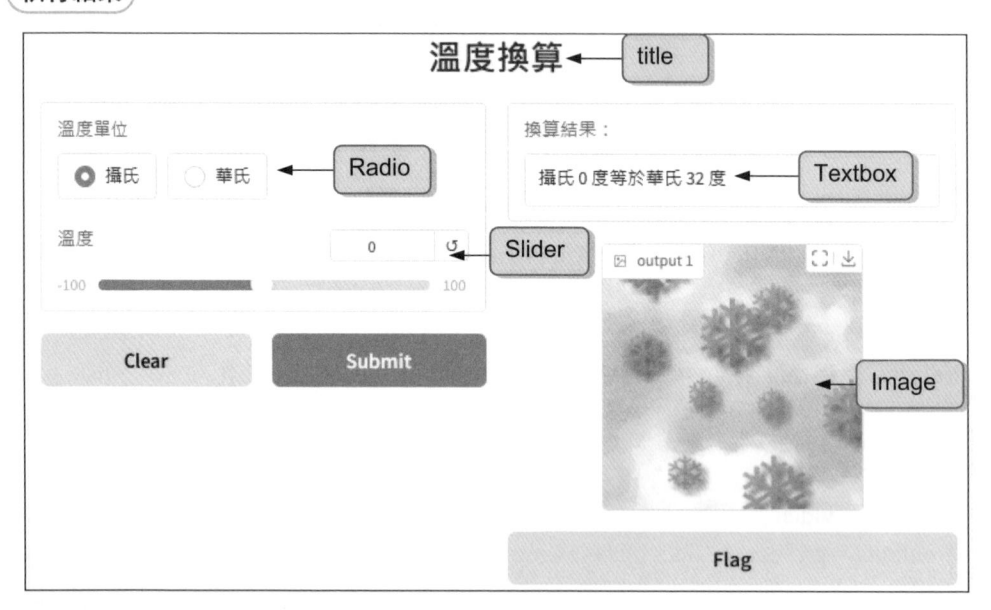

程式碼　FileName : F2C.ipynb

```
1-01  !pip install gradio
1-02  import gradio as gr

2-01  def F2c(c_f,degrees):
2-02      if c_f == '攝氏':
2-03          c = degrees
2-04          f = int(9/5*c+32)
2-05          msg = f'攝氏 {c} 度等於華氏 {f} 度'
2-06      else:
2-07          f = degrees
```

```
2-08        c = int((f-32)*5/9)
2-09        msg = f'華氏 {f} 度等於攝氏 {c} 度'
2-10        if c > 30:
2-11            img='hot.jpg'
2-12        else:
2-13            img='cold.jpg'
2-14        return msg,img

3-01 gr.Interface(
3-02    fn=F2c,
3-03    inputs=[
3-04        gr.Radio(choices=['攝氏','華氏'],value='攝氏',label='溫度單位'),
3-05        gr.Slider(minimum=-100,maximum=100,value=0,label='溫度')],
3-06    outputs=[
3-07        gr.Textbox(label='換算結果：'),
3-08        gr.Image(value='cold.jpg',height=200,width=200)],
3-09    title='溫度換算',
3-10 ).queue().launch()
```

說明

1. 第 2-01~2-14 行：定義 F2c() 函式來處理 gradio 介面的元件值。

2. 第 2-02~2-09 行：根據 c_f 值，分別計算 c 攝氏、f 華氏溫度和 msg 換算結果。

3. 第 2-10~2-13 行：根據 c 是否大於 30，分別指定不同的圖檔。

4. 第 2-14 行：傳回 msg 和 img。

5. 第 3-03~3-05 行：設定介面的輸入元件。Radio 選項鈕元件有 '攝氏' 和 '華氏' 兩個選項，預設值為 '攝氏'。Slider 滑桿元件的最小值為 -100、最大值為 100，預設值為 0。

6. 第 3-06~3-08 行：設定介面的輸出元件。Textbox 文字方塊元件的標題為 '換算結果：'。Image 圖像元件的預設值為 'cold.jpg'，高度為 200、寬度為 200。

7. 如下圖所示步驟，本範例的兩個圖檔要先上傳到 Colab 筆記本中才能正確執行。要特別注意當筆記本關閉後，上傳的圖檔會被移除，下次執行時必須再重新上傳一次。

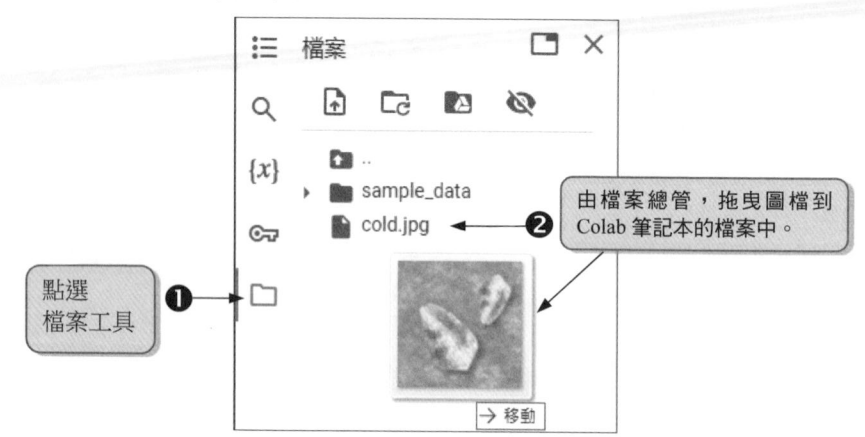

❶ 點選檔案工具

❷ 由檔案總管，拖曳圖檔到 Colab 筆記本的檔案中。

CHAPTER 05

探索電腦視覺(一) 電腦視覺分析

5.1 Azure AI 視覺簡介

　　Azure AI 視覺是微軟提供創新的電腦視覺服務，運用人工智慧 (AI) 來「觀看」並解讀視覺資料，讓電腦能夠識別影像和影片中的物件和人物，進行模仿人類視覺的工作能力，使電腦自動化取代人力。同時能模擬人類對所見影像進行偵測、識別、分析，也能模仿人類視覺的運作方式，進一步做出判斷或行動。立足現在及放眼未來，Azure AI 視覺技術的應用範圍會更廣泛，如：臉部辨識、物件偵測、車輛追蹤、街景分析…等。將成為事物創新和解決方案的核心元件。下列是不同類型 Azure AI視覺的用途：

1. **內容組織**
   識別相片中的人或物件，根據該識別結果將其分門別類。像這樣的相片辨識功能，常用於相片儲存和社交媒體應用程式。

2. **文字擷取**
   分析包含文字的影像和 PDF 文件，擷取其中的文字資料。如：使用光學字元識別 (OCR) 自動化處理案例，搜尋文字內容，啟用文件處理。

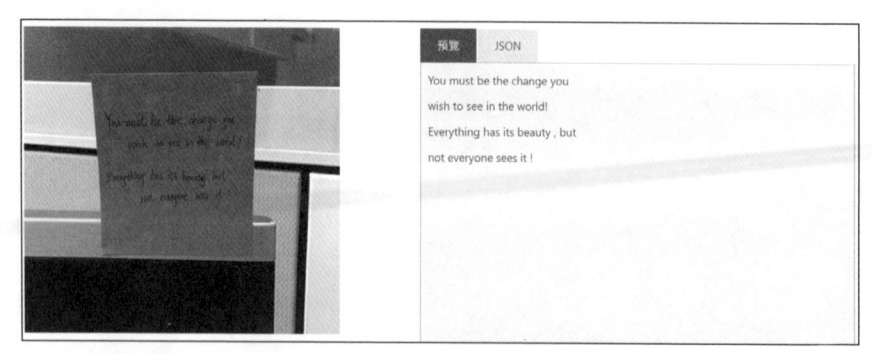

▲ 分析影像中手寫文字並擷取其中的文字資料 (圖片取自 Microsoft Azure 網站)

3. **擴增實境**

   系統會使用 Azure AI 視覺即時偵測和追蹤實體物件，並使用這項資訊將虛擬物件實際放在實體環境中。如：透過攝影機影像的位置及角度精算，並加上圖像分析技術，讓螢幕上的虛擬世界能夠與現實世界場景進行結合與互動。

4. **農業**

   機器學習結合物聯網技術，讓農業設備變聰明了，可以分析由衛星、無人機或飛機取得的農作物影像，以監視農地、偵測雜草生長情況。能像人類一樣看出哪些農作物需要施肥除草，個別做出調整，是否需要全面噴灑農藥。

▲ 感應器收集資料並使用機器學習預測農民應何時進行種植、灌溉與收割的決策
(圖片取自 Microsoft 文件技術網站)

5. **智慧城市**

   物聯網已逐漸滲透到生活中的各個領域，推升「智慧城市」的興起，可協助收集街道上的影片，讓城市領導者們做出更明智的營運決策。如：交通監控、空氣品質監測、智慧攝影機、行動警示裝置…等。

6. **自動型交通工具**

   自動駕駛汽車會使用即時物件識別和追蹤功能，收集汽車周邊的情況，不用人類操作而能感測其環境及導航，完全的自動駕駛車輛。

7. **醫療保健**

   Azure AI 視覺技術會分析其他醫療裝置擷取的相片或影像，簡化工作流程，協助醫生識別問題，使診斷更快速準確，改善病患照護品質。

8. **空間分析**

   系統會識別空間中的人或物件 (例如汽車)，並追蹤其在該空間內的移動狀況，並在該空間內對應其動作。

9. **運動**

   Azure AI 視覺的物件偵測與追蹤功能可用於比賽和策略分析。如：鷹眼系統廣泛應用於賽事中，裁判仰賴它做關鍵判決。

10. **製造業**

    Azure AI 視覺使工業設備有能力觀察、分析智慧製造，品質控制與勞工安全方面的任務。在智慧工廠中，可透過 Azure AI 視覺方式進行瑕疵的判別而大幅提升檢測的準確性；也可以用於監視生產線的產品品質與包裝情況；監視作業中機具以便進行維護；偵測工作人員是否有依照規範和標準作業程序從事工作的狀態；監控廠房安全防護設施。

11. **零售商店的購物者分析**

    Azure AI 視覺可協助零售商店瞭解產品應該放在哪個位置、判斷庫存是否足夠需不需要補貨，而且能建立客戶購物傾向的統計資料。

12. 臉部辨識

可以應用 Azure AI 視覺識別人物。人臉辨識可實際應用在：

① 門禁管理，例如：人員進出管理，智能門鎖，醫療智慧藥櫃。

② 監控安全系統，例如：於倉庫區域偵測是否有未授權人士出現。

③ 身分驗證，例如：VIP、登記的訪客、阻擋名單人員。

④ 智慧零售，例如：蒐集來店顧客的性別、年齡和情緒等統計數據。

⑤ 健康控管，例如：檢測口罩是否正確佩戴。

▲ 視覺 API 的臉部辨識與空間分析可偵測某個人是否戴著口罩
(圖片取自 Microsoft 技術文件網站)

5.2 Azure AI 視覺服務

Azure AI 視覺 API 服務提供進階的電腦視覺演算法，而這些演算法都是以機器學習模型為基礎，開發人員可以將影像檔案上傳或指定影像 URL，傳送給 Azure AI 視覺 API 進行影像分析，API 即可傳回影像分析的結果。

> **Tips**
> ① API：應用程式介面。
> ② 機器學習模型：一種已定型的服務，可辨識特定類型的模式(監督式學習、非監督式學習)。可以使用一組資料訓練模型，提供演算法，依演算法的規則以便模型用於推理這些資料，從中學習。

Azure AI 視覺可分析相機、影片或影像檔案，或是分析影像 URL 的視覺內容，如下為電腦視覺常見的功能：

一. 影像分類

「影像分類」是根據影像內容來分類影像，例如：在交通監視使用影像分類，根據車輛類型進行分類影像，將車輛類型分為計程車、公車、自行車、機車…等。

▲ 交通工具影像分類識別出影像中的車輛為計程車
(圖片取自 Microsoft 技術文件網站)

二. 物件偵測

物件偵測可以預測影像中的物件位置與分類。物件偵測可取得物件的類型，還會偵測物件的頂端、左邊、寬度和高度的矩形框座標。在一個影像中可識別多種項目，例如：交通監視使用物件偵測，可以識別出影像中公車、計程車、單車騎士…等不同類別車輛的位置，並估計車與車之間的距離。

▲ 使用物件偵測取得公車、計程車、單車騎士在影像中的位置
(圖片取自 Microsoft 技術文件網站)

三. 語意分割

語意分割屬於影像分割的一種，是進階的機器學習，做法是給一張影像，將影像中的所有「像素」點進行分類，把影像中的物件切割出來。例如：交通監視使用「遮罩」將交通中的影像進行切割，以不一樣的色彩區分不同的車輛。

▲ 使用語意分割將影像中的車輛加上遮罩
(圖片取自 Microsoft 技術文件網站)

四. 影像描述 (説明影像)

Azure AI 視覺能夠分析影像、評估偵測到的物件，產生人類看得懂的片語或句子，來描述從影像中偵測到的內容。這些內容可以包含影像中「描述性標題」，或是描述性標題的「信賴分數」。

▲ 電腦視覺分析影像描述出在街道上遛狗的行人(圖片取自 Microsoft 技術文件網站)

五. 標記視覺特徵

　　Azure AI 視覺會根據可辨識的物件來產生影像描述，並傳回多個標籤，信度 (信賴分數) 最高的標籤會最先列出。而這些標籤除了包含影像主體，也會包含影像中的環境，如室內、室外、動物、工具或家具 … 等。這些標籤可與影像建立關聯，作為摘要影像屬性的中繼資料；可用來搜尋具有特定屬性或內容的影像

▲ 電腦視覺依信度高低順序傳出多個標籤。

Tips 標籤：描述物件的標題文字，或稱為標記。

六. 偵測品牌

　　偵測品牌功能提供識別商業品牌的能力。此服務已有一個資料庫，其中包含來自全球數千個可辨識產品標誌的商業品牌。例如：電腦視覺服務偵測有 Microsoft 品牌標誌的筆記型電腦。

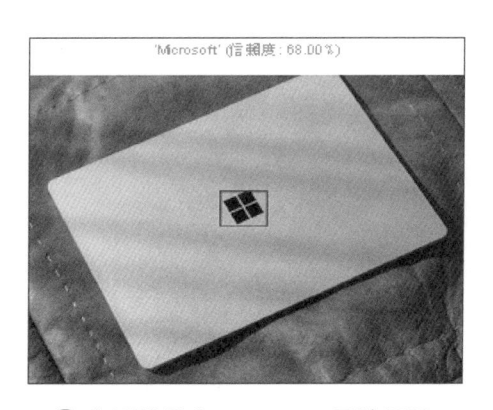

▲ 偵測筆電有 Microsoft 品牌標誌
(圖片取自 Microsoft 技術文件網站)

七. 光學字元辨識

Azure AI 視覺服務可使用光學字元辨識 (OCR) 功能,來偵測影像中的列印和手寫文字 (如:道路標誌或店面招牌)。

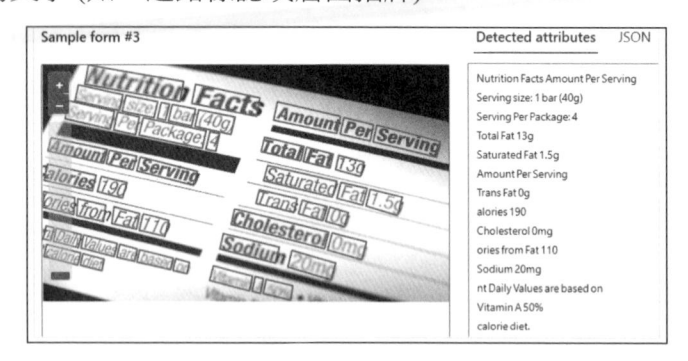

▲ 光學字元辨識可偵測影像中的文字資料
(圖片取自 Microsoft 技術文件網站)

八. 臉部偵測

臉部偵測可找出影像中的人臉,是一種特殊形式的物件偵測。能夠判斷年齡、性別以及代表臉部位置的矩形方塊,還能進行臉部識別 (判斷影像中的兩個臉部是否為同一人) 以及臉部表情偵測。(隱私權因素,年齡、性別以及表情偵測預設無法使用)

▲ 透過臉部服務識別影像中人員的年齡和性別
(圖片取自 Microsoft 技術文件網站)

九. 偵測特定領域內容

影像分類時，Azure AI 視覺服務支援兩個特製化領域模型：

1. **名人**：包含已定型的模型，用來識別來自政治、運動、娛樂和商業界數以千計的知名人物。(隱私權因素，預設無法使用)

2. **地標**：可識別知名地標，例如：艾菲爾鐵塔、台北 101 大樓 ... 等。

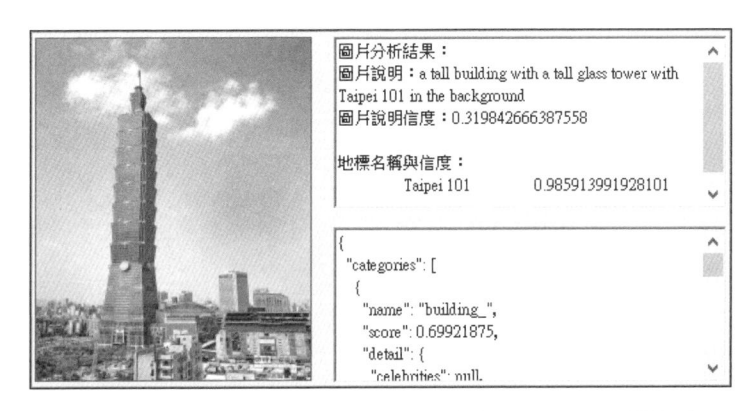

⒜ 電腦視覺服務可識別地標 Taipei 101，並具有 98.59% 的信度。

十. 其他進階功能

電腦視覺服務另提供如下進階分析功能：

1. **偵測影像類型**：影像內容類型分為「美工圖案」與「線條繪圖」。

2. **偵測影像色彩配置**：影像中的色彩有三個屬性，分別為主要前景色彩、主要背景色彩、整體主要色彩集合。

3. **產生縮圖**：所謂縮圖就是壓縮圖片，將容量太大的圖片建立成小型的影像版本。

4. **內容仲裁**：可以掃描文字、影像、影片內容，偵測出是否含有冒犯意味、有風險或不當的資料。例如：具冒犯性或不恰當的文字、管制影片中的血腥暴力場景或限制級影像、種族歧視內容。也可自訂字詞或影像仲裁清單。

5.3 Azure AI 服務開發環境與必要條件

　　Azure AI 服務(Azure AI Services)是使用 REST API 和用戶端程式庫 SDK 的雲端式服務，可協助開發人員在應用程式中建立認知智慧。微軟 Azure AI 服務提供 Azure AI 視覺、Azure AI 語音、Azure AI 語言與 Azure OpenAI 等多種 AI 服務。開發人員無需具備 AI 人工智慧專業的技術，只要能將要分析的資料 (含圖檔、文字)，傳送到 Azure AI 服務的演算法模型進行運算處理，即可傳回用戶端所需要的資訊，如此可協助開發人員進行建立具 AI 智慧功能的應用程式。

> **Tips**
> ① REST：是一種軟體架構風格，目的是幫助在世界各地不同軟體，其程式在網際網路中能夠互相傳遞訊息。
> ② REST API：是一種 Web API 的設計規範。
> ③ SDK：軟體開發工具套件。

　　在使用 Azure AI 服務前，您需要先註冊 Azure 帳戶並建立服務資源。建立完成後，系統將提供您「金鑰 (Key)」和「端點 (EndPoint)」這兩項重要資訊，這兩項資訊是開發 AI 應用程式時必須使用的，因為它們用於身份驗證並連接到您的 Azure 資源。

> **Tips**
> ① 金鑰 (Key)：驗證用戶端應用程式的管理帳戶。
> ② 端點 (EndPoint)：提供存取資源的 HTTPS 位址。

　　設計 Azure AI 服務應用程式的開發語言，可使用 Java、Python、C#…等，本書使用 Python 配合 Colab 環境開發 Azure AI 服務應用程式。

　　進行 Azure AI 視覺分析的影像必須符合下列需求：

- 必須是 JPEG、PNG、GIF 或 BMP 格式的影像
- 檔案大小必須小於 4 MB
- 像素必須大於 50 × 50 像素

5.4 Azure AI 視覺開發實作

Azure AI 視覺服務能夠為應用程式增強電腦視覺的功能，包括影像描述與分析、光學字元辨識 (OCR)、以及臉部偵測與分析 (Azure Face)。本節介紹影像分析的使用方法；光學字元辨識的詳細說明請參閱第 6 章，臉部偵測與分析則參閱第 7 章。

5.4.1 影像描述開發步驟

如下是使用電腦視覺 (Computer Vision) 進行影像描述的步驟，完整實作可參閱 cv01 範例。

Step 01 前往 Azure 申請 Computer Vision 電腦視覺服務的金鑰 (Key) 與端點 (EndPoint，即服務的 Url)。(後面會一步步帶領申請)

Step 02 程式中安裝適用於 Python 的 Azure 認知服務電腦視覺 SDK 套件。

```
!pip install azure-cognitiveservices-vision-computervision
```

Step 03 從相關模組中匯入資源。使程式具有 Azure 認知服務電腦視覺功能和驗證授權操作。

```
# 使程式具有電腦視覺的功能
from azure.cognitiveservices.vision.computervision import ComputerVisionClient
# 使程式能進行 Azure 認知服務的驗證和授權操作
from msrest.authentication import CognitiveServicesCredentials
```

Step 04 指定服務端點和金鑰初始化 ComputerVisionClient 物件。

```
# 設定 Azure 電腦視覺服務的端點與金鑰
endpoint = "電腦視覺服務端點"
subscription_key = "電腦視覺服務金鑰"
# 初始化 ComputerVisionClient 物件
computervision_client = ComputerVisionClient(endpoint,
        CognitiveServicesCredentials(subscription_key))
```

Step 05 執行 computervision_client 的 describe_image_in_stream 方法，來分析和描述上傳的圖片(image_file)。

```
description_results =
    computervision_client.describe_image_in_stream(image_file)
```

5.4.2 影像描述範例實作

📥 **範例：cv01.sln**

練習製作影像描述程式。程式執行時先在 image 輸入介面上傳一張圖片，再按下 Submit 鈕提交所要分析的影像，接著會在 output 輸出介面將影像中的描述、信心分數顯示出來。

執行結果

▲ 圖片的描述為「a tall building in Taipei 101」，描述的信心分數為 0.49。

Azure Computer Vision - 影像描述

上傳一張圖片,Azure AI 將生成該圖片的描述文字。

output

影像描述:
- 描述: a person wearing a mask
- 信心分數: 0.51

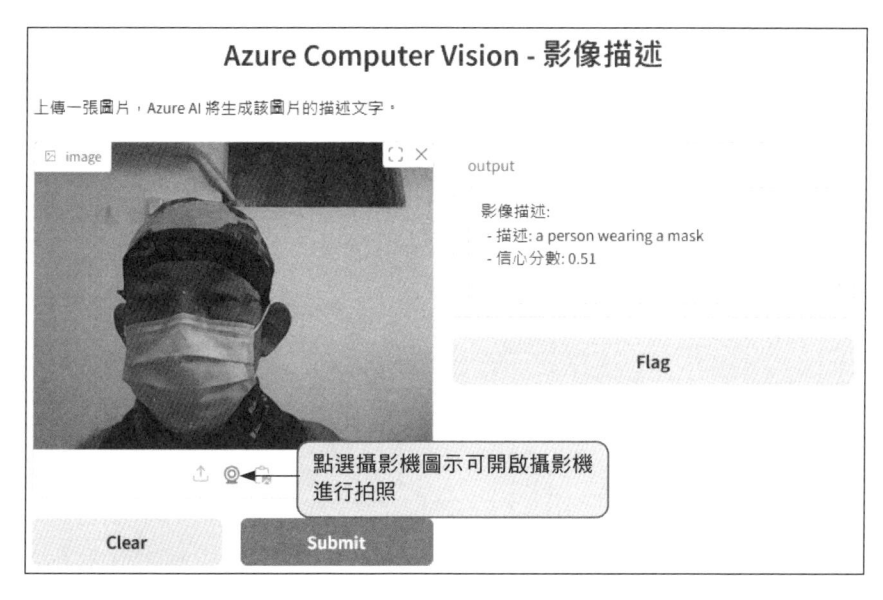

點選攝影機圖示可開啟攝影機進行拍照

▲ 攝影機拍照的圖片描述為「a person wearing a mask」,信心分數為 0.51。

操作步驟

Step 01 連上 Azure 雲端平台取得 Computer Vision 電腦視覺服務的金鑰 (Key) 和端點 (EndPoint),步驟如下:

點選「電腦視覺」服務 (Computer Vision)

建立電腦視覺

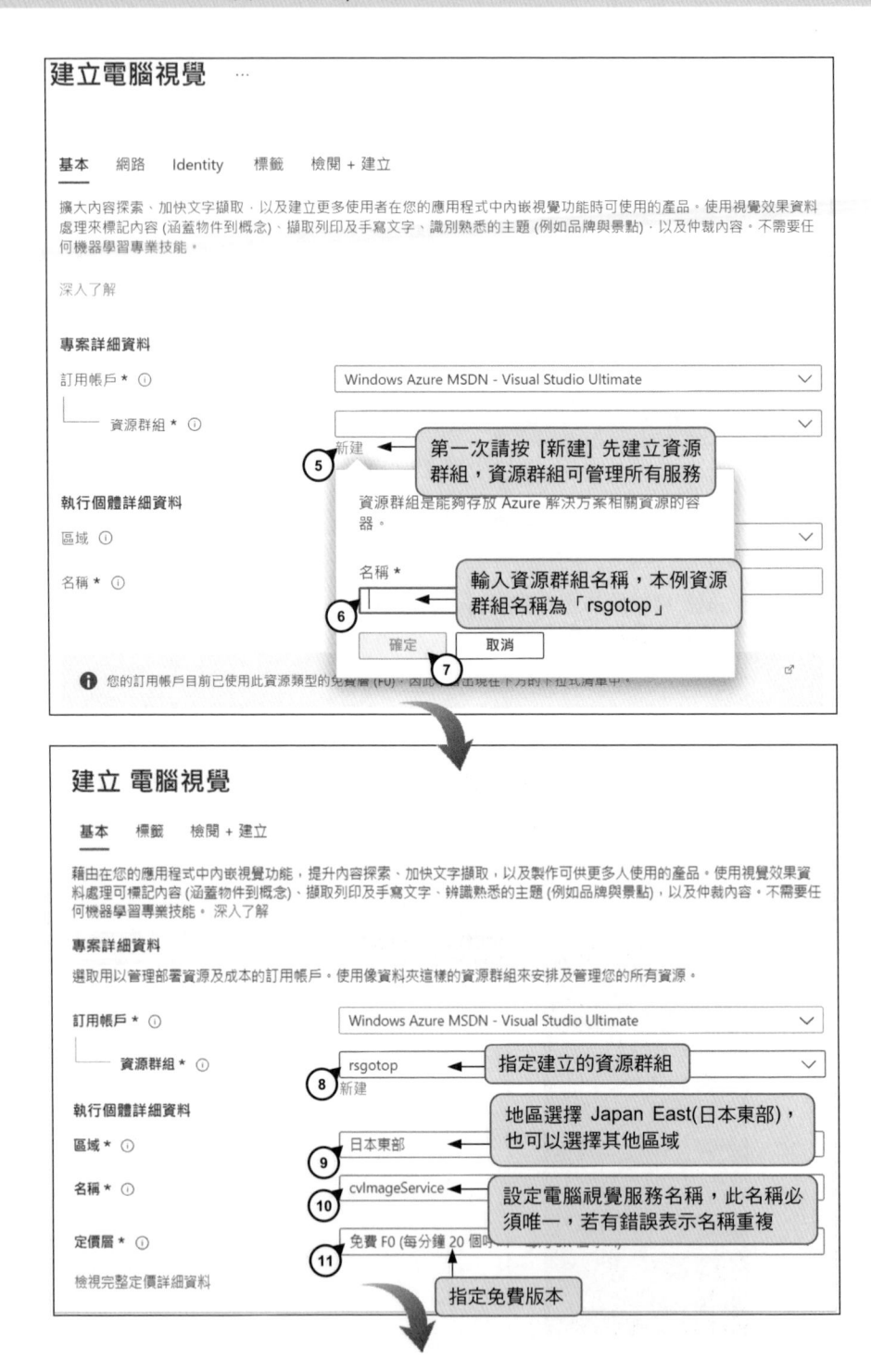

基本 網路 Identity 標籤 檢閱 + 建立

擴大內容探索、加快文字擷取，以及建立更多使用者在您的應用程式中內嵌視覺功能時可使用的產品。使用視覺效果資料處理來標記內容 (涵蓋物件到概念)、擷取列印及手寫文字、識別熟悉的主題 (例如品牌與景點)，以及仲裁內容。不需要任何機器學習專業技能。

深入了解

專案詳細資料

訂用帳戶 * : Windows Azure MSDN - Visual Studio Ultimate

資源群組 * : 新建 ← ⑤

> 第一次請按 [新建] 先建立資源群組，資源群組可管理所有服務

資源群組是能夠存放 Azure 解決方案相關資源的容器。

執行個體詳細資料

區域 :

名稱 * : ← ⑥

> 輸入資源群組名稱，本例資源群組名稱為「rsgotop」

確定 取消
⑦

ℹ 您的訂用帳戶目前已使用此資源類型的免費層 (F0)...

建立 電腦視覺

基本 標籤 檢閱 + 建立

藉由在您的應用程式中內嵌視覺功能，提升內容探索、加快文字擷取，以及製作可供更多人使用的產品。使用視覺效果資料處理可標記內容 (涵蓋物件到概念)、擷取列印及手寫文字、辨識熟悉的主題 (例如品牌與景點)、以及仲裁內容。不需要任何機器學習專業技能。深入了解

專案詳細資料

選取用以管理部署資源及成本的訂用帳戶。使用像資料夾這樣的資源群組來安排及管理您的所有資源。

訂用帳戶 * : Windows Azure MSDN - Visual Studio Ultimate

資源群組 * : rsgotop ← 指定建立的資源群組
新建
⑧

執行個體詳細資料

區域 * : 日本東部 ← 地區選擇 Japan East(日本東部)，也可以選擇其他區域
⑨

名稱 * : cvImageService ← 設定電腦視覺服務名稱，此名稱必須唯一，若有錯誤表示名稱重複
⑩

定價層 * : 免費 F0 (每分鐘 20 個...)
⑪

檢視完整定價詳細資料

↓ 指定免費版本

CH05 探索電腦視覺(一)電腦視覺分析

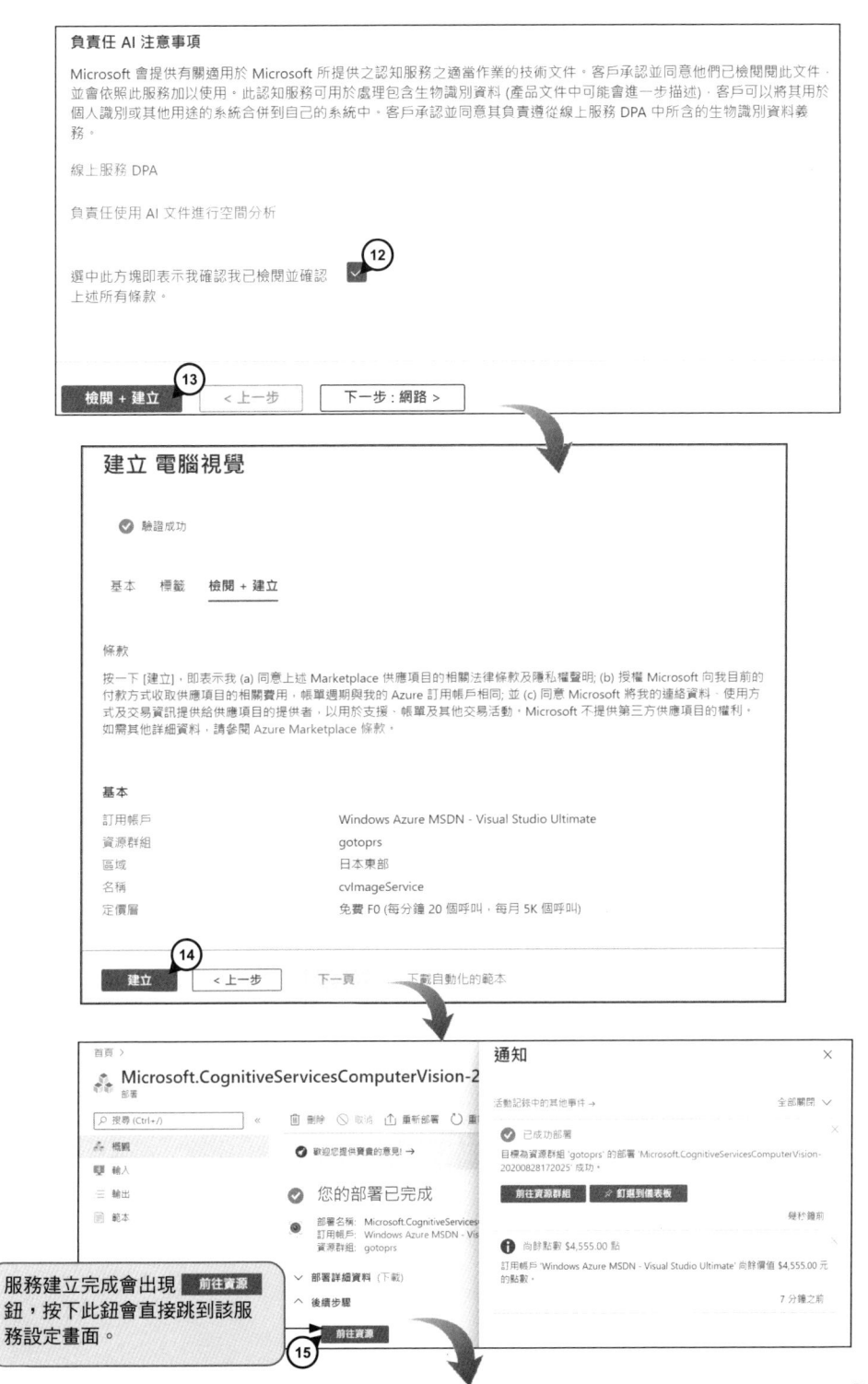

負責任 AI 注意事項

Microsoft 會提供有關適用於 Microsoft 所提供之認知服務之適當作業的技術文件。客戶承認並同意他們已檢閱此文件，並會依照此服務加以使用。此認知服務可用於處理包含生物識別資料 (產品文件中可能會進一步描述)，客戶可以將其用於個人識別或其他用途的系統合併到自己的系統中。客戶承認並同意其負責遵從線上服務 DPA 中所含的生物識別資料義務。

線上服務 DPA

負責任使用 AI 文件進行空間分析

選取此方塊即表示我確認我已檢閱並確認 ⑫ ☑
上述所有條款。

⑬ 檢閱 + 建立   < 上一步   下一步：網路 >

建立 電腦視覺

✅ 驗證成功

基本　標籤　**檢閱 + 建立**

條款

按一下 [建立]，即表示我 (a) 同意上述 Marketplace 供應項目的相關法律條款及隱私權聲明; (b) 授權 Microsoft 向我目前的付款方式收取供應項目的相關費用，帳單週期與我的 Azure 訂用帳戶相同; 並 (c) 同意 Microsoft 將我的連絡資料、使用方式及交易資訊提供給供應項目的提供者，以用於支援、帳單及其他交易活動。Microsoft 不提供第三方供應項目的權利。如需其他詳細資料，請參閱 Azure Marketplace 條款。

基本

訂用帳戶　　　　Windows Azure MSDN - Visual Studio Ultimate
資源群組　　　　gotoprs
區域　　　　　　日本東部
名稱　　　　　　cvImageService
定價層　　　　　免費 F0 (每分鐘 20 個呼叫，每月 5K 個呼叫)

⑭ 建立　< 上一步　下一頁　下載自動化的範本

首頁 >
Microsoft.CognitiveServicesComputerVision-2
部署

🔍 搜尋 (Ctrl+/)　　🗑 刪除　⊘ 取消　⬆ 重新部署　...

📋 概觀
📥 輸入
📤 輸出
📄 範本

💬 歡迎您提供寶貴的意見！ →

✅ 您的部署已完成

部署名稱：Microsoft.CognitiveServices...
訂用帳戶：Windows Azure MSDN - Vi...
資源群組：gotoprs

∧ 部署詳細資料 (下載)
∧ 後續步驟

⑮ 前往資源

通知　×

活動記錄中的其他事件 →　全部關閉 ∨

✅ 已成功部署　　　　　　　　　×
目前為資源群組 'gotoprs' 的部署 'Microsoft.CognitiveServicesComputerVision-20200828172025'

[前往資源群組]　[📌 釘選到儀表板]
　　　　　　　　　　　　　　　　　　幾秒鐘前

ℹ 向酵點數 $4,555.00 點
訂用帳戶 'Windows Azure MSDN - Visual Studio Ultimate' 向酵價值 $4,555.00 元的點數。

7 分鐘之前

服務建立完成會出現 [前往資源] 鈕，按下此鈕會直接跳到該服務設定畫面。

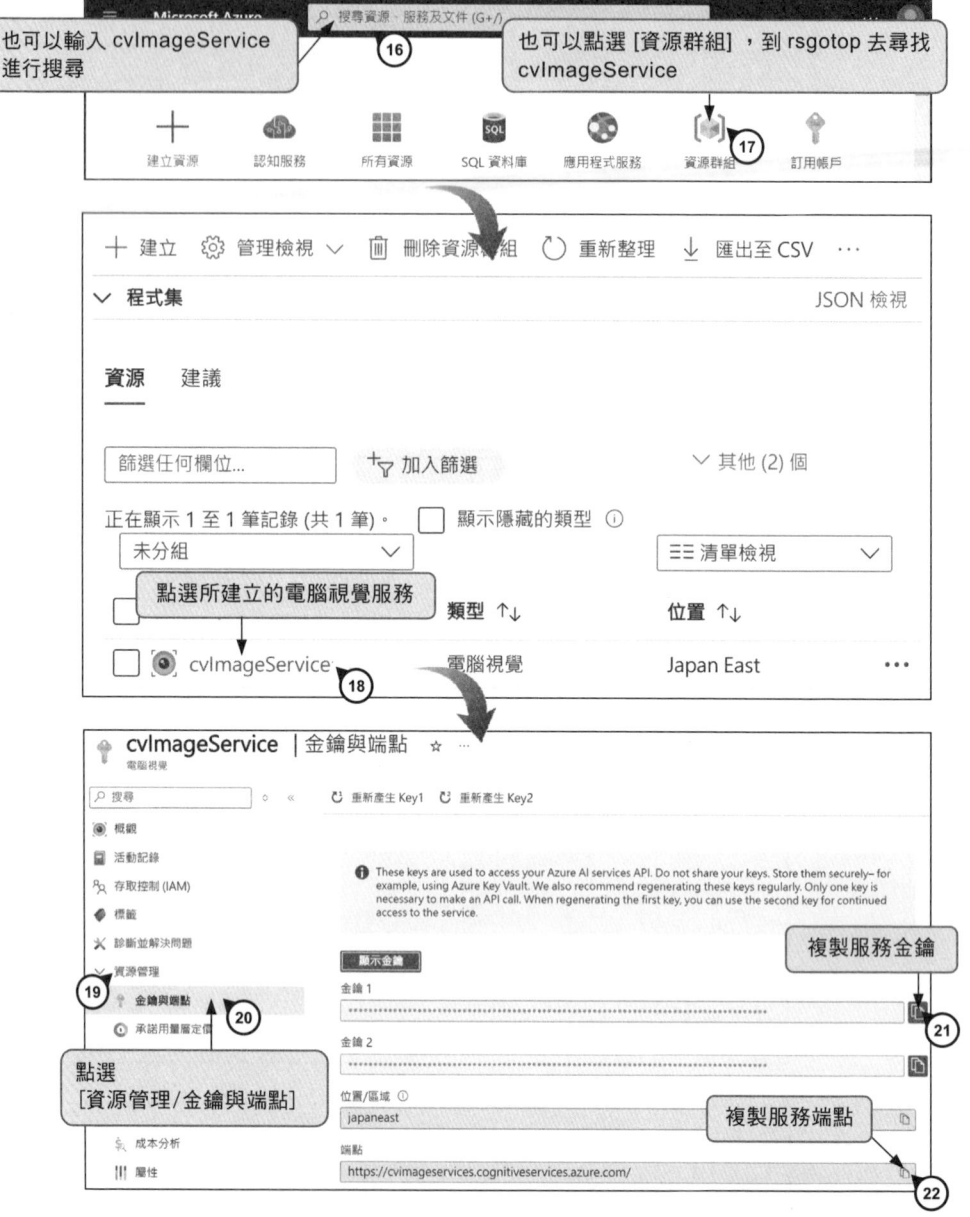

上圖的電腦視覺服務提供兩組金鑰和一個端點。請使用 🗐 鈕將其中一組服務金鑰和端點複製到文字檔內，金鑰和端點撰寫程式需要使用。

Step 02 進入 Colab 環境，撰寫 python 程式開發 Gradio 互動式網頁。

程式碼 FileName:cv01.ipynb

```
1-01 !pip install gradio
1-02 import gradio as gr


2-01 !pip install azure-cognitiveservices-vision-computervision
2-02 # 使程式具有電腦視覺的功能
2-03 from azure.cognitiveservices.vision.computervision import
     ComputerVisionClient
2-04 # 使程式能進行 Azure 認知服務的驗證和授權操作
2-05 from msrest.authentication import CognitiveServicesCredentials


3-01 # 設定 Azure 電腦視覺服務的端點與金鑰
3-02 endpoint = "電腦視覺服務端點"
3-03 subscription_key = "電腦視覺服務金鑰"
3-04 # 初始化 ComputerVisionClient 物件
3-05 computervision_client = ComputerVisionClient(endpoint,
         CognitiveServicesCredentials(subscription_key))


4-01 # 定義影像描述函數
4-02 def describe_image(image):
4-03     # 指定上傳的圖檔命名為 temp_image.jpg
4-04     temp_image_path = "temp_image.jpg"
4-05     # 將 Gradio 上傳的圖檔儲存
4-06     image.save(temp_image_path)
4-07
4-08     # 執行 describe_image_in_stream 方法進行影像描述
4-09     with open(temp_image_path, "rb") as image_file:
4-10         description_results =
             computervision_client.describe_image_in_stream(image_file)
4-11
4-12     # 處理結果
4-13     if len(description_results.captions) == 0:
4-14         return "無法生成影像描述。"
4-15     else:
4-16         results = "影像描述:\n"
4-17         for caption in description_results.captions:
```

```
4-18              results += f"  - 描述: {caption.text}\n"
4-19              results += f"  - 信心分數: {caption.confidence:.2f}\n"
4-20       return results

5-01 # 使用 Gradio 建立介面
5-02 interface = gr.Interface(
5-03     fn = describe_image,
5-04     inputs = gr.Image(type="pil"),
5-05     outputs = "text",
5-06     title = "Azure Computer Vision - 影像描述",
5-07     description = "上傳一張圖片,Azure AI 將生成該圖片的描述文字。",
5-08 )

6-01 # 啟動 Gradio
6-02 interface.launch(share=True)
```

說明

1. 第 2-01 行:安裝適用於 Python 的 Azure 認知服務電腦視覺 SDK 套件。

2. 第 2-03 行:azure.cognitiveservices.vision.computervision 模組包含了電腦視覺 (Computer Vision) 的功能。ComputerVisionClient 類別提供了與 Azure 電腦視覺服務互動的能力,使用這個類別物件可以呼叫 Azure 的服務來分析圖像、識別文本、生成縮圖等。

3. 第 2-05 行:msrest.authentication 模組負責處理客戶端的認證。CognitiveServicesCredentials 類別,用於進行 Azure 認知服務的驗證和授權操作。

4. 第 4-04, 4-06 行:將 Gradio 上傳的圖檔命名為 temp_image.jpg。

5. 第 4-09~4-10 行:以 rb (二進制讀取) 模式打開指定的路徑檔案,指定給變數 image_file。執行 computervision_client 的 describe_image_in_stream 方法,分析和描述傳入 image_file 變數的圖片內容。

6. 第 4-13~4-19 行:description_results.captions 是由電腦視覺生成的圖片描述結果。其中 text 屬性是描述圖片內容的文字,confidence 屬性描述的可信度(0~1 之間的浮點數)。

5.4.3 影像分析開發步驟

電腦視覺除了可取得影像描述中的項目、描述說明以及描述說明信度之外,還可以配合 VisualFeatureTypes 列舉來指定分析更細部的視覺特徵。取得影像類型、顏色資訊、臉部資訊、成人資訊、影像分類、名人、地標…等資訊。

```python
……
# 使程式可以提取的視覺特徵類型
from azure.cognitiveservices.vision.computervision.models import VisualFeatureTypes
……
# 使用 analyze_image_in_stream 方法取得影像更細部的視覺特徵
image_file.seek(0)                        # 重置檔案指針
analysis_results = computervision_client.analyze_image_in_stream(
    image_file,
    visual_features=[
        VisualFeatureTypes.tags,          # 影像中的項目
        VisualFeatureTypes.faces,         # 臉部資訊
        VisualFeatureTypes.brands,        # 影像中的品牌
        VisualFeatureTypes.adult,         # 成人資訊
        VisualFeatureTypes.categories,    # 影像分類
        VisualFeatureTypes.color,         # 顏色資訊
        VisualFeatureTypes.description,   # 影像描述
        VisualFeatureTypes.image_type,    # 影像類型
        VisualFeatureTypes.objects,       # 影像中的物件
        VisualFeatureTypes.people,        # 影像中人的存在和分佈
        VisualFeatureTypes.celebrity,     # 影像中的名人
    ],
)
```

5.4.4 影像分析範例實作

📥 **範例：cv02.sln**

練習製作影像分析程式。執行時先上傳一張指定要分析影像的圖片,再按下 Submit 鈕,接著會將影像的影像描述與信度、人數、品牌、成人資訊以及標籤和標籤信度,顯示於多行文字方塊中。

執行結果

Azure Computer Vision - 影像分析

上傳一張圖片,Azure AI 將生成影像描述、偵測人數、檢測品牌、分析成人內容,顯示標籤、信度,及所有結果。

output

影像描述:
- 描述: a group of women in white lab coats
- 信心分數: 0.57

人數檢測:
- 偵測到 4 人。

品牌檢測:
- 未偵測到品牌。

成人內容資訊:
- 是否成人內容: False
- 是否兒童不宜: False
- 是否血腥暴力: False
- 成人內容分數: 0.00
- 兒童不宜分數: 0.00
- 血腥暴力分數: 0.00

標籤資訊:
- 標籤: human face (信心分數: 0.99)
- 標籤: person (信心分數: 0.99)
- 標籤: smile (信心分數: 0.98)
- 標籤: clothing (信心分數: 0.97)
- 標籤: wall (信心分數: 0.89)

① 分析有人的圖片,會偵測臉部來計算人數,同時偵測成人資訊

② Clear / Submit

Flag

CH05 探索電腦視覺(一)電腦視覺分析

Azure Computer Vision - 影像分析

上傳一張圖片，Azure AI 將生成影像描述、偵測人數、檢測品牌、分析成人內容、顯示標籤、信度、及所有結果。

output

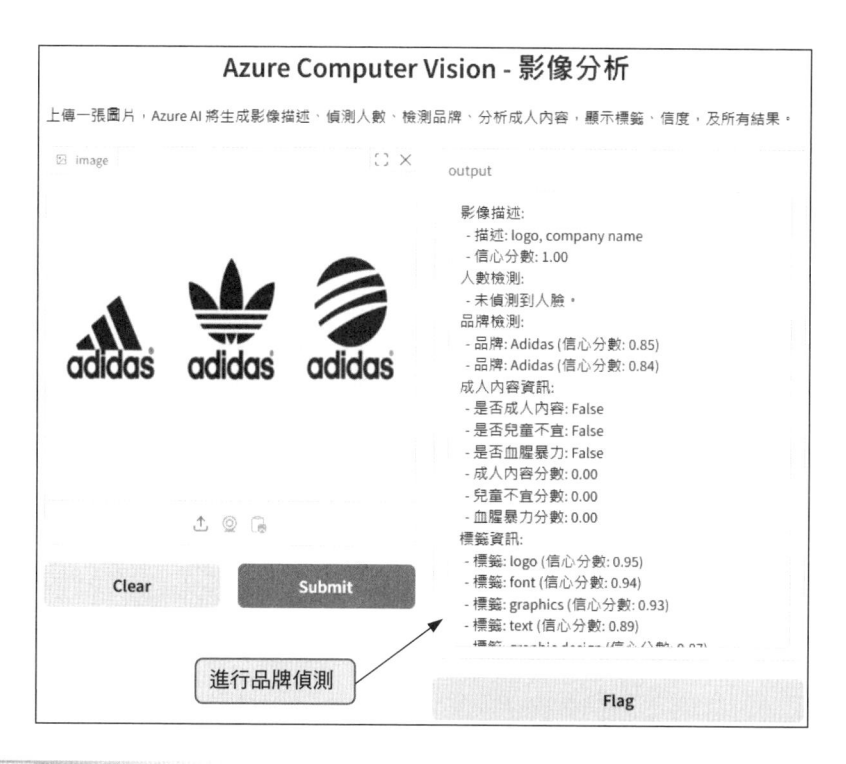

影像描述:
- 描述: logo, company name
- 信心分數: 1.00

人數檢測:
- 未偵測到人臉。

品牌檢測:
- 品牌: Adidas (信心分數: 0.85)
- 品牌: Adidas (信心分數: 0.84)

成人內容資訊:
- 是否成人內容: False
- 是否兒童不宜: False
- 是否血腥暴力: False
- 成人內容分數: 0.00
- 兒童不宜分數: 0.00
- 血腥暴力分數: 0.00

標籤資訊:
- 標籤: logo (信心分數: 0.95)
- 標籤: font (信心分數: 0.94)
- 標籤: graphics (信心分數: 0.93)
- 標籤: text (信心分數: 0.89)

進行品牌偵測

Clear　Submit　Flag

程式碼　FileName:Form1.cs

```
1-01 !pip install gradio
1-02 import gradio as gr

2-01 !pip install azure-cognitiveservices-vision-computervision
2-02 from azure.cognitiveservices.vision.computervision import
     ComputerVisionClient
2-03 from msrest.authentication import CognitiveServicesCredentials
2-04 # 使程式可以提取的視覺特徵類型
2-05 from azure.cognitiveservices.vision.computervision.models import
     VisualFeatureTypes

3-01 # 設定 Azure 電腦視覺服務的端點與金鑰
3-02 endpoint = "電腦視覺服務端點"
3-03 subscription_key = "電腦視覺服務金鑰"
3-04 # 初始化 ComputerVisionClient 物件
3-05 computervision_client = ComputerVisionClient(endpoint,
         CognitiveServicesCredentials(subscription_key))
```

5-21

```
4-01    # 定義影像分析函式
4-02    def analyze_image(image):
4-03        # 指定上傳的圖檔命名為 temp_image.jpg
4-04        temp_image_path = "temp_image.jpg"
4-05        # 將 Gradio 上傳的圖檔儲存
4-06        image.save(temp_image_path)
4-07        # 使用 describe_image_in_stream 和 analyze_image_in_stream 方法
4-08        with open(temp_image_path, "rb") as image_file:
4-09            # 使用 describe_image_in_stream 方法進行影像描述
4-10            description_results =
                    computervision_client.describe_image_in_stream(image_file)
4-11            image_file.seek(0)          # 重置檔案指針
4-12            # 使用 analyze_image_in_stream 方法取得影像更細部的視覺特徵
4-13            analysis_results =
                    computervision_client.analyze_image_in_stream(
4-14                image_file,
4-15                visual_features=[
4-16                    VisualFeatureTypes.tags,             # 影像中的項目
4-17                    VisualFeatureTypes.faces,            # 臉部資訊
4-18                    VisualFeatureTypes.brands,           # 影像中的品牌
4-19                    VisualFeatureTypes.adult,            # 成人資訊
4-20                    #VisualFeatureTypes.categories,      # 影像分類
4-21                    #VisualFeatureTypes.color,           # 顏色資訊
4-22                    #VisualFeatureTypes.description,     # 影像描述
4-23                    #VisualFeatureTypes.image_type,      # 影像類型
4-24                    #VisualFeatureTypes.objects,         # 影像中的物件
4-25                    #VisualFeatureTypes.people,          # 影像中人的存在和分佈
4-26                    #VisualFeatureTypes.celebrity,       # 影像中的名人
4-27                ],
4-28            )
4-29
4-30            # 處理影像描述
4-31            result_text = "影像描述:\n"
4-32            if len(description_results.captions) == 0:
4-33                result_text += "  - 無法生成影像描述。\n"
4-34            else:
4-35                for caption in description_results.captions:
```

```
4-36            result_text += f"  - 描述：{caption.text}\n"
4-37            result_text += f"  - 信心分數：{caption.confidence:.2f}\n"
4-38
4-39        # 處理人數檢測
4-40        result_text += "人數檢測：\n"
4-41        if len(analysis_results.faces) == 0:
4-42            result_text += "  - 未偵測到人臉。\n"
4-43        else:
4-44            result_text += f"  - 偵測到 {len(analysis_results.faces)} 人。\n"
4-45
4-46        # 處理品牌檢測
4-47        result_text += "品牌檢測：\n"
4-48        if len(analysis_results.brands) == 0:
4-49            result_text += "  - 未偵測到品牌。\n"
4-50        else:
4-51            for brand in analysis_results.brands:
4-52                result_text += f"  - 品牌：{brand.name} (信心分數：{brand.confidence:.2f})\n"
4-53
4-54        # 處理成人內容資訊
4-55        result_text += "成人內容資訊：\n"
4-56        result_text += f"  - 是否成人內容：{analysis_results.adult.is_adult_content}\n"
4-57        result_text += f"  - 是否兒童不宜：{analysis_results.adult.is_racy_content}\n"
4-58        result_text += f"  - 是否血腥暴力：{analysis_results.adult.is_gory_content}\n"
4-59        result_text += f"  - 成人內容分數：{analysis_results.adult.adult_score:.2f}\n"
4-60        result_text += f"  - 兒童不宜分數：{analysis_results.adult.racy_score:.2f}\n"
4-61        result_text += f"  - 血腥暴力分數：{analysis_results.adult.gore_score:.2f}\n"
4-62
4-63        # 處理標籤資訊
4-64        result_text += "標籤資訊：\n"
4-65        if len(analysis_results.tags) == 0:
4-66            result_text += "  - 無標籤可用。\n"
```

```
4-67       else:
4-68           for tag in analysis_results.tags:
4-69               result_text += f"  - 標籤: {tag.name} (信心分數: {tag.confidence:.2f})\n"
4-70
4-71       return result_text


5-01   # 使用 Gradio 建立介面
5-02   interface = gr.Interface(
5-03       fn = analyze_image,
5-04       inputs = gr.Image(type="pil"),
5-05       outputs = "text",
5-06       title = "Azure Computer Vision - 影像分析",
5-07       description = (
5-08           "上傳一張圖片，Azure AI 將生成影像描述、偵測人數、檢測品牌、"
5-09           "分析成人內容，顯示標籤、信度，及所有結果。"
5-10       ),
5-11   )


6-01   # 啟動 Gradio
6-02   interface.launch(share=True)
```

🔍 說明

1. 第 2-05 行：VisualFeatureTypes 類別可以提取的視覺特徵類型，例如臉部偵測、標籤、描述等，用於圖像分析。

2. 第 4-11~4-28 行：這個函式是 Azure 的 ComputerVisionClient 物件用來分析圖像的，你可傳入一個圖像的串流並進行分析。傳入說明如下：

   ① 傳入圖像串流：需要傳入一個圖像的二進制串流。

   ② 指定視覺特徵：可以指定你希望從圖像中提取的視覺特徵，例如：描述、標籤、人臉、物體…等。

3. 第 4-13：這此方法傳回值 (analysis_results) 是一個 ImageAnalysis 物件，該物件包含有關圖像中檢測到的特徵的詳細資訊。傳回值包含檢測到的人臉、標籤、描述和物體等。

5.5 模擬試題

題目(一)

使用「Azure AI 視覺」服務資源可以完成哪兩項任務？
① 檢測圖像中的人臉　② 識別手寫文字
③ 將圖像中的文本翻譯為不同語言　④ 訓練自定影像分類模型

題目(二)

「在圖像中找到車輛。」是屬哪一種 Azure AI 視覺影像分析功能？
① 臉部辨識　② 物件偵測　③ 影像分類　④ 光學字元識別(OCR)

題目(三)

「識別圖像中的名人。」是屬哪一種 Azure AI 視覺影像分析功能？
① 臉部辨識　② 物件偵測　③ 影像分類　④ 光學字元識別(OCR)

題目(四)

使用「Azure AI 視覺」服務資源可以完成哪兩項任務？
① 進行不同語言之間的文本翻譯　② 檢測圖像中的色彩配置
③ 檢測圖像中的品牌　④ 提取關鍵短語　⑤將文字翻譯成不同的語言

題目(五)

下面何者非 Azure AI 視覺服務的功能？
① 電腦視覺　② 翻譯工具　③ 自訂視覺　④ 臉部

題目(六)

使用 Azure AI 視覺服務來偵測影像中個別項目的座標位置，您應該擷取影像中的哪一項？　① 物件　② 類別　③ 標籤　④ 像素

題目(七)

想要使用 Azure AI 視覺服務來偵測特定領域內容 (如：知名建築物)，您應該擷取影像類別中的哪一項領域模型？
① 品牌　② 名人　③ 地標　④ 食物

題目(八)

有關 Azure AI 視覺服務的語意分割，是針對影像的哪一項進行檢測分類？
① 物件　② 類別　③ 標籤　④ 像素

題目(九)

Azure AI 視覺服務識別找到一個有 POPPY 標誌的食品包裝。是 Azure AI 視覺服務分析影像的哪一項工作？
① 影像分割　② 物件偵測　③ 影像分類　④ 偵測品牌

題目(十)

Azure AI 視覺服務識別找出影像中的人臉位置的矩形週框方塊，是 Azure AI 視覺服務分析影像的哪一項工作？
① 臉部偵測　② 物件偵測　③ 影像分類　④ 偵測品牌

CHAPTER 06

探索電腦視覺 (二) OCR 與文件智慧服務

6.1 光學字元識別 (OCR)

OCR (Optical Character Recognition) 叫做光學字元識別，是一種影像文字分析的技術，用來偵測和讀取影像中文字，並轉換為機器可讀取文字格式的程序。簡言之，OCR 可以將影像中的文字取出，例如：相片中的商店招牌、街道號誌，以及文章、發票、財務報表、帳單...等文件。當您用機器掃描了文件 (如：信件、發票或表單)，或手機拍照含有文字的相片 (如：道路標誌或店面招牌)。在電腦中，這種掃描文件與相片被儲存為影像檔案，你無法使用文字編輯器從影像檔案中擷取出文字資料來編輯，但可以使用 OCR 的技術將影像檔案中的文字圖像轉換為數位文字符號資料。

6.1.1 OCR 的使用範例

一. 偵測和讀取影像中的文字

生活中隨手拍攝的書籍或雜誌片段，都可透過 OCR 辨識技術，將圖片轉換為文字資料。OCR 對電視或影像中出現的文字進行辨別分析，可以快速監控所有新聞與廣告，檢查新聞內容是否有提及相關名詞；檢查廣告內容是否有提及公司品牌相關字眼。例如：可從運動比賽的選手衣服上的號碼辨識出選手身份、擷取電影海報影像中電影名稱、可讀取輸送帶上的產品標籤。但 OCR 辨識技術還不能將影像中的文字翻譯為不同語言。

▲ OCR 辨識技術，可將相片中的招牌文字圖片轉換為可編輯的文字資料

二. 偵測和讀取 PDF 文件檔中的文字

　　PDF 文件檔最常被用來作傳單、產品說明書、電子書、掃描文件，當然還有很多不同型式的文件也都能用 PDF 檔的形式儲存，像是文書排版文件也能用 PDF 檔來儲存。PDF 是可攜式文件，可以在任何設備上開啟同一個 PDF 檔案，不必依賴特定的作業系統或軟體，其顯示的都會是相同的內容。但 PDF 文件只能閱讀不能編輯，而 OCR 可以從 PDF 文件中擷取出可編輯的文字。

▲ OCR 辨識技術，可將 PDF 文件內的唯讀文字轉換為可編輯的文字資料

三. 偵測和讀取相片中的手寫文字

我們常會以手寫文字在紙張上記錄生活上的點點滴滴，如：情書、日記、手稿、卡片、字條。那手寫的文字能不能被偵測？能不能被讀取？能不能被轉換為 TEXT 文字呢？這也是 OCR 可以做到的事，但辨識轉換後的文字有時會有誤判的情形，不過準確度已經可以很高。

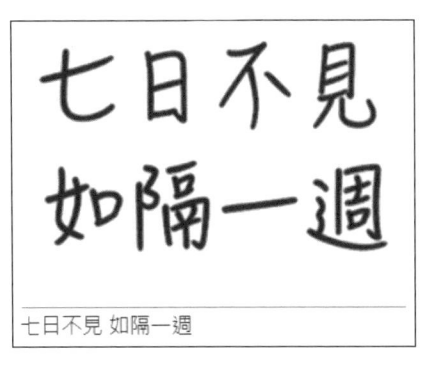

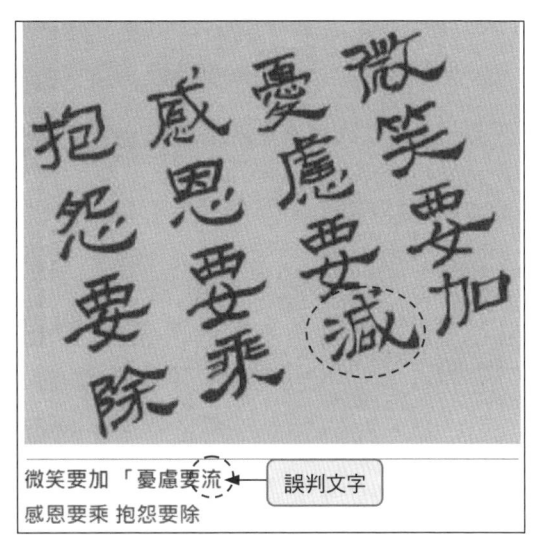

▲ OCR 辨識技術，可將影像中的手寫文字轉換為可編輯的文字資料

6.1.2 傳統 OCR 的辨識流程

OCR 主要的目標是從圖片中或掃描檔案中辨識出文字資訊。傳統 OCR 辨識流程主要有七個步驟：

Step 01 影像輸入：讀取其中的平面文字。

Step 02 前期影像處理

1. 二值化：簡單地將其理解為「黑白化」。先對彩色圖進行處理，使圖片只剩下前景資訊與背景資訊，即使前後背景分開、留下黑色字體的前景，與白色的背景。

2. **降噪處理**：對於不同的圖像，影像噪點可能不同，根據噪點的特徵進行去噪的過程，稱為降噪。

> **Tips** 影像噪點：影像表面所形成的一些隨機或固定的斑點或彩色污點。

3. **傾斜校正**：在拍照文件時，難以符合水平與豎直完全平齊，因此拍照圖片會有傾斜的情形，這就需要進行傾斜校正。

Step 03 版面分析：將文件圖片進行分段落，分行的過程。

Step 04 分割字元：將平面中的所有文字、數碼和標點符號不同字元之間分割開。

Step 05 字元辨識：分析裝置透過多種方法尋找字元中最具特徵的部分，如：文字的位移、筆畫的粗細、斷筆、粘連、旋轉…等因素的影響，再判讀字元的意思，並進行編碼。

Step 06 比對校正：將辨識編碼後的字元，與文字資料庫進行比對，並根據特定的語言上下文的關係，找出最接近的文字。

Step 07 辨識結果輸出：將辨識出的字元以某一格式的文字文件輸出。

6.1.3 傳統 OCR 與深度學習 OCR

雖然傳統 OCR 辨識技術的準確度已經很高，但在辨識轉換文字時仍難免有誤判，造成的因素有：複雜背景、低解析度、影像退化、多語言文字混合、藝術字、字元形變、文字行複雜版型、字元殘缺、光照不均勻…等。傳統 OCR 發展至今，已經取得很好效果並且解決了大部分簡單場景。但是傳統 OCR 面臨複雜場景時，精確度很難符合實際需求。

深度學習 OCR 是利用模型演算法自動檢測出文本的類別，及相對應位置文本訊息，並自動識別文本內容。一般用到的模型演算法有「檢測演算法」和「識別演算法」。

深度學習的 OCR 表現相較於傳統 OCR 更為出色，但是深度學習技術仍需要傳統 OCR 方法的精髓逐漸演化。因此我們仍需要從傳統方法中汲取經驗，使其與深度學習進一步提升 OCR 的性能表現。

6.1.4 OCR 的實用案例

至今的光學字元辨識 (OCR)，已結合人工智慧進行深度學習，可為人類提供更精準的文字辨識服務。

1. **郵政**：郵局使用 OCR 來辨識郵遞區號自動分類郵件。
2. **銀行和金融服務**：銀行業使用 OCR 來處理和驗證貸款文件、存款支票和其他金融交易的文書工作。用 OCR 驗證可改善詐騙防護並增強交易安全性。
3. **醫療保健**：醫療保健利用 OCR 處理患者記錄，包括治療、檢測、醫院記錄和保險支付。有助於精簡工作流程並減少醫院的手動工作，同時使記錄保持最新狀態。
4. **物流**：物流公司利用 OCR，可更有效地追蹤包裹標籤、發票、收據…等文件。藉由含 OCR 功能的軟體，可以跨多種不同裝置更準確地讀取字元，從而提高業務效率。
5. **智慧監控**：可以針對電視新聞、影像或廣告中提及的文字進行辨別分析，快速監控所有新聞報導是否合乎規定，及廣告是否有播放不實內容，或電視節目是否有提及與公司品牌相關之名詞。
6. **交通管理**：交通管理系統可透過 OCR 辨識技術進行車牌辨識，可應用於停車場出入管理、道路收費、以及交通違規監控等。

6.2 Azure AI 視覺服務讀取文字

Azure AI 視覺服務提供兩種應用程式開發介面 (API)，可供您用來讀取影像中的文字，分別是「OCR API」和「Read API」。

一. OCR API

OCR API 專為快速擷取影像中的少量文字所設計，可讀取小型到中型的文字，也可用來讀取多種語言的文字。當使用 OCR API 處理影像時，呼叫單一函式，結果會立即同步傳回。OCR API 所偵測到的文字層級分為影像的「區域」，然後再進一步細分為「行列」，最後是個別的「單字」或「字詞」。OCR API 會傳回定義矩形框方塊座標資料，指示影像中區域、文字行或字詞出現的位置。OCR API 未針對大型文件最佳化，且不支援 PDF 格式。

二. READ API

Read API 使用最新的辨識模型，辨識文字時可以有更高的精確度，特別是具有大量文字的掃描文件，如：PDF 格式文件。支援有印刷文字的影像及辨識手寫。Read API 所偵測到的文字層級，細分為「頁面」、「行」、「字詞」。文字值也會同時包含在「行」和「字詞」層級中，每一行和每個字詞都有矩形框方塊座標資料，可以指出其在影像頁面中的位置。若不需要在個別「字詞」層級上取出文字，則能輕易地讀取整行文字。

6.3 文件智慧服務和知識採礦

6.3.1 文件智慧服務和知識採礦簡介

Azure AI「文件智慧服務」，先前稱為 Azure 「表格辨識器」，是微軟 Azure AI 服務中的其中一個項目，它是針對表格作辨識的一個服務。其使用機器學習模型從您的圖檔中擷取索引鍵/值組、文字和資料表。文件智慧服務可分析表單和圖檔、擷取文字和資料 (例如：資料表、圖片、PDF、發票、收據、身份證、名片、書寫和列印文件 … 等)，將欄位關聯性對應為索引鍵/值組，用結構化 JSON 資料標記法傳出。

使用文件智慧服務閱讀表單或收據等文件之後，再結合 Azure AI「檔智慧」作為光學字元辨識的延伸模組。檔智慧支援可透過「預先建置」模型和「自定義」模型來分析檔和表單的功能，用來識別特定數據，例如：商家的名稱、商家位址、總值和稅值，將擷取、理解及儲存數據的程序自動化。

「知識採礦」則是一個更廣泛的概念，它涵蓋了從各種資料來源中擷取內容，包括從大量非結構化資料 (如：手寫檔案) 中擷取資訊的解決方案。其中一個知識採礦解決方案是 Azure AI 搜尋服務，這是雲端搜尋服務，具有建置使用者管理索引的工具。除使用 AI 搜尋功能來擴充內容，還可透過 Bot(機器人)、商務應用程式和資料視覺化等方式來探索新索引的資料。知識採礦的過程分為三個階段：擷取、擴充與探索。這使得組織能夠從大量的非結構化資料中發掘深入解析。

總體來說，文件智慧服務專注於從文件中擷取結構化資料，而知識採礦則是一個更全面的解決方案。這兩者結合起來，可以為組織提供一個強大的工具，以從大量的結構化和非結構化資料中提取有價值的知識和見解。這些技術的應用範圍廣泛，包括內容管理、客戶支援、稽核和合規性管理等多個領域。

6.3.2 文件智慧服務的建置模型

文件智慧服務版面配置 API 可以從 PDF、TIFF、JPG、PNG 影像中，擷取文字、表格、選取標記和資料表結構 (包括與文字相關聯的資料列和資料行編號),及其周框方塊座標資料。文件智慧服務的預建模型,結合了功能強大的光學字元辨識 (OCR) 功能與深度學習模型,在分析與擷取資料後會傳回結構化 JSON 資料。

一. 發票模型

發票可以是各種格式和品質,包括手機擷取的影像、掃描的影像檔和數位 PDF。發票模型結合了 OCR (光學字元辨識) 功能與深度學習模型,API 會分析發票文字,擷取發票中的重要欄位和明細資訊,例如:客戶名稱、帳單位址、到期日、金額…等,並傳回結構化 JSON 資料。

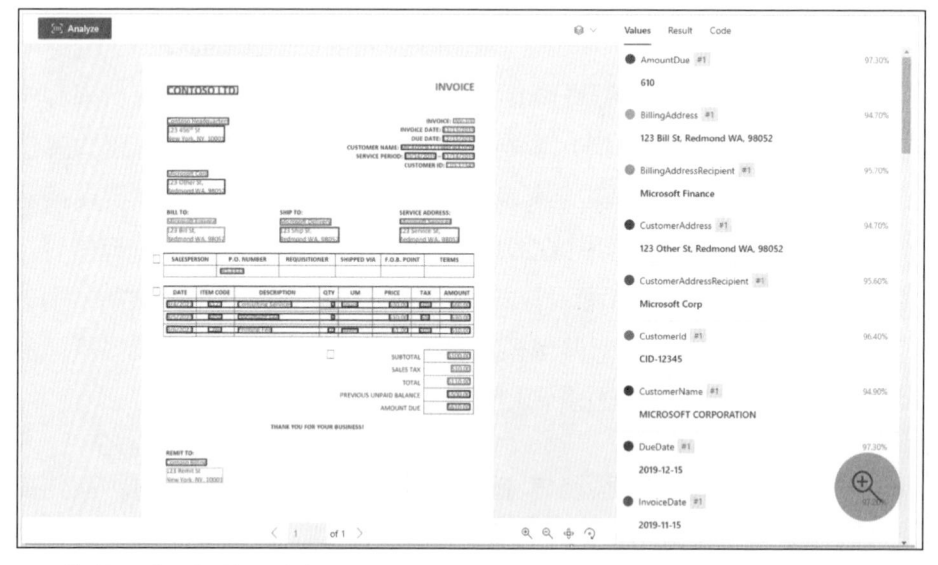

▲ 使用文件智慧服務處理的發票範例 (圖片取自 Microsoft 文件技術網站)

二. 收據模型

收據模型結合了 OCR (光學字元辨識) 功能與深度學習模型,可從銷售收據分析資料,擷取您需要的資訊。收據可以是各種格式和品質,包括列印和手寫收據、掃描的複本、影像。API 會擷取交易日期、商家名稱、商家電話號碼、稅務和交易總計…等重要資訊,並傳回結構化 JSON 資料。

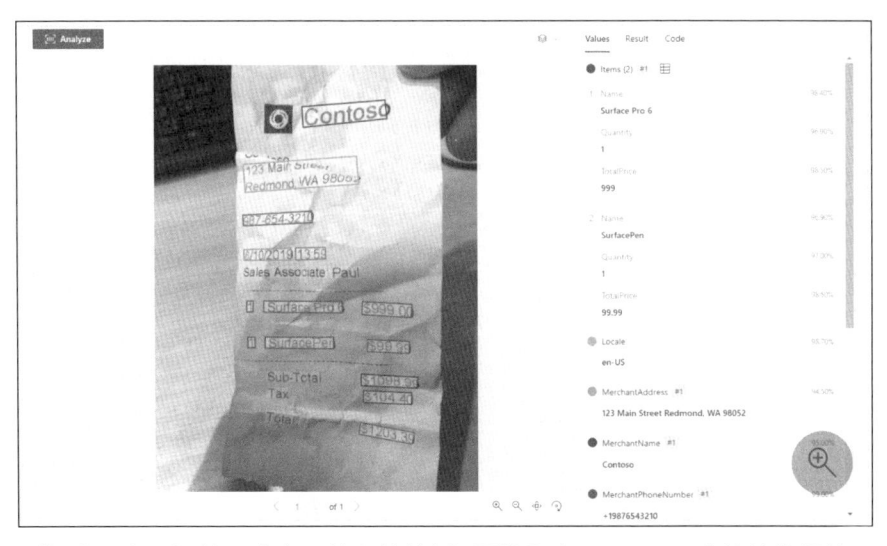

▲ 使用文件智慧服務處理的收據範例 (圖片取自 Microsoft 文件技術網站)

三. 識別碼檔模型

識別碼檔模型結合了 OCR (光學字元辨識) 功能與深度學習模型，分析並擷取美國驅動程式授權的重要資訊 (所有 50 個州/地區和加拿大) 和國際護照個人資料頁面。API 會分析身分識別檔、再擷取重要資訊，並傳回結構化 JSON 資料。例如：文件編號、姓名、居住國家/地區、到期日。

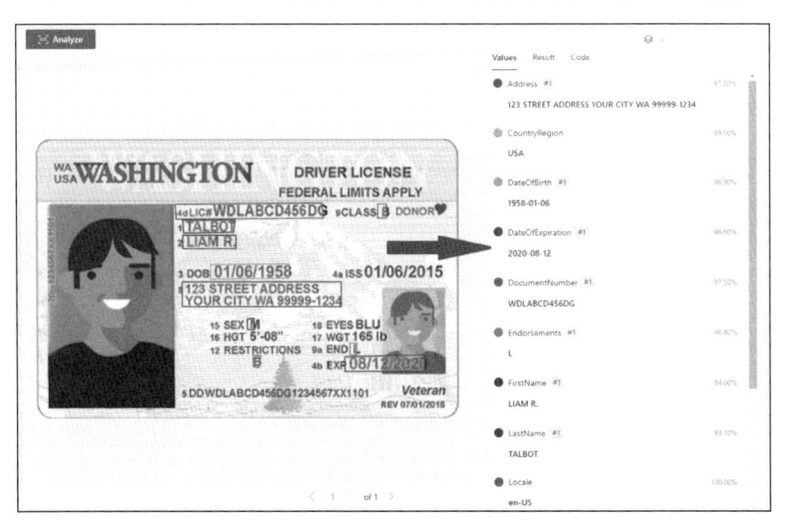

▲ 使用文件智慧服務處理的識別碼檔範例。(圖片取自 Microsoft 文件技術網站)

四. 名片模型

名片模型結合了 OCR (光學字元辨識) 功能與深度學習模型，API 分析和擷取名片影像中的關鍵資訊，例如：名字、姓氏、Email 地址、電話號碼、公司名稱，並傳回結構化 JSON 資料。

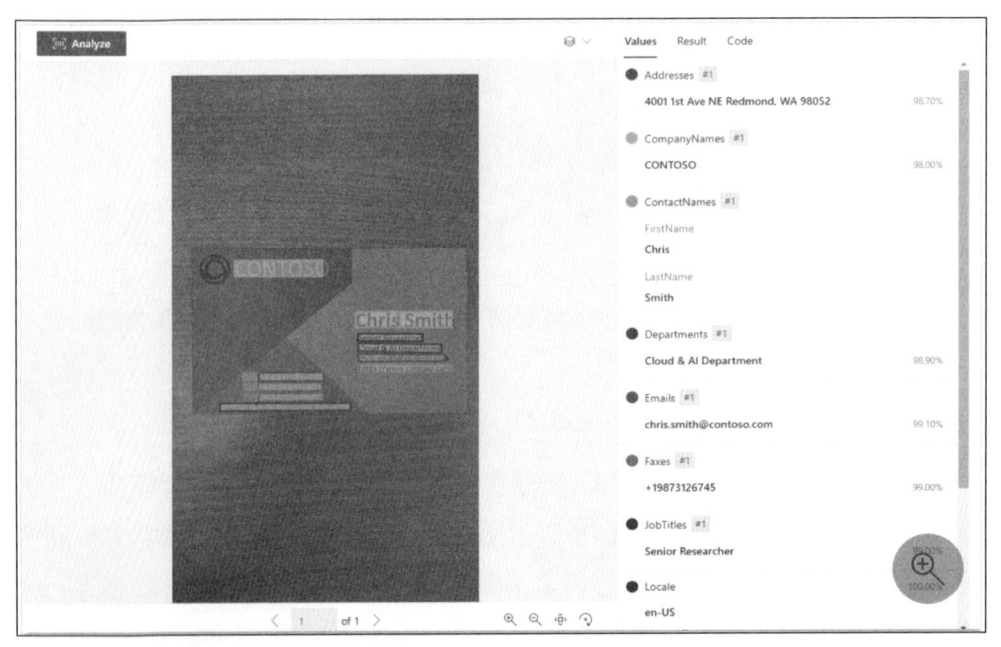

▲ 使用文件智慧服務處理的名片範例 (圖片取自 Microsoft 文件技術網站)

五. 自訂模型

透過文件智慧服務，可以使用預先建置或定型的模型，也可以針對您的特定表單量身打造，指定特定的擷取文字、索引鍵/值配對、選取標記和資料表資料，定型獨特的自訂模型。這些預建模型可用您提供的資料來定型，改善資料擷取效能，以可自訂的格式輸出結構化資料。自訂模型最適合用於重複使用的表單。

6.4 Azure AI 視覺服務讀取影像文字開發實作

6.4.1 讀取 url 影像文字開發步驟

使用 ComputerVisionClient 物件呼叫 read 方法讀取 url 影像中的文字，其流程是：先取得 HTTP 標頭中的 Operation-Location 欄位名稱，儲存了一個用於查詢 OCR 操作結果的 URL，再從 URL 中取得 OCR 唯一的操作 ID (operation_id)，然後呼叫 computervision_client 的 get_read_result 方法來查詢該 operation_id 的 OCR 文字詳細資料。其寫法如下：

```
from azure.cognitiveservices.vision.computervision import ComputerVisionClient
from msrest.authentication import CognitiveServicesCredentials
# 提供狀態碼使程式了解辨識影像文字的操作狀態
from azure.cognitiveservices.vision.computervision.models import OperationStatusCodes
......
# 上傳影像 url 或本地路徑
image_url = "https://cdn2.ettoday.net/images/3363/d3363305.jpg"
......
# 建立 ComputerVisionClient 物件
computervision_client = ComputerVisionClient("電腦視覺服務端點",
    CognitiveServicesCredentials("電腦視覺服務金鑰"))
# 使用 ComputerVisionClient 物件讀取 (read) 指定圖片中的文字
recognize_printed_results = computervision_client.read(url=image_url, raw=True)

# 取得 Operation-Location (用於查詢結果的 URL)
operation_location = recognize_printed_results.headers["Operation-Location"]
operation_id = operation_location.split("/")[-1]

result = computervision_client.get_read_result(operation_id)
```

6.4.2 讀取 url 影像文字範例實作

⬇ 範例：ReadApi01.ipynb

練習製作讀取 url 影像文字的程式。

執行結果

正在讀取影像中文字...

文字: MMM-8888

位置: [53.0, 152.0, 508.0, 152.0, 507.0, 280.0, 52.0, 276.0]

▲ 將相片中的車牌文字圖片轉換為文字資料

程式碼　FileName：ReadApi01.ipynb

```
1-01  !pip install azure-cognitiveservices-vision-computervision
1-02  from azure.cognitiveservices.vision.computervision import
      ComputerVisionClient
1-03  from msrest.authentication import CognitiveServicesCredentials
1-04  # 提供狀態碼使程式了解辨識影像文字的操作狀態
1-05  from azure.cognitiveservices.vision.computervision.models import
      OperationStatusCodes
1-06  import time       # 提供與時間相關的功能，如時間延遲、計時等操作

2-01  # 設定 Azure 服務的金鑰與端點
2-02  subscription_key = "電腦視覺服務金鑰"
2-03  endpoint = "電腦視覺服務端點"
2-04  # 建立 ComputerVisionClient 物件
2-05  computervision_client = ComputerVisionClient(endpoint,
      CognitiveServicesCredentials(subscription_key))

3-01  # 上傳影像 url 或本地路徑
3-02  image_url = "https://cdn2.ettoday.net/images/3363/d3363305.jpg"
3-03
3-04  # 呼叫 OCR 功能
3-05  print("正在讀取影像中文字...")
3-06  # 使用 ComputerVisionClient 物件來讀取(read)指定圖片中的文字
3-07  recognize_printed_results = computervision_client.read(url=image_url,
          raw=True)
3-08
```

```
3-09 # 取得 Operation-Location (用於查詢結果的 URL)
3-10 operation_location = recognize_printed_results.headers[
        "Operation-Location"]
3-11 operation_id = operation_location.split("/")[-1]
3-12
3-13 # 等待 OCR (光學字元識別) 操作完成,然後取得最終的結果
3-14 while True:
3-15     result = computervision_client.get_read_result(operation_id)
3-16     if result.status not in [OperationStatusCodes.running,
            OperationStatusCodes.not_started]:
3-17         break
3-18     time.sleep(1)
3-19
3-20 # OCR 操作成功時,輸出每行識別到的文字和位置
3-21 if result.status == OperationStatusCodes.succeeded:    # 若操作成功
3-22     for text_result in result.analyze_result.read_results:
3-23         for line in text_result.lines:
3-24             print(f"文字: {line.text}")
3-25             print(f"位置: {line.bounding_box}")
3-26 else:
3-27     print("未能成功讀取影像中文字。")
```

說明

1. 第 1-05 行:提供狀態碼 OperationStatusCodes,幫助了解電腦視覺計算服務的操作狀態(第 3-16 行),例如識別是否成功、進行中、失敗等。

2. 第 3-02 行:指定網路的影像檔案 d3363305.jpg,做為本範例所要讀取文字的影像物件。

3. 第 3-07 行:使用 computervision_client 物件呼叫 read 方法,並傳遞圖片 URL 和參數 raw=True。raw=True 是指定傳回的結果,不經過解析或處理。

4. 第 3-10 行:這是一個 HTTP 標頭中的欄位名稱,儲存了一個 URL,這個 URL 用於查詢 OCR 操作的結果。

5. 第 3-11 行:從 URL 中取得操作 ID。每個 OCR 操作都有一個唯一的操作 ID,用於區分不同的操作。使用 split("/") 方法將 URL 分隔成一個串列,然後取串列中的最後一個元素(即操作 ID)。

6. 第 3-15 行：使用 computervision_client 的 get_read_result 方法來查詢特定 operation_id 的 OCR 文字詳細資料。

7. 第 3-16 行：檢查 OCR 操作的狀態。如果操作狀態不是執行中或未開始，則表示 OCR 操作已經完成或遇到錯誤。

8. 第 3-18 行：如果 OCR 操作仍在執行中或未開始，程式將暫停 1 秒，然後繼續下一次迴圈。這樣可以避免過於頻繁的查詢操作結果，減少對雲端或伺服器的負擔。

9. 第 3-22 行：result.analyze_result.read_results 包含了 OCR 操作分析的結果。這是一個包含多個 read_results 的串列(迭代器)，text_result 遍歷這些 read_results，逐一處理每段文字的識別結果。因此 text_result 會是一個串列，其中每個 text_result 元素皆是一段文字識別的結果。

10. 第 3-23 行：read_result 串列包含了多行文字(lines)，每行文字對應影像中的一行識別結果。line 遍歷文字中的每一行，進行逐行處理。

11. 第 3-24 行：將識別到的文字顯示出來。

12. 第 3-25 行：bounding_box 是一個串列，包含了該行文字在影像中的四個角點座標，用於描述該文字的位置範圍。

6.4.3 讀取本地路徑影像文字範例實作

使用 ComputerVisionClient 物件來呼叫 read_in_stream 方法讀取上傳本地影像中的文字。本實作使用 Gradio 互動式網頁的方式來處理，程式原理與前一小節實作範例雷同。

```
……
# 使用 OCR 功能，呼叫 read_in_stream 方法來讀取給定圖片中的文字
    with open(temp_image_path, "rb") as image_file:
        recognize_printed_results = computervision_client.read_in_stream(image_file,
            raw=True)
……
```

範例:ReadApi02.ipynb

練習使用 Gradio 互動式網頁的方式製作讀取本地路徑影像文字的程式。

執行結果

程式碼　FileName:ReadApi02.ipynb

```
1-01 !pip install gradio
1-02 import gradio as gr

2-01 !pip install azure-cognitiveservices-vision-computervision
2-02 from azure.cognitiveservices.vision.computervision import
     ComputerVisionClient
2-03 from azure.cognitiveservices.vision.computervision.models import
     OperationStatusCodes
2-04 from msrest.authentication import CognitiveServicesCredentials
2-05 import time

3-01 # 設定 Azure 服務的金鑰與端點
3-02 subscription_key = "電腦視覺服務金鑰"
3-03 endpoint = "電腦視覺服務端點"
3-04 # 建立 ComputerVisionClient 物件
3-05 computervision_client = ComputerVisionClient(endpoint,
     CognitiveServicesCredentials(subscription_key))
```

```
4-01  # 定義處理函式
4-02  def process_image(image):
4-03
4-04      # 指定上傳的圖檔命名為 temp_image.jpg
4-05      temp_image_path = "temp_image.jpg"
4-06      # 將 Gradio 上傳的圖檔儲存
4-07      image.save(temp_image_path)
4-08
4-09      # 呼叫 OCR 功能,使用 read_in_stream 方法來讀取指定圖片中的文字
4-10      with open(temp_image_path, "rb") as image_file:
4-11          recognize_printed_results = 
                  computervision_client.read_in_stream(image_file, raw=True)
4-12
4-13      # 取得 Operation-Location(用於查詢結果的 URL)
4-14      operation_location = recognize_printed_results.headers[
              "Operation-Location"]
4-15      operation_id = operation_location.split("/")[-1]
4-16
4-17      # 等待 OCR(光學字元識別)操作完成,然後取得最終的結果
4-18      while True:
4-19          result = computervision_client.get_read_result(operation_id)
4-20          if result.status not in [OperationStatusCodes.running,
                  OperationStatusCodes.not_started]:
4-21              break
4-22          time.sleep(1)
4-23
4-24      # OCR 操作成功時,收集結果文字
4-25      result_text = ""                              # 用來存放所收集的文字內容
4-26      if result.status == OperationStatusCodes.succeeded:    # 若操作成功
4-27          for text_result in result.analyze_result.read_results:
4-28              for line in text_result.lines:
4-29                  # 將每行文字添加到 result_text 變數中
4-30                  result_text += f"{line.text}\n"
4-31      else:
4-32          result_text = "未能成功讀取影像中文字。"
4-33
4-34      # 傳出收集的結果文字
4-35      return result_text
```

```
5-01  # 使用 Gradio 建立介面
5-02  interface = gr.Interface(
5-03      fn = process_image,
5-04      inputs = gr.Image(type="pil"),
5-05      outputs = "text",
5-06      title = "Azure Computer Vision OCR",
5-07      description = "上傳一張圖片,使用 Azure Computer Vision 分析圖片中的
          文字,並顯示結果。"
5-08  )

6-01  # 啟動 Gradio
6-02  interface.launch(share=True)
```

說明

1. 第 4-05, 4-07 行:將 Gradio 圖片存成 JPEG 格式並保存至暫存檔案。

2. 第 4-10~4-11 行:以 rb (二進制讀取) 模式打開指定的路徑檔案,指定給變數 image_file。呼叫 computervision_client 的 read_in_stream 方法,讀取傳入 image_file 變數的圖片中的文字內容。

6.5 模擬試題

題目(一)

賽跑比賽中跑步者的襯衫上別有數字布條,您應該使用哪種類型的 Azure AI 視覺來識別照片中跑步者的身分?

① 臉部辨識　② 物件偵測　③ 語意分割　④ 光學字元識別(OCR)

題目(二)

若要從收據中提取小計和合計的資訊,請問要使用何種服務的功能?

① 自訂視覺　② 墨蹟識別器　③ 文件智慧服務　④ 文字分析

題目(三)

若要從電影海報中擷取電影片名,則可使用何種 Azure AI 視覺工作類型?

① 臉部辨識　② 物件偵測　③ 影像分類　④ 光學字元識別(OCR)

題目(四)

若要從掃描的文件中自動提取文本、鍵/值組資料,請問應該使用哪種服務?

① 自訂視覺　② 墨蹟識別器　③ 文件智慧服務　④ 文字分析

題目(五)

若要為員工開發一個行動應用程式,以便在員工出差時掃描和儲存他們的費用。應該使用哪種類型的 Azure AI 視覺?

① 影像分類　② 物件偵測　③ 語意分割　④ 光學字元識別(OCR)

題目(六)

若要以高精確度讀取大量的文字,而有些文字是英文的手寫體,有些則是以多種語言列印出來。則使用 Azure AI 視覺服務提供的哪一個 API 最適合此案例?

① OCR API　② Read API　③ 影像分析 API　④ 文件智慧服務

題目(七)

請問 Read API 與 OCR API 的回應有何差異?

① 唯一的差別在於 Read API 可以用於手寫文字。

② OCR API 的結果依 區域、行列、單字 細分,
　Read API 的結果依 頁面、行、字詞 細分。

③ OCR API 的結果包含影像和文字的周框方塊座標，Read API 的結果只包含文字的結果。
④ 沒有差異。

題目(八)

若已經將信件掃描為 PDF 格式，現在需要將 PDF 文件內所包含的文字取出。應該如何做？
① 使用自訂視覺服務。
② 使用 Azure AI 視覺服務的 OCR API。
③ 使用 Azure AI 視覺服務的 Read API。
④ 使用文件智慧服務。

題目(九)

下列傳統 OCR 辨識流程的步驟中，何者不是前期影像處理？
① 二值化　② 降噪處理　③ 傾斜校正　④ 比對校正。

題目(十)

文件智慧服務版面配置的發票模型會傳回何種類型的資料？
① CSV 資料 (擷取的資訊會以逗號分隔)。
② 影像資料 (擷取的資訊會以周框方塊醒目提示)。
③ JSON 格式。
④ PDF 文件。

CHAPTER 07

探索電腦視覺 (三) 臉部服務

7.1 臉部辨識服務簡介

「臉部辨識服務」也是近幾年非常火紅的 AI 議題之一，Microsoft 推出的臉部 (Face) 服務是一項 Azure AI 視覺服務，可以提供演算法來偵測、識別和分析影像中的人臉。例如：身分驗證、人臉識別、無觸控存取控制、保護隱私權的臉部模糊修訂。「臉部辨識服務」的功能大致分成兩大部分：

第一部分：針對單一臉部做偵測，可以得知這些臉部的相關資訊，例如年齡、性別、是否配戴眼鏡…等，甚至可以偵測表情的部分。也可以進行多人的臉部分析，如：偵測出影像中有多少張臉。

第二部分：驗證影像中的「這兩張臉屬於同一個人嗎？」，也可以分析人臉的相似性。

若想要使用臉部辨識找出被指定的人，必須先使用「臉部辨識服務」來建立群組，包含每個被指定個人的多張影像，並根據此群組來定型臉部辨識模型。「臉部服務」使用「臉部偵測」和「臉部分組」技術，可以識別及組織朋友和家人的相片。其中「臉部偵測」技術可將影像中的臉部與其他物件區分開來。而「臉部分組」技術則能識別您個人集錦中，多張相片或多部影片中的類似臉部，並將其組成「群組」，使所有人臉都有相互的從屬。

臉部是透過使用統計演算法進行預測，結果可能會有所偏失不一定正確。所以在輸入影像時，請注意下列情況：

臉部偵測輸入需求：

1. 輸入的影像格式包括 JPEG、PNG、GIF (第一個畫面格)、BMP。
2. 影像的檔案大小不可大於 6 MB。
3. 可偵測的臉部大小下限是 36 x 36 像素，上限為 4096 x 4096 像素。
4. 臉部為正面或接近正面時會取得最佳結果。

臉部辨識輸入需求：

因技術問題而無法辨識的臉部影像，如：眼睛被擋住、臉型或髮型改變、嚴重的背光、臉部外觀隨年齡的變化、極端臉部表情或臉部角度、頭部動作太大。

7.2 臉部偵測

一. 臉部矩形

影像中的臉部被偵測到，都會對應至 faceRectangle 物件的座標 Left (左)、Top(上)、Width(寬度)、Height(高度) 的屬性。使用這些座標，可以繪出臉部週框方塊的位置和大小。在 API 回應中，偵測一或多張人臉的分部位置，其臉部週框方塊會依矩形面積最大到最小的順序列出。使用人臉數目以及臉部矩形週框方塊的座標，可用來尋找、裁剪或模糊處理。

▲ 偵測一或多張的人臉，臉部週框會依矩形面積由大到小的順序列出，並可取得每一張臉部矩形方塊的座標位置(圖片取自 Microsoft 技術文件網站)

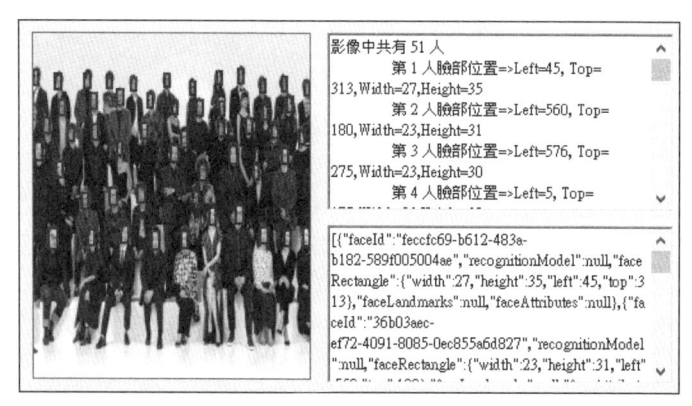

▲ 偵測出影像中有多少張臉，及每一張臉部矩形週框的座標和大小

二. 臉部驗證

臉部驗證 (人臉辨識、臉部識別) 可用來檢查不同影像中的兩張臉，屬於同一個人的可能性。其程式的做法就是先取得兩張臉部的臉部識別碼 FaceId。FaceId 是在影像中偵測到每個臉部的唯一識別字串，就好像是臉部的身分證，Face API 會產生一組獨一無二的編碼，作為識別這張臉的數位簽章。

三. 相似性

相似度分數是比對兩張影像中的兩張臉是同一個人的可能性,進而可用來判斷這個人看起來是否像其他人。例如:接收到 90% 相似性分數的影像,表示該影像與被搜尋的臉部具有 90% 的相似性。相似性分數越高意味著兩個影像屬於同一身份的可能性越大。

▲ 兩張影像的人臉相似度 97%,表示為同一個人的可能性極高
(圖片取自 https://ai.baidu.com/tech/face/compare 網站)

▲ 兩張影像的人臉相似度 35%,表示為同一個人的可能性極低
(圖片取自 https://ai.baidu.com/tech/face/compare 網站)

7.3 臉部分析

臉部偵測除了可尋找影像中的人臉,亦可分析不同類型的臉部相關屬性資料。例如:性別、年齡、頭部姿勢、笑容程度、表情、是否配戴眼鏡或化妝等。透過臉部分析的曝光、雜訊與遮蔽之回饋,AI 可協助攝影師取得更佳人像相片。

一. 臉部特徵點

臉部特徵點通常是勾勒臉部器官輪廓的位置點,臉部器官如:眼角、瞳孔、嘴巴、鼻子⋯。Face API 提供 27 個臉部特徵點偵測,點的座標單位為「像素」。

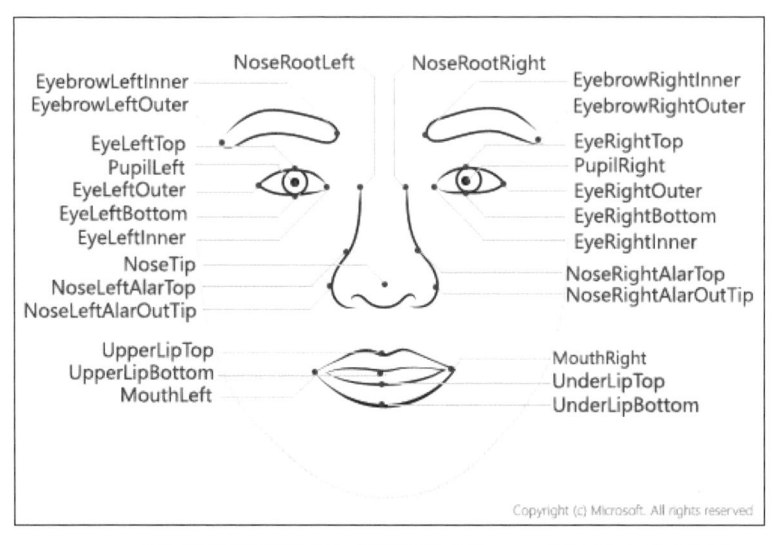

27 個臉部特徵點(圖片取自 Microsoft 技術文件網站)

二. 屬性

透過臉部 (Face) 服務可偵測影像臉部的屬性,如下:

1. Accessories (配件):
   臉部是否有配件。包含(帽子、髮圈、眼鏡和口罩⋯),其中每個配件的屬性值(信度分數)為 0.0 到 1.0。

2. Age (年紀):
   年齡猜測。臉部的預估年齡,屬性值以年為單位。

3. Blur (模糊):
   臉部模糊程度。屬性值介於 0.0 ~ 1.0,程度的評等有:Low(弱)、Medium(中)、High(強)。

4. Emotion (情緒強度):
   臉部的表情清單,以及各表情的偵測信度 0.0 ~ 1.0。表情清單有:Anger(生氣)、Contempt(藐視)、Disgust(厭惡)、Fear(恐懼)、Happiness(快樂)、Neutral(中性)、Sadness(悲傷)、Surprise(驚喜)。

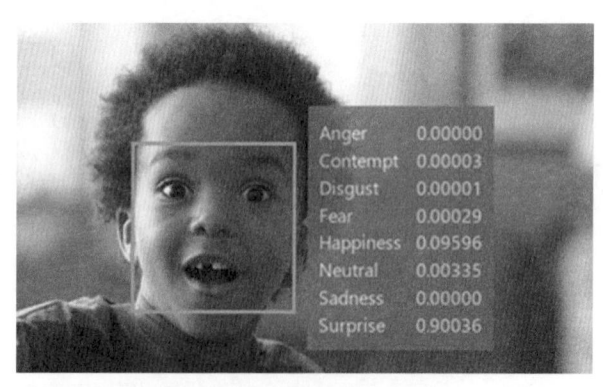

▲ 分析出臉部的表情及各表情的信度(圖片取自 www.quytech.com 網站)

5. Exposure (曝光):
   臉部的曝光程度。屬性值介於 0.0 ~ 1.0,程度有: underExposure (不足)、goodExposure (良好)、overExposure (過曝) 評等。僅適用於影像臉部,而不是整張影像的曝光。

6. FacialHair (臉部毛髮)：

    臉部毛髮顯示鬍鬚的情形。屬性有：Beard (山羊鬍)、Moustache (八字鬍)、Sideburns (鬢角)。

7. Gender (性別)：

    臉部的性別，屬性值有：male (男性)、female (女性) 和 genderless (無性別)。

▲ 偵測臉部分析出性別及年齡 (圖片取自 Microsoft 技術文件網站)

8. Glasses (眼鏡種類)：

    臉部是否有戴眼鏡。屬性值有：noGlasses (未戴)、readingGlasses (閱讀眼鏡)、sunGlasses (太陽眼鏡)、swimmingGlasses (泳鏡)。

9. Hair (頭髮)：

    臉部的頭髮類型和髮色。屬性有：Bald (是否偵測到禿頂)、HairColor (髮色為何)、Invisible (顯示頭髮是否可見)。

10. Makeup (化妝)：

    臉部是否有化妝。屬性有：EyeMakeup (眼妝)、LipMakeup (口紅)。

11. Mask (口罩)：

    臉部是否佩戴口罩。屬性有：NoseAndMouthCovered (是否覆蓋鼻子和嘴)、Type (口罩類型)。

12. HeadPose (頭部姿勢)：

    臉部在 3D 空間中的方向。臉部的三維空間方向是依順序按翻滾、偏擺和俯仰角度進行預估，以度為單位，每個角度的範圍是從 -180 度到 180 度。

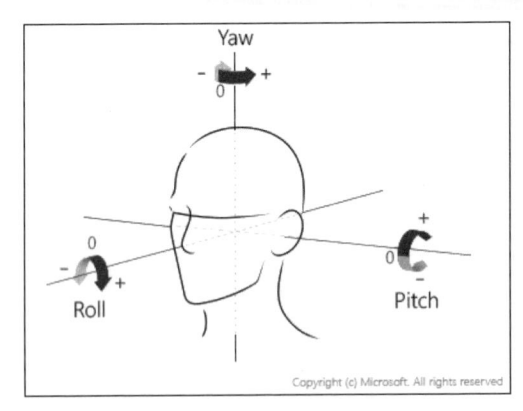

    ⊙ (圖片取自 Microsoft 技術文件網站)

13. Noise (雜訊)：

    臉部影像中偵測到的視覺雜訊多寡。屬性值介於 0.0 ~ 1.0，程度的評等有：Low(弱)、Medium(中)、High(強)。如果相片是暗景拍攝設定高 ISO，就會在影像中看到這種雜訊，影像看起來有顆粒狀或是小點點，很不清楚。

14. Occlusion (遮蔽)：

    判斷是否有物件擋住影像中的臉部。屬性有：EyeOccluded (眼睛被遮)、ForeheadOccluded (頭部被遮)、MouthOccluded (嘴巴被遮)。

15. QualityForRecognition (品質識別)：

    偵測中使用的影像，設定識別品質。屬性值有 (低、中或高) 評等。建議人員註冊時使用高品質影像，在識別案例中使用中品質以上。

16. Smile (微笑程度)：

    影像中人物臉部的微笑表情。屬性值介於 0.0 (沒有微笑) ~ 1.0 (明顯的微笑)。

> **Tips** 目前微軟停止或限制某些臉部辨識功能,因這些功能可能被用於推測情緒狀態或身分特徵,如果遭到濫用,可能會導致刻板印象、歧視或不公平待遇。目前可使用的臉部偵測功能包括偵測模糊、曝光、眼鏡、頭部姿勢、臉部特徵點、雜訊、遮蔽和臉部週框方塊;而情感與性別功能已被淘汰;至於臉部分析的年齡、微笑、臉部毛髮、頭髮與化妝等功能受到限制(預設無法使用)。若您有正當使用案例需要解開受限功能,可來信聯絡 Azure 臉部 API 服務進行討論,聯絡信箱「azureface@microsoft.com」。

7.4 臉部識別

「臉部識別」又稱「人臉辨識」(Facial Recognition),是生物辨識技術的一種。若要從一群人中判斷指定的人是誰,就得使用臉部識別功能。

一. 人臉辨識原理

生物辨識技術有指紋辨識、虹膜辨識、聲音辨識、人臉辨識…等。其中人臉辨識的運作原理,係利用人臉五官輪廓的距離、角度,來建立 3D 結構模型,以向量方式擷取臉部特徵點偵測值,進行身分辨識。

與其它生物辨識技術相比較,人臉辨識有許多優點,如:

❖ 屬非接觸式的辨識,不會有衛生問題。

❖ 簡單方便,只要有攝影機或照相機即可。

❖ 擷取的資訊無須再經由其它儀器轉換,可直接採用速度快。

❖ 辨識時無法以照片取代人臉作假。

❖ 不會受帽子、眼鏡、鬍鬚…等其它物件嚴重影響。

❖ 直接擷取影像,不需要強制辨識者配合。

二. 人臉辨識技術的主要功能

人臉辨識可將影像中一張臉部，與資料庫群組中的一組臉部進行「一對多」比對，根據其臉部資料與查詢臉部的相符程度傳回相符的項目。

1. 身分認證：

    使用生物辨識技術對人員進行辨識，可以依據其身分所屬類別套用特定的規則。例如：VIP 會員、員工、學生、社區居民、大樓各樓層住戶、拒絕往來人員。

2. 存取授權：

    有些場所會針對進入的人員進行人臉辨識，比對預先建立的資料庫，再決定辨識人員是否有存取授權。例如：無人服務的商店領取物品、ATM 提取現金、存取藥物的智慧藥櫃、僅允許操作人員可作業的機械儀器控制室。

3. 顧客分析：

    借助人臉辨識，零售商店能讀取店內攝影機的顧客即時資訊，如：顧客的市場調查 (性別、年齡區段)、滿意度 (表情、行為)、人流分析 (總造訪次數、不重複訪客數、尖峰時段)…等資訊。提供您洞察顧客購物心理，開發產品加強顧客的體驗方式，增進精準行銷機會。

4. 辨識名人：

    臉部分析的進一步應用是定型機器學習模型，從臉部特徵找出已知的名人，甚至是已建檔的個人。臉部辨識想要識別的個人，需要多張影像來訓練模型，使其能在未經定型的新影像中偵測到這些人。

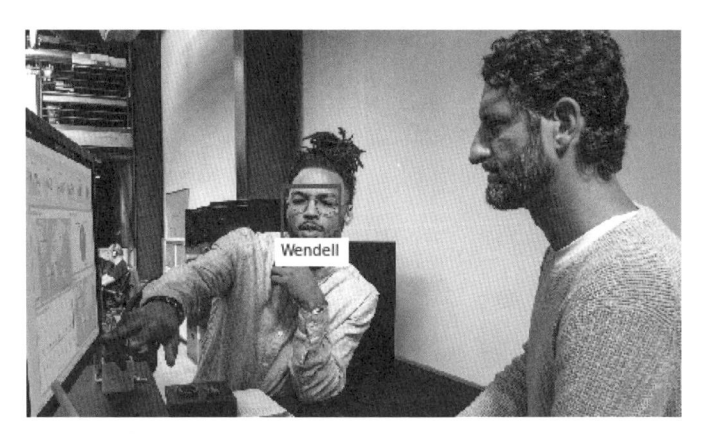

▲ 辨識名人(圖片取自 Microsoft 技術文件網站)

5. 健康管理：

在疫情期間，若人員進入建築物或餐廳之前，要先確定人員有正確配戴口罩，並偵測體溫確定沒有發燒。

三. 人臉辨識技術的應用舉例

因為疫情助攻，非接觸商機需求興起，應用面廣泛。在零接觸的時代，人臉辨識技術有了巨大躍進，全球產值在 2017 年的市值為 38.5 億美元，從 2020 年起每年以 17.2% 的速度強勁成長，預估到 2025 年將達 85 億美元 (台幣 2363 億元)。隨著人臉辨識技術的不斷進步，人類生活的許多應用都有涉獵此一技術。

1. 出勤管理系統：

以「出勤管理系統」為例，若保全使用了臉部偵測和臉部辨識電腦視覺，保全系統會分析 CCTV 影像，讓經過授權的人員能夠進入管制區域。當出勤人員到達工作場所時，在入口處便受到攝影機的鏡頭偵測，其測到的影像資訊由電腦傳至後端的出勤管理系統，經由伺服器 API 或資料庫的人臉辨識，依人臉驗證結果立即傳出是否可開門的決策。此種出勤管理系統適用於情治單位、軍事要地、廠房排班門禁、實驗室、研究室、金融機關、開刀房、展覽館、居家門禁⋯⋯。

▲ 人臉辨識技術應用於出勤管理系統

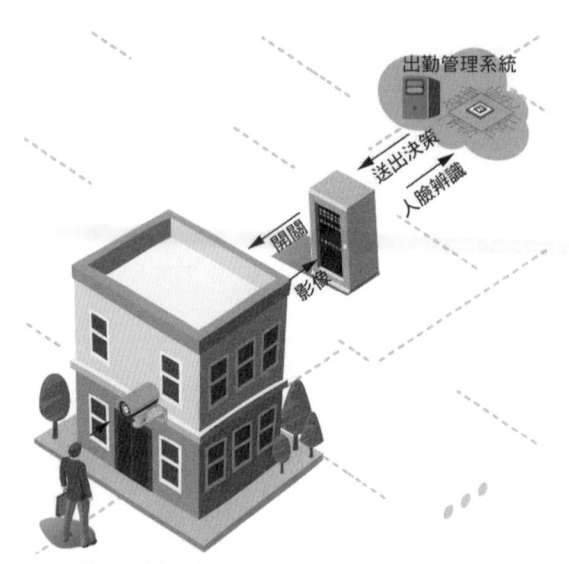

2. 大樓安全監控系統：

　　當大樓住戶返家時，從停車場、搭電梯到住戶門口的走廊皆有攝影機進行人臉追蹤。進入電梯時會人臉辨識，監控系統會決定該住戶可到達的樓層，出電梯，到住戶門口或公設空間門口接受人臉辨識。此種大樓安全監控系統適用於住戶大樓、飯店管理、會員制的健身房…。

▲ 人臉辨識技術應用於大樓安全監控系統

3. **人臉登入系統：**

    設備或資訊的登入方式，可建置安全性的人臉辨識技術應用程式。在設備管理上可以登入自動化，降低管理成本。在資訊安全上可讓個人資料更有保障。早期的做法是使用帳號、密碼、提款卡、會員卡、員工證…，但這些登入的方式都有風險，其帳號、密碼可能被破解，卡、證可能被竊取。此種人臉登入系統適用於手機、電腦、遠端伺服器、人臉支付、精密儀器操作、櫃員機、信用卡使用、提款卡使用、入場門票…。

4. **智慧監視駕駛臉部系統：**

    在主要道路上的交通事故有 20% 與駕駛人睡眠有關。如果能在車上安裝監視駕駛臉部系統，可以判斷駕駛是在看路、查看行動裝置，還是有疲勞的跡象。透過系統閱讀臉部細微表情，評估眼球活動，適時在駕駛員疲勞時加以警示，提醒昏昏欲睡的司機。

5. **智慧零售系統：**

    智慧零售商店內的天花板到處設有攝錄影系統，配合人工智慧機器演算法，從顧客進入店內開始，攝影機便動線追蹤顧客移動的路線，電腦統計顧客瀏覽的商品及駐留和觀看時間。顧客只要拿起某項商品，便會自動加入虛擬購物車，若顧客將商品放回架上，虛擬購物車自動刪除該商品。最後當顧客選購完畢，只需直接走出店門口，就會自動從會員帳戶中扣除消費金額。而商店的服務人員只負責補貨，讓架上的商品保持不會缺貨的狀態。零售業者也可於店內安裝註冊裝置，讓顧客註冊臉部並輸入帳戶資料使成為會員。

6. **AI 智慧長期照護：**

    AI 智慧長期照護，能夠大幅降低人力需求，減少經營風險，並提升管理效能與照護品質。其中智慧人臉辨識系統能夠辨識並記錄所有進出人員，替日照長輩簽到。工作人員的打卡自動產生、定位巡房紀錄，將照護機構的人力資源做最有效的運用。而影像辨識系統可以進行全面性、高風險區域性的跌倒監控,事故即時警示,有效縮短照服人員反應時間。達到管理無死角、照護零時差。

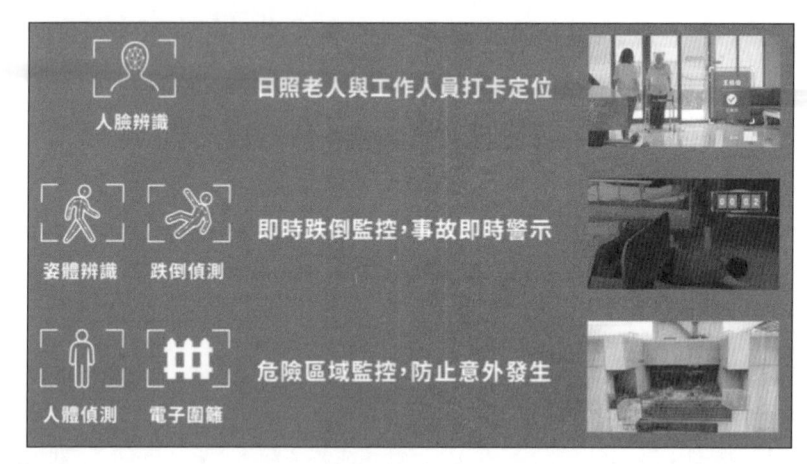

(圖片取自 https://www.youtube.com/watch?v=o-Y79Lh_QbQ 網站)

7. **人臉辨識尋人系統:**

   無人機從人群中拍攝人臉影像或街頭攝影機錄影影像,可將資訊傳送至人臉辨識系統,比對儲存在資料庫內所指定的人臉影像,可即時列出要找尋人物。例如:從人群中找尋 VIP 名單人物、通緝犯、黑名單人物、失蹤人口⋯。

   (圖片取自中時電子報)

> **Tips** 目前 Azure Face 臉部辨識（臉部驗證）服務為確保符合微軟「負責任的 AI 原則」，因此其存取受到資格和使用規範的限制。目前臉部辨識服務僅提供微軟管理的客戶和合作夥伴使用。若要存取臉部辨識服務，可連結網頁「https://customervoice.microsoft.com/Pages/ResponsePage.aspx?id=v4j5cvGGr0GRqy180BHbR7en2Ais5pxKtso_Pz4b1_xUQjA5SkYzNDM4TkcwQzNEOE1NVEdKUUlRRCQlQCN0Pwcu」，填寫表單進行申請臉部辨識服務。

7.5 臉部辨識服務開發實作

7.5.1 臉部辨識服務開發步驟

如下是使用 Azure Face API 進行臉部辨識服務的步驟，完整實作可參閱 FaceApi01.ipynb 範例。

Step 01 前往 Azure 申請 Face API 臉部服務的金鑰 (Key) 與端點 (EndPoint)。

Step 02 安裝提供 Azure 的臉部辨識 API 的套件。

```
!pip install --upgrade azure-ai-vision-face
# 匯入 AzureKeyCredential 類別用來管理 Azure API 的憑證
from azure.core.credentials import AzureKeyCredential
# 匯入 FaceClient 類別用來與臉部辨識服務互動
from azure.ai.vision.face import FaceClient
# 匯入 FaceDetectionModel 類別用來定義了臉部偵測模型
from azure.ai.vision.face.models import FaceDetectionModel
```

Step 03 使用 Face API 臉部服務的金鑰與端點建立 FaceClient 臉部類別物件 face_client。

```
# 設定 Azure 臉部服務的金鑰與端點
subscription_key = "臉部服務金鑰"
endpoint = "臉部服務端點"
# 初始化 FaceClient
```

```
face_client = FaceClient(endpoint=endpoint,
        credential=AzureKeyCredential(subscription_key))
```

Step 04　匯入 cv2 套件和 numpy 函式庫。然後使用 cv2.imencode() 函式將 Gradio 上傳的 PIL 圖片轉為 bytes。

```
import cv2
import numpy as np
……
image_bytes = cv2.imencode('.jpg', np.array(image))[1].tobytes()
```

Step 05　呼叫 Azure Face API 偵測人臉，建立 detected_faces 變數存放所偵測到的臉部資訊串列。本例設定了 return_face_id=False、return_face_landmarks=False 和 return_face_attributes=None，表示 detected_faces 將僅包含每個偵測到的臉部的基礎資訊。

```
# 呼叫 Azure Face API 偵測人臉
detected_faces = face_client.detect(
    image_content=image_bytes,                              # 傳送影像 bytes
    detection_model=FaceDetectionModel.DETECTION03,         # 人臉偵測模型
    recognition_model="recognition_04",                     # 人臉識別模型
    return_face_id=False,
    return_face_landmarks=False,
    return_face_attributes=None
)
```

Step 06　取得每個臉部 (face) 在影像中的位置大小，並繪製紅色矩形框。

```
# 將影像轉換為 NumPy 陣列，方便進行圖像處理
image_array = np.array(image)
for face in detected_faces:              # 遍歷偵測到的所有人臉
    rect = face.face_rectangle           # 取得人臉的矩形框資訊
    top, left = rect.top, rect.left      # 取得矩形框的頂部和左側座標
    width, height = rect.width, rect.height   # 取得矩形框的寬度與高度
    # 在 image_array 的人臉上繪製紅色矩形框
    cv2.rectangle(image_array, (left,top), (left+width,top+height), (255,0,0),2)
```

Step 07 取得人臉數量

face_count = len(detected_faces)   # 總人臉數量

7.5.2 臉部偵測範例實作

📥 **範例**：FaceApi01.ipynb

上傳指定所要偵測的影像圖檔。將影像中的人臉使用矩形框住，即使戴著口罩也可以偵測到。在「偵測結果」方塊處顯示影像中人臉數量。

執行結果

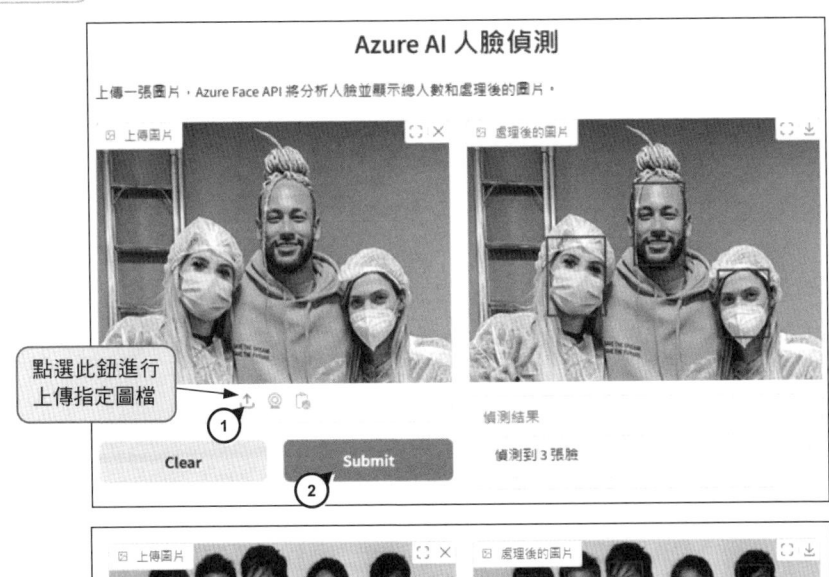

程式碼　FileName:FaceApi01.ipynb

```
1-01  !pip install gradio
1-02  import gradio as gr


2-01  # 安裝提供 Azure 的臉部辨識 API 的套件
2-02  !pip install --upgrade azure-ai-vision-face
2-03  # 匯入 AzureKeyCredential 類別用來管理 Azure API 的憑證
2-04  from azure.core.credentials import AzureKeyCredential
2-05  # 匯入 FaceClient 類別用來與臉部辨識服務互動
2-06  from azure.ai.vision.face import FaceClient
2-07  # 匯入 FaceDetectionModel 類別用來定義了臉部偵測模型
2-08  from azure.ai.vision.face.models import FaceDetectionModel


3-01  import cv2
3-02  import numpy as np


4-01  # 設定 Azure 臉部服務的金鑰與端點
4-02  subscription_key = "臉部服務金鑰"
4-03  endpoint = "臉部服務端點"
4-04  # 初始化 FaceClient
4-05  face_client = FaceClient(endpoint=endpoint,
            credential=AzureKeyCredential(subscription_key))


5-01  # 偵測影像 bytes 並繪製矩形框
5-02  def detect_faces(image):
5-03      # 將 Gradio 上傳的 PIL 圖片轉為 bytes
5-04      image_bytes = cv2.imencode('.jpg', np.array(image))[1].tobytes()
5-05
5-06      # 呼叫 Azure Face API 偵測人臉
5-07      detected_faces = face_client.detect(
5-08          image_content=image_bytes,              # 傳送影像 bytes
5-09          detection_model=FaceDetectionModel.DETECTION03,   # 人臉偵測模型
5-10          recognition_model="recognition_04",     # 人臉識別模型
5-11          return_face_id=False,
5-12          return_face_landmarks=False,
5-13          return_face_attributes=None
5-14      )
```

```
5-15
5-16        face_count = len(detected_faces)              # 總人臉數量
5-17
5-18        # 標示每個臉部在影像中的位置和大小
5-19        image_array = np.array(image)
5-20        for face in detected_faces:
5-21            rect = face.face_rectangle
5-22            top, left = rect.top, rect.left
5-23            width, height = rect.width, rect.height
5-24            # 繪製紅色矩形框(BGR 顏色)
5-25            cv2.rectangle(image_array, (left,top),
                    (left+width,top+height),(255,0,0),2)
5-26
5-27        # 傳回包含矩形框的圖片和人臉數量
5-28        return image_array, f"偵測到 {face_count} 張臉"

6-01 # 使用 Gradio 建立介面
6-02 interface = gr.Interface(
6-03     fn = detect_faces,
6-04     inputs = gr.Image(type="pil", label="上傳圖片"),
6-05     outputs = [gr.Image(type="numpy", label="處理後的圖片"),
             gr.Text(label="偵測結果")],
6-06     title = "Azure AI 人臉偵測",
6-07     description = "上傳一張圖片,Azure Face API 將分析人臉並顯示總人數和
     處理後的圖片。",
6-08 )

7-01 # 啟動 Gradio
7-02 interface.launch(share=True)
```

7.5.3 臉部屬性分析開發步驟

同上例,建立 FaceClient 臉部類別物件 face_client 後,建立 detected_faces 變數存放所偵測到的臉部資訊串列。因本例要細部分析臉部,所以請將偵測模型 recognition_model 設為 FaceDetectionModel.DETECTION01。並再設定 return_face_attributes 人臉特徵的屬性串列,而本例要分析的項目有

"accessories"(配件), "blur"(模糊), "exposure"(曝光), "glasses"(眼鏡種類), "noise"(雜訊), "occlusion"(遮蔽)。

```python
# 偵測影像並分析臉部屬性
def detect_face_attributes(image):
    # 將 Gradio 上傳的 PIL 圖片轉為 bytes
    image_bytes = cv2.imencode('.jpg', np.array(image))[1].tobytes()

    # 呼叫 Azure Face API 偵測人臉並分析屬性
    detected_faces = face_client.detect(
        image_content=image_bytes,  # 傳送影像 bytes
        detection_model=FaceDetectionModel.DETECTION01,    # 人臉偵測模型
        recognition_model="recognition_04",                # 人臉識別模型
        return_face_id=False,
        return_face_landmarks=False,
        return_face_attributes=["accessories", "blur", "exposure", "glasses", "noise", "occlusion"]    # 額外屬性分析
    )
```

使用 face.face_attributes 偵測到的人臉中獲取的相關屬性資訊指定給 attributes 物件。

```python
# 收集屬性資訊
attributes = face.face_attributes
```

分別從 attributes 物件中取得配件數量、模糊等級、曝光等級、眼鏡種類和噪點等級,若屬性不存在時設置預設值(0、"None" 或 "Unknown")。

```python
accessories = len(attributes.accessories) if attributes.accessories else 0
blur_level = attributes.blur.blur_level if attributes.blur else "Unknown"
exposure_level = attributes.exposure.exposure_level if attributes.exposure else "Unknown"
glasses_type = attributes.glasses if attributes.glasses else "None"
noise_level = attributes.noise.noise_level if attributes.noise else "Unknown"
```

將所收集到的屬性資訊格式化為一個字串,添加到 attributes_info 串列中。字串包含了人臉的位置(左、上、寬度、高度),配件數量,模糊等級,曝光等級,眼鏡種類和噪點等級。

```
attributes_info.append(
    f"位置: ({left}, {top}, {width}, {height})\n"
    f"配件數量: {accessories}\n"
    f"模糊等級: {blur_level}\n"
    f"曝光等級: {exposure_level}\n"
    f"眼鏡種類: {glasses_type}\n"
    f"噪點等級: {noise_level}\n"
)
```

7.5.4 臉部屬性分析範例實作

範例：FaceApi02.ipynb

上傳所要分析影像圖檔。接著顯示影像中臉部的配件數量、模糊等級、曝光等級以及配載眼鏡種類、噪點等級的屬性資訊。

執行結果

程式碼　FileName:FaceApi02.ipynb

```
1-01  !pip install gradio
1-02  import gradio as gr

2-01  !pip install --upgrade azure-ai-vision-face
2-02  from azure.core.credentials import AzureKeyCredential
2-03  from azure.ai.vision.face import FaceClient
2-04  from azure.ai.vision.face.models import FaceDetectionModel

3-01  import cv2
3-02  import numpy as np

4-01  # 設定 Azure 臉部服務的金鑰與端點
4-02  subscription_key = "臉部服務金鑰"
4-03  endpoint = "臉部服務端點"
4-04  # 初始化 FaceClient
4-05  face_client = FaceClient(endpoint=endpoint,
            credential=AzureKeyCredential(subscription_key))

5-01  # 偵測影像並分析臉部屬性
5-02  def detect_face_attributes(image):
5-03      # 將 Gradio 上傳的 PIL 圖片轉為 bytes
5-04      image_bytes = cv2.imencode('.jpg', np.array(image))[1].tobytes()
5-05
5-06      # 呼叫 Azure Face API 偵測人臉並分析屬性
5-07      detected_faces = face_client.detect(
5-08          image_content=image_bytes,              # 傳送影像 bytes
5-09          detection_model=FaceDetectionModel.DETECTION01,  # 人臉偵測模型
5-10          recognition_model="recognition_04",     # 人臉識別模型
5-11          return_face_id=False,
5-12          return_face_landmarks=False,
5-13          return_face_attributes=["accessories", "blur", "exposure",
                  "glasses", "noise", "occlusion"]    # 額外屬性分析
5-14      )
5-15
5-16      face_count = len(detected_faces)            # 總人臉數量
5-17
5-18      # 繪製矩形框與收集屬性資訊
```

```
5-19          image_array = np.array(image)
5-20          attributes_info = []
5-21          for face in detected_faces:
5-22              rect = face.face_rectangle
5-23              top, left = rect.top, rect.left
5-24              width, height = rect.width, rect.height
5-25
5-26              # 繪製紅色矩形框 (BGR 顏色)
5-27              cv2.rectangle(image_array, (left,top),
                  (left+width,top+height), (255,0,0), 2)
5-28
5-29              # 收集屬性資訊
5-30              attributes = face.face_attributes
5-31              accessories = len(attributes.accessories) if
       attributes.accessories else 0
5-32              blur_level = attributes.blur.blur_level if attributes.blur
       else "Unknown"
5-33              exposure_level = attributes.exposure.exposure_level if
       attributes.exposure else "Unknown"
5-34              glasses_type = attributes.glasses if attributes.glasses else
       "None"
5-35              noise_level = attributes.noise.noise_level if
       attributes.noise else "Unknown"
5-36
5-37              attributes_info.append(
5-38                  f"位置: ({left}, {top}, {width}, {height})\n"
5-39                  f"配件數量: {accessories}\n"
5-40                  f"模糊等級: {blur_level}\n"
5-41                  f"曝光等級: {exposure_level}\n"
5-42                  f"眼鏡種類: {glasses_type}\n"
5-43                  f"噪點等級: {noise_level}\n"
5-44              )
5-45
5-46          # 結合屬性資訊
5-47          attributes_result = f"偵測到 {face_count} 張臉。\n" +
              "\n".join(attributes_info)
5-48
5-49          # 傳回包含矩形框的圖片和屬性資訊
5-50          return image_array, attributes_result
```

```
6-01  # 使用 Gradio 建立介面
6-02  interface = gr.Interface(
6-03      fn = detect_face_attributes,
6-04      inputs = gr.Image(type="pil", label="上傳圖片"),
6-05      outputs = [gr.Image(type="numpy", label="處理後的圖片"),
                     gr.Text(label="臉部屬性分析結果")],
6-06      title = "Azure AI 臉部屬性分析",
6-07      description="上傳一張圖片，Azure Face API 將分析臉部的配件數量、模糊等
              級、曝光等級與眼鏡種類。",
6-08  )

7-01  # 啟動 Gradio
7-02  interface.launch(share=True)
```

7.6 模擬試題

題目(一)

若要偵測影像中的人臉。Face API 如何指出偵測到的臉部位置？

① 每張臉部都有一對指示臉部中心的座標

② 每張臉部都有兩對指示眼睛位置的座標

③ 每張臉部都有一組臉部矩形週框方塊的座標

④ 每張影像只能偵測到一張矩形週框方塊面積最大的臉部座標

題目(二)

哪種影像可能會影響人臉的臉部偵測？

① 人臉的微笑表情　　② 臉部角度極端

③ 攝影時的快門速度　④ 人臉有帶眼鏡

題目(三)

若想要使用「臉部辨識服務」找出被點名的人，必須做什麼？

① 使用「臉部辨識服務」，無法執行臉部辨識

② 使用「臉部辨識服務」來擷取每個人的年齡和情緒狀態
③ 使用「臉部辨識服務」來建立群組，其中包含每個被點名個人的多張影像，並根據此群組來定型模型
④ 被點名的人員註冊時，使用高品質影像

題目(四)

何項臉部辨識任務與「所有人臉都相互從屬嗎？」問題相匹配？
① 識別　② 相似性　③ 驗證　④ 群組

題目(五)

何項臉部辨識任務與「這個人看起來像其他人嗎？」問題相匹配？
① 識別　② 相似性　③ 驗證　④ 群組

題目(六)

何項臉部辨識任務與「這兩張照片的臉是否屬於同一人？」這個問題相匹配？
① 識別　② 相似性　③ 驗證　④ 群組

題目(七)

何項臉部辨識任務與「這群人中哪一個是這個人？」問題相匹配？
① 識別　② 相似性　③ 驗證　④ 群組

題目(八)

您需要生成一個用於社交媒體的圖像標記解決方案，以便自動標記您朋友的圖像。您應該使用哪種服務？
① 人臉　② 表單辨識器　③ 文字分析　④ Azure AI 視覺

題目(九)

使用臉部偵測服務比對兩影像中的兩個人的臉部，結果顯示兩影像的人臉相似度 97%，表示
① 兩人必為同一身分　② 兩人必為同一身分的可能性極大
③ 兩人有血緣關係　　④ 兩人不是同一身分

題目(十)

哪一種生物辨識技術可以直接擷取資料，不需要強制辨識者配合？
① 指紋辨識　② 虹膜辨識　③ 聲音辨識　④ 人臉辨識

CHAPTER 08

探索電腦視覺(四) 自訂視覺

8.1 自訂視覺簡介

「自訂視覺」(Custom Vision) 服務是一項影像 (非影片) 辨識服務,提供機器學習模型給開發人員來分析影像。開發人員可以透過自訂視覺服務,針對特定影像內的「物件」指定「標籤」(描述物件的標題文字),來建置、部署專屬的自訂影像分類及物件偵測模型。建立「自訂視覺」服務專案時,開發人員不必具備任何機器學習的專業知識。使用時只需收集有相關性的影像群組 (如:含「計程車」物件的影像),並為這些影像物件套用描述物件的文字標籤 (如:「TAXI」、「taxicab」或「計程車」)。將所收集的影像上傳到自訂視覺專案並進行模型的定型 (train) 與預測,最後再將專案的服務模型發佈出來成為 API 端點,提供給用戶端應用程式來呼叫使用,以便讓應用程式來偵測特定物件 (如:「計程車」物件)。

自訂視覺服務有「影像分類」與「物件偵測」兩種功能。「影像分類」是以機器學習為基礎的電腦視覺形式,其中模型定型時根據其所包含的主要物件將影像分類,並使一個類別的影像群組套用一個指定標籤,每個標籤最少需要 5 個影像。「物件偵測」可框列出影像中的每個物件,再由多個標籤中選擇套用，還可以取得個別物件在影像中四方形框座標位置 (left、top、width、height)，定型時每個物件最少要 15 個標籤影像。此外，上傳 Azure 能接受的影像格式檔有 .jpg、.png、.bmp、.gif，每一個影像檔案大小不可超過 6 M，每一張影像的高度或寬度不可低於 256 像素。

8.2 自訂視覺影像分類

當人類在進行「影像分類」的工作時，大腦的分類系統會接收一些輸入圖像，並適當的把圖像歸類到分類的類別。假設我們已經收集了這些圖片的標籤，當看到某些圖片時，並直接把該圖片歸類到對應的類別標籤。這對人類來說沒什麼困難，因為我們的大腦天生就具備這種分類的本能。

8.2.1 電腦如何進行影像分類

那電腦是如何進行「影像分類」的工作呢？「影像分類」所分類的物件為影像、圖片。數位影像是由「像素值」陣列所組成，所以當電腦看到一張圖片，其實是看到一堆圖像「像素」的數字，每個像素由代表紅 (0～255)、綠 (0～255)、藍 (0～255) 的 3 個值表示。

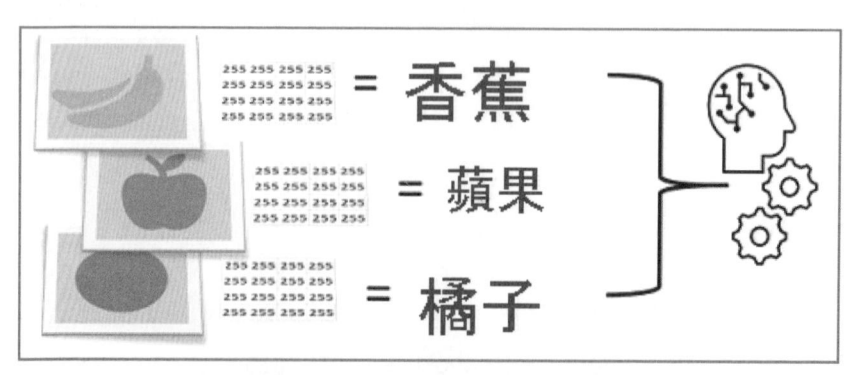

▲ (圖片取自 Microsoft 文件技術網站)

「影像分類」是一種機器學習技術，建立影像分類模型時，需要包含特徵及其標籤的資料。影像分類機器學習模型使用一組「特徵」的輸入，以計算每個可能類別的機率分數，並預測物件所屬的類別「標籤」。而組成的影像像素值用來做為輸入的特徵，再根據影像類別來定型模型。在模型定型期間，可以將像素值中的模式與一組類別標籤進行比對。模型定型之後，可偵測新的影像來預測未知的標籤值。

8.2.2 影像分類的用途

1. **產品識別**：針對特定產品的視覺搜尋。可以在線上搜尋網頁圖像，或使用行動裝置在實體商店搜尋實體物品。
2. **醫療診斷**：掃描醫學影像診斷相關的病情。可以從 X 光、電腦斷層 (CT) 或核磁共振造影 (MRI) 的影像快速發現特定問題，分類為癌症腫瘤或相關的病況。
3. **災害調查**：識別重大災害的發生和預防。調查人員可利用衛星遙測影像、航空照片、無人載具空拍影像、地面監控儀器 … 等方式進行圖面判釋，來監控主要基礎結構是否有嚴重損壞，及土地開發狀況。

8.3 在 Azure 使用影像分類

您可以使用自訂視覺服務來執行影像分類，該服務是 Azure AI 視覺提供項目的一部分，讓具有很少或完全沒有機器學習專業知識的開發人員建立有效影像分類解決方案。

8.3.1 蒐集相關特性的影像群組

下面以影像中辨識出「蘋果」、「香蕉」、「橘子」三種水果為例，說明如何使用 Azure 建立影像分類解決方案。首先我們先蒐集含有「蘋果」、「香蕉」、「橘子」三種水果類別的影像，並分別指定其標籤為「apple」、「banana」、「orange」。每種類別至少要有 5 個影像 (本例每個類別分別收集 15 張)，如下：

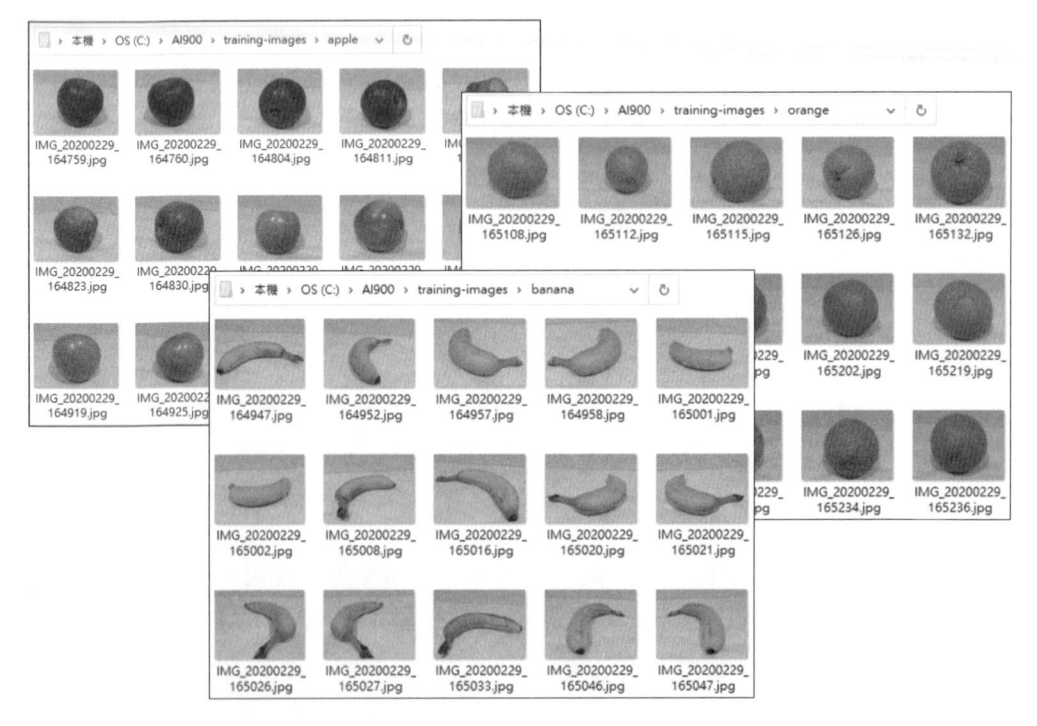

● 上面三種類別的影像，從 https://aka.ms/fruit-images 網址下載。

8.3.2 建立影像分類功能的自訂視覺服務模型

為了讓開發人員快速建置專屬的自訂影像識別模型。微軟提供自訂視覺入口網站「https://customvision.ai/」，可以快速建立、定型 (訓練) 與預測模型。請依下面步驟建立自訂視覺服務模型。

Step 01 登入 Azure 自訂視覺服務網站

1. 連結到「https://customvision.ai/」自訂視覺服務網站，點按 SIGN IN 鈕登入自訂視覺服務網站。

2. 輸入 Microsoft 帳戶的帳號、密碼完成登入的動作。登入後微軟會透過手機或 mail 給予您一個驗證碼,完成驗證的手續。

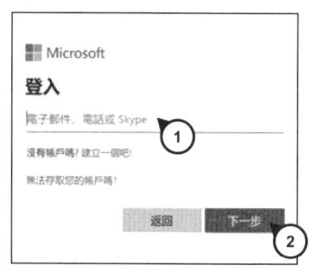

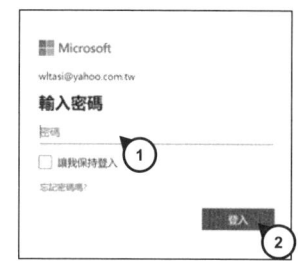

3. 出現建立自訂視覺專案的按鈕。

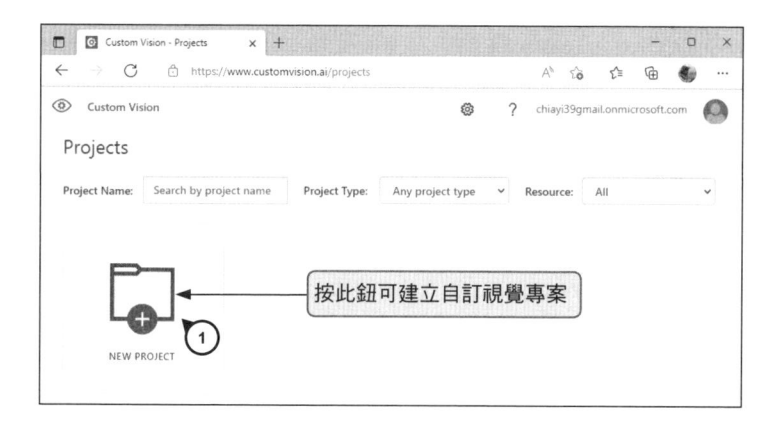

Step 02 建立自訂視覺服務專案

1. 在上圖點選 「NEW PROJECT」,開啟下圖「Create new project」(建立專案) 視窗。

2. 若是第一次建立自訂視覺服務專案,必須點選「create new」連結建立自訂視覺服務資源 (Resource)。

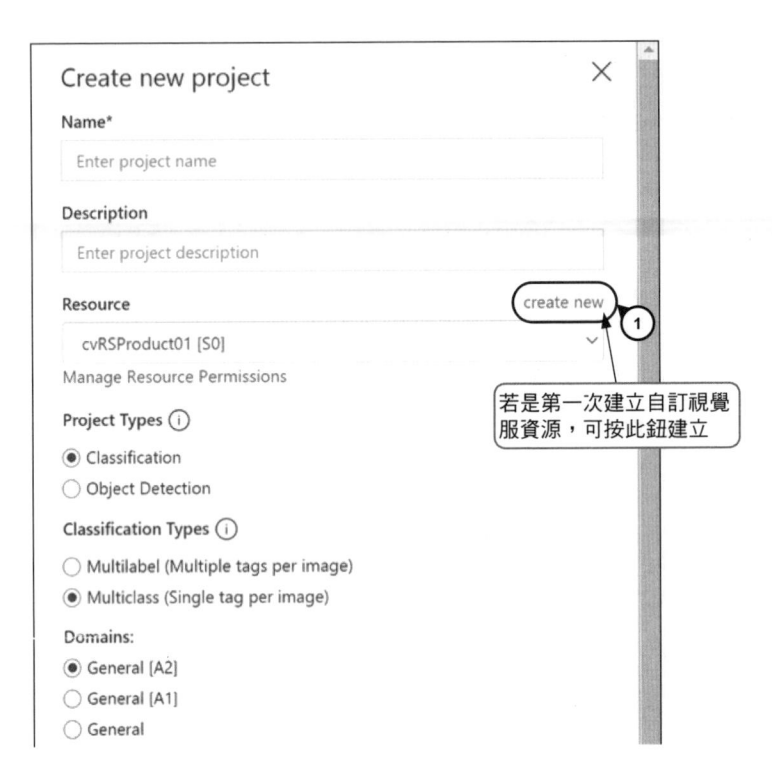

Create new project

Name*
Enter project name

Description
Enter project description

Resource create new ①
cvRSProduct01 [S0]
Manage Resource Permissions

若是第一次建立自訂視覺服資源，可按此鈕建立

Project Types ⓘ
- ● Classification
- ○ Object Detection

Classification Types ⓘ
- ○ Multilabel (Multiple tags per image)
- ● Multiclass (Single tag per image)

Domains:
- ● General [A2]
- ○ General [A1]
- ○ General

3. 接著出現下圖「Create New Resource」(建立資源) 視窗，請依下圖操作建立自訂視覺服務資源名稱為「cvImage」(或取其它名稱)。

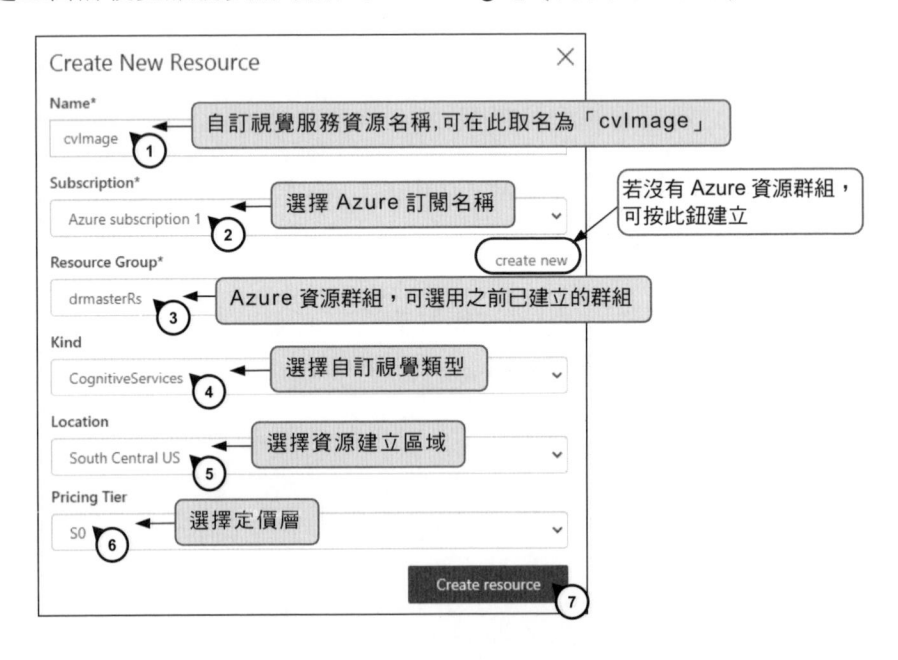

Create New Resource

Name*
cvImage ① ← 自訂視覺服務資源名稱,可在此取名為「cvImage」

Subscription*
Azure subscription 1 ② ← 選擇 Azure 訂閱名稱

若沒有 Azure 資源群組，可按此鈕建立

Resource Group* create new
drmasterRs ③ ← Azure 資源群組，可選用之前已建立的群組

Kind
CognitiveServices ④ ← 選擇自訂視覺類型

Location
South Central US ⑤ ← 選擇資源建立區域

Pricing Tier
S0 ⑥ ← 選擇定價層

Create resource ⑦

8-6

4. 再回到「Create new project」(建立專案) 視窗，請依下圖建立資料。

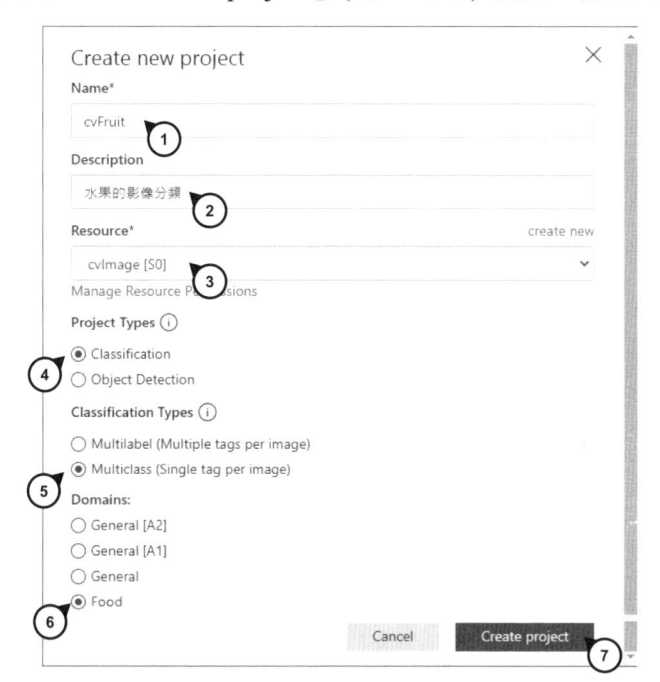

說明

① Name (專案名稱)：可自行取有意義的名稱，如：「cvFruit」。

② Description (專案描述)：本例設為「水果的影像分類」。

③ Resource (資源)：選用之前建立的自訂視覺服務資源名稱「cvImage[S0]」。

④ Project Types (專案類型)：選用「Classification」(分類)。

⑤ Classfication Types (分類類型)：選用「Multiclass (Single tag per image)」，即在多類別中，每個影像一個標籤。

⑥ Domains (網域)：選用「Food」。

5. 然後再按下 Create project 鈕，完成專案的建立。

Step 03 上傳影像群組設定影像標籤

1. 若成功建立專案之後，會進入下圖畫面。

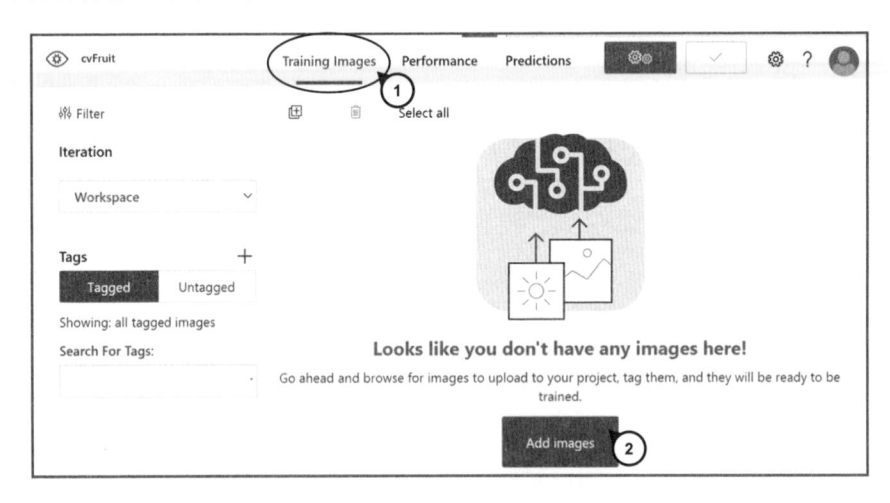

2. 在「Training Images」標籤頁中點選 Add images 鈕，出現的「開啟」對話方塊，選取要上傳的類別影像 (如：「apple」資料夾中的所有檔案，每個類別至少選取 5 張影像，本例每個類別採 15 張進行訓練)，點按 開啟(O) 鈕。

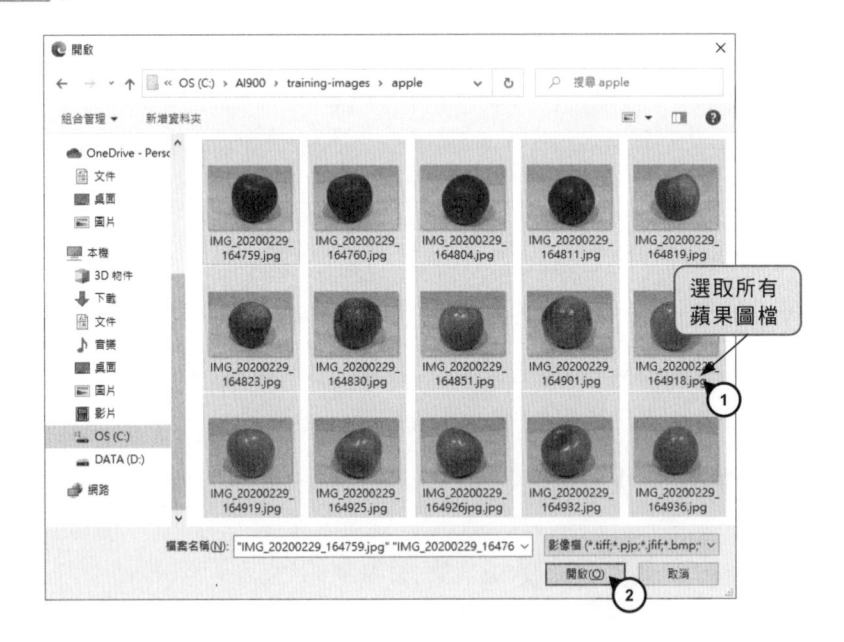

3. 出現「Image upload」對話方塊時，在「My Tags」處為影像設定標籤文字 (如：「apple」)，按 `Upload 15 files` 鈕上傳影像。待上傳完畢，再點按 `Done` 鈕。

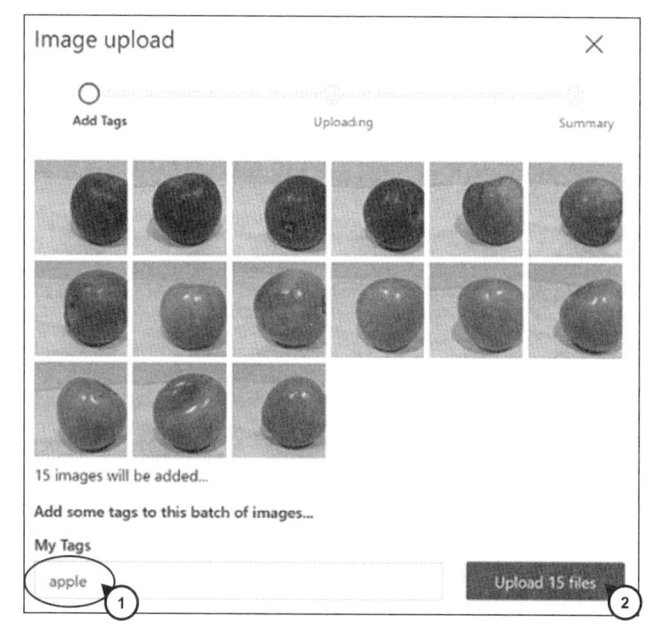

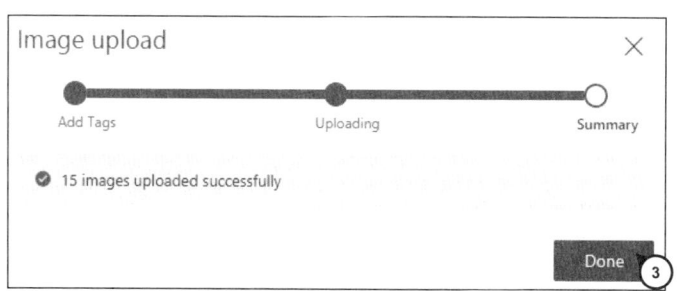

4. 待出現下圖畫面時，點按 `Add images` 鈕，在「開啟」對話方塊，上傳所有香蕉影像，再同理設定「banana」標籤文字。

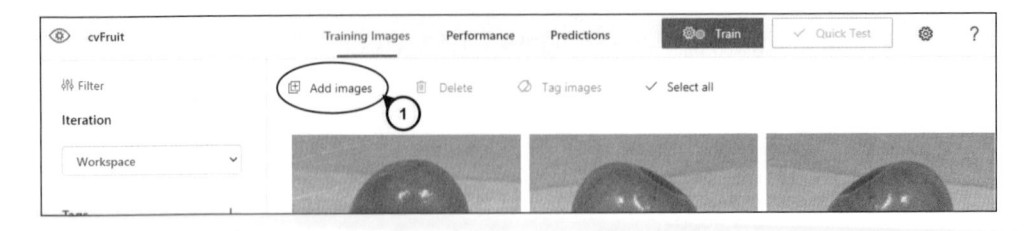

5. 再點按 [Add images] 鈕，上傳所有橘子影像並設「orange」標籤文字。

6. 三種類別共 45 張影像上傳，設定三種標籤的結果如下圖：

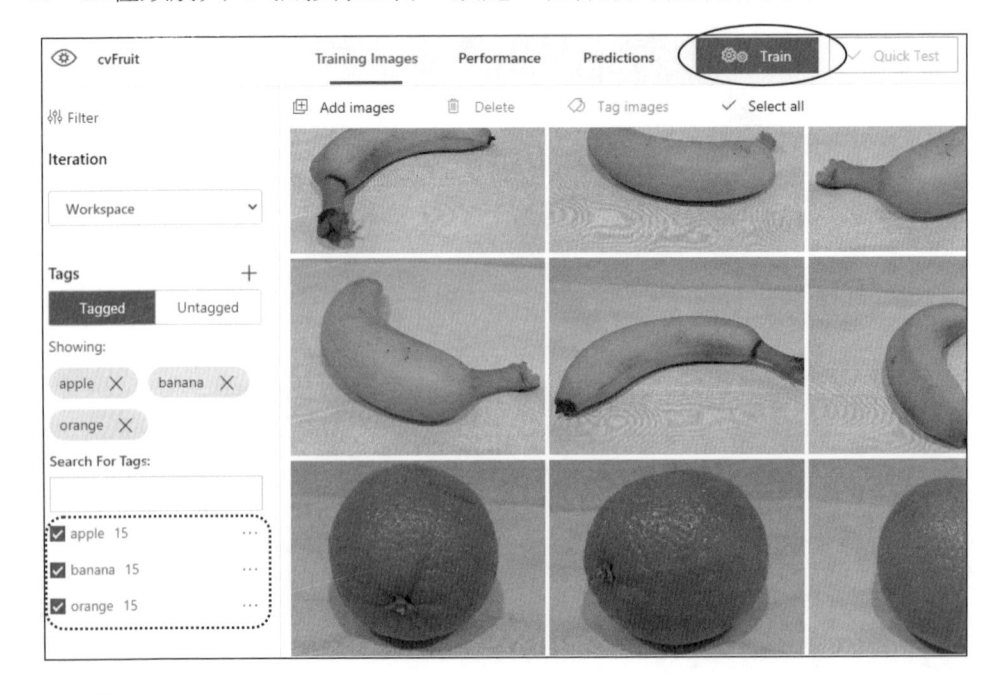

Step 04 定型模型

1. 在上圖的自訂視覺專案中，到上方標籤頁右側處點按 Train 鈕來對使用標籤的影像進行分類模型的定型。

2. 接著出現「Choose Training Type」對話方塊，選取 ⊙ Quick Training (快速定型) 選項，再點按 Train 鈕。

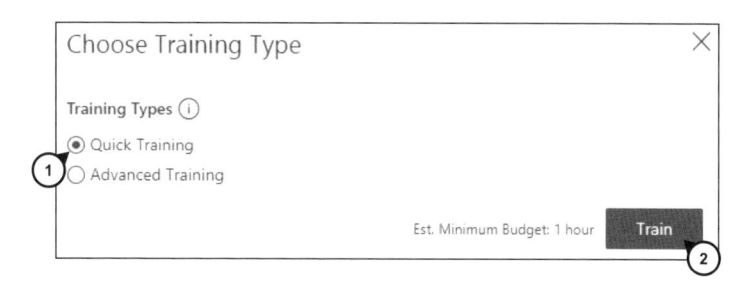

3. 出現下圖畫面時，代表正在定型中，可能會花費一些時間，請耐心等待。

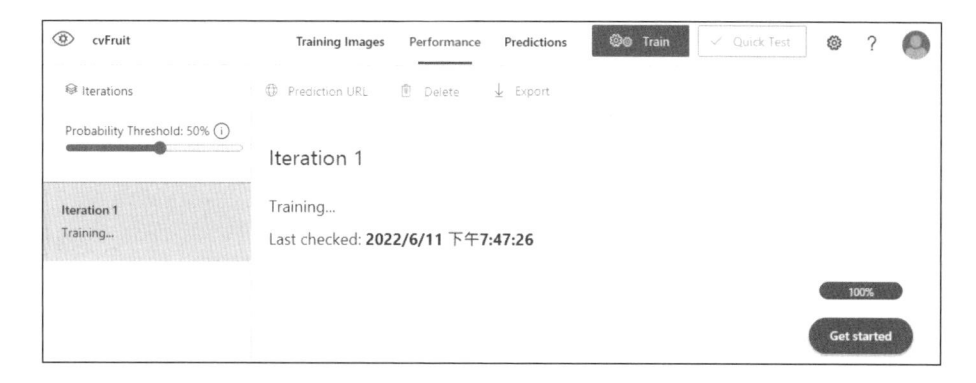

4. 當定型完成後，會顯示模型的「Performance」(效能) 標籤頁，而且右側的 ✓ Quick Test 鈕由無效狀態改成有效狀態。

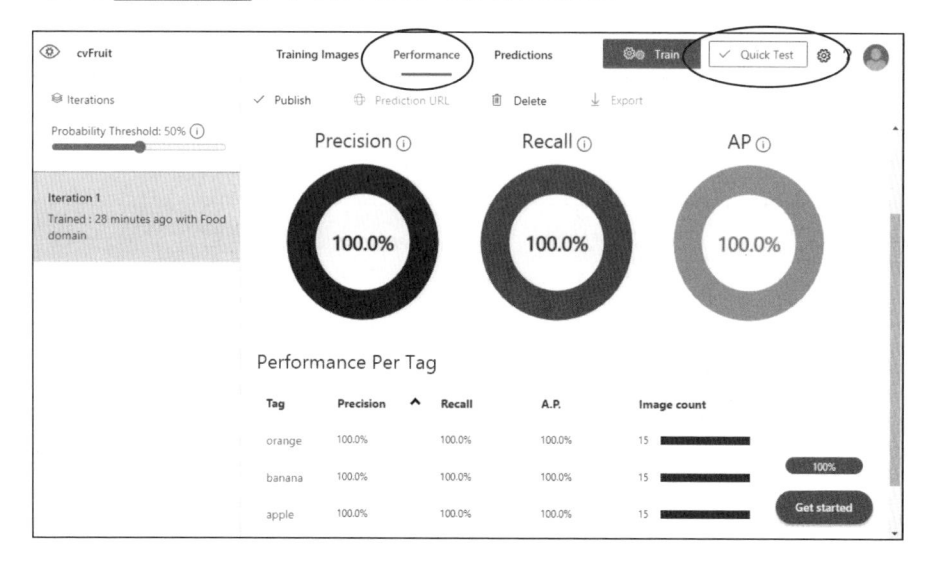

Step 05 預測模型

1. 在上圖中，到上方標籤頁右側處點按 `✓ Quick Test` 鈕來進行模型預測。

2. 由出現的畫面中點按 `Browse local files` 鈕，選取要測試的影像，測試的影像要和定型的影像不同。

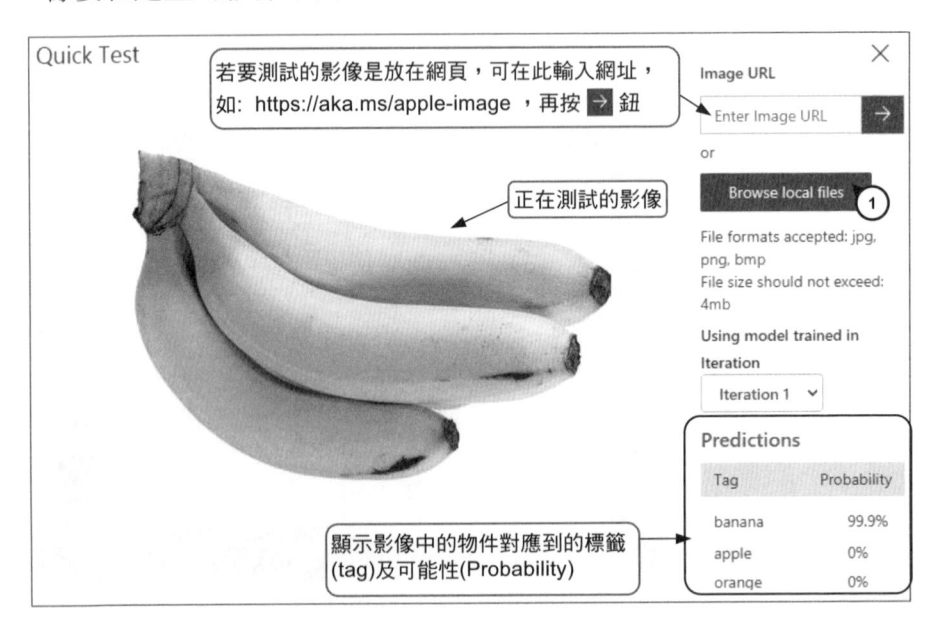

若要測試的影像是放在網頁，可在此輸入網址，如：https://aka.ms/apple-image，再按 → 鈕

正在測試的影像

顯示影像中的物件對應到的標籤(tag)及可能性(Probability)

Predictions
Tag	Probability
banana	99.9%
apple	0%
orange	0%

Step 06 發佈模型

1. 切換到「Performance」標籤頁並按下「Publish」連結按鈕，進行發佈自訂視覺服務，

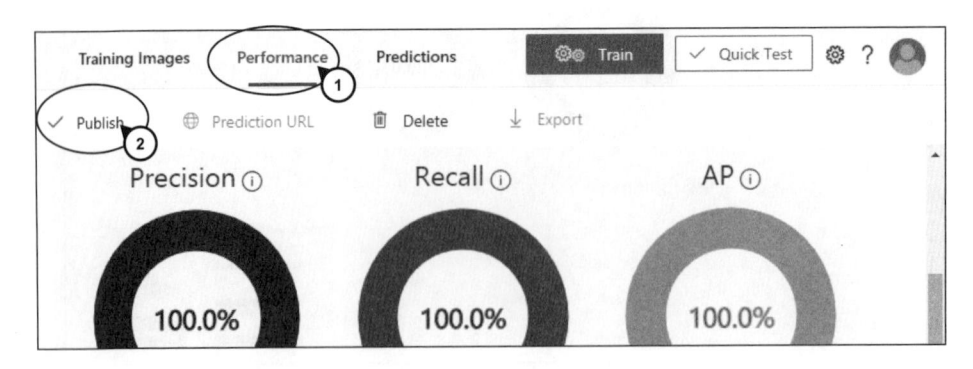

2. 將模型名稱指定為「FruitModel」。

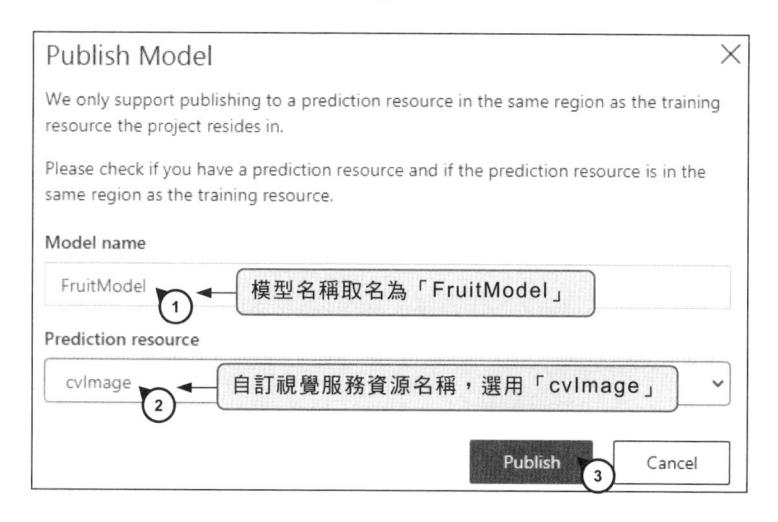

Publish Model

We only support publishing to a prediction resource in the same region as the training resource the project resides in.

Please check if you have a prediction resource and if the prediction resource is in the same region as the training resource.

Model name

FruitModel ← ① 模型名稱取名為「FruitModel」

Prediction resource

cvImage ← ② 自訂視覺服務資源名稱，選用「cvImage」

Publish ③ Cancel

Step 07 取得服務端點與金鑰

1. 切換到「Performance」標籤頁並按下「Prediction URL」連結按鈕。

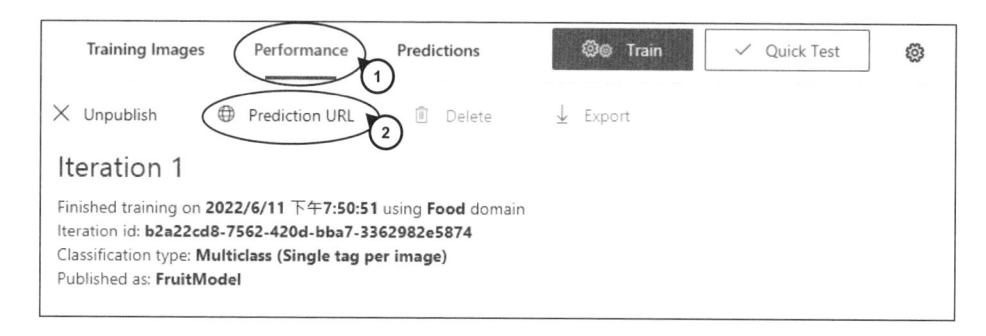

Training Images | **Performance** ① | Predictions | Train | ✓ Quick Test

✕ Unpublish | ⊕ **Prediction URL** ② | 🗑 Delete | ↓ Export

Iteration 1
Finished training on **2022/6/11 下午7:50:51** using **Food** domain
Iteration id: **b2a22cd8-7562-420d-bba7-3362982e5874**
Classification type: **Multiclass (Single tag per image)**
Published as: **FruitModel**

2. 開啟如下對話方塊，並由該對話方塊取得服務端點(EndPoint)和金鑰(key)，此服務端點與金鑰提供「影像網址」和「影像檔案」兩種方式進行偵測影像中的物件。請將該服務端點與金鑰先記錄在記事本中。

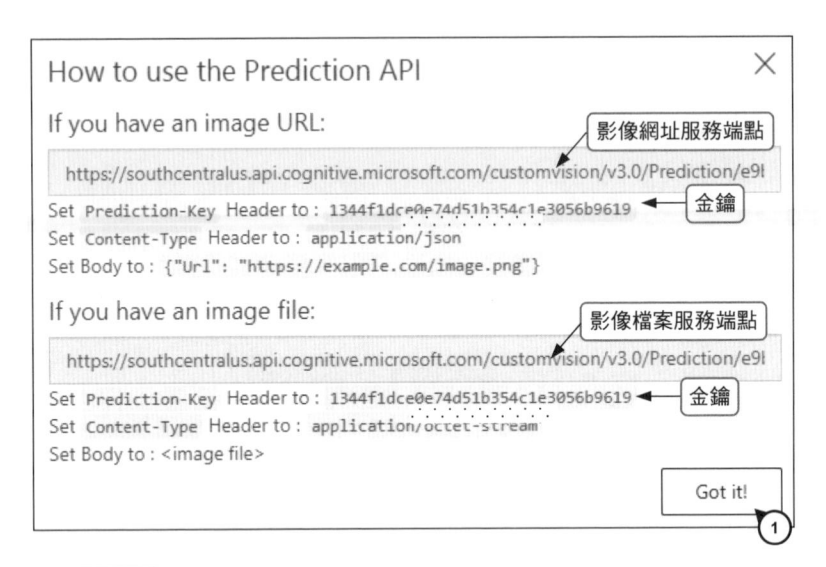

```
How to use the Prediction API                              ✕

If you have an image URL:
                                                    影像網址服務端點
   https://southcentralus.api.cognitive.microsoft.com/customvision/v3.0/Prediction/e9l
   Set Prediction-Key Header to : 1344f1dce0e74d51b354c1e3056b9619  ← 金鑰
   Set Content-Type Header to : application/json
   Set Body to : {"Url": "https://example.com/image.png"}

If you have an image file:
                                                    影像檔案服務端點
   https://southcentralus.api.cognitive.microsoft.com/customvision/v3.0/Prediction/e9l
   Set Prediction-Key Header to : 1344f1dce0e74d51b354c1e3056b9619  ← 金鑰
   Set Content-Type Header to : application/octet-stream
   Set Body to : <image file>

                                                        Got it!
                                                              ①
```

3. 點按 Got it! 鈕,完成服務端點 (EndPoint) 和金鑰 (key) 的取得。

Step 08 登出 Azure 自訂視覺服務網站

```
Training Images   Performance   Predictions      Train    ✓ Quick Test    ⚙  ?   ●①
✕ Unpublish    ⊕ Prediction URL   🗑 Delete   ↓ Export    chiayi39@gmail.com

Iteration 1                                               DIRECTORIES ⓘ
Finished training on 2022/6/11 下午7:50:51 using Food domain   ✓ chiayi39gmail.onmicrosoft.com
Iteration id: b2a22cd8-7562-420d-bba7-3362982e5874
Classification type: Multiclass (Single tag per image)       Sign out
Published as: FruitModel                                          ②
```

8.4 自訂視覺物件偵測

「物件偵測」是一種以機器學習為基礎的電腦視覺技術,其中定型的物件偵測模型,可以使用多個標籤辨識影像中的每一個別物件類型及可信度,而且能識別每個物件在影像中的座標位置。以下列影像為例:

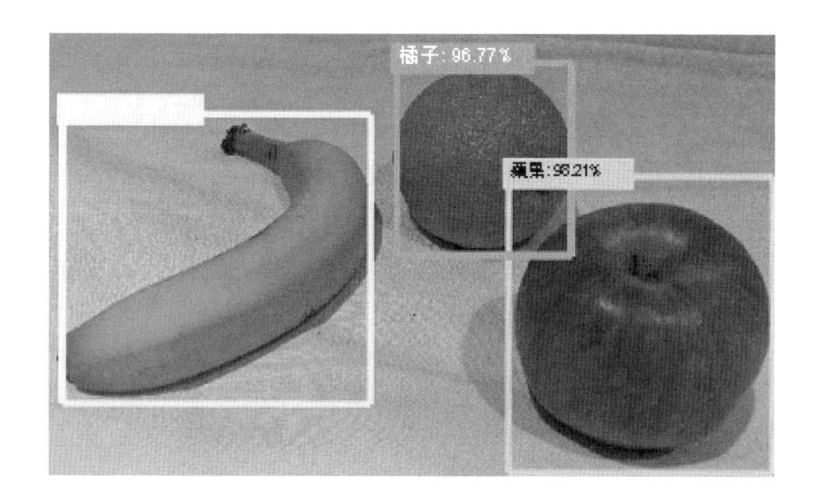

物件偵測模型可識別此影像中的個別物件，並可傳回下列資訊：

❖ 影像中每個可辨識的物件類別「標籤」。

❖ 物件分類的「可信度」。

❖ 每個物件的週框方塊「座標」位置 (left、top、width、height)。

偵測影像中物件是許多應用程式中的重要項目，包括：

1. **檢查建物安全**：分析建築物內部的消防設施 (如：滅火器) 及緊急設備 (如：監視器的鏡頭)。

2. **檢測腫瘤**：從 X 光、電腦斷層 (CT) 或核磁共振造影 (MRI) 的醫療影像偵測出腫瘤範圍，確定開刀位置。

3. **駕駛輔助**：為自動導航的車輛或車道輔助功能的車輛建立軟體，用軟體偵測其他車道是否有車輛或其他東西 (如：行人)，以及自動駕駛的車輛是否在自己的車道內。

4. **保護野生動物**：使用自動監測相機揭露野生動物族群訊息。自動相機能偵測熱源及光影的變化，任何能產生溫度變化或光影變化的物體都可以觸發自動相機，適用長期偵測野生哺乳動物。

5. **自動化結帳**：購物商店使用物件偵測模型來實作自動化結帳系統。使用相機掃描輸送帶，即可識別客戶所購商品。

6. **異常偵測**：可以在生產線上架設攝影機，即時偵測產品異常的瑕疵，如：受損產品的位置。機器視覺系統的檢測能力每分鐘能快速且精確地檢測數百個，甚至數千個物件。

8.5 在 Azure 使用物件偵測

8.5.1 蒐集相關特性的影像群組

若自訂視覺服務功能為「物件偵測」，則每個標籤最少要 15 個影像。這些要訓練的影像可以單獨在一張圖片內，而不同標籤的影像也可以同在一張圖片中，即一張圖片可以包含兩個影像以上。現在以由影像中辨識出「立頓原味奶茶」、「乳加巧克力」兩種指定食品為例，說明如何使用 Azure 建立物件偵測解決方案。我們先來蒐集圖片，將分別指定其標籤為「立頓原味奶茶」、「乳加巧克力」，每個標籤最少要有 15 個影像。

8.5.2 建立物件偵測功能的自訂視覺服務模型

微軟提供自訂視覺網址為「https://customvision.ai/」，請依下面步驟建立自訂視覺服務模型。其中畫面若與 8.3.2 節相同者，該畫面不重複顯示。

Step 01 登入 Azure 自訂視覺服務網站

1. 連結到「https://customvision.ai/」自訂視覺服務網站，點按 SIGN IN 鈕登入自訂視覺服務網站。

2. 輸入 Microsoft 帳戶的帳號、密碼登入，接著輸入驗證碼。

Step 02 建立自訂視覺服務專案

1. 在自訂視覺服務網站中點選 「NEW PROJECT」，開啟下圖「Create new project」(建立專案) 視窗。

2. 若是第一次建立自訂視覺服務專案，必須點選「create new」連結建立自訂視覺服務資源 (Resource)。若使用前面 8.3 節所建立服務資源，則請留在「Create new project」視窗，依下圖所示建立資料。

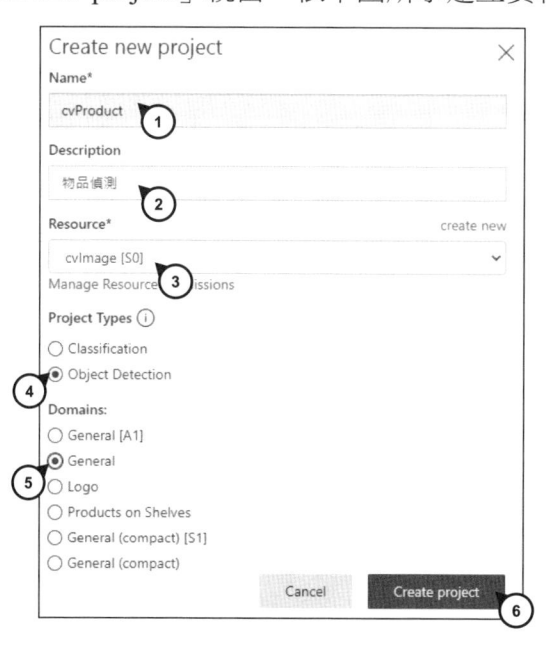

> 說明
>
> ① Name (專案名稱)：取名為「cvProduct」。
> ② Description (專案描述)：設為「物品偵測」。
> ③ Resource (資源)：選用之前建立的資源名稱「cvImage[S0]」。
> ④ Project Types (專案類型)：選用「Object Detection」(物件偵測)。
> ⑤ Domains (網域)：選用「General」。

3. 然後再按下 Create project 鈕，完成專案的建立。

Step 03 上傳影像群組

1. 若成功建立專案之後，在「Training Images」標籤頁中點選 Add images 鈕。

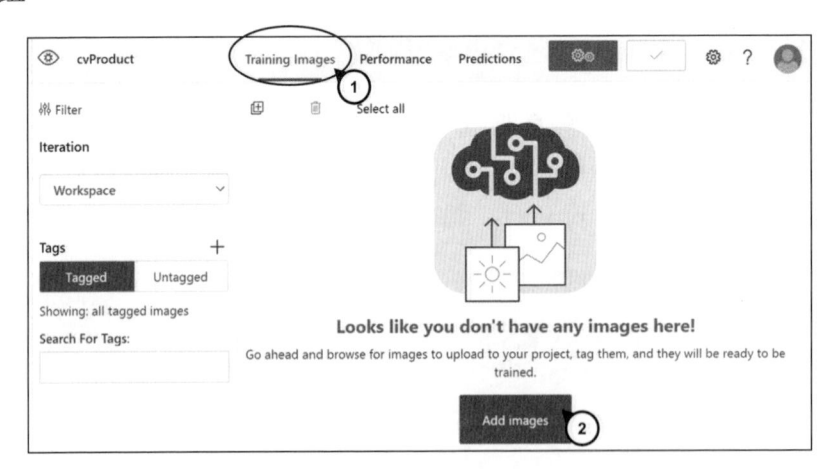

2. 由出現的「開啟」對話方塊，選取到要上傳的影像，點按 開啟(O) 鈕。

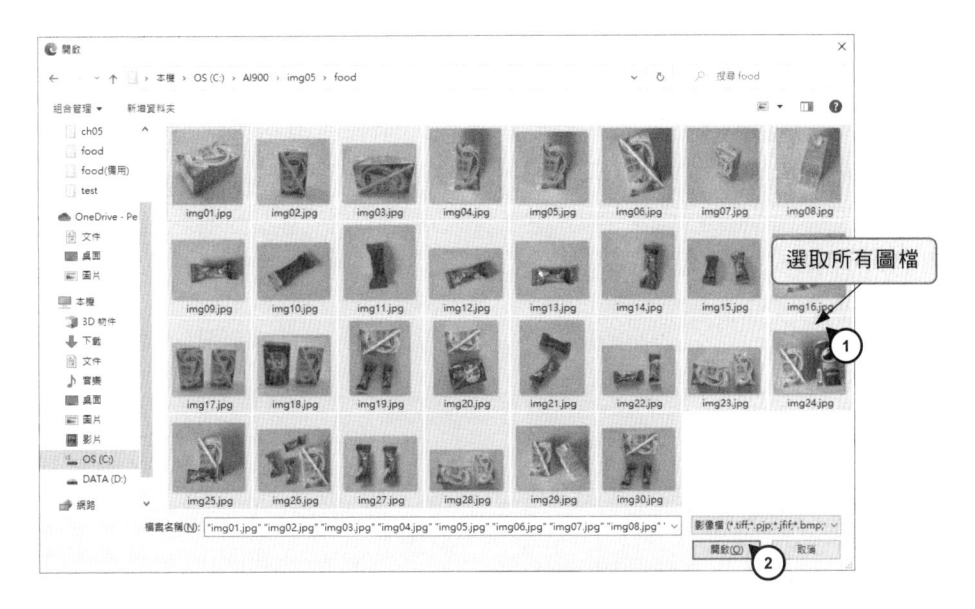

3. 出現「Image upload」對話方塊時,按 Upload 30 files 鈕上傳影像。待上傳完畢,再點按 Done 鈕。

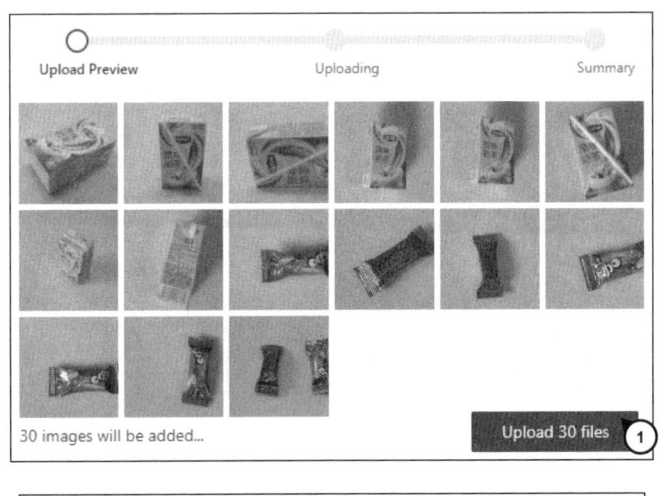

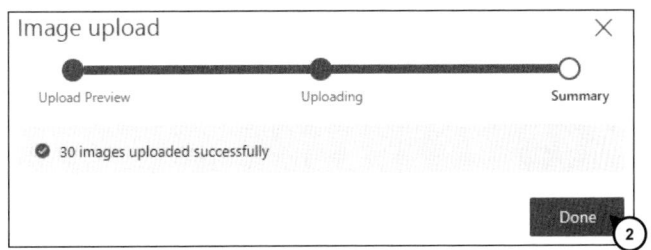

Step 04 設定影像標籤

1. 在上圖的「Training Images」標籤頁中選取 Untagged 鈕 (未標記)，會看到所上傳但是還未指定標籤的影像。請點選其中一個影像。

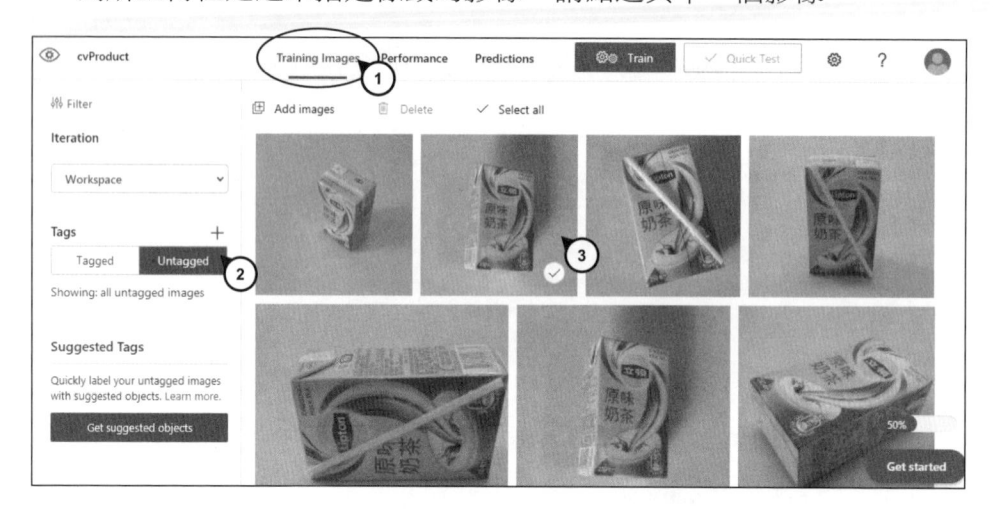

2. 手動為影像中的物件加上標籤，以利偵測器學會辨識物件。在影像中框住欲辨識的物件，並指定標籤名稱。如下圖操作：

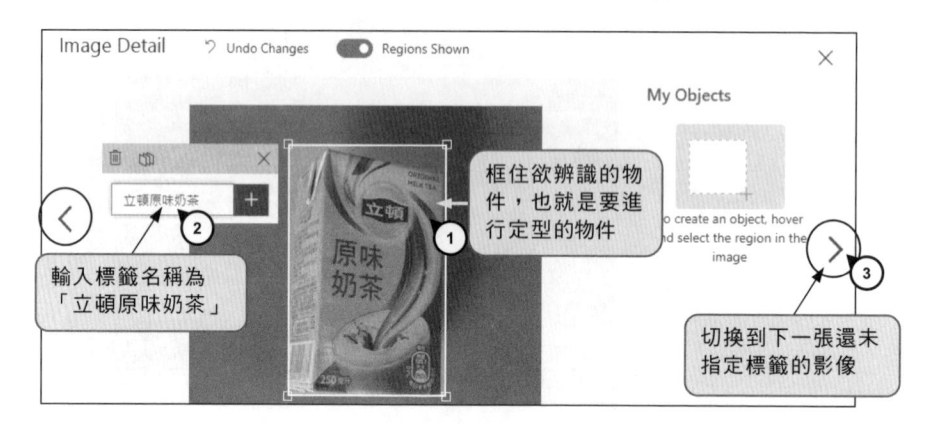

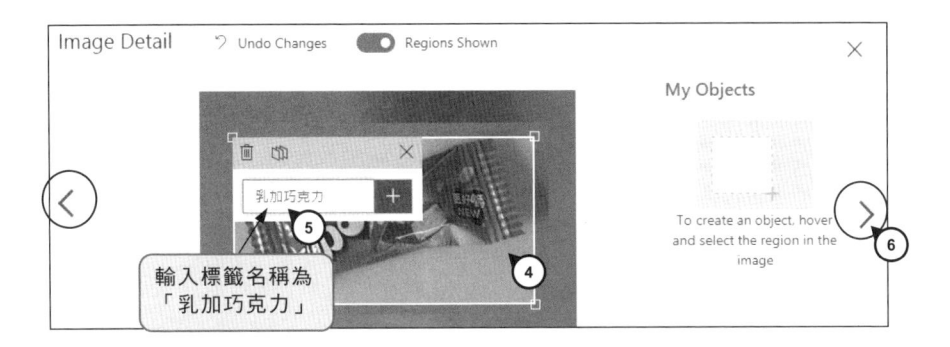

3. 若影像中的標籤已指定過,則可以透過下拉式清單選取現有的標籤名稱。如下圖:

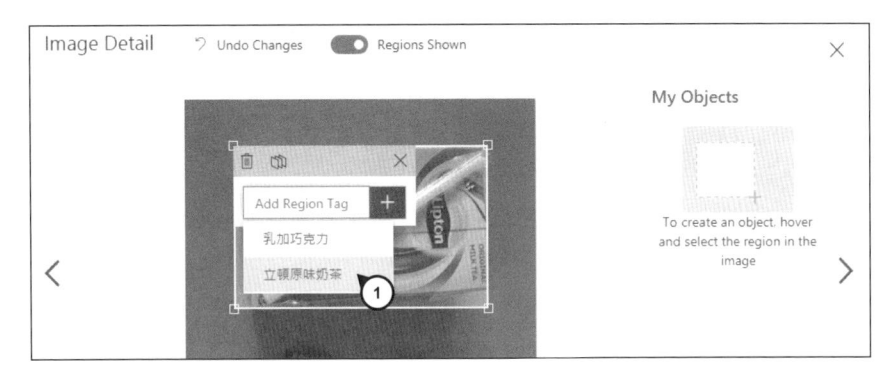

4. 若影像中有多個要辨識的物件,須逐一指定標籤名稱。

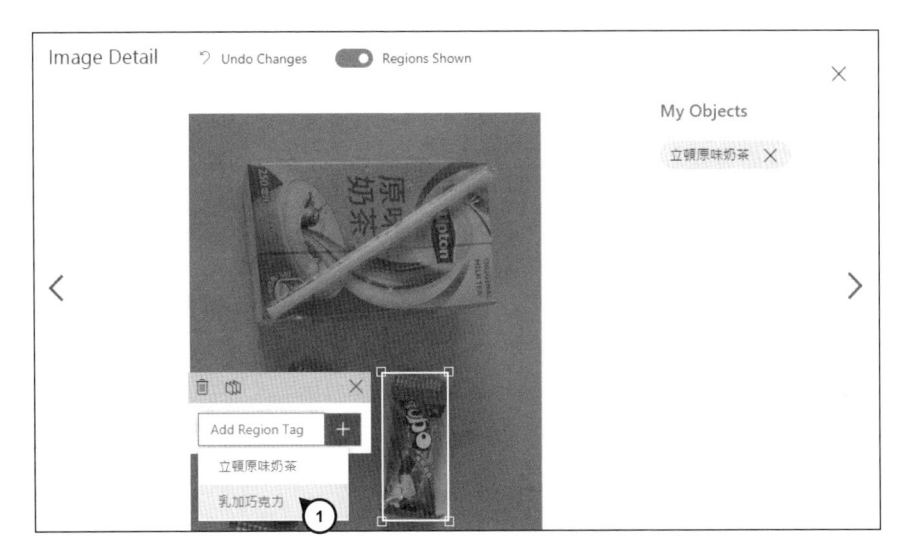

5. 請逐一為其他張影像中的物件，分別建立「立頓原味奶茶」或「乳加巧克力」標籤。若不是這兩物件的其他物品，請不要理會。

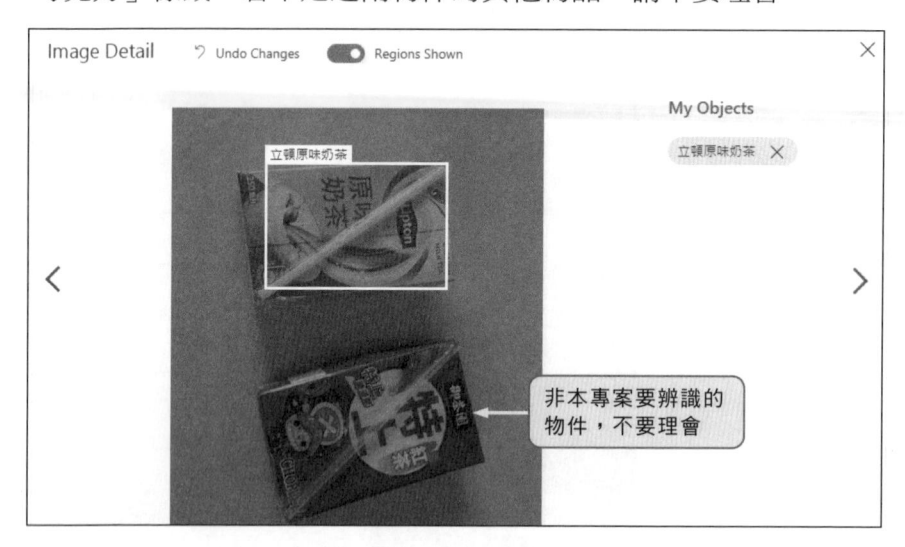

6. 完成所有影像中的「立頓原味奶茶」或「乳加巧克力」標籤。

Step 05 定型模型

1. 回到自訂視覺專案中，點按 Train 鈕來進行模型的定型。

2. 在「Choose Training Type」對話方塊，選取 Quick Training 選項，點按 Train 鈕。定型會花費一些時間，請耐心等待。

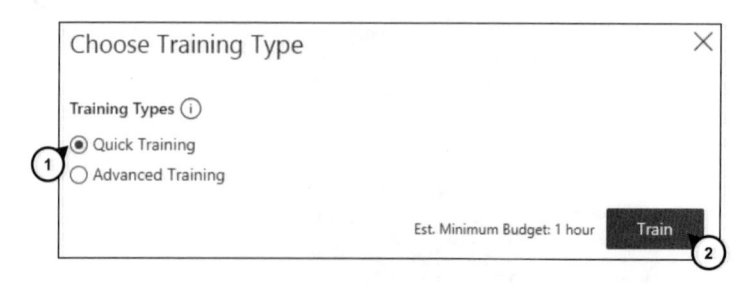

3. 定型完成後，自訂視覺專案會顯示模型的「Performance」標籤頁。

Step 06 預測模型

1. 點按 Quick Test 鈕來進行模型預測。

2. 由出現的畫面中點按 Browse local files 鈕，選取要測試的影像，測試的影像要和定型的影像不同。

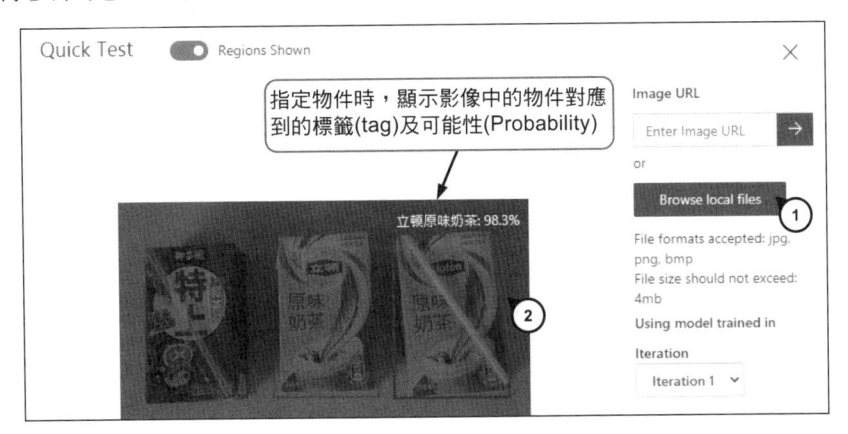

指定物件時，顯示影像中的物件對應到的標籤(tag)及可能性(Probability)

Step 07 發佈模型

1. 切換到「Performance」標籤頁並按下「Publish」連結鈕，進行發佈。

2. 將模型名稱取名為「ProductModel」，自訂視覺服務資源名稱選用「cvImage」。

Step 08 取得服務端點與金鑰

1. 切換到「Performance」標籤頁並按下「Prediction URL」連結按鈕。

2. 接著開啟如下對話方塊，並由該對話方塊取得服務端點 (EndPoint) 和金鑰(key)，此服務端點與金鑰提供「影像網址」和「影像檔案」兩種方式進行偵測影像中的物件。請將「影像檔案」方式的服務端點與金鑰先記錄在記事本中。(此處的服務端點與金鑰會在下節的實作範例中使用到)

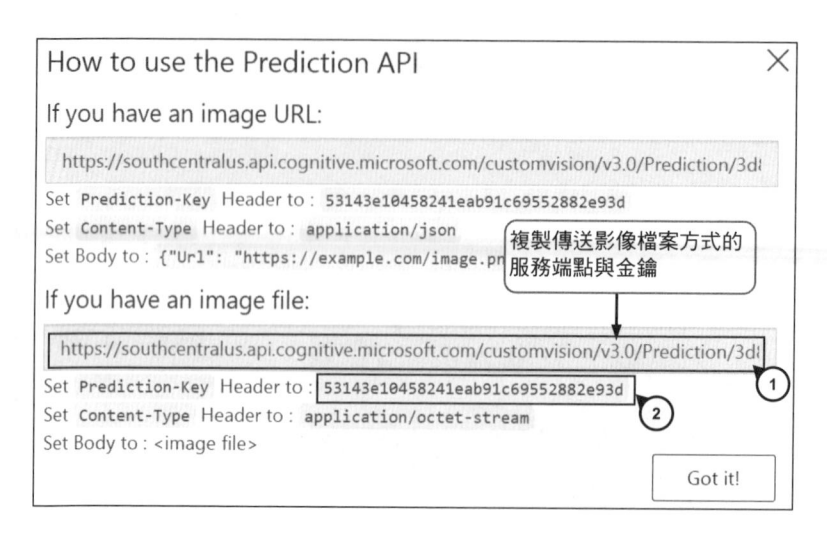

```
How to use the Prediction API                                    ×

If you have an image URL:

  https://southcentralus.api.cognitive.microsoft.com/customvision/v3.0/Prediction/3d…
  Set Prediction-Key Header to : 53143e10458241eab91c69552882e93d
  Set Content-Type Header to : application/json          複製傳送影像檔案方式的
  Set Body to : {"Url": "https://example.com/image.p…     服務端點與金鑰

If you have an image file:

  https://southcentralus.api.cognitive.microsoft.com/customvision/v3.0/Prediction/3d…
  Set Prediction-Key Header to : 53143e10458241eab91c69552882e93d      ① 
  Set Content-Type Header to : application/octet-stream           ②
  Set Body to : <image file>

                                                          Got it!
```

3. 點按 Got it! 鈕,完成服務端點 (EndPoint) 和金鑰 (key) 的取得。

Step 09 登出 Azure 自訂視覺服務網站

8.6 自訂視覺範例實作

8.6.1 取得偵測影像 JSON 字串

上節物件偵測的自訂視覺模型訓練好之後,可使用如下敘述來呼叫 REST API,進行物件偵測並傳回 JSON 字串結果。

```
import requests       # 用來發送 HTTP 請求
import json           # JSON 是一種資料交換格式
……
# 設定自訂視覺服務的端點和預設金鑰
endpoint = "自訂視覺服務端點"
prediction_key = "自訂視覺服務預設金鑰"
# 將上傳的影像轉為二進位數據
_, image_data = cv2.imencode('.jpg', np.array(image))
……
# 呼叫 REST API 進行物件偵測並傳回預測結果
# 設定請求標頭
```

```
headers = {
    "Prediction-Key": prediction_key,
    "Content-Type": "application/octet-stream",
}
# 發送物件偵測請求並傳回預測結果(json 資料)指定給 response
response = requests.post(endpoint, headers=headers,
            data=image_data.tobytes())
# 解析 JSON 資料,將分析結果以 JSON 字串格式傳回
predictions = response.json()
return json.dumps(predictions, indent=4, ensure_ascii=False)
```

8.6.2 自訂視覺範例實作(一)-取得偵測影像 JSON 字串

範例：CustomVision01.sln

使用上節自訂視覺模型。此模型可偵測「立頓原味奶茶」和「乳加巧克力」兩項產品物件，影像偵測的結果會以 JSON 字串進行呈現。

執行結果

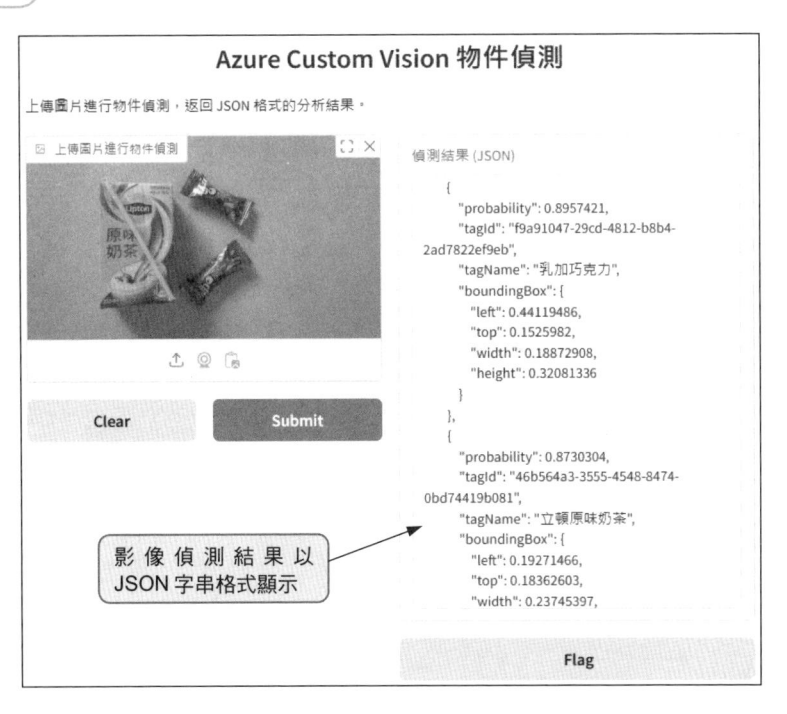

Azure Custom Vision 物件偵測

上傳圖片進行物件偵測，返回 JSON 格式的分析結果。

偵測結果 (JSON)

```
{
    "probability": 0.8957421,
    "tagId": "f9a91047-29cd-4812-b8b4-2ad7822ef9eb",
    "tagName": "乳加巧克力",
    "boundingBox": {
        "left": 0.44119486,
        "top": 0.1525982,
        "width": 0.18872908,
        "height": 0.32081336
    }
},
{
    "probability": 0.8730304,
    "tagId": "46b564a3-3555-4548-8474-0bd74419b081",
    "tagName": "立頓原味奶茶",
    "boundingBox": {
        "left": 0.19271466,
        "top": 0.18362603,
        "width": 0.23745397,
```

影像偵測結果以 JSON 字串格式顯示

程式碼　FileName：CustomVision01.ipynb

```
1-01  !pip install gradio
1-02  import gradio as gr
1-03  import cv2
1-04  import numpy as np
1-05  import requests          # 用來發送 HTTP 請求
1-06  import json              # JSON 是一種資料交換格式

2-01  # 設定自訂視覺服務的端點和預設金鑰
2-02  endpoint = "自訂視覺服務端點"
2-03  prediction_key = "自訂視覺服務預設金鑰"

3-01  # 呼叫 REST API 進行物件偵測並傳回預測結果
3-02  def detect_objects_from_file(image):
3-03      # 將上傳的影像轉為二進位數據
3-04      _, image_data = cv2.imencode('.jpg', np.array(image))
3-05      # 設定 HTTP 請求的標頭
3-06      headers = {
3-07          "Prediction-Key": prediction_key,
3-08          "Content-Type": "application/octet-stream",
3-09      }
3-10      # 發送物件偵測請求並傳回預測結果(JSON 資料)指定給 response
3-11      response = requests.post(endpoint, headers=headers,
                  data=image_data.tobytes())
3-12
3-13      # 確認請求是否成功
3-14      if response.status_code != 200:
3-15          raise Exception(f"請求失敗，HTTP 狀態碼：{response.status_code}，原因：{response.text}")
3-16
3-17      # 解析 JSON 資料，將分析結果以 JSON 字串格式傳回
3-18      predictions = response.json()
3-19      return json.dumps(predictions, indent=4, ensure_ascii=False)

4-01  # Gradio 介面
4-02  def gradio_interface(image):
4-03      try:
4-04          predictions = detect_objects_from_file(image)
```

```
4-05            return predictions
4-06        except Exception as e:
4-07            return f"錯誤: {str(e)}"

5-01  # 使用 Gradio 建立輸入輸出介面
5-02  interface = gr.Interface(
5-03      fn = gradio_interface,
5-04      inputs = gr.Image(type="numpy", label="上傳圖片進行物件偵測"),
5-05      outputs = gr.Textbox(label="偵測結果 (JSON)"),
5-06      title = "Azure Custom Vision 物件偵測",
5-07      description = "上傳圖片進行物件偵測,返回 JSON 格式的分析結果。",
5-08  )

6-01  interface.launch(share=True)
```

説明

1. 第 1-05,1-06 行:用來發送 HTTP 請求 (GET 或 POST),以便與網絡服務 (URL) 或 API 進行互動,並處理相應的回應 (response)。如果請求成功,response.json() 方法會將回應解析轉為 JSON 字串。

2. 第 3-04 行:將影像編碼為 JPEG 格式二進位數據,存放 image_data 中。cv2.imencode() 函式,會傳回兩個元素。第一個元素是布林值,表示編碼是否成功,使用 _ 來忽略這傳回值;第二個元素是編碼後的資料。

3. 第 3-06~3-09 行:Prediction-Key 是預測金鑰,用於授權請求;Content-Type 設定為 application/octet-stream,表示上傳的內容是二進位數據。

4. 第 3-11 行:發送 HTTP POST 請求到指定的端點 (endpoint),附帶前面設定的 headers 和影像的二進位數據 (data=image_data.tobytes())。並傳回預測結果(JSON 資料)指定給 response 變數。

5. 第 3-18 行:response.json() 解析回應的 JSON 資料(response 變數),將其轉換為 Python 能接受的資料 (predictions 資料)。

6. 第 3-19 行:將其格式化為 JSON 字串傳出。其中 indent=4 表示格式化輸出的縮進級別,ensure_ascii=False 確保非 ASCII 字元能夠被顯示。

8.6.3 解析偵測影像 JSON 字串訊息

延續上例,解析自訂視覺偵測影像物件已取得的 JSON 字串訊息。如將偵測到指定可信度 (Probability) 的辨識物件,以指定顏色方框框住顯示。使用敘述如下:

```
……
# 匯入 PIL 庫中的模組,來進行圖像處理的功能
from PIL import Image, ImageDraw, ImageFont
# 下載免費字體
!wget -O TaipeiSansTCBeta-Regular.ttf https://drive.google.com/uc?id=1eGAsTN1HBpJAkeVM57_C7ccp7hbgSz3_&export=download
……
# 設定中文字體路徑(請根據你的系統設置)
chinese_font_path = "TaipeiSansTCBeta-Regular.ttf"
……
# 將 OpenCV 圖像轉換為 PIL 圖像
image_pil = Image.fromarray(cv2.cvtColor(image, cv2.COLOR_BGR2RGB))
# 建立一個 ImageDraw 物件,可以在 image_pil 圖像上進行繪製操作
draw = ImageDraw.Draw(image_pil)
# 支援中文字體。使 draw.text() 在圖像上用這個字體大小來繪製中文
font = ImageFont.truetype(chinese_font_path, 20)
……
# 在物件上遍歷所有的偵測結果
for prediction in predictions["predictions"]:
    tag_name = prediction["tagName"]              # 物件的標籤名稱,如:貓、狗…等
    probability = prediction["probability"]       # 物件偵測的可信度
    bbox = prediction["boundingBox"]              # 物件偵測的邊界框位置
    # 計算邊界框位置
    width, height = image_pil.size                # 取得圖像物件的寬度和高度
    x = int(bbox["left"] * width)
    y = int(bbox["top"] * height)
    w = int(bbox["width"] * width)
    h = int(bbox["height"] * height)
    # 繪製矩形框
    draw.rectangle([x, y, x + w, y + h], outline="green", width=2)
    # 在圖像所偵測的物件上添加標籤文字
    label = f"{tag_name}: {probability:.2%}"
    draw.text((x, y - 20), label, fill="blue", font=font)
……
```

```
# 將 PIL 圖片轉回 OpenCV 圖片
result_image = cv2.cvtColor(np.array(image_pil), cv2.COLOR_RGB2BGR)
```

8.6.4 自訂視覺範例實作(二)-解析偵測影像 JSON 字串

📥 **範例**：CustomVision02.sln

將偵測到可信度 (Probability) 大於 0.85 的「立頓原味奶茶」和「乳加巧克力」物件以綠色方框框住。並在方框上方標示物件標籤名稱及可信度。

執行結果

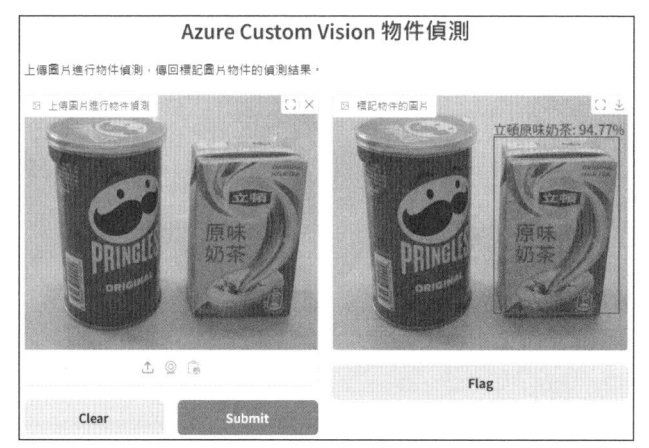

▲ 影像偵測到「立頓原味奶茶」物件

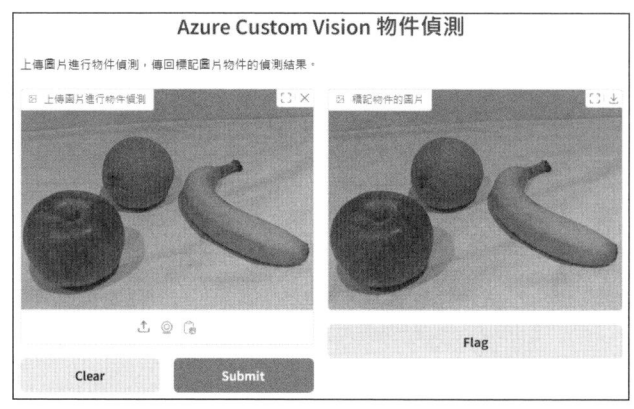

▲ 沒有偵測到符合條件的影像物件

> **程式碼** FileName：CustomVision02.ipynb

```
1-01  !pip install gradio
1-02  import gradio as gr
1-03  import cv2
1-04  import numpy as np
1-05  import requests
1-06  import json
1-07  匯入 PIL 庫中的模組,來進行圖像處理的功能
1-08  from PIL import Image, ImageDraw, ImageFont
1-09  # 下載免費字體
1-10  !wget -O TaipeiSansTCBeta-Regular.ttf https://drive.google.com/uc?id=
      1eGAsTN1HBpJAkeVM57_C7ccp7hbgSz3_&export=download

2-01  # 設定自訂視覺服務的端點和預設金鑰
2-02  endpoint = "自訂視覺服務端點"
2-03  prediction_key = "自訂視覺服務預設金鑰"
2-04
2-05  # 設定中文字體路徑(請根據你的系統設置)
2-06  chinese_font_path="TaipeiSansTCBeta-Regular.ttf"

3-01  # 呼叫 REST API 進行物件偵測
3-02  def detect_objects_from_file(image):
3-03      # 將上傳的影像轉為二進位數據
3-04      _, image_data = cv2.imencode('.jpg', np.array(image))
3-05      # 設定 HTTP 請求的標頭
3-06      headers = {
3-07          "Prediction-Key": prediction_key,
3-08          "Content-Type": "application/octet-stream",
3-09      }
3-10      # 發送物件偵測請求並傳回預測結果(JSON 資料)指定給 response
3-11      response = requests.post(endpoint, headers=headers,
                    data=image_data.tobytes())
3-12
3-13      # 確認請求是否成功
3-14      if response.status_code != 200:
3-15          raise Exception(f"請求失敗,HTTP 狀態碼: {response.status_code},
             原因: {response.text}")
3-16
```

```
3-17        # 解析 JSON 資料
3-18        predictions = response.json()
3-19
3-20        # 將 OpenCV 圖像轉換為 PIL 圖像
3-21        image_pil = Image.fromarray(cv2.cvtColor(image,
                        cv2.COLOR_BGR2RGB))
3-22        # 建立一個 ImageDraw 物件，可以在 image_pil 圖像上進行繪製操作
3-23        draw = ImageDraw.Draw(image_pil)
3-24        # 支援中文字體。使第 3-46 行 draw.text() 在圖像上用這個字體大小來繪製中文
3-25        font = ImageFont.truetype(chinese_font_path, 20)
3-26
3-27        # 在影像物件上遍歷所有的偵測結果
3-28        for prediction in predictions["predictions"]:
3-29            tag_name = prediction["tagName"]      # 物件的標籤名稱,如：貓、狗等
3-30            probability = prediction["probability"] # 物件偵測的可信度
3-31            bbox = prediction["boundingBox"]         # 物件偵測的邊界框位置
3-32            # 計算邊界框位置
3-33            width, height = image_pil.size         # 取得圖像物件的寬度和高度
3-34            x = int(bbox["left"] * width)
3-35            y = int(bbox["top"] * height)
3-36            w = int(bbox["width"] * width)
3-37            h = int(bbox["height"] * height)
3-38            # 可信度未達 0.85 者,不採用
3-39            if probability <= 0.85:
3-40                continue
3-41
3-42            # 繪製矩形框
3-43            draw.rectangle([x, y, x + w, y + h], outline="green", width=2)
3-44            # 在圖像所偵測的物件上添加標籤文字
3-45            label = f"{tag_name}: {probability:.2%}"
3-46            draw.text((x, y - 20), label, fill="blue", font=font)
3-47
3-48        # 將 PIL 圖片轉回 OpenCV 圖片
3-49        result_image = cv2.cvtColor(np.array(image_pil),
                        cv2.COLOR_RGB2BGR)
3-50        # 傳回結果偵測後的圖像
3-51        return result_image
```

```
4-01  # Gradio 介面
4-02  def gradio_interface(image):
4-03      try:
4-04          result_image = detect_objects_from_file(image)
4-05          return result_image
4-06      except Exception as e:
4-07          return None, f"錯誤: {str(e)}"


5-01  # 使用 Gradio 建立輸入輸出介面
5-02  interface = gr.Interface(
5-03      fn = gradio_interface,
5-04      inputs = gr.Image(type="numpy", label="上傳圖片進行物件偵測"),
5-05      outputs = [gr.Image(type="numpy", label="標記物件的圖片")],
5-06      title = "Azure Custom Vision 物件偵測",
5-07      description = "上傳圖片進行物件偵測,傳回標記圖片物件的偵測結果。"
5-08  )


6-01  interface.launch(share=True)
```

🔍 說明

1. 第 1-08 行：匯入 PIL 庫中的模組,來進行圖像處理的功能。其中
   ① Image：用於開啟、操作、保存圖像。
   ② ImageDraw：提供在圖像上繪製形狀、文字…等的功能。
   ③ ImageFont：用於下載字體,讓您可以在圖像上繪製文字。

2. 第 3-01~3-18 行：參考前範例說明。其 JSON 資料在第 3-28 行被使用。

3. 第 3-21 行：因為 OpenCV 使用 BGR(藍-綠-紅)的顏色順序,而 PIL 使用 RGB(紅-綠-藍)的顏色順序,所以先使用 cv2.cvtColor() 將 OpenCV 的 BGR 圖像轉換為 RGB。然後再使用 Image.fromarray() 方法將這個 RGB 格式的圖像轉換為 PIL 格式的圖像。

4. 第 3-23 行：建立一個 ImageDraw 物件,可以在 image_pil 圖像上進行繪製操作,如畫線、填充形狀和添加文本等。

5. 第 3-25 行：下載一個 TrueType 字體文件,並設置字體大小為 20。chinese_font_path 是字體文件的路徑。當使用 draw.text() 在圖像上添加文本時,將使用這個字體來繪製中文字串。

6. 第 3-28~3-31：在影像物件上遍歷所有的偵測結果。每個 prediction 都代表一個物件偵測結果，包括物件的標籤(類別)、概率(可信度)和邊界框位置。

8.7 模擬試題

題目(一)

「在圖像中找到車輛。」是屬哪一種 Azure AI 視覺影像分析功能？
① 臉部辨識　② 物件偵測　③ 影像分類　④ 光學字元識別(OCR)

題目(二)

想使用自訂視覺服務來建立影像分類模型。但所建立的資源只用於模型定型，而不用於預測。則在 Azure 訂用帳戶中應建立哪種資源？
① 自訂視覺　② 認知服務　③ 電腦視覺　④ 影像分割

題目(三)

判斷影像中汽車位置，並估計車與車之間的距離。應該使用哪種電腦視覺類型？
① 臉部偵測　② 物件偵測　③ 影像分類　④ 光學字元辨識(OCR)

題目(四)

您所定型影像分類模型未能達到滿意的評估衡量標準。如何加以改善？
① 縮小用來定型模型的影像大小
② 新增「不明」類別的標籤
③ 將更多影像新增至定型集
④ 以上皆是

題目(五)

傳回指示影像中車輛位置的邊界框是關於以下哪方面的範例？
① 影像分類　② 物件偵測　③ 語意分割　④ 光學字元識別(OCR)

題目(六)

若您已發佈影像分類模型，則須為想要使用的開發人員提供哪些資訊？
① 僅專案識別碼
② 專案識別碼、模型名稱，以及預測資源的金鑰和端點
③ 專案識別碼、反覆項目編號、以及定型資源的金鑰和端點
④ 原始程式碼

題目(七)

您將一個圖像發送到 Azure AI 視覺 API，並接收以下帶註釋的圖像。您使用的是哪種類型的 Azure AI 視覺？

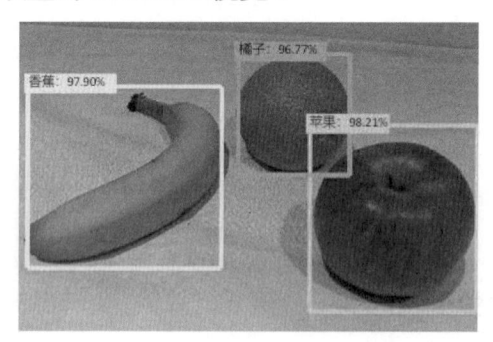

① 物件偵測　② 語意分割　③ 光學字元識別(OCR)　④ 影像分類

題目(八)

物件偵測模型可識別此影像中的個別物件，並可傳回下列資訊？
① 影像的類別標籤
② 週框座標，指示圖像包含的所有物件所在的圖像區域
③ 影像中每個物件的類別標籤、可信度和週框方塊
④ 以上皆是

CHAPTER 09 探索自然語言處理 (一)文字分析

9.1 自然語言處理簡介

何謂自然語言？自然語言就是流通於人類社會的語言，命名為「自然語言」的原因，只是避免和人工的「程式語言」互相混淆。

基本上，人與人之間用來表達意見、傳遞思想的方式，可分成以人嘴說出來的話語以及使用書寫工具所產生的文字。溝通方法不論是語音聲波還是文字符號，都是由特殊字彙以某種規則依序排列所建構而成。只要兩方使用相同的語言和文法，發話者就可以清楚地表達自身的想法，聆聽者也能正確的理解對方的語意，人與人之間就能順利相互溝通。

以上面的例子來說，對話溝通的工具不論是文字或語言，在 AI 人機介面之中，稱之為「自然語言」(Natural Language)。機器接受到自然語言後先轉換成文字，再分解成字彙，理解其內容，最後做出適當的反應，這整個過程稱之為「自然語言處理」(Natural Language Processing 縮寫作 NLP)。

9.2 自然語言處理

要開發出可以和人類閒聊對談的電腦,並不是件容易的事。因為整個過程電腦必需能完成以下步驟:

- 辨識聲音並轉換成文字。
- 理解整個句子的含意。
- 電腦要能制定決策,並作出適當的回饋。

簡單的來說,具備自然語言處理的電腦就是能了解書寫文字或口語語言,並以文字或口語語言進行回應能力的電腦。在應用程式中使用語言服務,以自然語言處理作為人機介面的中介程序,如同為電腦配置了眼睛、耳朵及嘴巴,電腦就可處理下列項目:

- 分析和解讀文件、電子郵件訊息及其他來源的文字。
- 解譯語音,並合成語音回應。
- 自動翻譯不同語言的語音或文章。
- 解譯命令並執行適當的動作。

Azure AI 服務有下列的服務項目,負責處理上述程序。

服務	功能
語言服務	此服務可以用於理解和分析文本、訓練能夠理解語音或基於文本命令的語言模型,以及構建 AI 應用程式的功能。
翻譯工具	此服務可以翻譯 60 多種語言的文字。
語音服務	此服務可以辨識及合成語音,並翻譯口語語言。
機器人服務	此服務為對話式 AI 提供了一個平台,即軟體 "代理" 參與對話的功能。開發可以使用 Bot Framework 來建立機器人,並使用 Azure 機器人服務對其進行管理 – 統籌後端服

	務（如語言）以及連接到針對 Web 聊天、電子郵件、Microsoft Teams 等服務的管道。

綜合上面的敘述，具備自然語言處理的系統，就可以自動化的完成下列任務：

- 監控社群軟體中含猥褻語言的貼文。
- 監控新聞網站對產品的負面報導。
- 識別內文是以哪種語言撰寫。
- 判別內文中所提及的公司和組織。
- 將電話語音翻譯為其他語言。
- 將電話語音轉換成逐字稿。
- 將電子郵件區分為工作相關郵件或個人郵件。

9.3 使用 Azure AI 語言服務分析文字

Azure AI 語言服務是一項雲端式服務，可提供自然語言處理 (NLP) 功能，用於了解和分析文字。使用此服務可透過 REST API 和用戶端程式庫，來建置具處理自然語言功能的智慧型應用程式。

Azure AI 語言服務是將文字分析、問題解答(Question Answering)和交談語言理解(Conversational Language Understanding，簡稱 CLU)整合在一起。其中文字分析的 AI 模型，假若使用系統內定的 AI 模型，使用者只需輸入資料，其後在應用程式中就能使用系統的輸出資料。也可以自訂 AI 模型，此時您能自行建構 AI 模型，以明確地處理您特定的資料。

9.3.1 Azure AI 語言服務功能

Azure AI 語言服務提供下列功能:

功能	說明
具名實體辨識 (NER)	在數個預先定義的類別之間,識別出文字中的實體 (人員、地點、組織及數量)。
擷取個人識別資訊 (PII)	在數個預先定義的敏感性資訊 (例如身分證號碼) 類別之間,識別出文字中的實體。
關鍵片語擷取	評估非結構化文字,並針對每個輸入文件,傳回文字中的關鍵片語和要點清單。
實體連結	釐清在文字中找到的實體身分識別,並提供維基百科上實體的連結。
健康情況的文字分析	從非結構化醫療文字 (例如臨床記錄) 中擷取資訊。
自訂 NER	使用您提供的非結構化文字,建置 AI 模型以擷取自訂實體類別。
分析情感與意見	預設功能為句子和文件提供情感標籤 (例如「負面」、「中性」和「正面」)。這項功能可以額外提供細微資訊,以及關於與文字中出現的字組相關的意見,例如產品或服務的屬性。
語言偵測	預設功能會評估文字,並判定出所用的語言。可傳回語言識別碼,及偵測信心分數。
問題解答	預設功能是使用半結構化內容 (例如:常見問題集、操作手冊和技術文件),對擷取自文件輸入的問題提供答案。
協調流程工作流程	將語言模型定型,以將您的應用程式連線至問題解答 (Question Answering) 和交談語言理解 (CLU)。

> **Tips** 非結構化文字：未經整理歸納的資料，資料形式包含文字、圖像、聲音及影音等。
>
> 結構化文字：經整理歸納的資料，儲存於表單、資料庫，易於搜尋、統計的文字。

9.3.2 語言分析技術

接下來將帶領大家學習 Azure AI 語言服務，進行文字分析。其中會包含語言服務的文字情感分析、關鍵片語擷取、實體辨識，以及語言偵測等服務項目。

文字分析是一種處理程序，是執行於電腦上的人工智慧 (AI) 演算法，利用以下技術為文字賦與屬性，以判斷文字中內含的語意。

斷詞處理：以電腦而言，一篇文章或一段話，是由若干段落所組成，一個段落是由數個句子所組成，而一個句子是由字彙串連而成的。換言之，字彙是文章的最小單位，自然語言處理的第一個步驟就是把整篇文章拆解成最小片段「字彙」，這一個程序稱為「斷詞處理」。

> **Tips** 線上版的中文斷詞系統：
> 中央研究院中文斷詞系統：http://ckipsvr.iis.sinica.edu.tw/

列表：字彙是文章經斷詞處理之後的產物，要將所有字彙儲存在陣列之中，以備後續作業中進行處理，並可隨時取用。

詞類標記：要掌握字彙的的特性，就要給予字彙一個類別，這個類別稱為「詞類標記」 (Part of Speech Tagging) 或簡稱為「詞性」(POS)。「詞類標記」將字彙編碼成可用於 AI 機器學習模型的數值特徵，也就將字彙區分成形容詞、名詞、動詞...等。另外也會將字彙分類為正面或負面,以便於當作「情感分析」的判斷依據。

詞意消歧:就是將字彙標準化,舉例來說,同一文章內出現「太陽」、「烈日」及「日頭」之類的文字會轉譯為相同字彙。又例如「白白」這個字彙有多重含意,可能指的是「顏色」、「勞而無獲的」、「清晰、明顯」或「光明正大」...等不同的意思,這種情況就要參考前後文,才能設定字彙的詞性。

字頻:統計出每個字彙在文章中所出現使用的的頻率,字彙的「字頻」也是文章的特徵之一,是提供關於文字主旨的重要線索。

語法剖析:套用語言結構規則來分析段落;將段落細分為類似樹狀結構的結構,來呈現字彙和結構的關係。

建立「向量化」模型:藉由將字彙指派到 n 維度空間中的位置來擷取字與字之間語義關聯性。例如,此模型化技術可能會設定「波斯貓」的值相當接近「挪威森林貓」的值,而指派給「石虎」的值會比較遠,指派給「哈巴狗」的值會更遠。

雖然這些技術可發揮極大效果,但程式設計上可能會很複雜。但在 Azure AI 語言服務,讓您可使用內建的模型來簡化應用程式開發,這些模型具有下列功能:

- 判斷文字所使用的語言(例如德文或西班牙文)。
- 對文字進行情感分析,以判斷內文是屬於正面或負面情感。
- 從文字中擷取關鍵片語,並標註交談重點。
- 識別並分類文字中的實體。實體可以是人、地、組織,及日期時間、數量等常用項目。

上述語言服務的功能可應用於如下案例中。

- 社群媒體摘要分析，用於偵測有關政治情勢或市場產品的好感度。
- 文件搜尋，用於擷取出關鍵片語，協助製作摘要文件或目錄。
- 由文件或其他文字中擷取出品牌資訊或公司名稱，以供識別之用。

9.3.3 Azure AI 語言服務

一. 語言偵測

語言偵測功能可以辨識出文章所使用的語言，如果偵測成功系統將回傳下列資料：

- 語言名稱 (例如：繁體中文)。
- ISO 639-1 語言識別碼 (例如：zh_cht)。
- 本次偵測結果的信心指數。

語言偵測可以辨識出許多的語言，並且包括該語言的變體或是方言。至於無法偵測的語言或只有標點符號、混合各地語言的內容，這些情況可能會對服務形成障礙，若導致無法辨認，系統會回傳語言名稱及語言識別項為 unknown 值，信心分數為 NaN。

例如，假設您是餐廳的小編，負責社群軟體的維護，顧客若對食物、服務等有意見，會留言在社群軟體上。假設您收到以下的貼文：

貼文 1：「三明治 CP 值超高的。」

貼文 2：「海鮮料理美味可口。」

貼文 3：「Comida maravillosa y gran servicio.」

您可以使用語言服務中的語言偵測功能來辨認每則評論的語言。

評論	語言名稱	ISO 639-1 代碼	分數
貼文 1	Chinese_Traditional	zh_cht	0.88
貼文 2	Chinese_Traditional	zh_cht	1
貼文 3	Spanish	es	0.97

> **Tips** 語言偵測支援的語言列表：
> https://learn.microsoft.com/zh-tw/azure/ai-services/language-service/language-detection/language-support

二. 情感分析

語言服務中的情感分析功能可以評估文件，並傳回文件的情感分數和標籤。這項功能非常適合用來偵測社交媒體、討論論壇內貼文屬於正面或負面評價。甚至可發覺文字中所意含的情緒是穩定或是不安。

情感分析功能會按「正負尺度」來評估文件，而這個評估尺度是經由機器學習所建立的分類模型。文件經過情感分析後，會傳回介於 0 到 1 之間的情感分數。

例如，您可針對下列兩條民宿的貼文進行情感分析：

「這間民宿門面樸實無華，並不特別顯眼，你如果有機會走進去瞧一瞧，就會立刻感受到處處可見民宿主人的巧思。」

以及

「這間民宿，房間門一打開，便覺霉味噗鼻，天花板可見蜘蛛網，地上還有螞蟻列隊通過，心想『我上了賊船』。」

第一個評價的正面情感分數可能落在 0.9 左右，則負面情感可能是 0.1；但第二個評價的負面情感分數可能較接近 0.8，則正面情感可能是 0.2。

若無法確定文字的情感分數，其原因可能是文字沒有足夠內容可用於辨識情感，或字彙數太少。也有可能是使用錯誤語言代碼 (例如內文是西班牙文，但誤報為瑞典文)。

三. 關鍵片語擷取

關鍵片語擷取是自動辨識出文件內有意義且具代表性片語的一種技術。其應用範圍主要有：

- 識別出文件中的表達重點，進行摘要說明。
- 檢視電子郵件並分類為工作相關郵件、私人郵件或垃圾郵件。
- 自動建立文件索引。
- 文字自動過濾不雅字眼。
- 相同主題的文件自動歸類。

關鍵片語擷取可說是，文件自動化處理的基礎。

例如：當您搜集收到下列文章：

「遊戲可說是小孩子最喜愛的活動，當小孩子在戶外，爬上爬梯，跳過跳台，到處橫衝直撞。這就是小孩子的天性，遊戲就是小孩子的工作，這是以體能培育心智的活動。」

關鍵片語擷取可能會擷取出下列片語，來分析這篇文章：

「遊戲」、「小孩子」、「活動」…。

您不僅可使用情感分析來判斷這文章是否為正面的，還可使用關鍵片語來識別文章的主題。

四. 實體辨識

實體辨識 (Named Entity Recognition 縮寫作 NER) 也可以稱為「專有名詞辨識」，使用語言服務時，您可以輸入一篇文件，服務會傳回所辨識文字中的「實體」清單。

所謂「實體」基本上是特定類型的項目或分類，也就是人員、地點和組織等。有的類型還可以再細分為子類型。是以「實體」的數量是不可計數的，下表為「實體」的一小部分。

類型	子類型	範例
人		「王小明」
位置		「台中市」
數量	溫度	「37.4°C」
DateTime	日期	「2024/06/18」
URL		「https://www.hinet.net/」

實體辨識服務也可提供網路上有關該實體詳細資訊的連結，稱為「實體連結」。針對已辨識的實體，服務會傳回相關「維基百科」文章的 URL。實體連結目前僅支援英文 (語言代碼 en) 與西班牙文 (語言代碼 es)。

例如，假設您使用語言服務來分析下列文字，摘錄內文中的實體："We went to Seattle last week." (我們上週去西雅圖。)

實體	類型	子類型	Wikipedia URL
Seattle	位置		https://zh.wikipedia.org/zh-tw/Seattle
last week	DateTime	DateRange	

9.4 文字分析開發實作

9.4.1 語言偵測範例實作

📥 **範例**：DetectedLanguage01.ipynb

程式執行時，可以在「text」欄位內輸入不同語言內容。按下 **Submit** 鈕時，會在「output」欄位中，顯示文字的語言名稱、語言代碼以及偵測語言信心分數。

執行結果

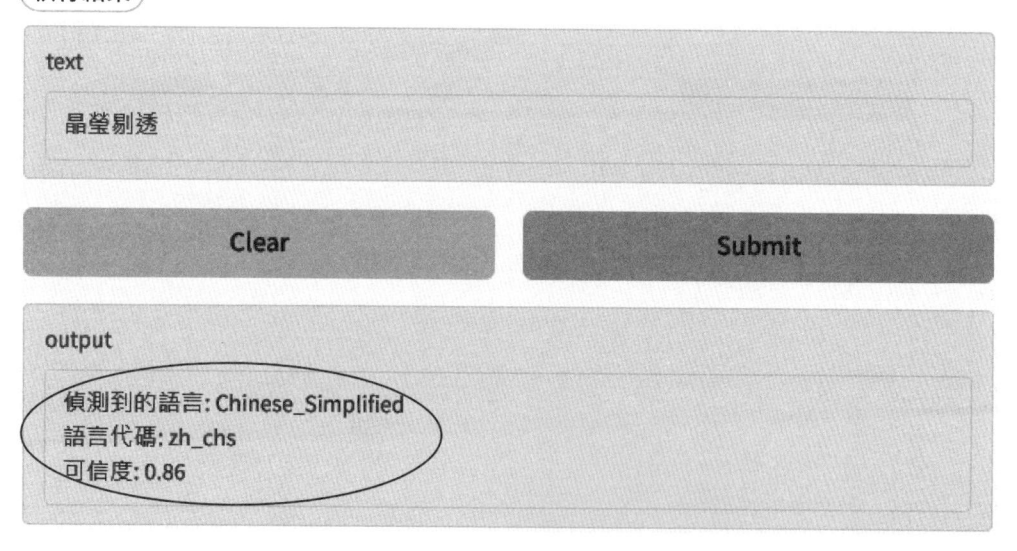

```
text
晶瑩剔透
```

[Clear]   [Submit]

```
output
偵測到的語言: Chinese_Simplified
語言代碼: zh_chs
可信度: 0.86
```

▲ 偵測文字內容的語言與語言代碼為繁體中文以及信心分數為 0.86

操作步驟

Step 01 連上 Azure 雲端平台取得語言服務的金鑰 (Key) 和端點 (EndPoint)：

Microsoft Azure AI Services 與 Azure OpenAI

CH09 探索自然語言處理(一)文字分析

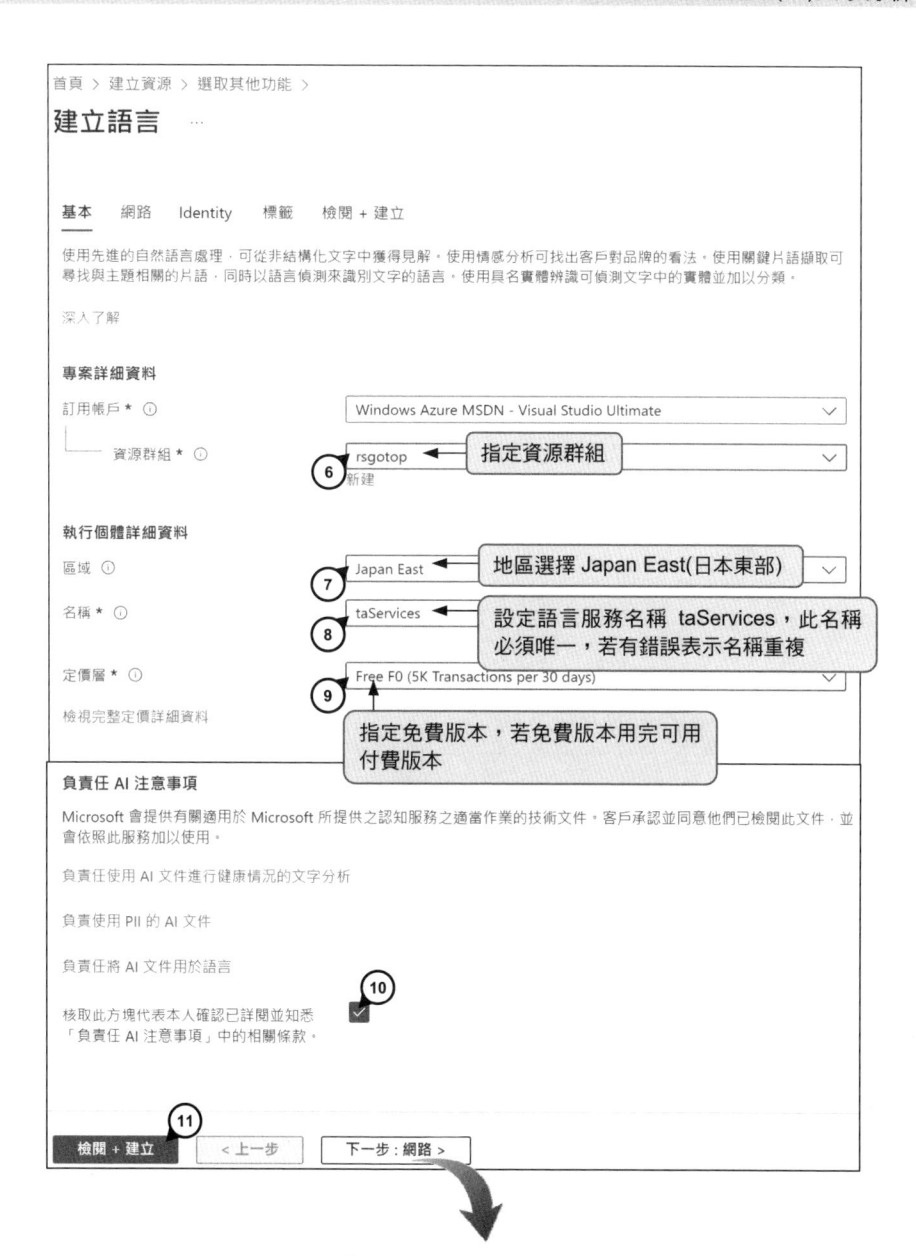

首頁 > 建立資源 > 選取其他功能 >

建立語言 ...

基本　網路　Identity　標籤　檢閱 + 建立

使用先進的自然語言處理，可從非結構化文字中獲得見解。使用情感分析可找出客戶對品牌的看法。使用關鍵片語擷取可尋找與主題相關的片語，同時以語言偵測來識別文字的語言。使用具名實體辨識可偵測文字中的實體並加以分類。

深入了解

專案詳細資料

訂用帳戶 * ⓘ　　　　Windows Azure MSDN - Visual Studio Ultimate

資源群組 * ⓘ　　　⑥ rsgotop　　← 指定資源群組
　　　　　　　　　　新建

執行個體詳細資料

區域 ⓘ　　　　　⑦ Japan East　　← 地區選擇 Japan East(日本東部)

名稱 * ⓘ　　　　⑧ taServices　　← 設定語言服務名稱 taServices，此名稱必須唯一，若有錯誤表示名稱重複

定價層 * ⓘ　　　⑨ Free F0 (5K Transactions per 30 days)

檢視完整定價詳細資料
　　　　　　　　　　指定免費版本，若免費版本用完可用付費版本

負責任 AI 注意事項

Microsoft 會提供有關適用於 Microsoft 所提供之認知服務之適當作業的技術文件。客戶承認並同意他們已檢閱此文件，並會依照此服務加以使用。

負責任使用 AI 文件進行健康情況的文字分析

負責任使用 PII 的 AI 文件

負責任將 AI 文件用於語言

核取此方塊代表本人確認已詳閱並知悉　⑩ ☑
「負責任 AI 注意事項」中的相關條款。

⑪ **檢閱 + 建立**　　< 上一步　　下一步：網路 >

Microsoft Azure AI Services 與 Azure OpenAI

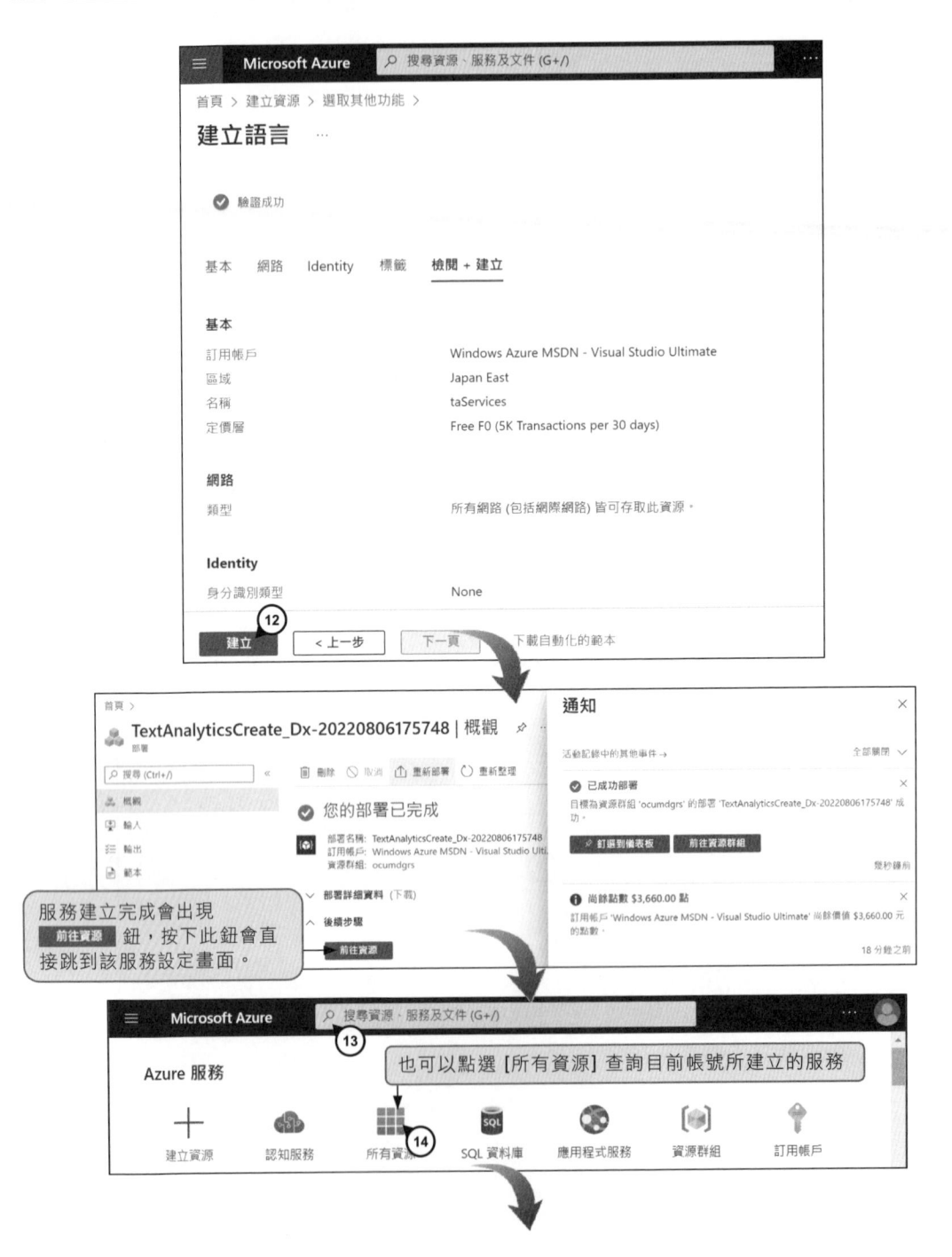

建立語言

✓ 驗證成功

基本 | 網路 | Identity | 標籤 | **檢閱 + 建立**

基本
- 訂用帳戶：Windows Azure MSDN - Visual Studio Ultimate
- 區域：Japan East
- 名稱：taServices
- 定價層：Free F0 (5K Transactions per 30 days)

網路
- 類型：所有網路 (包括網際網路) 皆可存取此資源。

Identity
- 身分識別類型：None

⑫ **建立** | < 上一步 | 下一頁 | 下載自動化的範本

TextAnalyticsCreate_Dx-20220806175748 | 概觀

✓ 您的部署已完成
- 部署名稱：TextAnalyticsCreate_Dx-20220806175748
- 訂用帳戶：Windows Azure MSDN - Visual Studio Ulti...
- 資源群組：ocumdgrs

▼ 部署詳細資料 (下載)

▼ 後續步驟
　前往資源

通知

✓ 已成功部署
目標為資源群組 'ocumdgrs' 的部署 'TextAnalyticsCreate_Dx-20220806175748' 成功。

📌 釘選到儀表板 | 前往資源群組

ⓘ 尚餘點點 $3,660.00 點
訂用帳戶 "Windows Azure MSDN - Visual Studio Ultimate" 尚餘價值 $3,660.00 元的點數。
18 分鐘之前

> 服務建立完成會出現 **前往資源** 鈕，按下此鈕會直接跳到該服務設定畫面。

Azure 服務

⑬ 也可以點選 [所有資源] 查詢目前帳號所建立的服務

建立資源 | 認知服務 | ⑭ 所有資源 | SQL 資料庫 | 應用程式服務 | 資源群組 | 訂用帳戶

CH09 探索自然語言處理(一)文字分析

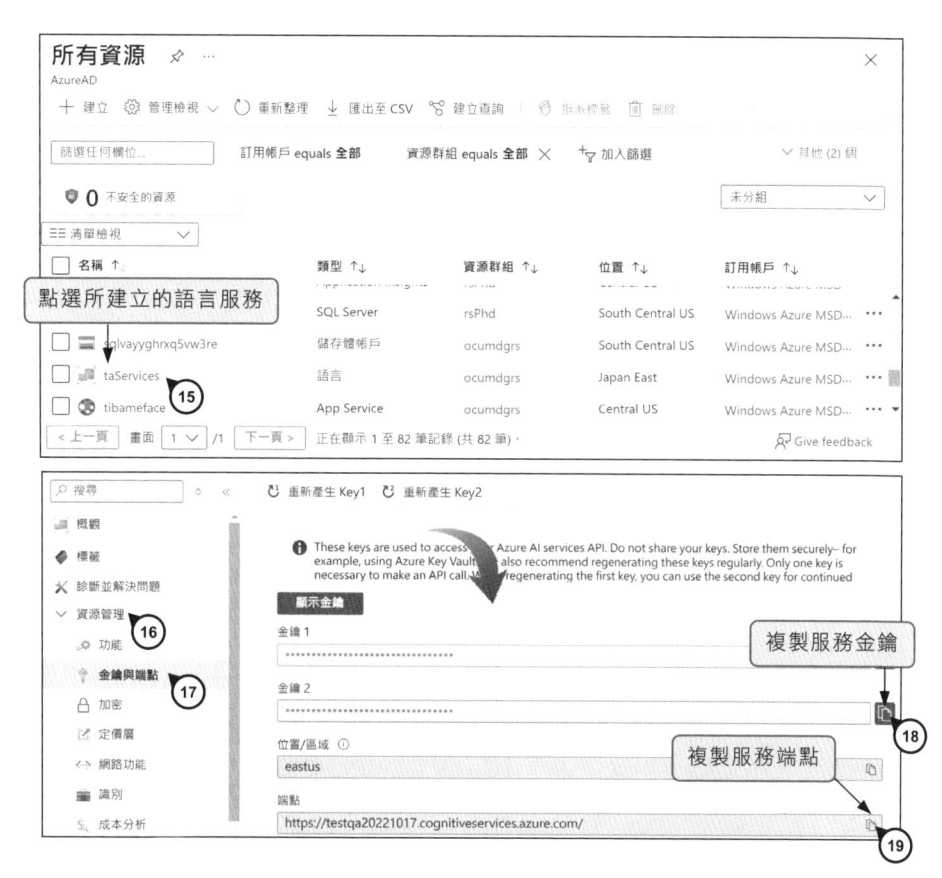

上圖的語言服務提供兩組金鑰和一個端點。請使用 📋 鈕將其中一組服務金鑰和端點複製到文字檔內，於撰寫程式時會使用。

Step 02 撰寫程式碼

程式碼 FileName：DetectedLanguage01.ipynb

```
1-01 !pip install gradio
1-02 !pip install azure-ai-textanalytics

2-01 from azure.ai.textanalytics import TextAnalyticsClient
2-02 from azure.core.credentials import AzureKeyCredential
2-03 import gradio as gr

3-01 # 設定 Azure 服務的金鑰與端點
3-02 subscription_key = "申請語言服務金鑰"
```

```
3-03  endpoint = "申請語言服務端點"

4-01  # 初始化 TextAnalyticsClient 物件
4-02  def authenticate_client():
4-03      ta_credential = AzureKeyCredential(subscription_key)
4-04      text_analytics_client = TextAnalyticsClient(endpoint=endpoint,
              credential=ta_credential)
4-05      return text_analytics_client
4-06
4-07  client = authenticate_client()

5-01  # 語言偵測函式
5-02  def detect_language(text):
5-03      documents = [{"id": "1", "text": text}]
5-04      response = client.detect_language(documents=documents)[0]
5-05      if not response.is_error:
5-06          detected_language = response.primary_language
5-07          results = f"偵測到的語言：{detected_language.name}"
5-08          results += f"\n 語言代碼：{detected_language.iso6391_name}"
5-09          results+=f"\n 可信度：{detected_language.confidence_score:.2f}"
5-10      else:
5-11          results = f"語言偵測錯誤：{response.error}"
5-12      return results

6-01  # 測試範例
6-02  gr.Interface(
6-03      fn = detect_language,
6-04      inputs = "text",
6-05      outputs="text",
6-06      allow_flagging="never").launch()
```

🔍 說明

1. 第 1-02 行：安裝文字分析套件。

2. 第 2-01、2-02 行：引用文字分析套件。

3. 第 3-02、3-03 行：請填入自行申請的語言服務的金鑰與端點。

4. 第 4-02~4-05 行：初始化 TextAnalyticsClient 物件之函式。

5. 第 4-07 行：建立 TextAnalyticsClient 文字分析類別物件 client。
6. 第 5-02~5-12 行：語言偵測函式，亦為 gradio 之處理函式。函式會回傳語言偵測之結果。
7. 第 6-02~6-06 行：gradio 互動網頁，輸入文字內容後，會顯示語言偵測的結果包含語言名稱、語言代碼以及偵測語言信心分數。

9.4.2 文字情感分析實作

範例：DocumentSentiment01.sln

程式執行時，可以在「text」欄位內輸入包含正負面的文字內容。按下 Submit 鈕時，會在「output」欄位內顯示所有文字段落的正面、負面或中立之情感分數。

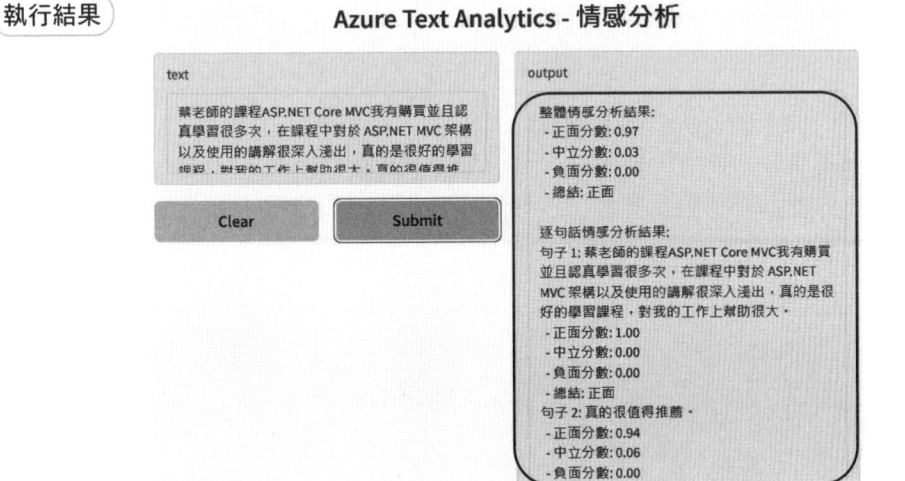

執行結果

▲ 文字內容進行情感分析

程式碼 FileName：DocumentSentiment01.ipynb

```
1-01 !pip install gradio
1-02 !pip install azure-ai-textanalytics
```

```
2-01  from azure.ai.textanalytics import TextAnalyticsClient
2-02  from azure.core.credentials import AzureKeyCredential
2-03  import gradio as gr

3-01  # 設定 Azure 服務的金鑰與端點
3-02  subscription_key = "申請語言服務金鑰"
3-03  endpoint = "申請語言服務端點"

4-01  # 初始化 TextAnalyticsClient 物件
4-02  def authenticate_client():
4-03      ta_credential = AzureKeyCredential(subscription_key)
4-04      text_analytics_client = TextAnalyticsClient(endpoint=endpoint,
              credential=ta_credential)
4-05      return text_analytics_client
4-06
4-07  client = authenticate_client()

5-01  # 語言偵測函式
5-02  def detect_language(text):
5-03      documents = [{"id": "1", "text": text}]
5-04      response = client.detect_language(documents=documents)[0]
5-05      if not response.is_error:
5-06          detected_language = response.primary_language
5-07          return detected_language.iso6391_name
5-08      else:
5-09          return None

6-01  # 情感分析函式
6-02  def analyze_sentiment(text, language):
6-03      # 偵測語言
6-04      language = detect_language(text)
6-05      if not language:
6-06          return "語言偵測失敗，無法進行情感分析。"
6-07
6-08      # 執行情感分析
6-09      documents = [{"id": "1", "language": language, "text": text}]
6-10      response = client.analyze_sentiment(documents=documents)[0]
6-11      if not response.is_error:
```

```
6-12            # 整體結果
6-13            overall_sentiment = (
6-14                f"整體情感分析結果:\n"
6-15                f" - 正面分數:{response.confidence_scores.positive:..2f}\n"
6-16                f" - 中立分數:{response.confidence_scores.neutral:..2f}\n"
6-17                f" - 負面分數:{response.confidence_scores.negative:..2f}\n"
6-18                f" - 總結: {'正面' if response.sentiment == 'positive' else '負面' if response.sentiment == 'negative' else '中立'}\n"
6-19            )
6-20
6-21            # 逐句話結果
6-22            sentence_results = "\n 逐句話情感分析結果:\n"
6-23            for i, sentence in enumerate(response.sentences):
6-24                sentence_results += (
6-25                    f"句子 {i+1}: {sentence.text}\n"
6-26                    f" - 正面分數:{sentence.confidence_scores.positive:..2f}\n"
6-27                    f" - 中立分數:{sentence.confidence_scores.neutral:..2f}\n"
6-28                    f" - 負面分數:{sentence.confidence_scores.negative:..2f}\n"
6-29                    f" - 總結: {'正面' if sentence.sentiment == 'positive' else '負面' if sentence.sentiment == 'negative' else '中立'}\n"
6-30                )
6-31            return overall_sentiment + sentence_results
6-32        else:
6-33            return "情感分析失敗。"

7-01 # 測試範例
7-02 gr.Interface(
7-03     fn = analyze_sentiment,
7-04     inputs = "text",
7-05     outputs="text",
7-06     title="Azure Text Analytics - 情感分析",
7-07     allow_flagging="never").launch()
```

說明

1. 第 1-02 行：安裝文字分析套件。
2. 第 2-01、2-02 行：引用文字分析套件。
3. 第 3-02、3-03 行：請填入自行申請的語言服務的金鑰與端點。
4. 第 4-02~4-05 行：初始化 TextAnalyticsClient 物件之函式。
5. 第 4-07 行：建立 TextAnalyticsClient 文字分析類別物件 client。
6. 第 5-02~5-09 行：語言偵測函式。
7. 第 6-02~6-33 行：情感分析函式，亦為 gradio 之處理函式。函式會分析操作者所輸入之文字，並且回傳情感分析之結果。
8. 第 7-02~7-07 行：gradio 互動網頁，輸入文字內容後，會顯示整篇文章以及逐句的情感分析。

9.4.3 關鍵片語擷取實作

範例：NER01.ipynb

程式執行時，可以在「text」欄位內輸入文章內容。按下 **Submit** 鈕時，會在「output」欄位內會顯示該文章的關鍵片語。

執行結果

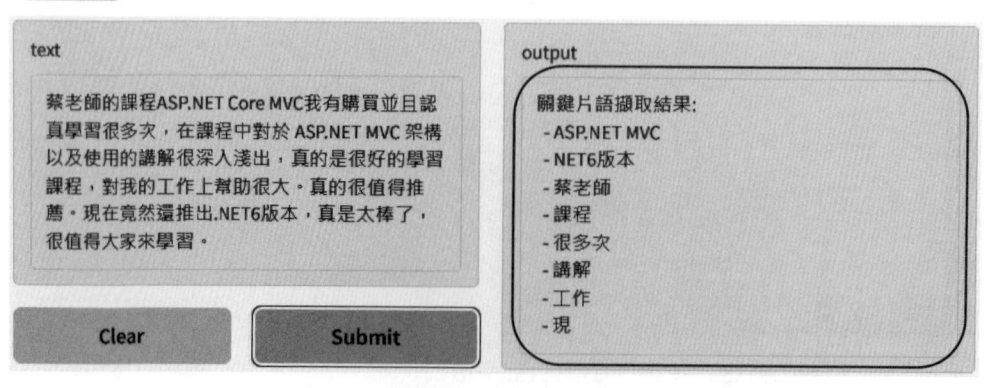

▲ 關鍵片語擷取分析

程式碼 FileName : NER01.ipynb

```
1-01  !pip install gradio
1-02  !pip install azure-ai-textanalytics

2-01  from azure.ai.textanalytics import TextAnalyticsClient
2-02  from azure.core.credentials import AzureKeyCredential
2-03  import gradio as gr

3-01  # 設定 Azure 服務的金鑰與端點
3-02  subscription_key = "申請語言服務金鑰"
3-03  endpoint = "申請語言服務端點"

4-01  # 初始化 TextAnalyticsClient 物件
4-02  def authenticate_client():
4-03      ta_credential = AzureKeyCredential(subscription_key)
4-04      text_analytics_client = TextAnalyticsClient(endpoint=endpoint,
              credential=ta_credential)
4-05      return text_analytics_client
4-06
4-07  client = authenticate_client()

5-01  # 語言偵測函式
5-02  def detect_language(text):
5-03      documents = [{"id": "1", "text": text}]
5-04      response = client.detect_language(documents=documents)[0]
5-05      if not response.is_error:
5-06          detected_language = response.primary_language
5-07          return detected_language.iso6391_name
5-08      else:
5-09          return None

6-01  # 關鍵片語擷取函式
6-02  def extract_key_phrases(text):
6-03      # 偵測語言
6-04      language = detect_language(text)
6-05      if not language:
6-06          return "語言偵測失敗,無法進行關鍵片語擷取。"
6-07      documents = [{"id": "1", "language": language, "text": text}]
```

```
6-08      response = client.extract_key_phrases(documents=documents)[0]
6-09      results = ""
6-10      if not response.is_error:
6-11          results = f"關鍵片語擷取結果:"
6-12          for phrase in response.key_phrases:
6-13              results += f"\n  - {phrase}"
6-14      else:
6-15          results = f"關鍵片語擷取錯誤：{response.error}"
6-16      return results

7-01  # 測試範例
7-02  gr.Interface(
7-03      fn = extract_key_phrases,
7-04      inputs = "text",
7-05      outputs="text",
7-06      allow_flagging="never").launch()
```

說明

1. 第 1-02 行：安裝文字分析套件。

2. 第 2-01、2-02 行：引用文字分析套件。

3. 第 3-02、3-03 行：請填入自行申請的語言服務的金鑰與端點。

4. 第 4-02～4-05 行：初始化 TextAnalyticsClient 物件之函式。

5. 第 4-07 行：建立 TextAnalyticsClient 文字分析類別物件 client。

6. 第 5-02~5-09 行：語言偵測函式。

7. 第 6-02~6-16 行：關鍵片語擷取函式，亦為 gradio 之處理函式。函式會分析操作者所輸入之文字，並且回傳文章中擷取之關鍵片語。

8. 第 7-02~7-06 行：gradio 互動網頁，輸入文字內容後，會顯示整篇文章之關鍵片語。

9.5 模擬試題

題目(一)

在哪種情況下您應該使用關鍵片語擷取?
① 將文章由英語翻譯成為日語
② 判別訪客的評價是正面還是負面
③ 確定哪些文章提及了有關「黑面琵鷺」的資訊

題目(二)

「依照正負尺度作評估」是語言服務中哪一個項目的服務範圍?
① 實體辨識　② 語言偵測　③ 關鍵片語擷取　④ 文字情感分析

題目(三)

「確定文章中的談話要點」是語言服務中哪一個項目的服務範圍?
① 實體辨識　② 語言偵測　③ 關鍵片語擷取　④ 文字情感分析

題目(四)

在哪種情況下會讓語言偵測傳回 NaN 值?
① 語言服務所回傳的分數大於 1
② 無法判斷文字所使用的語言
③ 文字中的主要語言混合了其他語言
④ 文字由標點符號所組成

題目(五)

您使用語言服務對某個文章進行情感分析,系統回傳正面情感分數為 0.99。此分數代表文章含有何種情感?
① 文章含有正面情感　② 文章含有負面情感　③ 文章情感是中性

題目(六)

您建置一個聊天機器人,該聊天機器人會根據使用者的文字輸入,執行下列動作:① 接受使用者預購車票。② 確認車輛班次及座位狀態。③ 更新座位狀態。上述作業是語言服務中哪一個項目的服務範圍?
① 實體辨識　② 語言偵測　③ 翻譯　④ 情感分析

題目(七)

下列哪種情況不是自然語言處理的範圍?
① 監控新聞網站對市政的負面報導　② 監控社群軟體中的猥褻貼文
③ 監控車輛怠速發動超過 5 分鐘

題目(八)

「從發票中提取發票號碼和統一編號」是語言服務中哪一個項目的服務範圍?
① 實體辨識　② 語言偵測　③ 關鍵片語擷取　④ 文字情感分析

題目(九)

您主持教學研討會,會前需要確定研討會的文件中的主要話題,您應該使用下列何種類型的自然語言處理服務?
① 實體辨識　② 語言偵測　③ 關鍵片語擷取　④ 文字情感分析

題目(十)

您的工作是瀏覽新聞網站上,關於自家餐廳的文章,若出現負面報導的文章時提醒員工;反之若是正面報導的文章時,必須添加到公司網站。您應該使用哪個自然語言處理功能來完成該工作?
① 實體辨識　② 語言偵測　③ 關鍵片語擷取　④ 文字情感分析

探索自然語言處理 (二)對話式 AI

CHAPTER 10

10.1 對話式 AI 簡介

1950 年時,英國數學家圖靈 (Alan Turing) 發表論文時,提出了 "Can Machines Think?"(「機器能會思考嗎?」)的問題,其後並設計出「圖靈測試」實驗,嘗試定出認證機器是否會思考的標準。從此開始,開發出能與人自然應答的機器,就成為科學家的競賽項目之一。經過七十多年拜電腦運算能力飛躍性的成長,人工智能的演算法日益成熟,各種對話式 AI 如雨後春筍般不斷出現,現在已經普及到日常生活之中。

2010 年 Apple 公司推出人工智慧助理 Siri,此後各大軟體公司莫不投入大量資源,爭相加強人工智慧的研究,類似的對話式 AI 相繼問市。

隨著對話式 AI 的蓬勃發展,這種人機能夠交談互動的情況變得愈來愈普遍。比較知名的有 IBM Watson、Google Gemini、Amazon Alexa、微軟 Copilot 及 ChatGPT 等。越來越多的工作,可由人工智慧應用程式,取代員工與客戶進行互動。目前比較常見的應用有:客戶服務系統、訂位系統、娛樂、教育和數位助理等。

對話式 AI 主要包含：語音辨識、對話語言理解、決策、自然語言生成及語音合成等五大功能模組。本章主要學習文字式的對話 AI，至於語音辨識及語音合成這兩個模組將在下一章才做介紹。

10.2 問題與解答對話系統

10.2.1 自訂問題解答

自訂問題解答是一項雲端式自然語言處理 (NLP) 服務，可透過您的資料建立自然對話層。其運作原理主要是：伺服器端藉由輸入問答資訊，來自訂知識庫 (Knowledge Base 縮寫作 KB)；當用戶端提問時，系統會根據問題在知識庫中檢索出答案，這樣的一問一答稱為問答配對。系統還會使用「自動化抽取」(Automatic extraction) 的技術，為類似的問題提供相同且最適當的答案。簡單的說，自訂問題解答可以使用自然語言來查詢知識庫。

建立自訂問題解答知識庫，可以匯入結構化或半結構化的靜態資料，例如：常見問題 (FAQ) 的網頁、文字檔、Excel 檔或 PDF 檔…等。匯入時會擷取資料中有關聯性的相關資訊，整合起來建立為一組問答配對。當然，您可以用手動方式編輯這些問答配對，或新增其他問答配對。問答配對的內容包括：

- 問題的所有替代形式。
- 在搜尋期間用來篩選答案選擇的中繼資料標籤。
- 後續提示，以備進階搜尋。

自訂問題解答通常用來建立交談式用戶端應用程式，其中包括社群媒體應用程式、聊天機器人，以及具備語音功能的傳統型應用程式。由於知識庫是經過人工整理的問答集，所以在應答表現上會比較自然、流利。

10.2.2 問題與解答

對話式 AI 常見模式是使用者用自然語言提出問題，再由 AI 系統給予適當的答案。這種一問一答交談方式，就很類似傳統的常見問題集 (Frequently Asked Question，FAQ)、Q&A (Questions and Answers)。

Azure AI 的語言服務包含問題解答功能，可讓您定義可使用自然語言輸入查詢的問答組知識庫。知識庫可以發佈至 REST API 端點，並由用戶端應用程式 (通常是 Bot) 使用。

雖然通常可以建立包含個別問答配對的有效知識庫，但有時候您可能需要先提出後續問題，以便在呈現明確的答案之前，從使用者引出更多資訊。這種互動稱為**多回合交談**。

例如，假設旅館預訂知識庫的起始問題是「如何預約晚餐？」。晚餐可以選擇「自助餐」或是「合菜」，因此需要進行後續提示以釐清選項。答案可能包含像是「預約類型」的文字，並包含後續提示，其中包含有關「預約自助餐」和「預約合菜」答案的連結。換言之，要從現有的知識庫中新增問題的多回合內容，其作法是：將後續提示新增至問題。

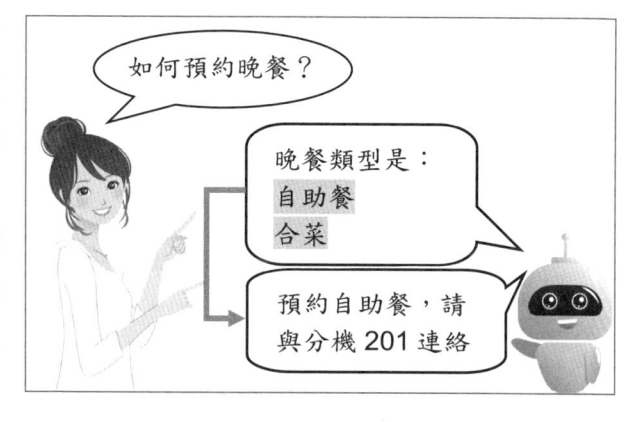

當定義多回合交談的後續提示時，可以連結至知識庫中的現有答案，或特別針對後續追蹤來定義新的答案。也可以限制連結的答案，使其只會在原始問題所起始的多回合交談內容中顯示。

10.3 使用交談語言理解建立語言模型

電腦為了達成自然對話這樣的人機互動，AI 系統不僅需要能夠接受輸入的語言 (文字或音訊格式)，同時也要能夠解讀輸入語言的意思；換句話說，就是「了解」人類所說的內容。例如：您在開車時，可以用口語對「個人數位助理」下命令，要求導航至最近的加油站。

一. 語言理解核心

這項聽得懂人話的技術，在 Azure AI 上，是使用「語言服務」中的「交談語言理解」或可稱為「自然語言理解」來進行。使用交談語言理解時，需要由對話中得到下列三個核心概念：言語 (表達方式，即表達的範例語句)、實體和意圖。

表達方式：表達方式是使用者所要表述的內容，也就是命令，由應用程式來解讀。例如：使用家庭自動化系統時，使用者可能會使用下列言語：

「好熱喔！啟動冷氣機。」

實體(Entity)：實體識別是識別出言語中所指稱的特定項目。例如，上例所指稱的實體是「冷氣機」。

意圖(Intent)：意圖就是機器的對應方式，即使用者傳達了言語，並期待得到某項結果。例如，對於先前所下達的命令，其意圖是打開設備；因此在你的語言理解應用程式中，需要定義一個意圖，其項目是「啟動」。

建立「交談語言理解」應用程式，要先定義包含「意圖」和「實體」的模型。電腦會根據輸入的文字，在模型內找尋可套用的意圖及實體。例如要建立數位管家系統，可能包含下列的意圖：

意圖	表達	實體
問候	「早安」	
	「Hello」	
TurnOn	「開燈」	燈 (裝置)
	「放洗澡水」	熱水器 (裝置)
CheckWeather	「明天冰島的天氣怎麼樣?」	冰島 (位置)、明天 (日期時間)
None	「生命的意義為何?」	

意圖是分組表達工作的簡要方式。在模型中一定要定義 None (無) 意圖,None 意圖會被視為後備的處理程序,其用途在當使用者的要求不符合任何其他意圖時,給予使用者預設的回應。

一開始應用程式雖然是使用內定的實體和意圖,在爾後的運行過程中,語言模型還是可以持續被訓練,讓它能夠根據使用者的輸入的言語,來預測意圖和實體。然後,您可在用戶端應用程式使用更新後的模型,來擷取預測並適當地作出回應。

二. 比較「自訂問題解答」與「交談語言理解」

「自訂問題解答」與「交談語言理解」這兩個功能很類似,因為兩者都是可定義和使用自然語言運算式來查詢的語言模型。不過,這兩種服務在處理的使用案例上還是有所差異,如下表所示:

	自訂問題解答	交談語言理解
使用模式	使用者表達問題,需要答案。	使用者表達語句,需要適當的回應或動作。
查詢處理	服務使用自然語言理解來比對問題與知識庫中的答案。	服務使用自然語言理解來解譯語句、比對意圖,以及識別實體。

回應	回應為已知問題的靜態答案。	回應為指出最可能的意圖和參考的實體。
用戶端邏輯	用戶端應用程式通常會向使用者呈現答案。	用戶端應用程式會負責根據偵測到的意圖執行適當的動作。

這兩個服務實際上是互補的。您可以建立全方位的自然語言方案，結合對話語言理解模型和問答知識庫。

10.4 Azure AI 機器人服務

在現今的萬物皆可以相互連線的世界中，人們會使用各種不同的技術來進行通訊。例如：

- 語音通話
- 訊息服務
- 線上聊天應用程式
- 電子郵件
- 社交媒體平台
- 共同作業工作平台

我們已習慣無所不在的連線，因而希望與我們往來的組織也可以透過已有的通道，輕易聯繫並立即回應。此外，也希望這些組織能夠個別與我們互動，且能夠在個人層級回答複雜的問題。

一. 對話式 AI

許多企業都會發佈支援資訊和常見問題 (FAQ) 的問答集，供用戶透過網頁瀏覽器或特定應用程式加以存取。但通常用戶不容易使用此管道來找出特定問題的答案，所以會轉向客服人員求助。導致企業常會發現其支援人員的工作量過大,因為有許多人透過電話、電子郵件、文字訊息、社交媒體和其他管道要求協助。

因此,企業逐漸轉而尋求採用 AI 代理程式的人工智慧 (AI) 解決方案 (通常為 Bot),透過各類常用的通訊管道提供第一線自動化支援。Bot 能夠以交談方式與用戶者互動,如右圖聊天情境案例所示:

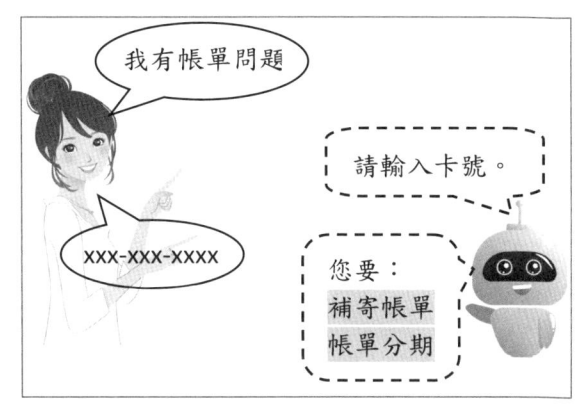

> **Tips** 此處聊天範例可應用於網站、Line、Facebook Messenger...應用程式,與您在網站上看到的介面相仿;但 Bot 可以設計成跨多個通道工作,包括電子郵件、社交媒體平台,甚至語音通話。無論使用何種通道,Bot 通常會搭配使用自然語言,以及可引導使用者採用某種解決方案的有限選項回應,來管理交談流程。

交談通常會採用輪流互換訊息的形式進行,一問一答是最常見的交談類型。此模式形成了許多使用者支援 Bot 的基礎,且通常會以現有的常見問題集文件為基礎。若要實作這種解決方案,您需要:

- 問答配對的知識庫 – 通常具有內建的自然語言處理模型,能夠讓採用多種用語的問題,可用相同的語意來理解。
- Bot Service –提供可透過一個或多個通道連線至知識庫的介面。

二.「Azure AI 語言服務」與「Azure AI 機器人服務」

結合使用「語言服務」與「Azure AI 機器人服務」兩種核心服務,可以輕鬆創立用戶服務的機器人解決方案:

- Azure AI 語言服務-藉助包括自定義問題解答功能的語言服務，可以建立使用自然語言輸入查詢的問答組知識庫。
- Azure AI 機器人服務-此服務提供在 Azure 上開發、發佈及管理 Bot 的架構。

10.5 自訂問題解答開發實作

10.5.1 自訂問題解答開發步驟

Azure AI 語言服務中的自訂問題解答 (Custom Question Answering) 是一種基於自然語言處理 (NLP) 的服務。它能快速建構自訂的問答系統，將資料來源如文件或常見問題集整合，提供即時且準確的回答。透過簡單的設定，開發人員可建立與應用程式整合的智慧客服、學術助理或內部資訊查詢系統，提升用戶體驗和效率。如下為自訂問題解答的開發步驟：

Step 01 前往 Azure 申請 Azure AI 語言服務，在此服務中加入自訂問題解答功能，並取得該服務的金鑰與端點。

Step 02 前往 Language Studio 網站建立問題解答配對的知識庫，完成測試後同時部署知識庫。

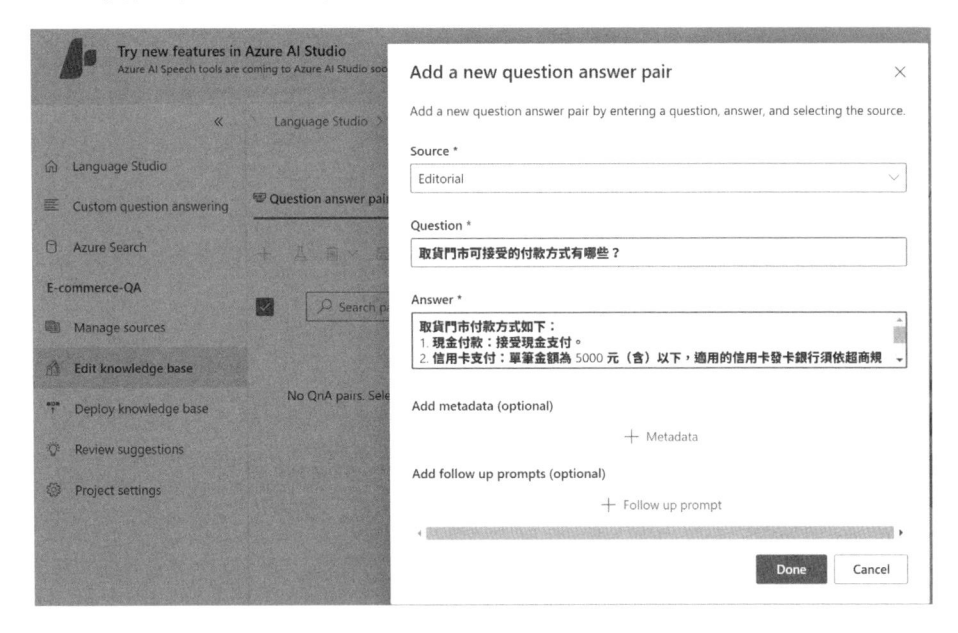

Step 03 將發問問題以 REST API 或 SDK 方式傳送到部署知識庫的語言服務，並將取得的解答結果顯示出來。

10.5.2 建立與部署自訂問題解答知識庫

在語言服務中建立與部署自訂問題解答知識庫需經過以下步驟：準備資料，如 FAQ 或技術文檔；登入 Azure 平台在自訂問題解答服務建立知識庫；輸入問答內容後進行訓練與測試；完成後發布至指定端點，獲取 API 金鑰供應用程式呼叫使用；最後將知識庫整合至網站或應用程式，並定期更新內容以確保準確性與實用性。

如下是在語言服務中建立與部署自訂問題解答知識庫的步驟。

操作步驟

Step 01 連上 Azure 雲端平台在語言服務新增自訂問題解答服務，並取得語言服務的金鑰 (Key) 和端點 (EndPoint)：

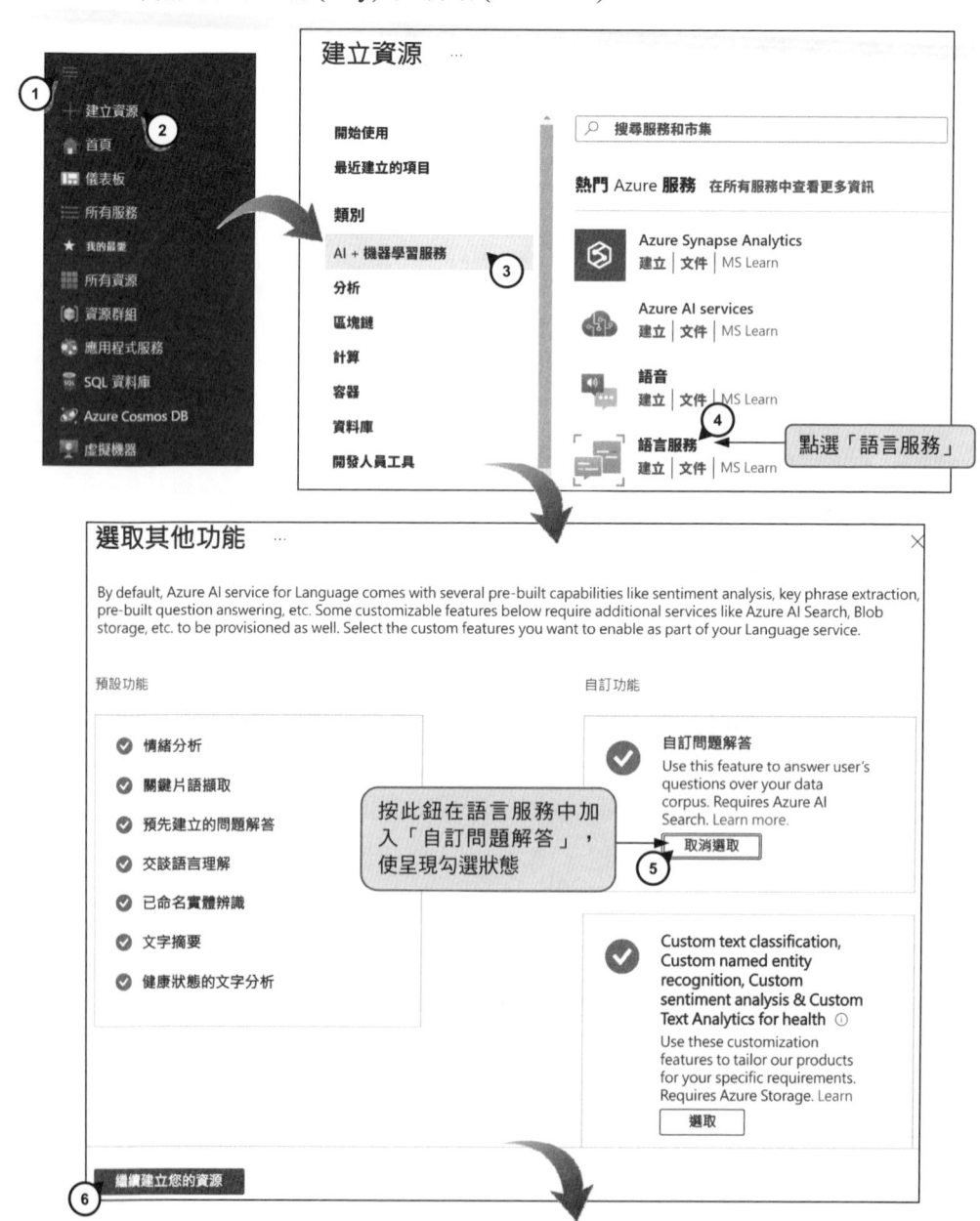

建立資源

① 建立資源
② 首頁
　 儀表板
　 所有服務
　 我的最愛
　 所有資源
　 資源群組
　 應用程式服務
　 SQL 資料庫
　 Azure Cosmos DB
　 虛擬機器

開始使用
最近建立的項目
類別
AI + 機器學習服務 ③
分析
區塊鏈
計算
容器
資料庫
開發人員工具

搜尋服務和市集

熱門 Azure **服務**　在所有服務中查看更多資訊

Azure Synapse Analytics
建立 | 文件 | MS Learn

Azure AI services
建立 | 文件 | MS Learn

語音
建立 | 文件 | MS Learn

語言服務 ④　點選「語言服務」
建立 | 文件 | MS Learn

選取其他功能

By default, Azure AI service for Language comes with several pre-built capabilities like sentiment analysis, key phrase extraction, pre-built question answering, etc. Some customizable features below require additional services like Azure AI Search, Blob storage, etc. to be provisioned as well. Select the custom features you want to enable as part of your Language service.

預設功能

- ✓ 情緒分析
- ✓ 關鍵片語擷取
- ✓ 預先建立的問題解答
- ✓ 交談語言理解
- ✓ 已命名實體辨識
- ✓ 文字摘要
- ✓ 健康狀態的文字分析

按此鈕在語言服務中加入「自訂問題解答」，使呈現勾選狀態

自訂功能

✓ **自訂問題解答**
Use this feature to answer user's questions over your data corpus. Requires Azure AI Search. Learn more.
[取消選取] ⑤

✓ **Custom text classification, Custom named entity recognition, Custom sentiment analysis & Custom Text Analytics for health** ⓘ
Use these customization features to tailor our products for your specific requirements. Requires Azure Storage. Learn

[選取]

繼續建立您的資源 ⑥

CH10 探索自然語言處理(二)對話式 AI

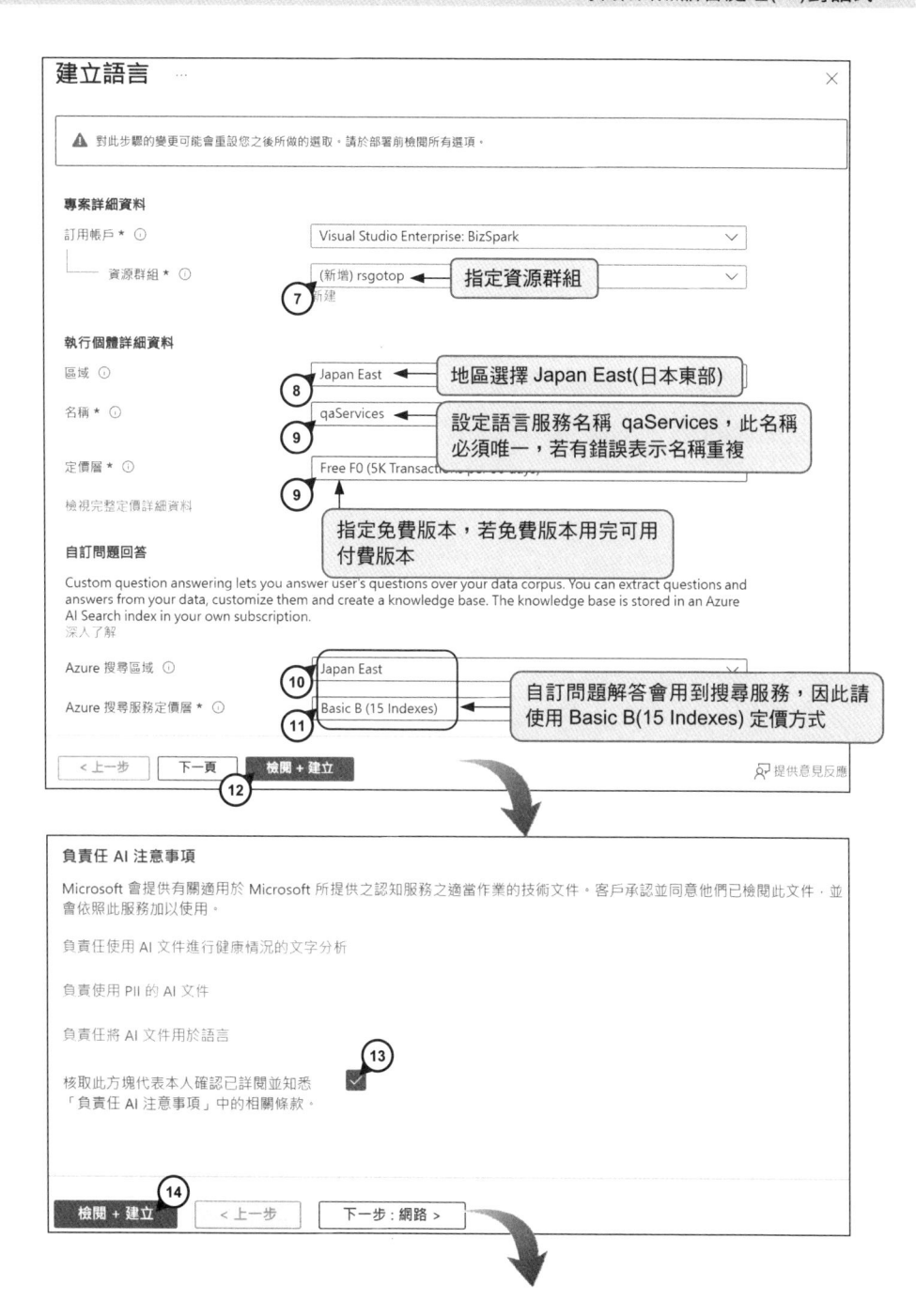

建立語言

⚠ 對此步驟的變更可能會重設您之後所做的選取。請於部署前檢閱所有選項。

專案詳細資料

- 訂用帳戶 *：Visual Studio Enterprise: BizSpark
- 資源群組 *：(新增) rsgotop ← 指定資源群組 ⑦

執行個體詳細資料

- 區域：Japan East ⑧ ← 地區選擇 Japan East(日本東部)
- 名稱 *：qaServices ⑨ ← 設定語言服務名稱 qaServices，此名稱必須唯一，若有錯誤表示名稱重複
- 定價層 *：Free F0 (5K Transactions per 30 days) ⑨ ← 指定免費版本，若免費版本用完可用付費版本
- 檢視完整定價詳細資料

自訂問題回答

Custom question answering lets you answer user's questions over your data corpus. You can extract questions and answers from your data, customize them and create a knowledge base. The knowledge base is stored in an Azure AI Search index in your own subscription.
深入了解

- Azure 搜尋區域：Japan East ⑩
- Azure 搜尋服務定價層 *：Basic B (15 Indexes) ⑪ ← 自訂問題解答會用到搜尋服務，因此請使用 Basic B(15 Indexes) 定價方式

[< 上一步] [下一頁] [檢閱 + 建立] ⑫   💬 提供意見反應

負責任 AI 注意事項

Microsoft 會提供有關適用於 Microsoft 所提供之認知服務之適當作業的技術文件。客戶承認並同意他們已檢閱此文件，並會依照此服務加以使用。

負責任使用 AI 文件進行健康情況的文字分析

負責任使用 PII 的 AI 文件

負責任將 AI 文件用於語言

☑ ⑬
核取此方塊代表本人確認已詳閱並知悉「負責任 AI 注意事項」中的相關條款。

[檢閱 + 建立] ⑭ [< 上一步] [下一步：網路 >]

建立語言

基本　網路　Identity　Tags　**檢閱 + 建立**

下載自動化的範本

基本

訂用帳戶	Visual Studio Enterprise: BizSpark
資源群組	rsgotop
區域	Japan East
名稱	qaServices
定價層	Free F0 (5K Transactions per 30 days)
Azure 搜尋區域	Japan East
Azure 搜尋服務定價層	Basic B (15 Indexes)

Identity

身分識別類型	SystemAssigned

< 上一步　　下一頁　　**建立** ⑮

TextAnalyticsCreate-20241219225145 | 概觀
部署

搜尋　　　　　　　　　🗑 刪除　⊘ 取消　↑ 重新部署　↓ 下載

- 概觀
- 輸入
- 輸出
- 範本

✅ **您的部署已完成**

部署名稱：TextAnalyticsCreate-20241219225145
訂用帳戶：Visual Studio Enterprise: BizSpark
資源群組：rsgotop

> 部署詳細資料

∨ 後續步驟

服務建立完成會出現 **前往資源** 鈕，按下此鈕會直接跳到該服務設定畫面。

前往資源群組 ⑯

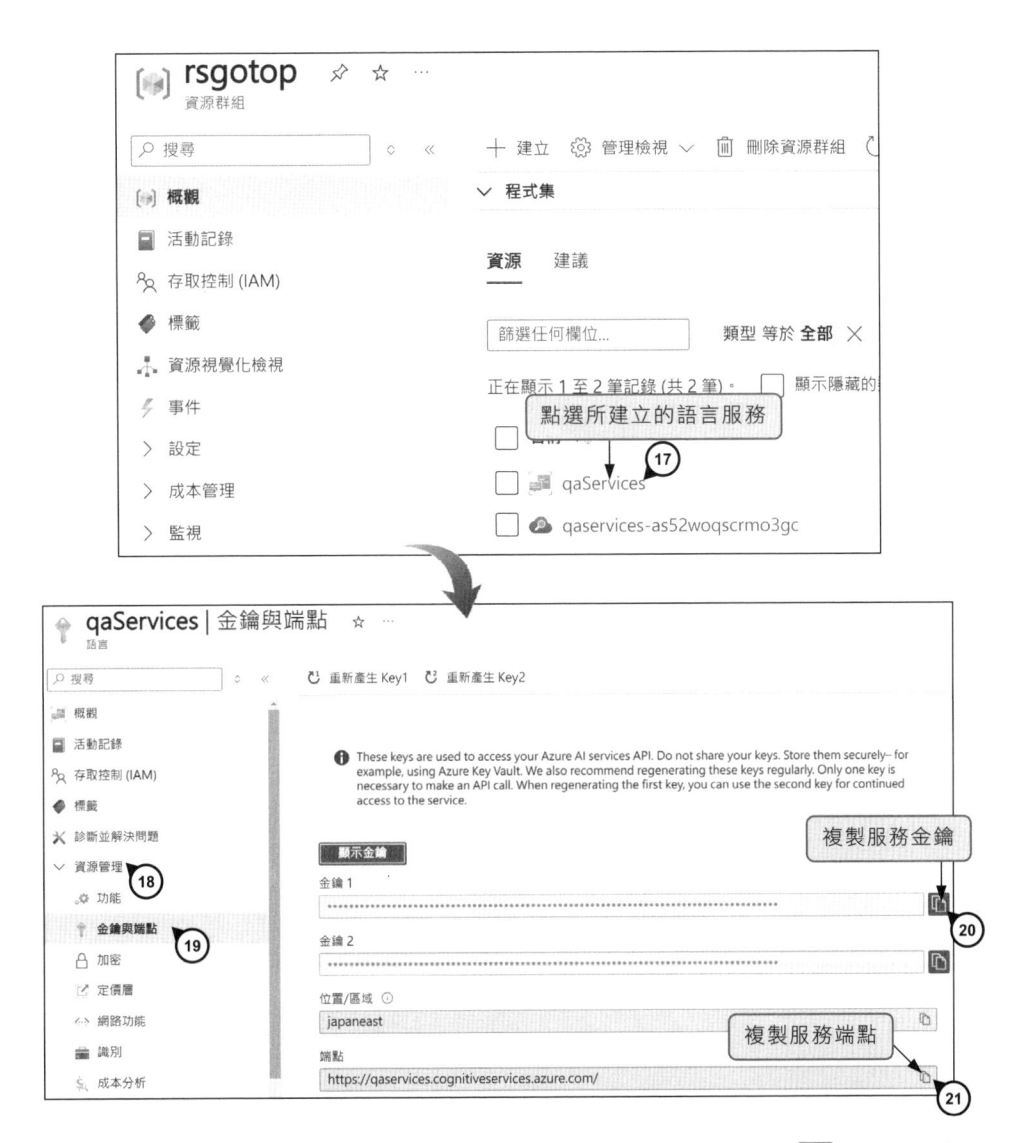

上圖的語言服務提供兩組金鑰和一個端點。請使用 🗐 鈕將其中一組服務金鑰和端點複製到文字檔內，金鑰和端點於撰寫程式時會使用。完成語言服務建立之後，接著下一步驟即前往 Language Studio 網站建立自訂問題解答專案，同時建立與部署知識庫。

10-13

Step 02 進入 Language Studio 網頁建立自訂問題解答專案，專案名稱為「E-commerce-QA」，主要用來進行電商問題解答，步驟如下：

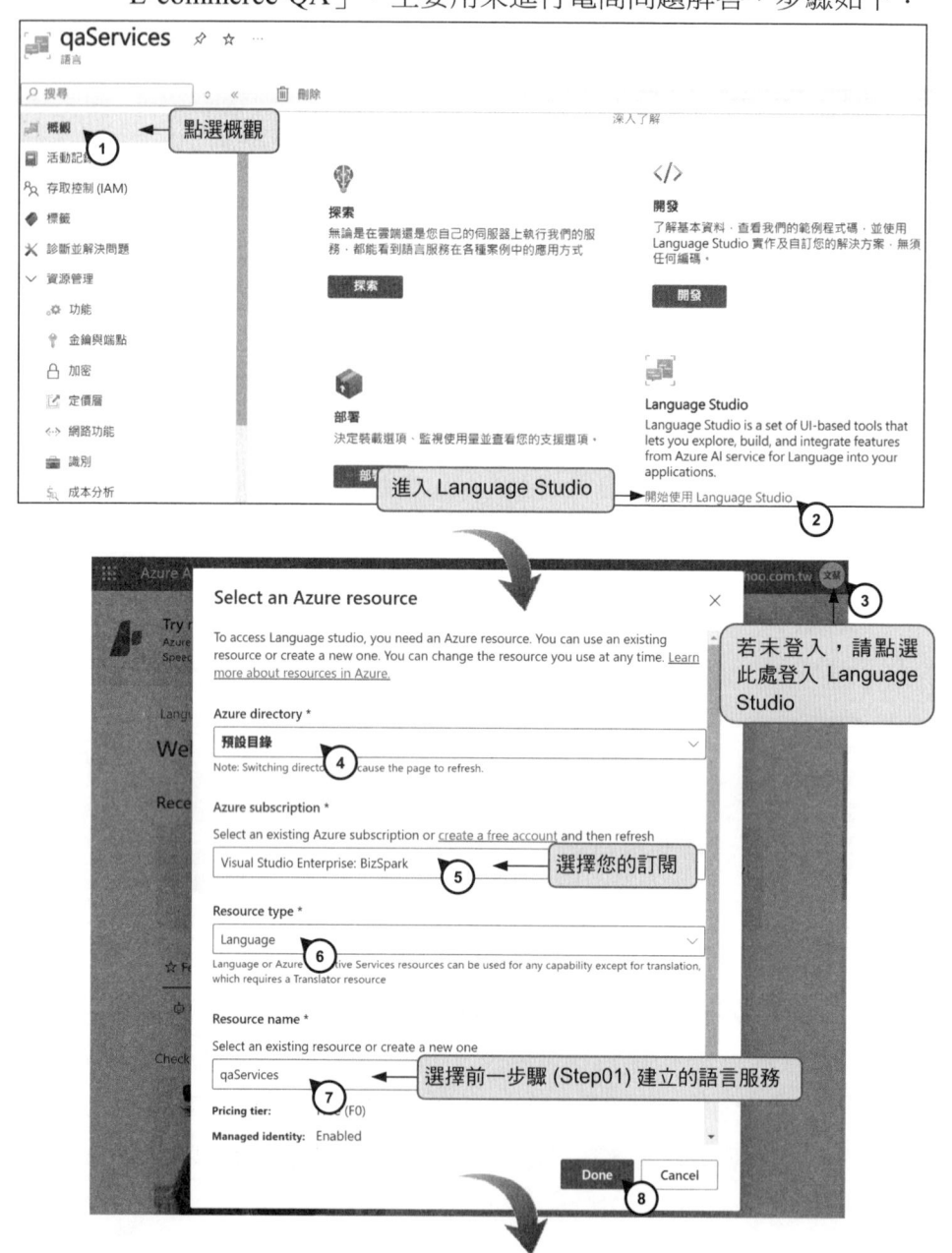

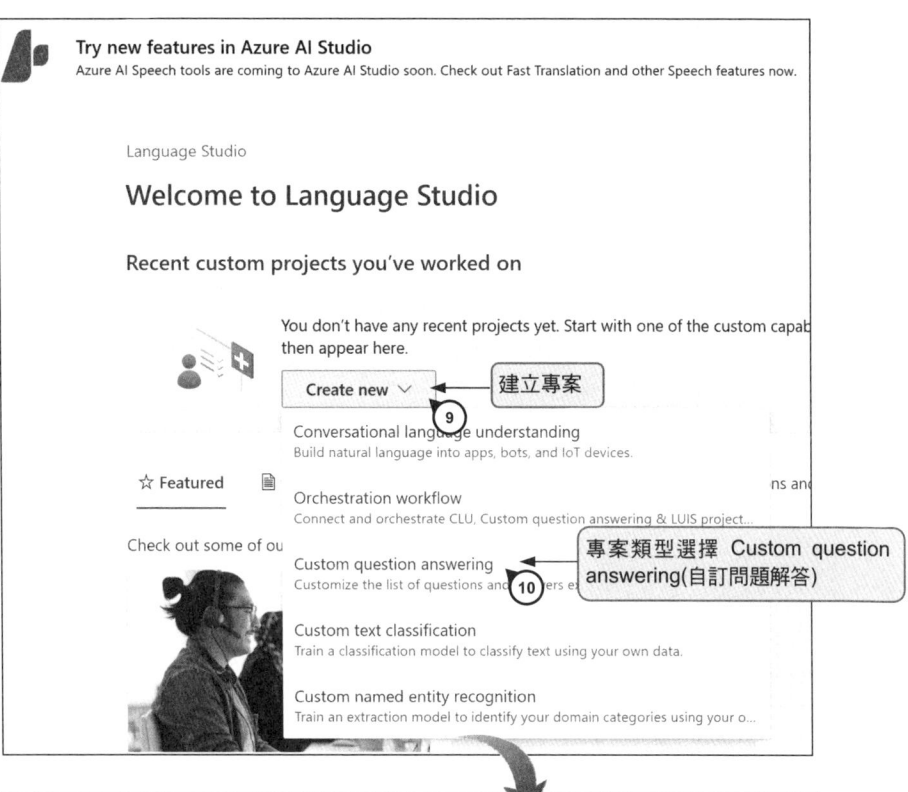

CH10 探索自然語言處理(二)對話式 AI

Try new features in Azure AI Studio
Azure AI Speech tools are coming to Azure AI Studio soon. Check out Fast Translation and other Speech features now.

Language Studio

Welcome to Language Studio

Recent custom projects you've worked on

You don't have any recent projects yet. Start with one of the custom capab then appear here.

[Create new ∨] ← 建立專案 ⑨

Conversational language understanding
Build natural language into apps, bots, and IoT devices.

☆ Featured

Orchestration workflow
Connect and orchestrate CLU, Custom question answering & LUIS project...

Check out some of ou

Custom question answering ← 專案類型選擇 Custom question answering(自訂問題解答)
Customize the list of questions and ⑩

Custom text classification
Train a classification model to classify text using your own data.

Custom named entity recognition
Train an extraction model to identify your domain categories using your o...

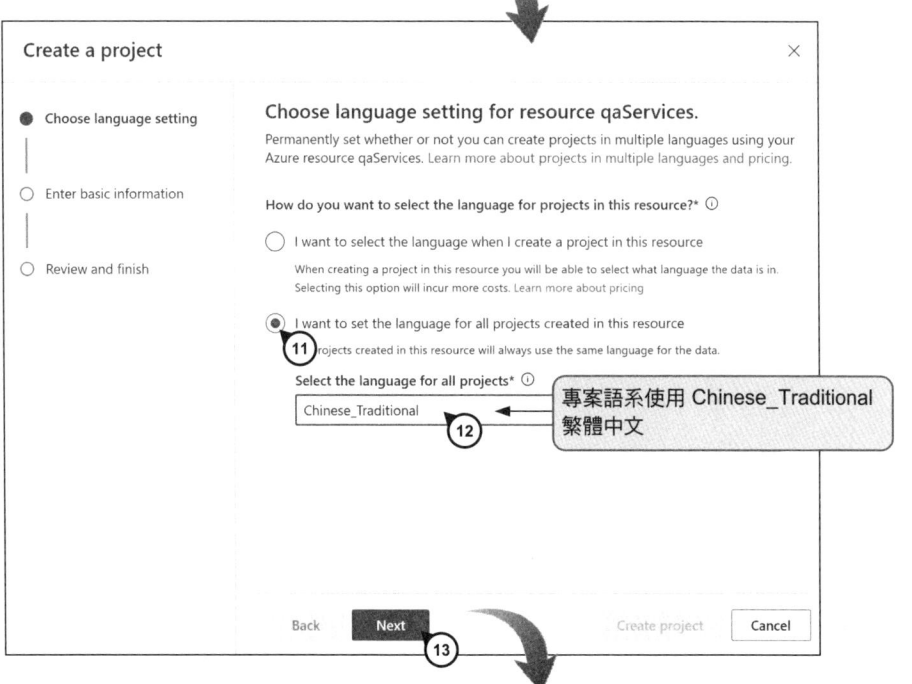

Create a project   ✕

● Choose language setting

Choose language setting for resource qaServices.
Permanently set whether or not you can create projects in multiple languages using your Azure resource qaServices. Learn more about projects in multiple languages and pricing.

○ Enter basic information

How do you want to select the language for projects in this resource?* ⓘ

○ I want to select the language when I create a project in this resource
  When creating a project in this resource you will be able to select what language the data is in. Selecting this option will incur more costs. Learn more about pricing

○ Review and finish

◉ I want to set the language for all projects created in this resource
⑪ rojects created in this resource will always use the same language for the data.

Select the language for all projects* ⓘ

[Chinese_Traditional] ← 專案語系使用 Chinese_Traditional 繁體中文
⑫

Back [**Next**]   Create project   Cancel
       ⑬

10-15

Create a project

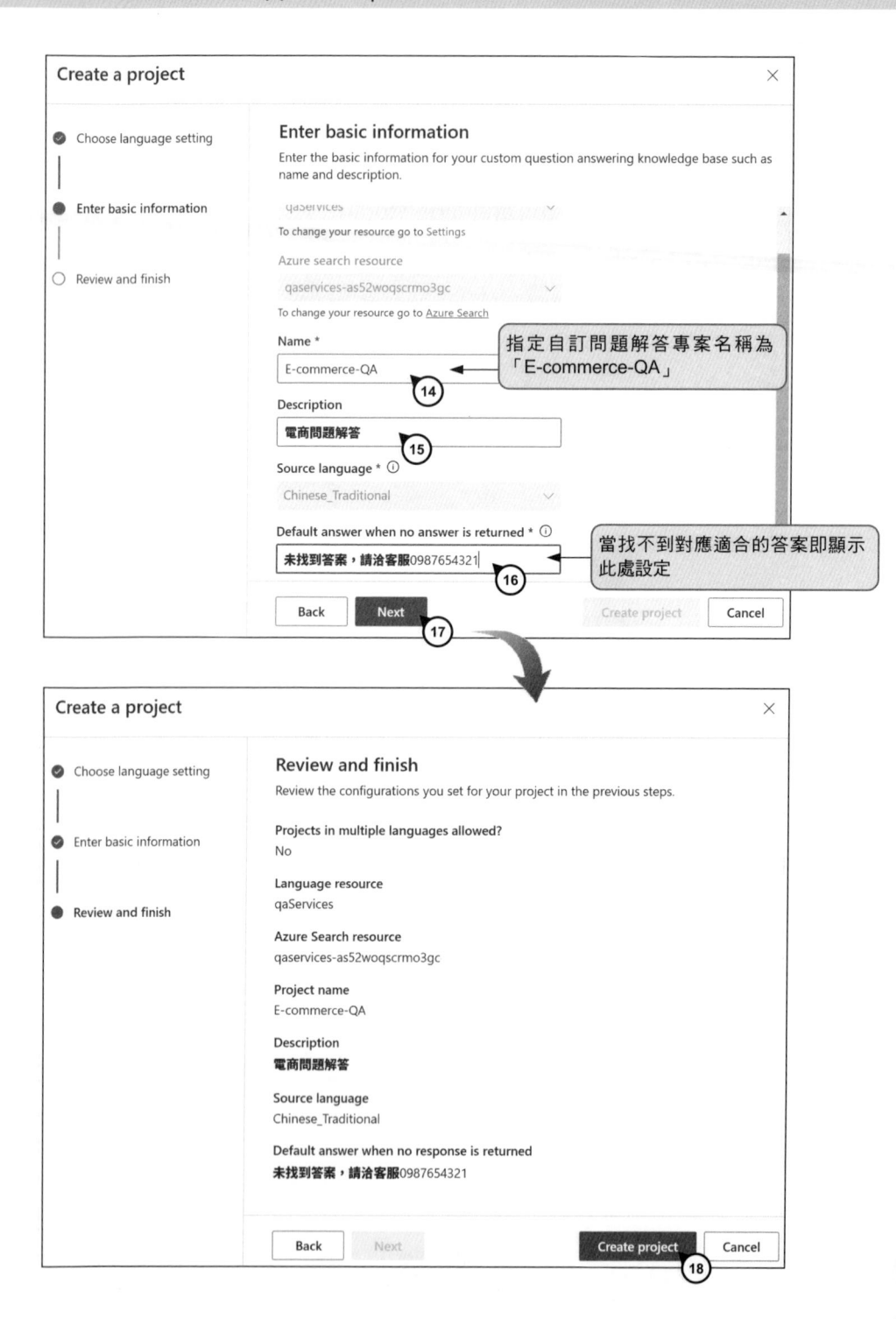

- ✓ Choose language setting
- ● Enter basic information
- ○ Review and finish

Enter basic information
Enter the basic information for your custom question answering knowledge base such as name and description.

qaservices
To change your resource go to Settings

Azure search resource
qaservices-as52woqscrmo3gc
To change your resource go to Azure Search

Name *
E-commerce-QA ← ⑭   指定自訂問題解答專案名稱為「E-commerce-QA」

Description
電商問題解答 ⑮

Source language * ⓘ
Chinese_Traditional

Default answer when no answer is returned * ⓘ
未找到答案，請洽客服0987654321 ← ⑯   當找不到對應適合的答案即顯示此處設定

[Back] [**Next**] ⑰   [Create project] [Cancel]

Create a project

- ✓ Choose language setting
- ✓ Enter basic information
- ● Review and finish

Review and finish
Review the configurations you set for your project in the previous steps.

Projects in multiple languages allowed?
No

Language resource
qaServices

Azure Search resource
qaservices-as52woqscrmo3gc

Project name
E-commerce-QA

Description
電商問題解答

Source language
Chinese_Traditional

Default answer when no response is returned
未找到答案，請洽客服0987654321

[Back] [Next]   [**Create project**] ⑱ [Cancel]

Step 03 新增電商問題解答有關「門市付款方式」知識庫，操作步驟如下：(本例知識庫問題與解答文字可到書附範例 ch10/QA 配對.txt 取得)

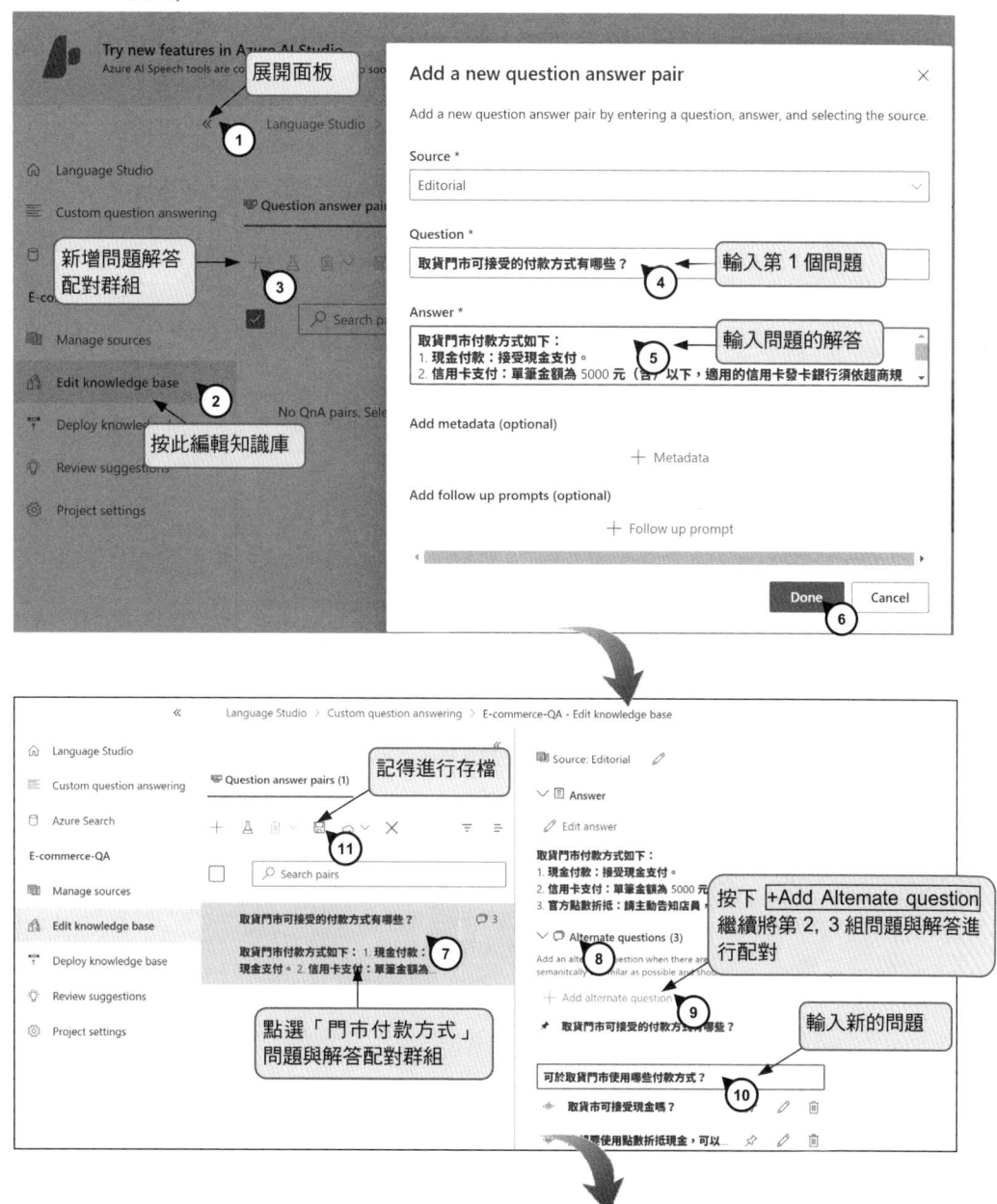

Step 04 繼續新增電商問題解答有關「取貨通知」知識庫，步驟如下：
(本例知識庫問題與解答文字可到書附範例 ch10/QA 配對.txt 取得)

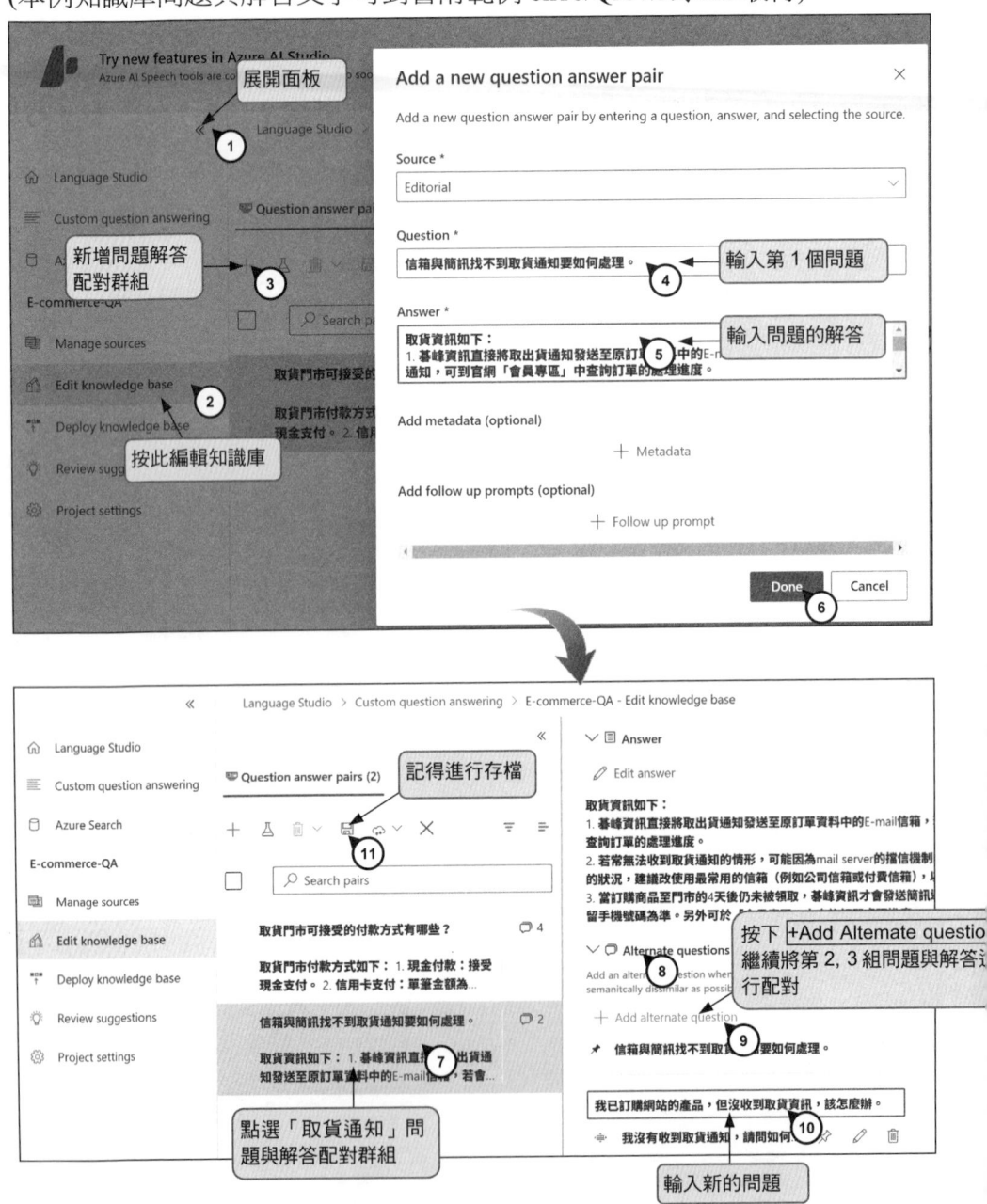

Step 05 按下 🧪Test 鈕開啟「Test」面板可進行測試詢問問題，並瀏覽回答的結果，若回答不滿意，可再放入更多相近的問題進行測試。

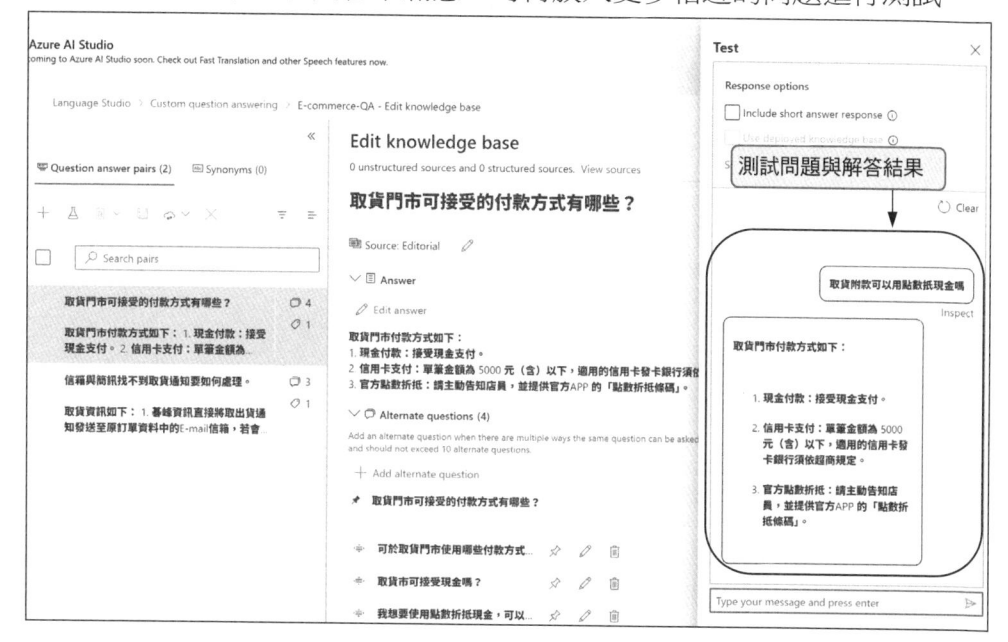

Step 06 點選 Deploy knowledge base，接著按下 Deploy 鈕部署專案知識庫。部署之後開發人員即可透過語言服務的金鑰與端點，以及 SDK 進行呼叫使用。

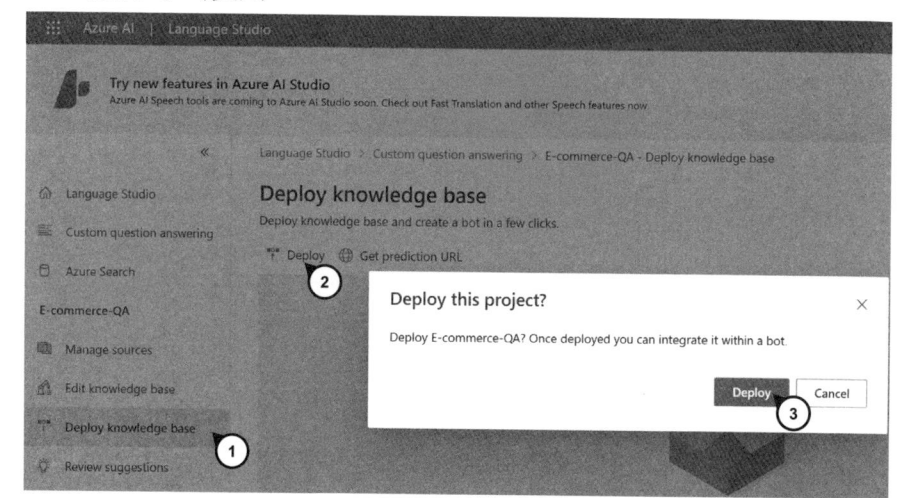

Step 07 若要再重新更新自訂問題解答知識庫,可進入 Language Sudio,此時可點選之前建立的「E-commerce-QA」專案,再重新新增問題與解答知識庫。

10.5.3 自訂問題解答實作

範例:QABot.ipynb

呼叫上節建立的自訂問題解答服務。使用者可在問題欄位輸入「門市付款方式」或「取貨通知」等相關問題,AI 系統會從自行部署的知識庫中搜尋並傳回解答。

執行結果

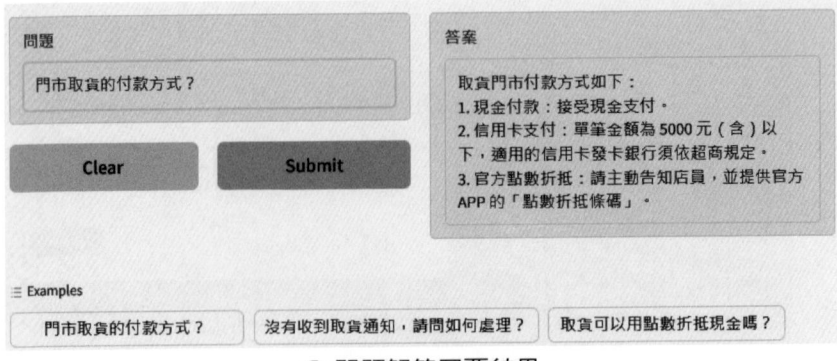

▲ 問題解答回覆結果

程式碼　FileName : QABot.ipynb

```
1-01  !pip install azure-ai-language-questionanswering
1-02  !pip install gradio


2-01  from azure.ai.language.questionanswering import QuestionAnsweringClient
2-02  from azure.core.credentials import AzureKeyCredential
2-03  import gradio as gr


3-01  # 設定 Azure 服務的金鑰與端點
3-02  subscription_key = "申請語言服務金鑰"
3-03  endpoint = "申請語言服務端點"
3-04  # 初始化 QuestionAnsweringClient
3-05  client = QuestionAnsweringClient(endpoint,
             AzureKeyCredential(subscription_key))


4-01  # 定義問題解答函式
4-02  def answer_question(question, project_name, deployment_name):
4-03      try:
4-04          response = client.get_answers(
4-05              question=question,
4-06              project_name=project_name,    # 知識庫的名稱
4-07              deployment_name=deployment_name,  # 知識庫的部署名稱
4-08              top=1,    # 傳回最相關的一個答案
4-09          )
4-10          if response.answers:
4-11              return response.answers[0].answer
4-12          else:
4-13              return "未找到相關答案。"
4-14      except Exception as e:
4-15          return f"發生錯誤：{str(e)}"


5-01  # 使用 Gradio 建立介面
5-02  def gradio_interface(question):
5-03      # 這裡填入您的知識庫名稱和部署名稱
5-04      project_name = "E-commerce-QA"    # 替換為您的知識庫名稱
5-05      deployment_name = "production"    # 部署名稱 production 表示正式上線版本
5-06      return answer_question(question, project_name, deployment_name)
```

```
6-01 interface = gr.Interface(
6-02     fn=gradio_interface,
6-03     allow_flagging="never",
6-04     inputs=gr.Textbox(label="問題", placeholder="請輸入您的問題"),
6-05     outputs=gr.Textbox(label="答案"),
6-06     title="Azure Custom Question Answering",
6-07     description="輸入您的問題，從 Azure 自定義問答系統獲取答案。",
6-08     examples=[
6-09         "門市取貨的付款方式？",
6-10         "沒有收到取貨通知，請問如何處理？",
6-11         "取貨可以用點數折抵現金嗎？",
6-12     ],
6-13 )

7-01 # 啟動 Gradio
7-02 interface.launch(share=True)
```

說明

若自訂問題解答發生無法正確回應，其原因與解決方式如下：

無法正確回應的原因

1. 自訂問題解答的回答準確性取決於資料品質，若資料來源不完整或描述模糊，可能導致系統無法提供精確的答案，影響使用效果。

2. 使用者輸入的問題與資料中的答案匹配度不高，例如語義不同但含義相同。

3. 資料與問題語言不一致，導致系統無法正確理解。

解決方式

1. 確保資料內容完整、準確，並涵蓋多樣化的問答配對。針對專業領域問題，提供結構化資料 (如 FAQ 文件)。

2. 為常見問題設置同義詞或變化形式的問題。以及使用 NLP 技術提取語義相似度高的問答。

3. 若需要支持多語言，考慮提供多語言版本的資料來源。使用 Azure 翻譯服務 (Translator) 功能進行語言處理。

10.6 模擬試題

題目(一)

您正在建置一個使用交談語言理解 (CLU) 應用程式,供音樂季使用。該程式能夠接受用戶查詢節目資訊,例如:「目前節目的表演團體?」,請問這個問句是對話語言理解的哪個核心概念?
① 實體　② 意圖　③ 言語　④ 領域

題目(二)

您想要使用 Azure 開發一個聊天機器人。您應該使用哪種服務來理解用戶的意圖?
① 語音　② 交談語言理解(CLU)　③ 翻譯　④ 問題解答

題目(三)

您要使用 Azure 對話語言理解,來建立新的語言理解應用程式。您應該使用哪種資源?
① 語言服務　② 認知服務　③ 自定義語言服務

題目(四)

您正在創作一個對話語言理解應用程式,您希望使用者能夠查詢到指定城市目前的時間,例如「倫敦現在幾點?」您應該怎麼做?
① 建立每個城市的意圖,且每個意圖都包含詢問該城市時間的表達。
② 定義「城市」實體以及包含指示城市意圖表達的 "GetTime" 意圖。
③ 將「城市現在幾點」的表達新增至 "None" 意圖。

題目(五)

您已發佈對話語言理解應用程式。用戶端應用程式開發人員取得預測需要哪些資訊?

① 應用程式預測資源的端點和金鑰
② 應用程式製作資源的端點和金鑰
③ 發行 Conversational Language Understanding 應用程式之使用者的 Azure 認證

題目(六)

您被主管要求在最短時間內,將公司現有的常見問題集 (FAQ),製作成對話式 AI,您應該怎麼做?
① 建立空的知識庫,然後直接部署。
② 建立空的知識庫,然後將現有的常見問題集文件匯入。
③ 建立空的知識庫,然後手動複製並貼上常見問題項目。

題目(七)

您想要為 Bot Service 建立知識庫。您必需使用哪種服務?
① Azure Bot　② 交談語言理解　③ 問題解答

題目(八)

您要建立在公司內部使用的支援 Bot。有些同事習慣使用 Microsoft Teams 將問題提交給 Bot,有些同事則想要使用內部網站上的網路聊天介面。您應該怎麼做?

① 建立知識庫。然後,建立兩個使用相同知識庫的 Bot,一個 Bot 連線至 Microsoft Teams 通道,另一個連線至 Web Chat 通道。

② 建立兩個具有相同問答組的知識庫。然後,為這兩個知識庫分別建立一個 Bot,一個連線至 Microsoft Teams 通道,另一個則連線至 Web Chat 通道。

③ 建立知識庫。然後,建立知識庫的 Bot,並且為 Bot 連接 Web Chat 和 Microsoft Teams 通道。

題目(九)

下列哪一個敘述是正確的?

① 您可以使用問題解答查詢 Azure SQL 資料庫。

② 當您想讓知識庫為詢問相似問題時,提供相同的答案時,您應該使用問題解答。

③ 問題解答服務可以確定使用者話語的意圖。

題目(十)

使用者可輸入問題與系統作互動,需要人工智慧系統的哪種模組?
① 交談式 AI　② 異常偵測　③ 預測

CHAPTER 11 探索自然語言處理 (三)語音與翻譯

11.1 語音辨識與語音合成

近年來,由於各大軟體公司先後推出人工智慧的開發平台,人工智慧不再是大企業所壟斷的領域,每個人都可以按照自身的需求,開發客製化的人工智慧應用程式。從此之後,對話式 AI 進入了百家爭鳴的新世代。

如今人工智慧能夠提供我們更安全、便利的生活。例如:當我們要出門時,跟數位助理說「我要出門了。」,數位助理會回答「請加快腳步,公車一分鐘後到站。」,隨後會自動關閉照明設備及音響。為了實現這種人機互動,AI 系統必須支援下列兩種功能:

- 語音辨識 (語音轉文字) - 偵測及解譯語音輸入的功能。
- 語音合成 (文字轉語音) - 產生語音輸出的功能。

一. 語音辨識

語音辨識是指 AI 系統接受語音資料後,將其轉換成可處理的資料,這項作業通常是將語音資料轉譯成文字。

語音資料可以是音訊檔案中所錄製的語音，或是來自麥克風的即時音訊，AI 系統會分析音訊資料並轉譯成單字。音訊辨識時，語言服務通常使用下列兩種類型的模型來進行：

- 「原音」模型：可以將音訊轉換成音素 (特定聲音的表示法)。

- 「語言」模型：可以將音素對應到單字，通常會使用統計演算法，根據音素預測出最可能的單字序列。

語音辨識後所產生的文檔，您可將其用於各種用途，例如：

- 為影片提供字幕。
- 建立通話或會議的逐字稿。
- 自動化筆記聽寫。
- 演講時的內容轉譯成字幕。

二. 語音合成

語音合成與語音辨識相反，是將文字轉換為語音。要進行語音合成，需要下列資訊：

- 文字 - 要說出的內文。
- 語言 - 用來說話的語音。

語音合成的輸出可以用於許多用途，包括：

- 產生使用者詢問問題的語音回答。
- 電話總機系統的語音功能表。
- 大聲朗誦出電子郵件或簡訊。
- 公共場所之廣播通知。

11.2 語音服務功能介紹

若要建置可解譯語音並適當回應的應用程式,可以使用「語音服務」。因為,Azure AI 語音服務同時支援了將口語轉譯成文字,以及語音合成這兩種功能。Azure AI 語音服務,提供如下應用程式開發介面 (API):

- 語音轉換文字 API
- 文字轉換語音 API

11.2.1 語音轉換文字 API

使用語音轉換文字 API 可以將音訊即時,或批次轉譯成文字格式。音訊來源可以是來自麥克風,或是音訊檔案等音訊串流。

語音轉換文字 API 所使用模型,是以 Microsoft 定型的通用語言模型為基礎。此模型的資料為 Microsoft 所擁有,且已部署至 Azure AI。此模型已經針對交談和聽寫這兩個功能進行優化處理。

如果 Microsoft 預先建立的模型不能符合您的需求,也可以建立自己的自訂模型。自訂模型可量身打造您的語音辨識模型,讓語音辨識模型瞭解指定產業專屬的術語,並克服如背景雜訊或口音等的辨識障礙。

語音轉換文字的服務項目如下:

- 標準聽寫 - 標準聽寫可將音訊串流即時轉譯為文字,目前這項服務可轉錄為 90 種以上的語言和方言。
- 批次聽寫 - 批次聽寫可以批次聽寫一個或多個音訊檔案。
- 自訂語音 - 自訂語音可使用自己的音訊檔案來訓練和測試模型,藉此評估及改善語音轉換成文字的精確度。

- 發言者識別 – 發言者識別能夠在聽寫過程中，聽寫內容並標識出說話者身分。

- 自動語言偵測 – 自動語言偵測可根據語言清單 (目前適用於 30 種以上的語言)，判斷出音訊中最有可能使用的語言。語言偵測每次最多可以偵測四種語言，讓語音轉換文字服務可以提供更精確的聽寫結果。

- 發音評量 – 發音評量會評估語音發音，並提出精確度、流暢度、完整性和發音等各種評量參數，作為意見回饋，供語言學習者得知改進方向，據此來練習其口說能力。

- 連續辨識功能 – 當想要控制語音轉換文字該在何時停止轉錄時，會使用到連續辨識功能。在連續辨識模式會解讀語句結構中的文字描述，例如標點符號。舉例來說，如果語音內容是「今年左括弧 111 年右括弧」，系統則會轉換成「今年 (111 年)」文字。

- 不雅內容篩選器 – 不雅內容篩選器能以星號替代、完全移除或標記為「不雅內容」等方式，來遮蓋不雅的內容。

11.2.2 文字轉換語音 API

文字轉換語音 API 可將文字輸入轉換成語音，再透過電腦喇叭直接播放或儲存成音訊檔案。此外，還可以取得臉部姿勢事件和臉部位置資訊，能在應用程式中建立虛擬臉部的動畫。這項功能可為應用程式新增更多互動，以及透過唇語功能與聽障人士進行溝通。

當使用文字轉換語音 API 時，可指定要用來說出文字的語音種類。目前可指定為以下三類語音：

- 標準語音 – 標準語音是最類似人聲，也是最簡單且最符合成本效益的語音類型。

- 神經語音 - 神經語音是一種新類型的合成語音。使用標準語音，再加上類神經網路來調整語音合成中音調的部分，增加強調和詞形變化的能力，進而產生更自然的發音。

- 自訂神經語音 -自訂神經語音可使用您自己的音訊資料，來建立獨一無二的自訂合成語音。

11.3 文字翻譯

在全球化浪潮下，客戶可能來自世界上任何角落上的人員，或需要與不同文化背景的人或組織進行共同作業。所以，排除語言、文化障礙已經成為重大的課題。

解決方案之一是找到雙語，甚至是多語人才來為雙方翻譯。但是，具備此種技能及可能語言組合的人才甚為稀少，使得這種方法可行性不高。為解決此問題，使用可自動化翻譯的「翻譯機器人」，是更為適當的解決方案。

Azure AI 提供自動化翻譯功能，可將 A 語言翻譯成 B 語言、C 語言 … 等不同語言。如此一來，便可以掃除語言隔閡，降低溝通的門檻，開啟更緊密的共同作業。

11.3.1 直譯與意譯

翻譯通常可分為兩種方法，那就是「直譯」和「意譯」。直譯就是將每個單字翻譯成目標語言中的對應字詞，早期自動化翻譯都是使用「直譯」式。這種方法會產生一些問題，例如：逐字翻譯雖然保留原本句子的結構，但可能會翻譯成「中式外文」，甚至出現前後文互相矛盾的句子，導至語意不明，而無法理解原文的意思。

至於「意譯」則是以表達句子的含意為主要目的。舉例來說 "The scholar may be better than the master."，以直譯的方式可以翻成「學者可能比大師更好。」；但用意譯的方式，則翻成「青出於藍，而勝於藍。」會更為貼切。

現今在人工智慧系統的輔助下，自動化翻譯儘量朝向「意譯」的方向發展。要做到意譯，系統不僅必須要認識單字，還要能夠了解單字與單字組合後的「語義」、文法規則、正式與非正式用法和口語，都要一併考慮在內。如此，才能將所輸入的句子，翻譯成更精確的譯文。

11.3.2 文字和語音翻譯

「文字翻譯」可將文件翻譯成另一種語言，例如：翻譯來自外國上游廠商所撰寫的技術手冊、電子郵件、或是國際新聞。特別是現在瀏覽器或社群軟體，當所顯示的內文不是預設語言的文字時，都會很貼心的跳出對話框，詢問是否要翻譯成預設語言文字。

「語音翻譯」可用來翻譯口說的語言，能將語音直接翻譯成另一種語音，或是將語音翻譯成其他語言的文字檔。

以下示範網站，請開啟瀏覽器並前往 https://www.bing.com/translator，執行 Bing 搜尋引擎的文字翻譯網頁。

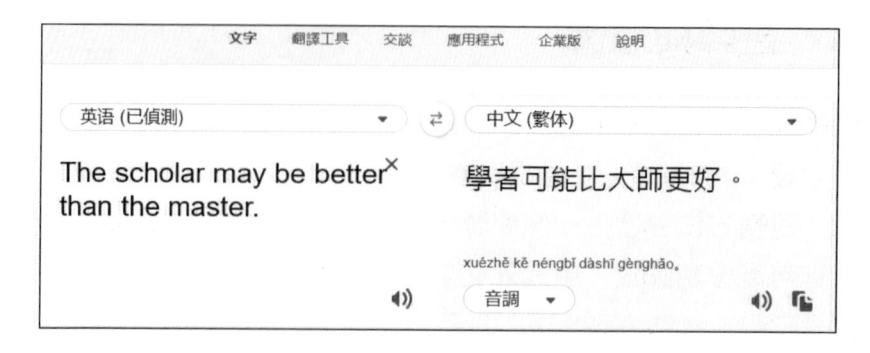

在文字翻譯網頁左側的文字方塊中輸入要翻譯的文本,如果選擇自動偵測,「翻譯機器人」會嘗試自動判定語言,翻譯後的文字會顯示在右側的文字方塊中。

11.4 翻譯服務功能介紹

Azure AI 提供支援翻譯的服務,可以使用下列服務:

- 「翻譯」服務,執行文字到文字的翻譯。
- 「語音」服務,執行語音轉換文字或語音轉換語音的翻譯。

翻譯服務可以輕鬆的整合到您的應用程式、網站、工具或專案中。目前機器翻譯的主要技術有兩種,較早期的技術是統計式機器翻譯 (Statistical Machine Translation,SMT),較新的技術則是類神經機器翻譯 (Neural Machine Translation,NMT)。SMT 採用先進的統計分析方法,根據句子的情境,估計出整個段落的最佳可能譯文。至於 NMT 還會分析字詞的語義內容,並考慮字詞的前後文的組合,一直到整個句子的上下文,轉譯出更精確且完整的翻譯結果。

SMT 和 NMT 翻譯技術都有兩個共同點:

- 兩者都需要藉由大量的翻譯內容來訓練系統,以便產生出更廣義的模型。
- 不作雙語對照詞典,而是根據可能的翻譯清單翻譯字詞,再根據句子中使用字詞的上下文進行翻譯。

一. 翻譯服務所支援的語言

翻譯服務目前可進行 60 多種語言之間的交叉翻譯。在使用該服務時,必須使用 ISO 639-1 語言代碼指定來源語言和目標語言,例如:en 表示英語、fr 表示法語、zh 表示中文。另外，也可以指定 3166-1 文化地區設定代碼來擴充語言代碼，以指定語言的文化地區設定變體，例如 en-US 代表美式英文、en-GB 代表英式英文，而 fr-CA 則代表加拿大法文。

在使用翻譯服務時，可指定一個來源語言和多個目標語言，從而將來源文字同時翻譯成多種語言。

二. 翻譯設定

翻譯 API 提供了一些可選擇的設定，可以對翻譯結果進行微調，可設定項目包括：

1. **過濾不雅內容**：若無任何設定，服務就會直接翻譯輸入文字，而不會過濾不雅內容。不雅內容的定義通常是視當地風俗文化而定，您可將翻譯的文字標示為用詞不雅或在結果中省略，以控制不雅內容的翻譯。
2. **選擇性翻譯**：您可標記不要翻譯的內容，例如，可以標記出程式碼或品牌名稱不要翻譯。

三. 使用語音服務翻譯語音

語音服務包含下列應用程式開發介面 (API)：

- 語音轉換文字：將音訊來源的語音轉換成文字格式。
- 文字轉換語音：使用文字來源產生語音音訊。
- 語音翻譯：將 A 語言的語音，翻譯成 B 語言的文字或語音。

使用「語音翻譯 API」可以翻譯來自麥克風或音訊檔案等串流來源的語音音訊，並傳回文字或音訊串流的翻譯。這項服務可運用在演講或同步雙向口語交談之場合，顯示翻譯後的即時字幕。

11.5 文字翻譯開發實作

11.5.1 文字翻譯開發步驟

翻譯工具服務中的文字翻譯提供雲端 REST API 功能，文字翻譯是使用類神經機器翻譯技術，可讓開發人員可將來源語言文字，快速正確翻譯成其它語言，例如可將中文同時翻譯成英文、義大利文或西班牙文...等。可支援翻譯的語言請參閱「https://docs.microsoft.com/zh-tw/azure/ cognitive-services/translator/language-support」網站。文字翻譯開發步驟如下：

Step 01 前往 Azure 申請翻譯工具服務的金鑰 (Key)、端點 (EndPoint) 與服務區域。

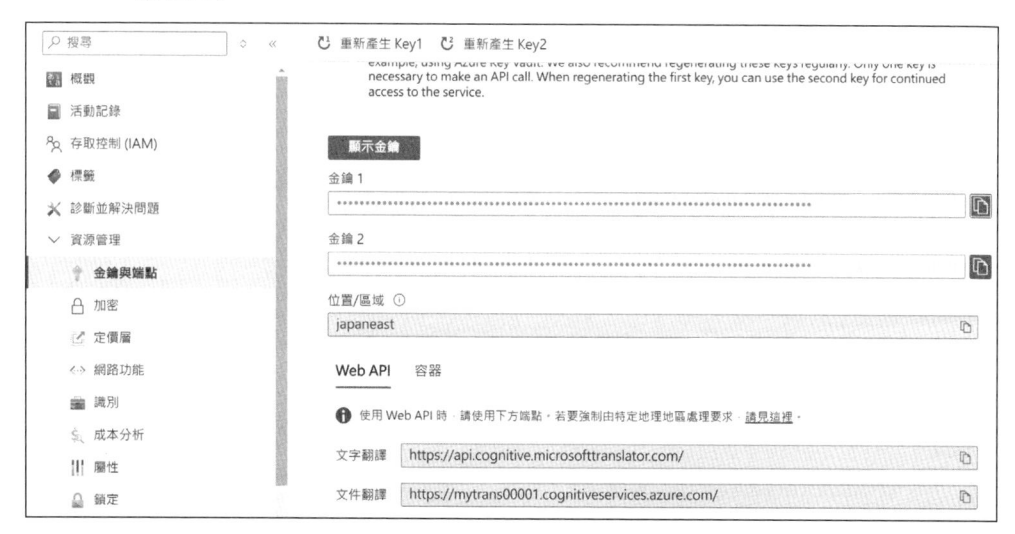

Step 02 文字翻譯採 REST API 方式呼叫，故翻譯結果會以 JSON 字串傳回。

Step 03 分析 JSON 字串中翻譯的結果，再將結果顯示出來。

11.5.2 文字翻譯範例實作(一)-取得翻譯結果

範例:Translator01.ipynb

程式執行時在「輸入繁體中文」欄位內輸入一段中文文章,再按下 Submit 鈕進行翻譯。此時「翻譯結果(日文)」欄位內會將翻譯結果以字串呈現。

執行結果

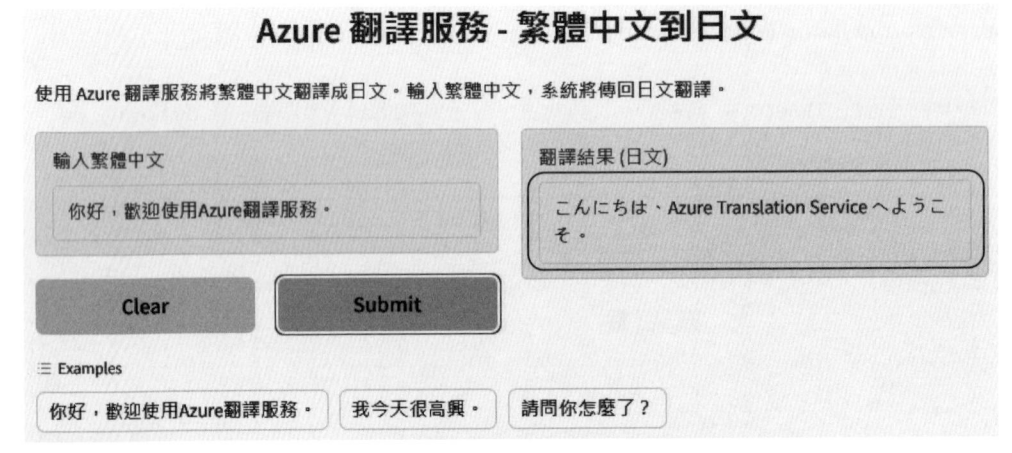

▲ 繁體中文翻譯成日文並顯示

操作步驟

Step 01 連上 Azure 雲端平台取得翻譯工具服務的金鑰 (Key)、端點 (EndPoint) 與服務區域:

CH11 探索自然語言處理(三)語音與翻譯

① 新增 - Microsoft Azure
← → C 🔒 portal.azu

①
＋ 建立資源
②
🏠 首頁
📋 儀表板
☰ 所有服務
★ 我的最愛
⊞ 所有資源
🗂 資源群組
🌐 應用程式服務
🗄 SQL 資料庫
🌐 Azure Cosmos DB
💻 虛擬機器

類別
AI + 機器學習服務 ③
分析
區塊鏈
計算
容器
資料庫
開發人員工具
DevOps
身分識別
整合
物聯網
管理工具
媒體
Migration
混合實境
Monitoring & Diagnostics

認知服務
建立 | 深入了解

電腦視覺
建立 | 文件 | MS Learn

臉部
建立 | 文件 | MS Learn

語言理解
建立 | 深入了解

QnA Maker
建立 | 深入了解

語音
建立 | 深入了解

文字分析
建立 | 文件 | MS Learn

翻譯工具 ④ ← 點選「翻譯工具」服務
建立 | 深入了解

≡ Microsoft Azure   🔍 搜尋資源、服務及文件 (G+/)

首頁 > 建立資源 >

建立翻譯工具

專案詳細資料

訂用帳戶 * ⓘ   Windows Azure MSDN - Visual Studio Ultimate

　　資源群組 * ⓘ   (新增) rsgotop ← 指定資源群組
　　　　　　　⑤ 新建

執行個體詳細資料

ⓘ 除非您的業務或應用程式需要特定區域，否則請選擇全域區域。不提供選取區域的應用程式，會使用全域區域。

區域 * ⓘ   ⑥ Japan East ← 地區選擇 Japan East(日本東部)

名稱 * ⓘ   ⑦ myTranslationService01 ← 設定翻譯工具服務名稱，此名稱必須唯一，若有錯誤表示名稱重複

定價層 * ⓘ   ⑧ Free F0 (Up to 2M characters translated per month)

檢視完整定價詳細資料   ← 指定免費版本

⑨ 檢閱 + 建立   < 上一步   下一步：網路 >

11-11

Microsoft Azure AI Services 與 Azure OpenAI

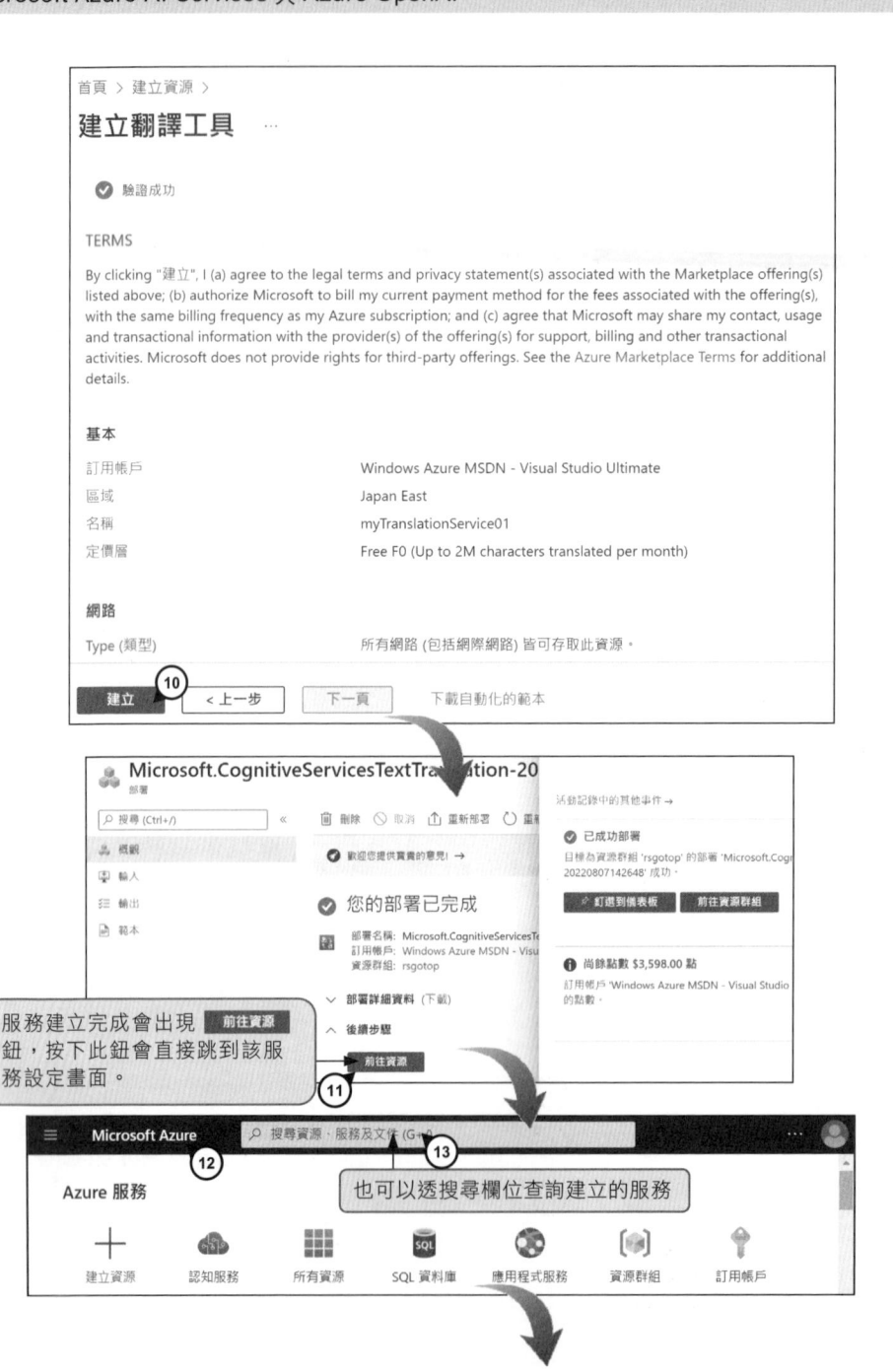

首頁 > 建立資源 >

建立翻譯工具

✅ 驗證成功

TERMS

By clicking "建立", I (a) agree to the legal terms and privacy statement(s) associated with the Marketplace offering(s) listed above; (b) authorize Microsoft to bill my current payment method for the fees associated with the offering(s), with the same billing frequency as my Azure subscription; and (c) agree that Microsoft may share my contact, usage and transactional information with the provider(s) of the offering(s) for support, billing and other transactional activities. Microsoft does not provide rights for third-party offerings. See the Azure Marketplace Terms for additional details.

基本

訂用帳戶	Windows Azure MSDN - Visual Studio Ultimate
區域	Japan East
名稱	myTranslationService01
定價層	Free F0 (Up to 2M characters translated per month)

網路

Type (類型)　　　　　　所有網路 (包括網際網路) 皆可存取此資源。

⑩ 建立　< 上一步　下一頁　下載自動化的範本

Microsoft.CognitiveServicesTextTranslation-20...

您的部署已完成

服務建立完成會出現「前往資源」鈕，按下此鈕會直接跳到該服務設定畫面。

⑪ 前往資源

⑫ Microsoft Azure　搜尋資源、服務及文件 (G+/)

⑬ 也可以透過搜尋欄位查詢建立的服務

Azure 服務

建立資源　認知服務　所有資源　SQL 資料庫　應用程式服務　資源群組　訂用帳戶

11-12

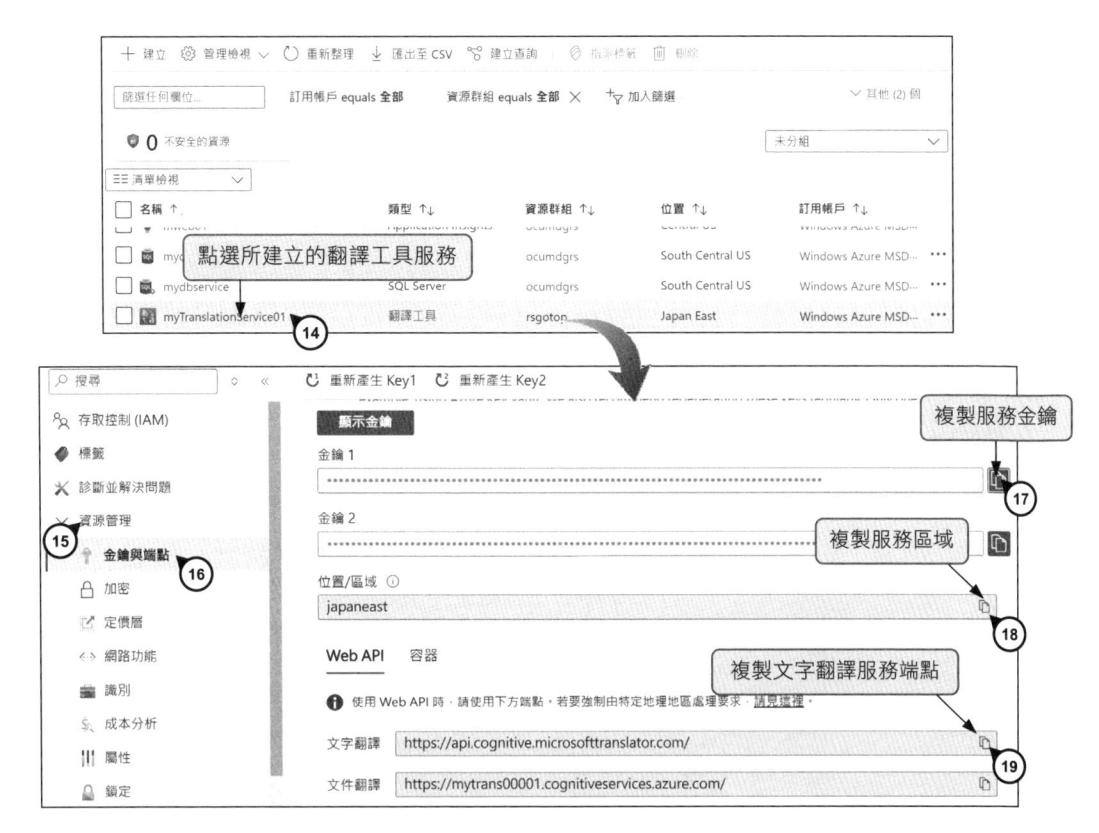

上圖的翻譯工具服務中的文字翻譯提供兩組金鑰、一個端點以及服務區域。請使用 📋 鈕將其中一組服務金鑰、端點與服務區域複製到文字檔內，金鑰、端點與服務區域撰寫程式需要使用。

Step 02 撰寫程式碼：

程式碼 FileName：Translator01.ipynb

```
1-01 !pip install gradio

2-01 import requests
2-02 import gradio as gr

3-01 # 設定 Azure 翻譯服務的金鑰與端點
3-02 subscription_key = "申請翻譯服務金鑰"
3-03 endpoint = "申請翻譯服務端點"
3-04
```

```
3-05  # 指定翻譯服務區域
3-06  location = "指定翻譯服務區域"

4-01  # 翻譯函式,來源語言代碼為繁體中文,目標語言代碼為日文,預設是繁體中文翻成日文
4-02  def translate_text(text, from_lang="zh-Hant", to_lang="ja"):
4-03      path = '/translate'
4-04      url = f"{endpoint}{path}"
4-05
4-06      # 設定請求參數
4-07      params = {
4-08          'api-version': '3.0',
4-09          'from': from_lang,
4-10          'to': to_lang
4-11      }
4-12
4-13      # 設定請求標頭
4-14      headers = {
4-15          'Ocp-Apim-Subscription-Key': subscription_key,
4-16          'Ocp-Apim-Subscription-Region': location,
4-17          'Content-type': 'application/json'
4-18      }
4-19
4-20      # 請求正文
4-21      body = [{'text': text}]
4-22
4-23      # 發送請求
4-24      response = requests.post(url, params=params, headers=headers,
              json=body)
4-25      response.raise_for_status()
4-26
4-27      # 解析回傳的翻譯結果
4-28      translations = response.json()
4-29      translated_text = translations[0]['translations'][0]['text']
4-30      return translated_text

5-01  # 建立 gradio_translate 函式,讓使用者所輸入的中文內容進行翻譯
5-02  def gradio_translate(text):
5-03      return translate_text(text)
```

```
6-01 interface = gr.Interface(
6-02     fn=gradio_translate,
6-03     allow_flagging="never",
6-04     inputs=gr.Textbox(label="輸入繁體中文",
            placeholder="請輸入要翻譯的文字..."),
6-05     outputs=gr.Textbox(label="翻譯結果（日文）"),
6-06     title="Azure 翻譯服務 - 繁體中文到日文",
6-07     description="使用 Azure 翻譯服務將繁體中文翻譯成日文。輸入繁體中文，系統將
傳回日文翻譯。",
6-08     examples=[
6-09         "你好，歡迎使用Azure 翻譯服務。",
6-10         "我今天很高興。",
6-11         "請問你怎麼了？"
6-12     ]
6-13 )

7-01 # 啟動 Gradio
7-02 interface.launch(share=True)
```

說明

1. 本例程式使用的服務端點、金鑰與服務區域請參閱 Step01 步驟。

2. 第 2-01 行：引用 response 套件，用於發送 HTTP 請求。

3. 第 4-02~4-30 行：定義 translate_text 文字翻譯函式，此函式可傳入欲進行翻譯的文字內容 text、來源語言代碼 from_lang 以及目標語言代碼 to_lang，此函式可將翻譯結果以字串傳回。

4. 第 5-02~5-03 行：呼叫 gradio_translate 函式將使用者所輸入的中文內容進行翻譯，最後將翻譯結果指定給 Gradio 來顯示。

5. 第 6-01~6-13 行：建立 gradio 互動網頁。

11.5.3 文字翻譯範例實作(二)-翻譯多國語言

範例：Translator02.ipynb

執行時在「輸入繁體中文」欄位內輸入一段中文文章,再按下 Submit 鈕進行翻譯。此時會將文章翻譯成多國語言並將翻譯結果以字串呈現於欄位內。

執行結果

▲ 繁體中文翻譯成英文、日文及德文並顯示

程式碼 FileName：Translator02.ipynb

```
1-01  !pip install gradio


2-01  import requests
2-02  import gradio as gr


3-01  # 設定 Azure 翻譯服務的金鑰與端點
3-02  subscription_key = "申請翻譯服務金鑰"
```

```
3-03 endpoint = "申請翻譯服務端點"
3-04
3-05 # 指定翻譯服務區域
3-06 location = "指定翻譯服務區域"

4-01 # 翻譯函式
4-02 def translate_text(text, from_lang="zh-Hant", to_langs=None):
4-03     if to_langs is None:
4-04         to_langs = ["en","ja","de"]# 語言代碼串列,可翻譯成英文、日文和德文
4-05
4-06     path = '/translate'
4-07     url = f"{endpoint}{path}"
4-08
4-09     # 設定請求參數
4-10     params = {
4-11         'api-version': '3.0',
4-12         'from': from_lang,
4-13         'to': to_langs
4-14     }
4-15
4-16     # 設定請求標頭
4-17     headers = {
4-18         'Ocp-Apim-Subscription-Key': subscription_key,
4-19         'Ocp-Apim-Subscription-Region': location,
4-20         'Content-type': 'application/json'
4-21     }
4-22
4-23     # 請求正文
4-24     body = [{'text': text}]
4-25
4-26     # 發送請求
4-27     response = requests.post(url, params=params, headers=headers,
            json=body)
4-28     response.raise_for_status()
4-29
4-30     # 解析傳回的翻譯結果
4-31     translations = response.json()
4-32     results = {lang: None for lang in to_langs}
```

```
4-33        for translation in translations[0]['translations']:
4-34            results[translation['to']] = translation['text']
4-35
4-36        return results

5-01 # Gradio 翻譯函式
5-02 def gradio_translate(text):
5-03     translations = translate_text(text)
5-04     return translations["en"], translations["ja"], translations["de"]

6-01 # 使用 Gradio 建立介面
6-02 interface = gr.Interface(
6-03     fn=gradio_translate,
6-04     allow_flagging="never",
6-05     inputs=gr.Textbox(label="輸入繁體中文",
                placeholder="請輸入要翻譯的文字..."),
6-06     outputs=[
6-07         gr.Textbox(label="翻譯結果（英文）"),
6-08         gr.Textbox(label="翻譯結果（日文）"),
6-09         gr.Textbox(label="翻譯結果（德文）")
6-10     ],
6-11     title="Azure 翻譯服務 - 繁體中文到多語言",
6-12     description="使用 Azure 翻譯服務將繁體中文一次翻譯成英文、日文和德文。",
6-13     examples=[
6-14         "你好，歡迎使用 Azure 翻譯服務。",
6-15         "我今天很高興。",
6-16         "請問你怎麼了？"
6-17     ]
6-18 )

7-01 # 啟動 Gradio
7-02 interface.launch(share=True)
```

說明

1. 第 4-02~4-36 行：翻譯函式。

2. 第 5-02~5-04 行：gradio 之處理函式。可翻譯英文、日文和德文。

3. 第 6-02~6-18 行：建立 gradio 互動網頁。

4. 第 7-02 行：執行 gradio 互動網頁。

11.6 語音合成開發實作

11.6.1 語音合成開發步驟

語音服務中的語音合成即是文字轉成語音的功能，可將文字輸入轉換成語音，再透過電腦喇叭直接播放或儲存成音訊檔案。其中文字轉語音功能涵蓋超過 400 種以上不同的聲音選擇，支援超過 140 種語言和語音變體。例如可指定播放英文、日文、法文、德文或繁體中文...等語音。至於可支援文字轉換語音的語音名稱(聲音選擇)，請參閱如下網站：
https://learn.microsoft.com/zh-tw/azure/ai-services/speech-service/language-support?tabs=tts

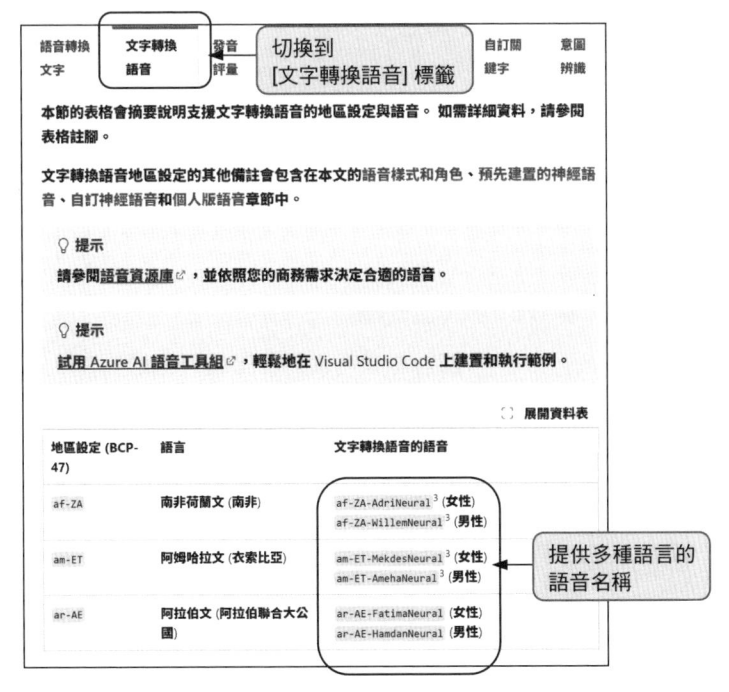

11.6.2 語音合成範例實作

📥 **範例**：Translator03.ipynb

延續 Translator02 範例,可選擇將中文翻譯成中文、英文、日文、德文、法文或西班牙語文,並進行文字轉換為 MP3 語音檔,再交由 Gradio 朗讀播放。

執行結果

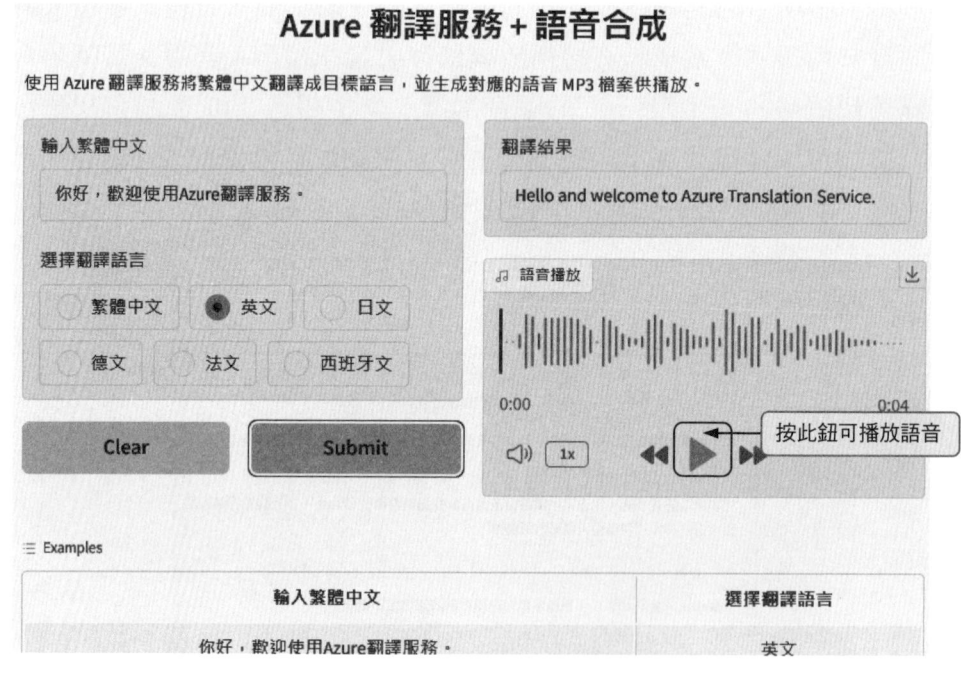

▲ 翻譯結果可使用語音進行播放

操作步驟

Step 01 連上 Azure 雲端平台取得 Speech 語音服務的金鑰 (Key)、端點 (EndPoint) 與服務區域:

CH11 探索自然語言處理(三)語音與翻譯

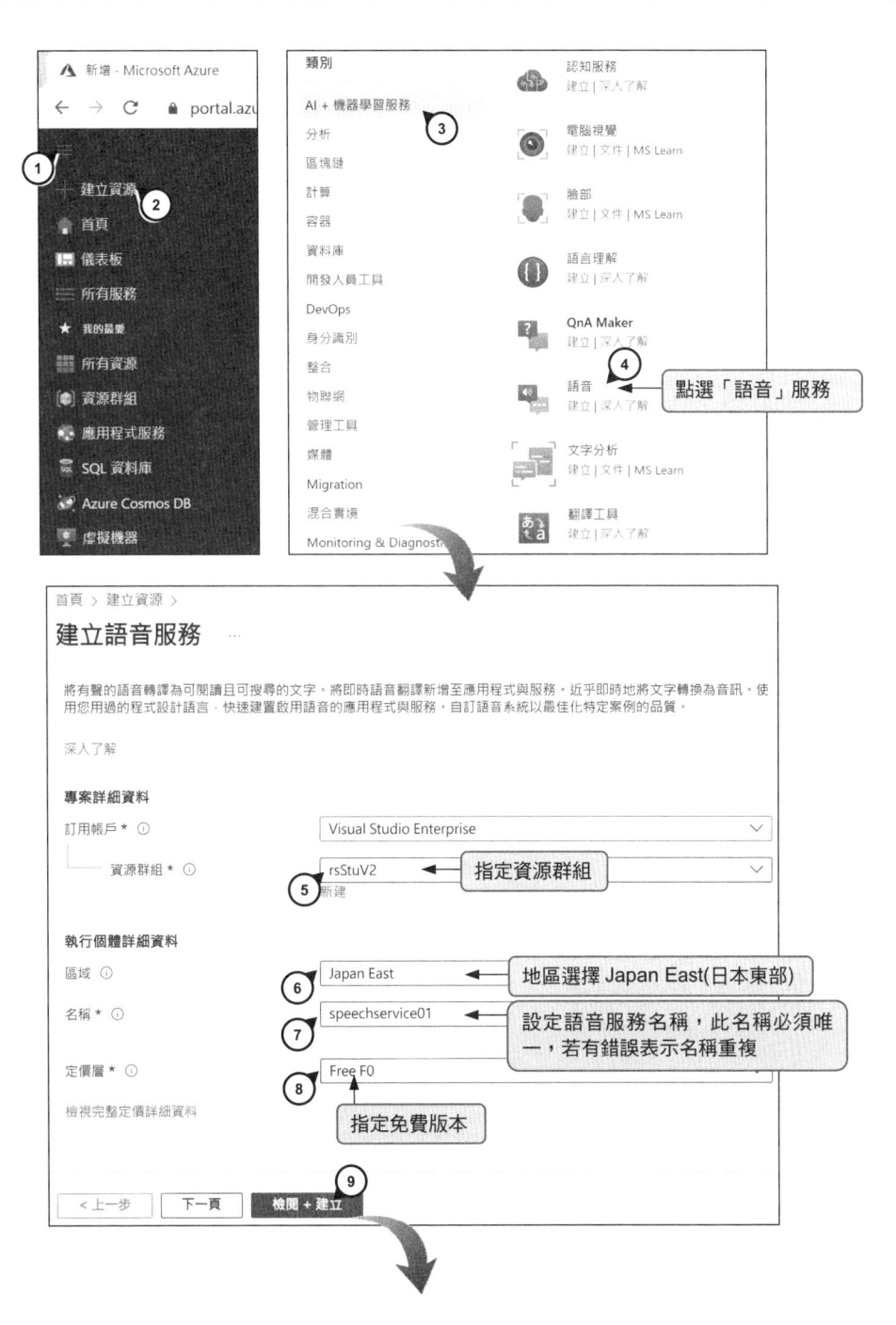

①
② 建立資源
③ 點選「語音」服務

建立語音服務

將有聲的語音轉譯為可閱讀且可搜尋的文字。將即時語音翻譯新增至應用程式與服務。近乎即時地將文字轉換為音訊。使用您用過的程式設計語言,快速建置啟用語音的應用程式與服務。自訂語音系統以最佳化特定案例的品質。

深入了解

專案詳細資料

訂用帳戶 * ① Visual Studio Enterprise

資源群組 * ① rsStuV2 ← 指定資源群組
⑤ 新建

執行個體詳細資料

區域 ① ⑥ Japan East ← 地區選擇 Japan East(日本東部)

名稱 * ① ⑦ speechservice01 ← 設定語音服務名稱,此名稱必須唯一,若有錯誤表示名稱重複

定價層 * ① ⑧ Free F0
檢視完整定價詳細資料 指定免費版本

< 上一步 | 下一頁 | ⑨ 檢閱 + 建立

11-21

Microsoft Azure AI Services 與 Azure OpenAI

建立語音服務

Basics　網路　Identity　Tags　**檢閱 + 建立**

下載自動化的範本

條款

按一下 [建立]，即表示我 (a) 同意上述 Marketplace 供應項目的相關法律條款及隱私權聲明；(b) 授權 Microsoft 向我目前的付款方式收取供應項目的相關費用，帳單週期與我的 Azure 訂用帳戶相同；並 (c) 同意 Microsoft 將我的連絡資料、使用方式及交易資訊提供給供應項目的提供者，以用於支援、帳單及其他交易活動。Microsoft 不提供第三方供應項目的權利。如需其他詳細資料，請參閱 Azure Marketplace 條款。

Basics

訂用帳戶	Visual Studio Enterprise
資源群組	rsStuV2
區域	Japan East
名稱	speechservice01
定價層	Free F0

〈 上一步　　下一頁　　**建立** ⑩

Microsoft Azure　搜尋資源、服務及文件 (G+/)　Copilot

首頁 >

Microsoft.CognitiveServicesSpeechServices-20241206024537 | 概觀
部署

🗑 刪除　⊘ 取消　⇪ 重新部署　↓ 下載　↻ 重新整理

- 概觀
- 輸入
- 輸出
- 範本

✅ **您的部署已完成**

部署名稱：Microsoft.CognitiveServicesSpeechS...　　開始時間　：2024/12/6 上午2:49:05
訂用帳戶：Visual Studio Enterprise　　　　　　相互關聯識別碼：1c31c8a7-4ba2-41f3-b30...
資源群組：rsStuV2

> 部署詳細資料

∨ 後續步驟

前往資源 ⑪

服務建立完成會出現 **前往資源** 鈕，按下此鈕會直接跳到該服務設定畫面。

Microsoft Azure　搜尋資源、服務及文件 (G+/)

Azure 服務 ⑫　　　　　⑬　也可以透搜尋欄位查詢建立的服務

➕ 建立資源　　☁ 認知服務　　▦ 所有資源　　🗄 SQL 資料庫　　🌐 應用程式服務　　📦 資源群組　　🔑 訂用帳戶

11-22

CH11 探索自然語言處理(三)語音與翻譯

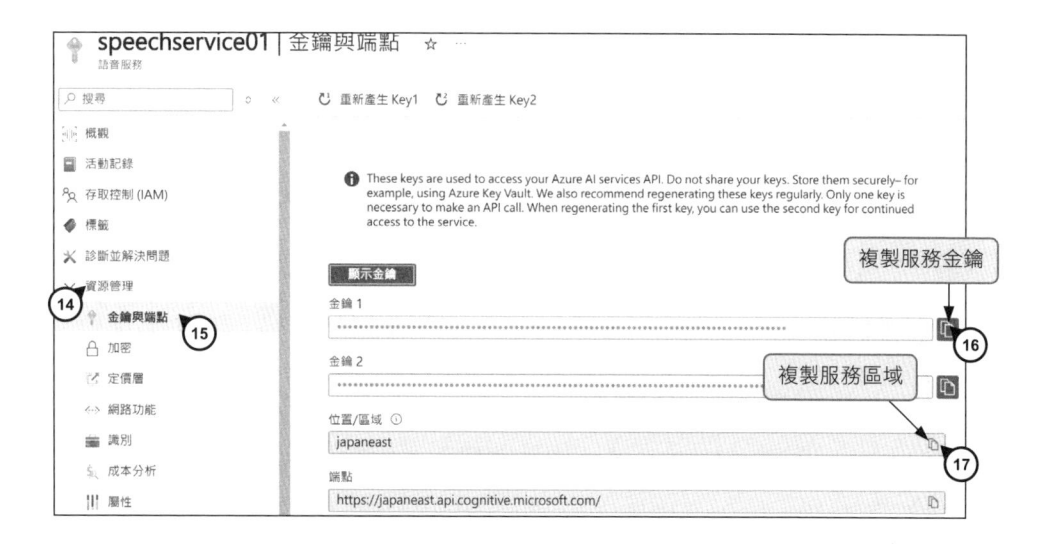

上圖的語音服務提供兩組金鑰、一個端點以及服務區域。請使用
🗐 鈕將其中一組服務金鑰與服務區域複製到文字檔內,金鑰與服務區域撰寫程式需要使用。

Step 02 撰寫程式碼:

程式碼 FileName:Translator03.ipynb

```
1-01 !pip install gradio
1-02 !pip install azure-cognitiveservices-speech   #安裝語音套件

2-01 import requests
2-02 import gradio as gr
2-03 import azure.cognitiveservices.speech as speechsdk   #匯入語音套件

3-01 # 設定 Azure 翻譯服務的金鑰與端點
3-02 subscription_key = "申請翻譯服務金鑰"
3-03 endpoint = "申請翻譯服務端點"
3-04
3-05 # 指定翻譯服務區域
3-06 location = "指定翻譯服務區域"
3-07
3-08 # 設定 Azure 語音服務的金鑰與區域
3-09 speech_key = "申請語音服務金鑰"
```

```
3-10 speech_region = "申請語音服務區域"
4-01 # 翻譯函式
4-02 def translate_text(text, from_lang="zh-Hant", to_lang="en"):
4-03     path = '/translate'
4-04     url = f"{endpoint}{path}"
4-05
4-06     # 設定請求參數
4-07     params = {
4-08         'api-version': '3.0',
4-09         'from': from_lang,
4-10         'to': to_lang
4-11     }
4-12
4-13     # 設定請求標頭
4-14     headers = {
4-15         'Ocp-Apim-Subscription-Key': subscription_key,
4-16         'Ocp-Apim-Subscription-Region': location,
4-17         'Content-type': 'application/json'
4-18     }
4-19
4-20     # 請求正文
4-21     body = [{'text': text}]
4-22
4-23     # 發送請求
4-24     response = requests.post(url, params=params, headers=headers,
             json=body)
4-25     response.raise_for_status()
4-26
4-27     # 解析傳回的翻譯結果
4-28     translations = response.json()
4-29     translated_text = translations[0]['translations'][0]['text']
4-30     return translated_text

5-01 # 語音合成函式
5-02 def synthesize_speech_to_mp3(text, language_code,
         output_path="output.mp3"):
5-03     speech_config = speechsdk.SpeechConfig(subscription=speech_key,
             region=speech_region)
```

```
5-04     speech_config.speech_synthesis_voice_name = language_code
5-05
5-06     audio_config = speechsdk.audio.AudioOutputConfig(
             filename=output_path)
5-07     synthesizer = speechsdk.SpeechSynthesizer(
             speech_config=speech_config, audio_config=audio_config)
5-08
5-09     result = synthesizer.speak_text_async(text).get()
5-10
5-11     if result.reason ==
speechsdk.ResultReason.SynthesizingAudioCompleted:
5-12         return output_path  # 傳回生成的 MP3 檔案路徑
5-13     elif result.reason == speechsdk.ResultReason.Canceled:
5-14         cancellation_details = result.cancellation_details
5-15         raise Exception(f"語音合成失敗: {cancellation_details.reason}")

6-01 # 語言代碼映射
6-02 language_map = {
6-03     "繁體中文": ("zh-TW", "zh-TW-HsiaoChenNeural"),
6-04     "英文": ("en", "en-US-AvaMultilingualNeural"),
6-05     "日文": ("ja", "ja-JP-NanamiNeural"),
6-06     "德文": ("de", "de-DE-KatjaNeural"),
6-07     "法文": ("fr", "fr-FR-DeniseNeural"),
6-08     "西班牙文": ("es", "es-ES-ElviraNeural")
6-09 }

7-01 # Gradio 翻譯與語音合成函式
7-02 def gradio_translate_and_speak(text, target_language):
7-03     # 翻譯
7-04     to_lang, voice_code = language_map[target_language]
7-05     translated_text = translate_text(text, to_lang=to_lang)
7-06
7-07     # 語音合成
7-08     audio_path = synthesize_speech_to_mp3(translated_text, voice_code)
7-09
7-10     return translated_text, audio_path

8-01 # 使用 Gradio 建立介面
```

```
8-02   interface = gr.Interface(
8-03       fn=gradio_translate_and_speak,
8-04       allow_flagging="never",
8-05       inputs=[
8-06           gr.Textbox(label="輸入繁體中文",
                   placeholder="請輸入要翻譯的文字..."),
8-07           gr.Radio(["繁體中文", "英文", "日文", "德文", "法文", "西班牙文"],
                   label="選擇翻譯語言")
8-08       ],
8-09       outputs=[
8-10           gr.Textbox(label="翻譯結果"),
8-11           gr.Audio(label="語音播放")    # 使用 Audio 元件播放生成的 MP3 檔案
8-12       ],
8-13       title="Azure 翻譯服務 + 語音合成",
8-14       description="使用 Azure 翻譯服務將繁體中文翻譯成目標語言，並生成對應的語音 MP3 檔案供播放。",
8-15       examples=[
8-16           ["你好，歡迎使用Azure 翻譯服務。", "英文"],
8-17           ["我今天很高興。", "日文"],
8-18           ["請問你怎麼了？", "德文"]
8-19       ]
8-20   )

9-01   # 啟動 Gradio
9-02   interface.launch(share=True)
```

說明

1. 第 1-02 行：安裝語音套件。

2. 第 2-03 行：引用語音套件。

3. 第 6-02～6-09 行：關於 SpeechSynthesisVoiceName 屬性支援文字轉換語音的語音名稱，請參閱「https://learn.microsoft.com/zh-tw/azure/ai-services/speech-service/language-support?tabs=tts」網站說明。

11.7 模擬試題

題目(一)

您正在開發一項應用程式,其必須接受來自麥克風的日文輸入,並立即產生德文的即時文字翻譯。您該使用哪種服務?

① 語音服務　② 語言服務　③ Translator

題目(二)

您想要使用語音服務來建置一個會大聲讀出災害警報的應用程式,您應該使用哪個 API?

① 文字轉換語音　② 語音轉換文字　③ 翻譯

題目(三)

在研討會時,您的發言會被轉譯成供全體來賓觀看的字幕。這是使用 Azure 語音服務的哪一個項目?

① 語音合成　② 情感分析　③ 內容仲裁　④ 語音辨識

題目(四)

下列哪種情況不是語音識別的服務範圍?

① 為 SNG 現場直播新聞上字幕。

② 能朗讀簡訊的手機 APP。

③ 把上課內容作成筆記。

題目(五)

下列敘述哪一個是錯誤的?

① 您可以使用文字分析服務,將通話記錄中提取關鍵實體。

② 您可以使用文字翻譯服務,將通話語音轉為文字。
③ 您可以使用文字翻譯服務,進行不同語言之間的文本翻譯。

題目(六)

在使用文字轉語音時,要呈現最類似人類的語音,應該使用哪種語音? ① 標準語速　② 較長停頓　③ 標準語音　④ 中性語音

題目(七)

您在聽演講時,看到演說內容被轉譯成供大眾觀看的字幕,這是使用哪種服務? ① 情感分析　② 語音合成　③ 語音辨識　④ 翻譯

題目(八)

您為了服務視力不佳的遊客,設置可大聲導覽的應用程式,您應該使用哪一種服務?
① 語音　② 翻譯　③ 文字分析　④ 語言理解

題目(九)

您協助整理黑白默片,這些影片都有一份腳本,您需要根據腳本為影片產生旁白音訊檔案,您應該使用哪一種服務?
① 語音辨識　② 語音合成　③ 語言理解　④ 語言建模

題目(十)

假若要將「文件轉為指定目標語言的文本」,應使用 Microsoft Azure 的哪一種服務來完成?
① 語音辨識　② 翻譯　③ 關鍵片語擷取　④ 語言建模

Azure 機器學習基本原理

CHAPTER 12

12.1 機器學習簡介

1980 年代後關於人工智慧的研究越來越多元化，例如：統計、機率、逼近 … 等領域。而且因為電腦硬體的成本下降、能力增強、速度加快，使得人工智慧飛快發展。發展至今「機器學習」(Machine Learning，ML) 可以從大量歷史資料中自行學習出規律，就是人工智慧技術的一個重要分支。日常生活中小孩在師長的指導和糾正下，從狗、貓、狼 … 多種動物中學會了辨識出狗。機器學習就是讓電腦能夠從大量狗的圖片中，自行歸納出狗的特徵 (features)，例如：屬於動物、有四條腿、體型、有尾巴、吠叫 … 等，根據這些特徵來學會辨識狗的技能。

近年來疫情流行、國際局勢劇變，造成社會生活形態急遽變化，企業若能引進機器學習技術，將會使資料蒐集和處理更加便利，預測的結果能更快速應用在商業決策上。因為機器學習能快速處理大量資料，為企業提出決策建議、優化製造流程或是預測市場變化，可以提高企業的競爭優勢。採用機器學習的優點如下：

1. **解讀資料提供決策**：機器學習可以識別資料中的模式和架構，協助了解資料所代表的意義，並預測資料的趨勢提供給決策參考。
2. **改善資料的完整性**：機器學習適合用來進行資料的挖掘，而且能隨著時間不斷改善能力。
3. **提供使用者多元體驗**：影像辨識、聊天機器人、語音虛擬助理…等機器學習的運用，可使用文字、圖片、語音等多媒介為使用者提供多面向的服務。
4. **降低風險發生**：機器學習會不斷地監視環境的改變，識別出新的模式。例如詐騙手法不斷改變，機器學習除了注意現有手法的發生外，也能識別新的詐騙模式並在發生之前提出警告。
5. **預測使用者行為**：機器學習能收集使用者的相關資料，來協助識別出其模式與行為。例如機器學習運用在購物網站，可以分析使用者購買和瀏覽的資料，來顯示建議的產品以提供給使用者最好的購物體驗。
6. **降低成本**：機器學習開發過程大都已經自動化，可以節省人力、時間和資源。

機器學習的應用範圍非常廣泛，包括商業、教育、科技研發、工業生產、農業…等，而且還不斷地發現其可能性，主要的用途如下：

1. **預測數值**：「迴歸」演算法在識別原因和變數效果方面相當實用，會利用資料值建立出模型，而模型常用來預測。迴歸研究能協助預測未來，可協助推測產品需求、預測銷售狀況或預估行銷活動結果。
2. **識別不尋常事件**：「異常偵測」演算法可準確指出預期標準外的資料，通常會用來找出潛在風險。如：設備故障、結構缺陷、文字錯誤和詐騙…等，均是機器學習能用來解決問題的範例。
3. **尋找結構**：「叢集」演算法通常是機器學習的第一步，會在資料集中發現出基礎結構。叢集演算法常用於市場區隔，能將常見項目分類，來提供可協助選取價格和推測客戶偏好的見解。

4. **預測類別**：「分類」演算法能協助判斷資訊的正確類別。分類和叢集化相似，但相異之處在於分類演算法應用於「監督式」學習，資料集中會指派預先定義的標籤，此動作稱為標記。而叢集演算法是屬於「非監督式」學習，資料集中不用預先指派標籤。

有關迴歸演算法、異常偵測演算法、叢集演算法、分類演算法及監督式學習、非監督式學習的詳細內容，在本章後面的章節會有進一步介紹。

12.2 機器學習的工作流程

開發機器學習專案是需要對模型反覆定型訓練、測試和修正，會耗費許多人力、時間和資源。所以須先了解要處理的問題是否適合使用機器學習？是否有其他的解決方案？下圖是一般操作機器學習的工作流程：

定義問題 → 資料收集 → 資料準備 → 選擇模型 → 定型模型 → 評估模型 → 參數調整 → 部署模型

▲ 機器學習的流程

一. 定義問題

要先對問題有充分的了解，並且將解決方案轉化成可以量化的目標。例如：要解決「減少公司營業成本」問題，如果轉化成「預測下個月的最佳進貨量」，就是將抽象的問題量化成具體的目標。又例如：「在網站推薦使用者有興趣商品，以增加公司營收」問題，可以轉化成「預測使用者是否會購買某項商品」、「搜尋出使用者瀏覽過的類似商品」或「評估使用者對某項商品的喜好程度」…等具體目標。

二. 資料收集

　　資料是機器學習的最重要依據,所以收集大量而且相關的資料是重要的工作,資料收集又稱為資料擷取。根據統計資料收集和準備這兩個步驟,占機器學習流程約 80% 的時間。資料收集除靠人力收集外,也可以從政府公開資訊中搜尋。另外,可以透過爬蟲程式由網路中抓取資料。例如要開發預測股價的機器學習專案,就要廣泛擷取技術指標、財務指標、籌碼指標 … 等股票市場的資料。資料的集合稱為資料集 (dataset,或稱數據集),應該確保資料中的變數值具有相似規模。若有多個來源資料時,則要進行資料的合併。

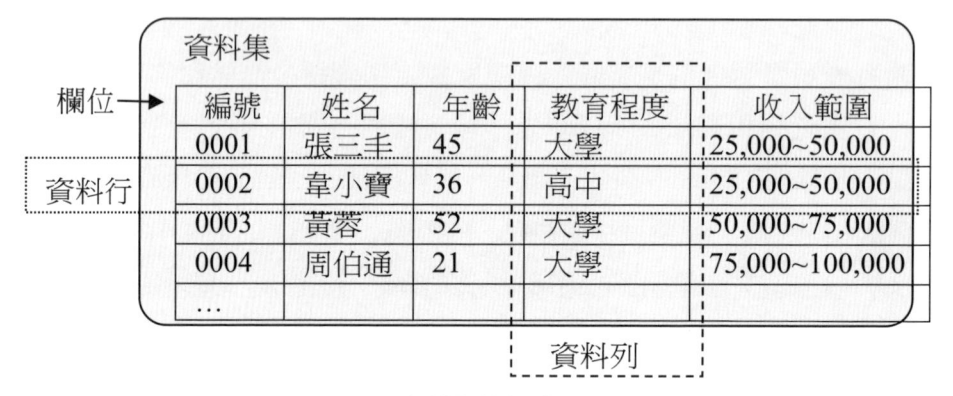

資料集				
編號	姓名	年齡	教育程度	收入範圍
0001	張三丰	45	大學	25,000~50,000
0002	韋小寶	36	高中	25,000~50,000
0003	黃蓉	52	大學	50,000~75,000
0004	周伯通	21	大學	75,000~100,000
…				

欄位 → (指向標題列)
資料行 (指向直欄)
資料列 (指向橫列)

▲ 資料集的構成成員

三. 資料準備

　　機器學習是從大量的資料中發掘出規律,所以正確的資料是成功的重要關鍵。資料準備階段主要有資料清理 (data clearing)、特徵工程 (feature engineering) 和資料分割 (data split) 三種主要工作。資料清理是做資料標準化、資料正規化、移除缺少值(遺失資料,或稱遺漏值)和無效值(不相關)等異常資料、離群值的處理、資料特徵值的縮放、移除不重要的欄位…等資料的處理,來確保不將錯誤和偏差的資料帶入模型。

資料經過清理後,就可以進行特徵工程。特徵工程是將原始資料經一連串處理使成為「特徵」,特徵是觀測對象中獨立而且可以測量的欄位(屬性),用來顯示模型處理的實際問題,並提高對於未知資料的準確性。例如有一段時間內的計程車相關行程訊息的資料集,包含車費、行程距離、行程 ID,定型 (train,或稱訓練) 模型來預測指定計程車的費資,應該使用「行程距離」作為特徵,因為計程車費資和距離相關。特徵工程其中包含特徵抽取 (feature extraction)、特徵選擇 (feature selection) … 等方法。

1. 「特徵抽取」是從定型資料中發掘出可用的特徵,例如:消費者的性別、年齡、消費金額等。再將這些特徵量化,例如性別可以轉成 0 或 1。經過特徵抽取後,可以將每位消費者轉成量化的多維度資料。

2. 特徵抽取後「特徵選擇」會根據機器學習模型的目標,分析那些特徵比較重要。例如若要搜出潛在的客戶,此時「消費金額」就比「學歷」重要。經過多次的測試,找出最佳的特徵組合以達成最好的學習效果。

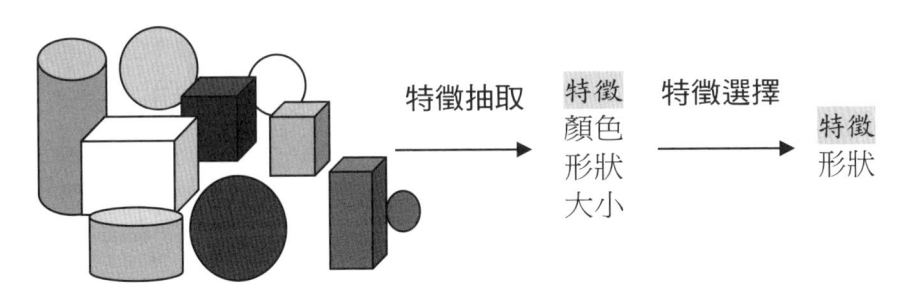

▲ 計算有多少個圓球物件的特徵工程,篩選出「形狀」特徵最能區分物件。

資料所集合成的資料集 (dataset,或稱數據集),要隨機分拆為定型資料 (training data,或稱訓練資料) 和驗證資料 (或稱測試資料、評估資料),通常是 70 ~ 80% 為定型資料、20 ~ 30% 是驗證資料。定型資料是供模型訓練用,而評估模型時要使用未用過的驗證資料。

【簡例】需要使用以下資料集 (數據集) 預測指定客戶的收入範圍,應該使用哪兩個欄位作為特徵?

名字	姓氏	年齡	教育程度	收入範圍
三豐	張	45	大學	25,000~50,000
小寶	韋	36	高中	25,000~50,000
蓉	黃	52	大學	50,000~75,000
伯通	周	21	大學	75,000~100,000
無忌	張	68	高中	50,000~75,000

💡 說明

1. 觀察「名字」和「姓氏」欄位值，發現和「收入範圍」沒有相關。
2. 觀察「年齡」和「教育程度」欄位值，發現和「收入範圍」有相關，所以這兩個欄位可以作為特徵。

四. 選擇模型

機器學習模型 (model) 的種類非常多，例如：分類、迴歸、叢集 …等。機器學習的最終目標是找到解決問題的最好方法，要依據問題類別、資料量、資料類型、運算效能 … 等現實情況進行衡量，選擇出性能合適的模型。

五. 定型模型

使用收集的定型資料，輸入機器學習模型進行定型。其實模型就像是函式 (函數)，輸入資料經過函數運算後，就會輸出計算結果。模型剛開始時可能輸出偏離預期的結果，經過一次次地修正，最後能夠輸出正確的預測，這些修正的過程就稱為定型。

六. 評估模型

當機器學習模型透過定型資料學習至能夠正確推測出結果後，就要使用未使用的驗證資料來評估模型，以了解模型的效能和準確率。如果評估後發現無法推測出正確結果時，就必須回頭重新定型模型。

七. 參數調整

根據機器學習模型的評估結果，可以調整模型演算法中的超參數 (hyperparameter)，來進一步提升模型的效能。但是也不能過度的調整，因為可能會造成擬合過度 (overfitting，或稱過擬合)，也就是過度學習的後果。

> **Tips** 機器學習模型演算法就是函數，函數中會含有很多的參數 (parameter)，其中關於定義模型屬性，或是定型過程的參數就稱為超參數。演算法的超參數必須要進行修改調整，來使模型預測結果能更加貼近真實。

八. 部署模型

當機器學習模型定型和評估到可以預測出一定準確率結果時，就可以正式部署以供使用。當將模型部署使用後，發現因為環境的變遷，例如：季節的變化、股票市場的起伏、國際局勢的改變 … 等，目前的資料已經和定型資料有所偏差。此時，就必須重新定型模型來適應這些變化。

【例1】 將日期分拆成月、日和年等欄位，是屬於機器學習流程的哪個步驟？ ① 模型評估　② 模型定型　③ 特徵工程　④ 模型部署

Q 説明

1. 將資料欄位值再分拆成更細的欄位，是屬於「資料準備」中的「特徵工程」的任務。

【例2】 「選擇溫度和壓力來定型天氣模型」，是屬於機器學習流程的哪個步驟？ ① 特徵工程　② 模型部署　③ 模型定型　④ 特徵選擇

Q 説明

1. 選擇適當的特徵來定型模型，是屬於「資料準備」中的「特徵選擇」的任務。

【例3】 您計劃使用資料集定型一個預測房價類別的模型,什麼是家庭收入和房價類別?

家庭收入	郵遞區號	房價類別
20,000	42055	低
23,000	52041	中
80,000	78960	高

1. 家庭收入:①特徵 ② 標籤

2. 房價類別:①特徵 ② 標籤

◎ 說明

1. 在預測房價類別的模型中,家庭收入是屬於特徵,是獨立而且可以測量的欄位,可以顯示模型要處理的實際問題,所以答案為 ①。

2. 房價類別則是資料的標籤,代表為該資料的答案 (目標值),答案為 ②。

【例4】 在定型影像分類模型之前先為影像指派類別,是屬於下列哪個動作? ①特徵工程 ②模型評估 ③超參數調整 ④標記

◎ 說明

1. 為定型資料集的影像指派類別,作為定型影像分類模型的標籤 (目標值),這個動作稱為標記,所以答案為 ④。

【例5】 影響模型預測的資料值稱為?
①識別碼 ②因變項 ③特徵值 ④標籤

◎ 說明

1. 定型資料集中的欄位稱為特徵,特徵值就是影響模型預測的資料值,所以答案為 ③。

【例 6】 請問產生額外的特徵，是屬於下列何種機器學習的流程？
　　　　①特徵工程　　②特徵選擇　　③模型評估　　④模型定型

🔍 說明

1. 產生額外的特徵是屬於特徵工程，例如將生日資料行分拆成年、月、日三個特徵，所以答案為 ①。

【例 7】 請問根據驗證資料計算模型效能，是屬於何種機器學習的流程？
　　　　①資料擷取與資料準備　　②特徵工程與特徵選取　　③模型評估

🔍 說明

1. 根據驗證資料計算模型效能，是屬於模型評估，所以答案為 ③。

【例 8】 移除包含遺失資料或不相關資料，是屬於何種機器學習的流程？
　　　　①資料擷取與資料準備　　②特徵工程與特徵選取　　③模型評估

🔍 說明

1. 移除遺失資料或不相關資料，是屬於特徵工程與特徵選取，所以答案為 ②。

【例 9】 合併多個來源資料，是屬於下列何種機器學習的流程？
　　　　①資料擷取與資料準備　　②特徵工程與特徵選取　　③模型評估

🔍 說明

1. 合併多個來源資料是屬於資料擷取與資料準備，所以答案為 ①。

【例 10】 確保定型資料中的數值變數具有相似規模，是屬於下列何種機器學習的流程？
　　　　①資料擷取　　②特徵工程　　③特徵選擇　　④模型定型

🔍 說明

1. 確保定型資料中的數值變數都具有相似規模，如此才能有效定型模型，此流程是屬於資料擷取，所以答案為 ①。

【例 11】定型模型時，為什麼要將資料集隨機拆分為不同子集？
   ① 使用未用於定型模型的數據來測試模型
   ② 對模型進行兩次定型以獲得更高的準確度
   ③ 同時定型多個模型以獲得更好的性能。

> 說明
>
> 1. 隨機拆分資料集為定型資料和驗證資料，驗證資料是為使用未用於定型模型的數據來測試模型，所以答案為 ①。

12.3 機器學習的模型

  機器學習模型是一種電腦演算法，可以使用資料來進行評估或決策。簡單來說可以將模型視為接受輸入資料然後產生輸出的函式。機器學習模型與傳統演算法的設計方式不同，傳統演算法需要改善時要使用人力進行編輯；而機器學習會運用資料讓指定工作得到更好的效能。例如使用機器學習的股價預測方案，會隨著股市資料的增加，機器學習模型可以累積更多經驗而提升預測能力。如果是採傳統演算法，則必須由工程師修改股價預測公式。模型是機器學習服務的核心元件，常用的機器學習模型大致分成「監督式學習」、「非監督式學習」、「半監督式學習」和「增強學習」四種類別。

12.3.1 監督式學習

  監督式學習 (supervised learning) 是給含有標籤 (label) 的許多資料，也就是附有答案的資料，透過機器學習模型計算來找出最佳解答。提供給機器學習的資料集欄位值稱為特徵值，而作為答案 (標籤) 的欄位值稱為目標值，為資料加上標籤的動作就稱為標記 (或稱預定義)。例如輸入 1000 張附有「貓」或「狗」標籤的照片，作為模型的定型資料後，再輸入新的沒有標籤照片，檢驗模型是否能正確識別出是貓還是狗。

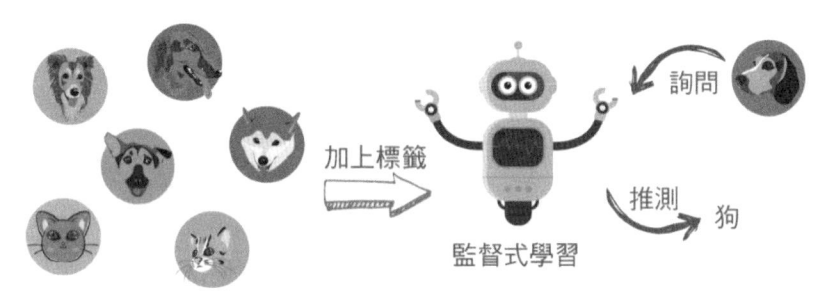

▲ 監督式學習過程示意圖

監督式學習主要分成分類 (classification) 和迴歸 (regression) 兩大類。分類的目標是找到資料所屬的種類，將資料分派到不同的群組，會忽略同一群組內資料間的些微差異。迴歸的目標則是找到資料的趨勢，將所有資料視為一個群組，分析資料的差異而找到整體的傾向。

例如某個小鎮有甲、乙兩個公園，抽樣調查各家戶常去的公園，並在地圖上標示出來。此時可以在地圖畫出一條直線，來大致區分出兩個群組，這就是分類的方法。利用這條直線就可以預測出，其它未調查的家戶可能常去的公園。

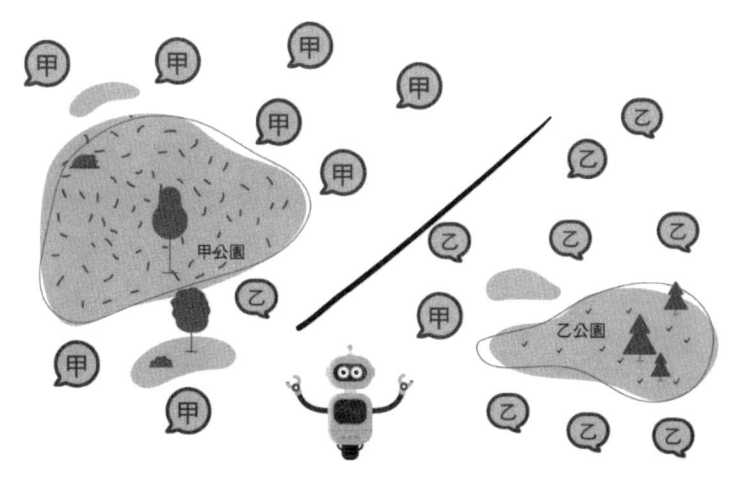

▲ 以分類方法預測家戶常去的公園

上例如果改用迴歸方式來處理，在調查時改詢問到甲公園的機率 (100 ~ 0%)，並在地圖上依距離和機率標示出來。此時也可以在地圖畫出一條直線，來表示家戶和甲公園距離與到公園機率的趨勢，這就是迴歸的方法。利用這條直線就可以根據距離預測出，其它未調查的家戶到甲公園的機率。

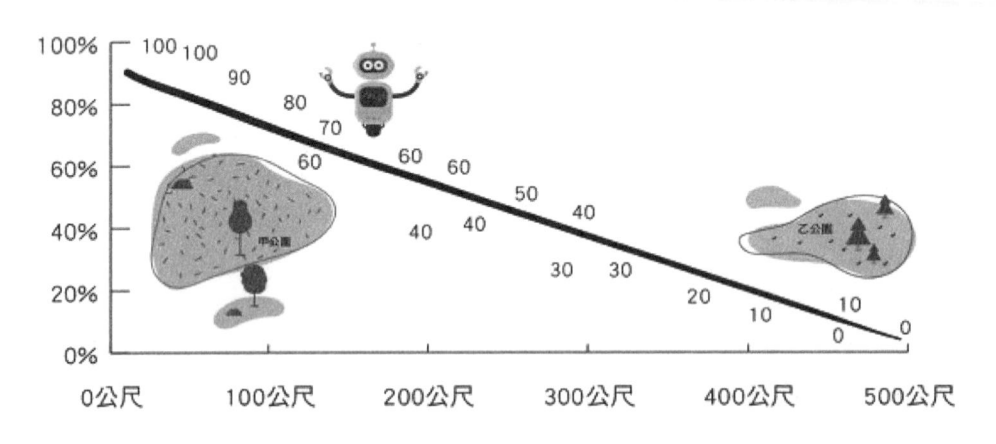

▲ 以迴歸方法預測家戶到甲公園的機率

12.3.2 非監督式學習

非監督式學習 (unsupervised learning) 的定型資料沒有標籤，讓機器學習模型自行摸索出資料規律，擷取出資料的特徵，達成解答未知資料的目標。非監督式學習最常見的方法就是叢集分析 (cluster analysis)，會根據特徵透過演算法計算資料間的相似程度，將資料樣本區分群組。

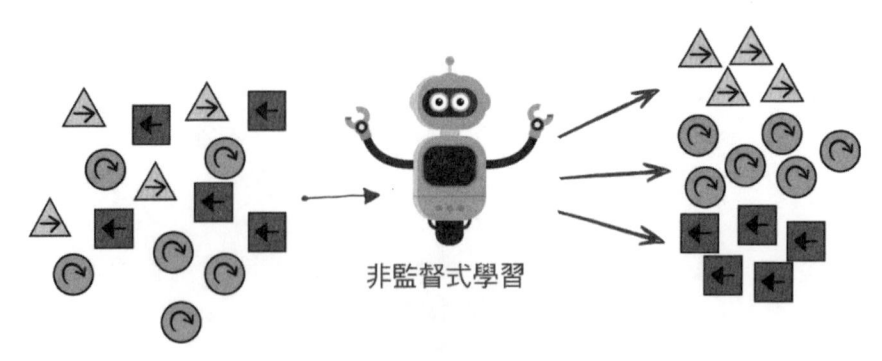

▲ 非監督式學習過程示意圖

12.3.3 半監督式學習

半監督式學習 (semi-supervised learning) 是介於監督式與非監督式之間的機器學習。因為現實中收集資料較簡單，但是完整標記的資料較少且耗費人力，所以開發出半監督式學習的技術。透過少量有標籤的資料找出特徵，就可以對其它大量無標籤的資料進行分類。這種方法可以減少標記資料的時間，又能讓預測結果比較精準。例如有 100 張照片，其中只有 10 張有加註「貓」或「狗」的標籤，半監督式機器學習模型可利用這 10 張照片的特徵去辨識及分類剩餘的照片。

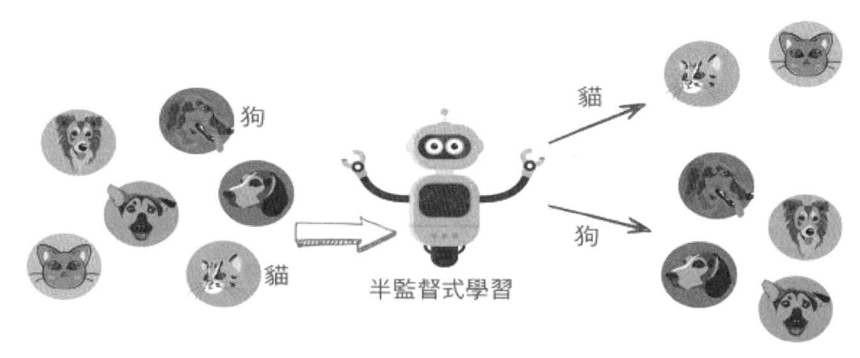

▲ 半監督式學習過程示意圖

12.3.4 增強學習

增強學習 (reinforcement learning) 是在指定環境中互動，模型會觀察環境而採取行動，並隨時根據回饋資料逐步修正，反覆嘗試錯誤來獲得最大利益。在過程中模型會進行一系列動作，隨著每個動作環境也會跟著變化。若環境的變化是接近目標就給予正報酬 (positive reward)；若遠離目標則給予負報酬 (negative reward)，增強學習模型的目標就是獲得最高的報酬。

例如模型開車時若保持在車道中就給正報酬，偏離跑道就給負報酬。雖然沒有給予標籤資料但根據報酬的多寡，增強學習模型會自行逐步修正最後得到正確的結果。如果問題是需要不斷做決策的情形，答案不能一次就解決時,增強學習模型就很適合,例如下棋時需要根據棋局變化不斷改變策略、或是開車隨時會遇到不同的路況。

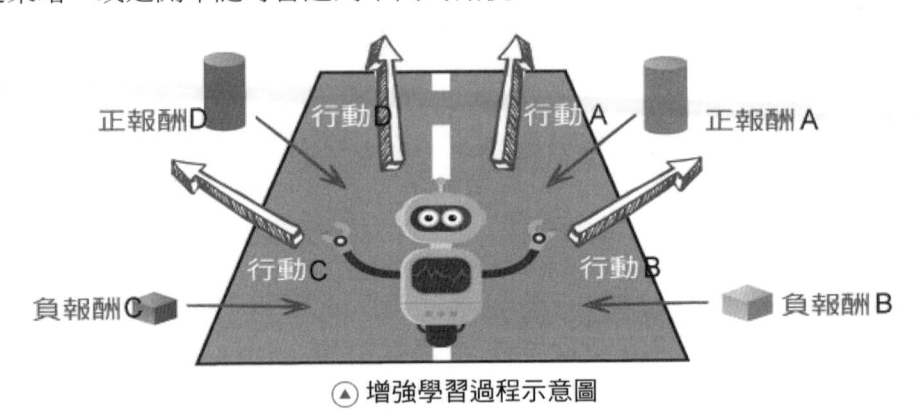

▲ 增強學習過程示意圖

12.4 分類模型

12.4.1 分類模型簡介

分類 (classification) 機器學習模型簡稱為分類模型,是屬於監督式學習。分類的目標是找到資料所屬的種類,將資料分派到不同的群組,會忽略同一群組內資料間的些微差異。分類模型經過演算法計算,會將資料指派給預設的分類。分類有時會被稱為「識別」,因為分類模型可以辨識資料,並將資料分門別類。例如:要識別「電子郵件是否屬於垃圾郵件?」、「客戶評論內容是屬於正面、負面或中性情感?」,都適合採用分類模型。

分類模型所預測的目標值會是個離散值,所謂離散值是指特定值,這些特定值都不相同,而且其間分別明確沒有中間值。離散值可能是數值或是分類,例如:「1」或「2」、「男性」或「女性」、「貓」或「狗」、「紅色」或「綠色」或「藍色」…等。另外,分類模型所預測的目標值沒有大小和順序的關係,例如「貓」或「狗」沒有大小的關係,就像是數值「1」或「2」因為是屬於分類,所以其中沒有 1.5、1.68 等中間值,也沒有

「2」大於「1」的關係。以銀行預測客戶申請購屋貸款為例，輸入客戶的年收入、年齡、不動產...等資料，如果要預測該客戶是否可以獲得貸款時應該採用分類模型；若是要能預測該客戶能貸款的金額則要採用迴歸模型。

【例1】 「預測學生是否能夠完成大學課程。」的方案，屬於下列何種機器學習的類型？ ①分類　②迴歸　③叢集

🔄 説明

1. 因為預測學生能否完成大學課程的目標值為「能完成」或「不能完成」，目標值是屬於離散值，所以是屬於監督式學習中分類機器學習模式，答案為①。

【例2】 某個醫學研究專案使用了一個較大的匿名腦掃描圖像數據集，這些圖像被劃分為預定義的腦出血類型。您需要使用機器學習提供支援：先為預定義的腦出血類型，再由人來複查圖像之前對圖像中不同類型的腦出血進行早期檢測。這是何種機器學習範例？
①分類　② 迴歸　③叢集

🔄 説明

1. 要先預定義(標記)圖像的腦出血類型，這是屬於監督式學習中分類機器學習模式，所以答案為①。

【例3】 使用上次消費日期、消費頻率、消費金額（RFM）值，來識別客戶群中的客層，為下列何者的範例？
①叢集　② 迴歸　③分類　④正規化

🔄 説明

1. 因為機器學習模式的目標，是識別客戶群中的客層，目標值是屬於離散值，所以是屬於監督式學習中分類機器學習模式，答案為③。

【例4】 「預測貸款是否將能夠償還銀行。」的方案，屬於下列何種機器學習的類型？①分類　② 迴歸　③叢集

> 說明
>
> 1. 因為預測客戶「可以」或「不可以」償還貸款，目標值是屬於離散值，所以是屬於監督式學習中分類機器學習模式，答案為 ①。

12.4.2 分類模型常用的演算法

一. 邏輯迴歸

邏輯迴歸 (logistic regression) 演算法目標是要找出一條能夠將所有資料清楚地分開的界線，預測值範圍 0～1 代表目標值為「是」或「否」的機率。邏輯迴歸演算法屬於監督式學習常用於分類模型，例如預測明天是晴天的機率、客戶購買產品的機率。邏輯迴歸是容易理解且執行速度快速的演算法，但是分類的準確度不高，容易產生擬合不足 (underfitting，或稱欠擬合) 的問題。

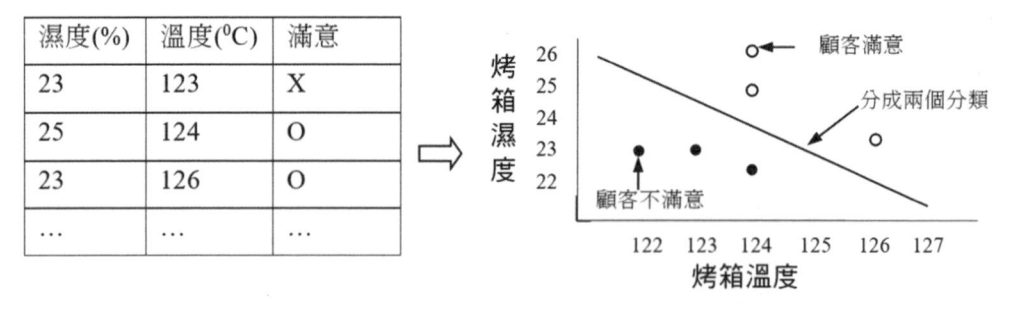

濕度(%)	溫度(^{o}C)	滿意
23	123	X
25	124	O
23	126	O
…	…	…

▲ 使用邏輯迴歸預測顧客滿意披薩的烤箱濕度和溫度過程示意圖

二. 支援向量機

支援向量機 (support vector machine，SVM) 演算法能夠畫出最能分隔資料的邊界 (可以為非線性)，屬於監督式學習可以進行分類、迴歸和偵測離群值。支援向量機演算法可以有效處理特徵量多的情況，而且即使資料數多也能節省記憶體。但是資料數多時會使用較多的運算時間，而且要注意擬合過度的產生。

三. 決策樹

決策樹 (decision tree) 是使用答案為「是」或「否」的條件，進行模型預測的演算法。決策樹演算法屬於監督式學習演算法，可以使用於分類和迴歸模型。決策樹演算法因為接近人類的思考方式，所以容易理解和解釋學習結果。資料不需要前處理，即使資料多也能快速預測結果，所以適合處理巨量資料。但是要注意資料條件的分歧常會發生擬合過度，而且特徵多時決策樹會很複雜。

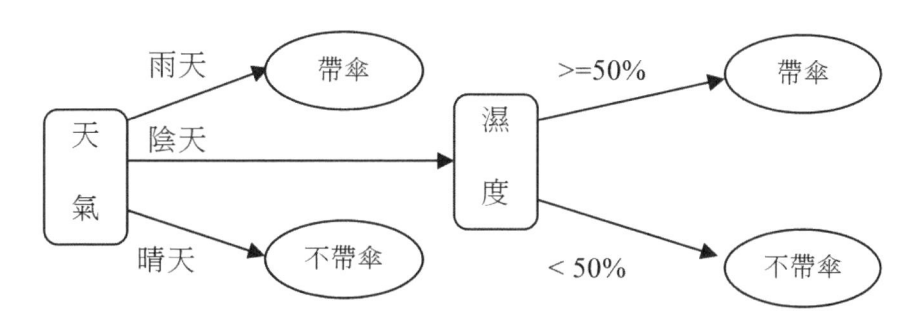

▲ 以決策樹預測出門是否帶傘過程的示意圖

四. 單純貝氏分類

單純貝氏分類 (naive Bayes classifier) 演算法可以根據相關事件的發生次數，來計算事件發生的機率。貝氏定理 (Bayes' theorem) 是一種機率的定理，描述在已知的一些條件下，某事件的發生機率。例如已經知道房價與房子坐落的區域有關，使用貝氏定理可以透過房子所屬的區域，更準確地預測出房價。單純貝氏分類器為貝氏定理的實際應用，模型中假設所有的特徵都是獨立的。經過貝氏定理的計算，可以得知在已知的資料下哪個目標的發生機率最大，據此去做分類。在資料量夠多的情況下，單純貝氏分類器是一個相當好用的模型，簡單且有效，又不容易產生擬合過度。但是當特徵數很多的時候，可能會造成運算值誤差。

五. K 近鄰

K 近鄰 (K-nearest neighbor，簡稱 KNN) 演算法是將資料轉成向量，然後以資料間的距離來換算出資料的近似度 (similarity)，根據近似度來做分類，是屬於監督式學習分類模型的演算法。預測資料時會先計算出該資料和其他資料間的距離，如果 K 值為 5 就取距離最近的 5 個資料，這 5 個資料所屬的分類的多數決，就是該資料的預測分類。K 值就是 K 近鄰演算法的超參數，需要調整參數值以取得最佳的預測結果。K 近鄰是個簡單易懂的演算法，因為資料型態不受限所以用途廣泛，特別在多種類別分類時更適用。但是每個資料之間的距離都要計算，所以計算量相當龐大。另外，若練習資料不平衡，當某一分類特多時，會容易產生預測錯誤的情況。

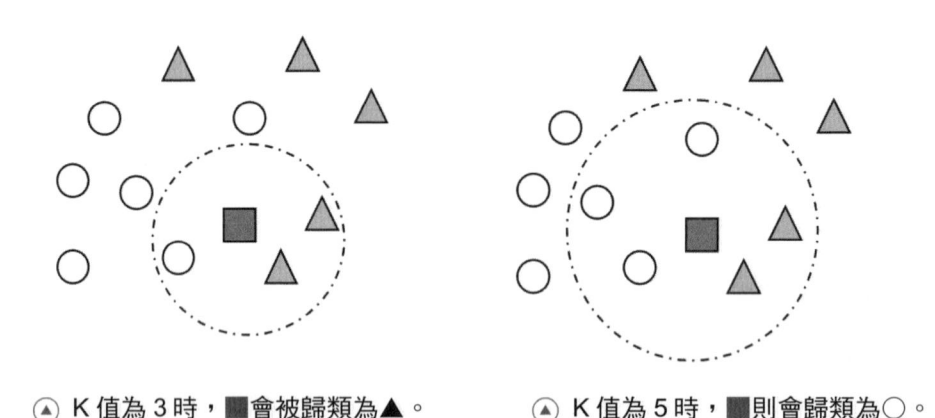

▲ K 值為 3 時，■會被歸類為▲。　　▲ K 值為 5 時，■則會歸類為○。

12.4.3 評估分類模型常用的指標

模型定型完成後，就要使用沒有附標籤的驗證資料 (也就是沒正確答案的資料) 來測試，以評估模型的效能。利用模型預測結果和真實值間的預測誤差，就能評估模型效能的優劣。評估模型所產生的預測誤差，通常採用混淆矩陣 (confusion matrix) 來表示。例如分類「真」、「假」兩個標籤，模型預測值和真實值會有四種組合 (2 x 2)，將評估結果的統計次數填入混淆矩陣表示如下：

預測值＼真實值	「真」	「假」	T：預測正確(True)
			F：預測錯誤(False)
「真」	TP(真陽性)	FP(假陽性)	P：陽性(Positive)
「假」	FN(假陰性)	TN(真陰性)	N：陰性(Nagative)

混淆矩陣中 TP 的值，代表模型預設值為「真」且真實值也為「真」的次數，其餘各值的意義可以類推。其中 TP 和 TN 代表模型預測正確的次數，而 FP (又稱第一型錯誤，type I error) 和 FN (又稱第二型錯誤，type II error) 代表模型預測錯誤的次數。雖然 TP 和 TN 的值越大表示「真」分類被識別的比率越高，但是 FP 和 FN 值也很重要，因為錯誤也要盡量避免。例如指紋門鎖的辨識，寧可發生 FN 錯誤被拒絕在門外；也不願發生 FP 錯誤而為小偷開門。又例如產品推薦系統要預測潛在客戶，此時反而容許 FP 錯誤而不願 FN 錯誤發生，因為寧願無效推薦也不要放過潛在客戶。要評估分類模型的效能，可用準確率、召回率、精確率、F 值和曲線下面積等評估指標。

一. 準確率

準確率 (accuracy) 是全體資料數中預測結果正確的比率。如果正向的例子很少時，準確率就不適用，例如偵測信用卡盜刷，一個月的刷卡紀錄中真正盜刷的資料筆數相當少。準確率公式為：

TP + TN / (TP + FP + FN + TN)

二. 精確率

精確率 (precision，又稱為真陽率) 是針對預測值為「真」的資料，正確辨識出來的比率。例如開發指紋門鎖系統時，比較在意預測值為「真」(會開門) 的正確率，所以希望精確率要高，而召回率就比較不重要。精確率公式為：

TP / (TP + FP)

三. 召回率

召回率 (recall) 是針對真實值為「真」的資料,能被正確辨識出來的比率。例如開發產品推薦系統時,比較在意實際值為「真」(潛在客戶) 的正確率,所以召回率很重要,而精確率就顯得沒這麼重要。召回率公式為:

TP / (TP + FN)

四. F 值

如果重視預測值為「真」就採用精確率,重視真實值為「真」就採用召回率評估模型。如果要同時重視精確率和召回率,就要使用 F 值 (f-score) 來評估模型。F 值公式為:

(α^2+1) x 2 x 精確率 x 召回率 / α^2 x (精確率 + 召回率)

F 值公式中 α 參數值若為 1,就是常用的 F1 值,公式為:

2 x 精確率 x 召回率 / (精確率 + 召回率)。

五. 曲線下面積

曲線下面積 (AUC,area under the curve) 為 ROC (接收器操作特性,receiver operating characteristic) 曲線下的面積,指標值一般介於 0.5 和 1 之間,指標值越大的模型正確率也就越高。ROC 曲線是以假陽率 (FP / (TN + FP)) 為 X 座標、真陽率為 Y 座標,是一種綜合指標曲線。

【例 1】根據下列混淆矩陣的資料,分別使用準確率、召回率、精確率和 F1 值指標,評估「辨識貓咪」分類模型的效能。

預測值 \ 真實值	「貓」	「非貓」
「貓」	30	5
「非貓」	15	50

說明

1. 準確率公式為 TP + TN / (TP + FP + FN + TN)，數值帶入公式 30 + 50 / (30 + 5 + 15 + 50)，準確率為 80%。
2. 精確率公式為 TP / (TP + FP)，數值帶入公式 30 / (30 + 5)，精確率為 85.7%。
3. 召回率公式為 TP / (TP + FN)，數值帶入公式 30 / (30 + 15)，召回率為 66.7%。
4. F1 值 公式為 2 x 精確率 x 召回率 / (精確率 + 召回率)，數值帶入公式 2 x 0.857 x 0.667 / (0.857 + 0.667)，F 值為 75%。

【例2】 檢查混淆矩陣的值，是屬於機器學習流程的哪個步驟？
①特徵工程　②模型部署　③模型定型　④模型評估

說明

1. 檢查混淆矩陣的值可以評估分類機器學習模式的效能，所以答案為 ④。

【例3】 您可以使用哪個指標來評估分類模型？　①決定係數（R2）
②均方根誤差（RMSE）　③真陽率　④平均絕對誤差（MAE）

說明

1. 要評估分類模型可以使用真陽率(又稱召回率)，所以答案為 ③。
2. 其他選項 R2 (確定係數)、RMSE (均方根誤差)、MAE (平均絕對誤差)，都是屬於迴歸模型的評估指標。

【例4】 您正在開發一個使用分類來預測事件的模型。您有一個對測試數據評分模型的混淆矩陣，如下所示：

預測值 \ 真實值	1	0
1	11	5
0	1033	13951

請根據上圖中提供的資訊,完成每個表述語句的答案選項:

A. 請問正確預測陽性的個數為何?①5　②1033　③13951　④11
B. 請問假陰性的個數為何?①5　②1033　③13951　④11

說明

1. 正確預測陽性是指預測值為 1 且真實值也為 1,所以答案是 ④11。
2. 假陰性是指預測值為 0 但是真實值為 1,所以答案是 ②1033。

12.5 迴歸模型

12.5.1 迴歸模型簡介

迴歸 (regression) 機器學習模型,簡稱為迴歸模型是屬於監督式學習,迴歸的目標是找到資料的趨勢。迴歸模型會將所有資料當作一個群組,分析資料間的差異來找到整體的傾向。迴歸模型所預測的目標值會是個連續值,所謂連續值是指一段連續範圍內的任意數值,例如:身高、體重、年齡、時間、金額⋯等,都是屬於連續值。

12.5.2 迴歸模型常用的演算法

一. 線性迴歸演算法

線性迴歸 (linear regression) 演算法藉由一條直線來趨近資料,可以顯示或預測自變數和因變數之間的關聯性。如果是處理兩個以上的自變數,一個由這些變數所產成的因變數,就是多變量線性迴歸。線性迴歸演算法屬於監督式學習演算法,是最熱門的迴歸分析類型之一。線性迴歸演算法易於理解,建立模型的速度很快,但是遇到複雜數據時就不合適。

二. 多項式迴歸演算法

多項式迴歸 (polynomial regression) 演算法藉由一條連續的曲線來趨近資料，可以顯示或預測自變數和因變數之間的關聯性。他是以曲線來逼近資料，對於比較的複雜數據可以有較好的預測效能，是常用的迴歸分析演算法。

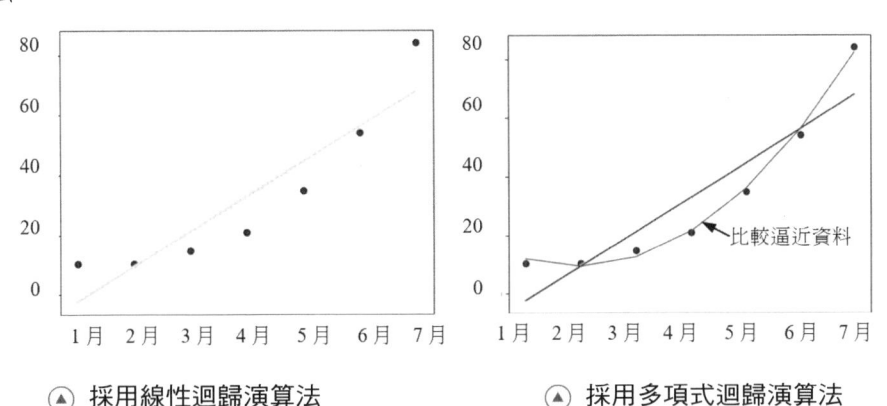

▲ 採用線性迴歸演算法　　　　　▲ 採用多項式迴歸演算法

【例1】根據收到的訂單數預測送貨員的加班小時數，是以下何種模型的範例？ ①分類　②迴歸　③叢集

🔍 說明

1. 根據收到的訂單數來預測送貨員的加班小時數，是在預測資料的趨勢，而且其預測值加班小時數是連續值，所以是屬於迴歸模型答案為 ②。

【例2】您需要預測未來 1010 年的海平面高度（以米為單位），您應該使用哪種機器學習模型？ ①迴歸　②分類　③叢集

🔍 說明

1. 要預測未來 1010 年的海平面高度，是在預測資料的趨勢，而且其預測值海平面高度是連續值，所以是屬於迴歸模型答案為 ①。

【例3】請問「預測拍賣品售價」方案，是屬於下列何種機器學習的類型？ ①分類　②迴歸　③叢集

> 說明

1. 要預測拍賣品售價是在預測資料的趨勢，而且其預測值售價金額是連續值，所以是屬於迴歸模型答案為 ②。

【例 4】 請問「根據機場的降雪量來預測航班晚點多少分鐘。」方案，是屬於下列何種機器學習的類型？ ①分類　②迴歸　③叢集

> 說明

1. 要根據機場的降雪量來預測航班會晚點多少，是在預測資料的趨勢，而且其預測值分鐘時間是連續值，所以是屬於迴歸模型答案為 ②。

12.5.3 評估迴歸模型常用的指標

迴歸模型定型完成後，就要使用沒有附標籤的測試資料 (也就是沒正確答案的資料) 來驗證，以評估模型的效能。利用模型預測結果和真實值間的預測誤差，就能評估模型效能的優劣。評估模型所產生的預測誤差，通常採用 RMSE (均方根誤差)、MAE (平均絕對誤差)、R2 (確定係數) 等統計指標來評估。

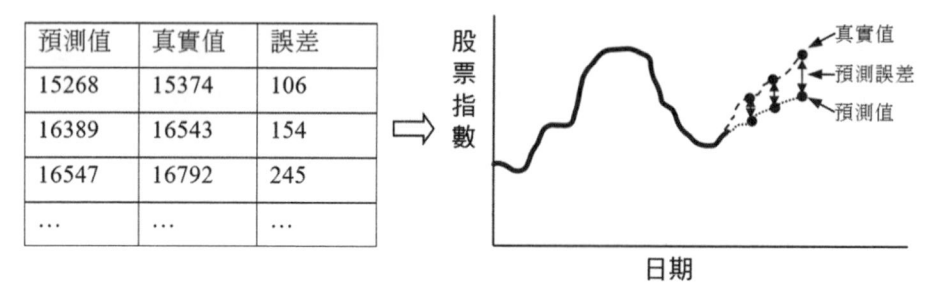

預測值	真實值	誤差
15268	15374	106
16389	16543	154
16547	16792	245
...	...	...

▲ 評估迴歸模型預測誤差示意圖

一. RMSE

RMSE (均方根誤差，root mean square error) 統計法是將預測值與真實值的差異值平方後，再取平均所得到的指標，指標值越小表示模型的效能越好。所以是一種容易具體評估模型的指標。

二. MAE

MAE (平均絕對誤差，mean absolute error) 統計法是將預測誤差的絕對值取平均所得到的指標，用於評估預測結果和真實資料集的接近程度，指標值越小表示模型的效能越好。因為能比 RMSE 統計法不受離群值 (誤差值大) 影響，所以常用來處理離群值較多的資料集。由於統計指標值的單位和預測值相同，所以是一種容易具體評估模型的指標。

三. R^2

R^2 (確定係數或稱決定係數，coefficient of determination) 統計法是將預測誤差值正規化所得到的指標，指標值介於 0～1，0 表完全無法預測；1 表完全能夠預測，所以指標值越大表示模型的效能越好。如果要比較不同單位的模型的效能時，就要採用 R^2 指標。

【例 1】 您有如下圖「預測值與真實值」所示的相關資料，請問該圖表用於評估哪種類型的模型？　①叢集　②分類　③迴歸

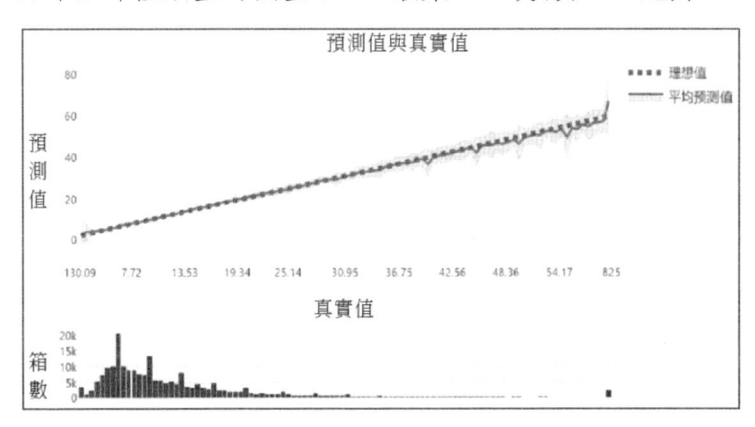

說明

1. 因為預設值是連續值所以是屬於迴歸模型，所以答案為 ③。

【例 2】 您可以使用下列哪兩種計量來評估迴歸模型？
　　　　① 曲線下面積 (AUC)　② 均方根誤差 (RMSE)　③ 精確度
　　　　④ 決定係數 (R2)　⑤ F1 分數

> 說明
>
> 1. 均方根誤差 (RMSE) 和決定係數 (R^2) 是評估迴歸模型常用的統計指標，所以答案為 ②、④。
> 2. 曲線下面積 (AUC)、精確度和 F1 分數都是評估分類模型的統計指標。

12.6 叢集模型

12.6.1 叢集模型簡介

叢集 (clustering) 機器學習模型簡稱為叢集模型，目標在識別資料的特徵，並根據特徵值來分類資料。因為不需要事先瞭解群組資訊，甚至不知群組數即可完成操作，所以是屬於非監督式學習。例如給叢集模型含六百位客戶的資料集，其中包含性別、生日、職業、教育程度 … 等欄位，模型會從資料集中歸納出隱含的資料規律，將這六百位客戶依照相似程度分群形成叢集 (cluster)。以而資料的相似程度是採用「距離」，資料間的距離愈近表示相似程度越高，就會被歸類至同一叢集。

叢集模型除了可以做叢集分析外，還有維度縮減 (dimensionality reduction) 的功能。維度縮減簡而言之，就是減少欄位數 (特徵數)。例如學生資料集中有六科成績，可以改為文科和理科成績平均，使用 XY 二維座標就能呈現資料，能將資料可視化方便理解資料。

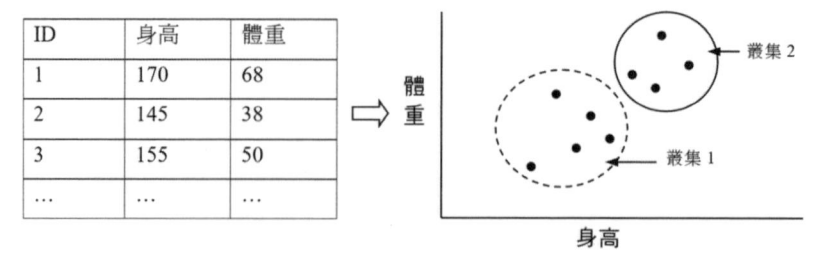

ID	身高	體重
1	170	68
2	145	38
3	155	50
…	…	…

▲ 依照身高和體重資料，歸納區分成男性和女性兩個叢集

【例 1】 「將客戶細分為不同群體以供市場行銷部參考。」,是以下何種模型的範例? ① 分類 ② 迴歸 ③ 叢集

> 說明

1. 根據資料將客戶細分為不同群體,因為沒有指定分類的類型,所以是屬於叢集模型答案為 ③。

【例 2】 您該使用哪種機器學習模型,找出有相似購物習慣的人員群組?
① 叢集 ② 分類 ③ 迴歸

> 說明

1. 根據資料找出有相似購物習慣的人員群組,因為沒有指定分類的類型,所以是屬於叢集模型答案為 ①。

【例 3】 下列哪些是屬於叢集模型的範例?
① 根據文件中文字的相似性分組文件
② 根據症狀和診斷測試結果,分組相似患者分類
③ 根據花粉數,預測某人會罹患輕度、中度還是嚴重的過敏症狀
④ 根據專案的共同特徵對專案進行分組

> 說明

1. ①、②和④屬於叢集模型的範例,因為目標為分群組而且沒有指定分類的類型。
2. ③ 是屬於分類模型的範例,指定「輕度」、「中度」和「嚴重」等分類。

12.6.2 叢集歸模型常用的演算法

K 平均 (K-means) 演算法是將資料轉成向量,然後依下列步驟執行:
① 設定叢集數 (K)。
② 在特徵空間中隨機設定 K 個中心。
③ 計算每一個資料點到各中心的距離。

④ 將資料點分配給距離最近的中心。

⑤ 每個叢集依新資料點計算新的中心。

不斷重複 ③ ~ ⑤ 步驟，直到各叢集的中心不再移動，就完成叢集分群的預測。K 平均演算法的優點是原理容易理解，而且計算速度快。但是只適用於數值型的資料，而且易受極端值和樣本數量差異過大影響分群效果。

12.7 模擬試題

題目(一)

下列敘述是否正確？(請填 O 或 X)

1. ( ) 您使用未標記的數據定型迴歸模型。
2. ( ) 分類方法用於預測隨時間變化的順序數值數據。

題目(二)

您擁有可以預測產品品質的 Azure Machine Learning 模型，該模型的定型資料集包含 50,000 筆記錄。下表顯示其資料範例：

日期	時間	重量(Kg)	溫度(C)	品質測試
2022 年 2 月 1 日	09:30:08	2,106	62.3	通過
2022 年 2 月 1 日	09:30:08	2,099	62.5	通過
2022 年 2 月 1 日	09:30:08	2,097	66.8	未通過

下列敘述是否正確？(請填 O 或 X)

1. ( ) 「重量(Kg)」為特徵。
2. ( ) 「品質測試」為標籤。
3. ( ) 「溫度(C)」為標籤。

題目(三)

下列敘述是否正確？(請填 O 或 X)

1. (　) 您應該使用用於定型模型的相同數據來評估模型。
2. (　) 準確度始終是用於衡量模型性能的主要指標。
3. (　) 標記是用已知值標記定型數據的過程。

題目(四)

請問下列何者是分類模型的範例？

① 根據從家到工作單位的距離預測某人是否騎自行車上班。
② 根據前一晚某人的睡眠時間預測這個人將喝多少杯咖啡。
③ 根據過去的賽跑時間預測一個人完成一次賽跑需要多少分鐘。
④ 分析圖像的內容並對顏色相似的圖像進行分組。

題目(五)

「辨識北極熊和棕熊的圖像」方案，是下列哪種機器學習的類型？

① 人臉檢測　② 影像分類　③ 臉部辨識性　④ 物件偵測

題目(六)

下列何者可用來衡量正確分類影像的效能？

① 精確度　② 信賴度　③ 均方根誤差　④ 情感

題目(七)

請問下列哪一個機器學習技術可用於異常偵測？

① 根據使用者所提供影像，針對物件加以分類的機器學習技術。
② 根據影像內容，針對該影像加以分類的機器學習技術。
③ 可隨著時間分析資料並識別異常變化的機器學習技術。
④ 能夠理解書面及口語的機器學習技術。

題目(八)

對於機器學習過程，您應該如何拆分用於定型和評估的數據？

① 將數據隨機拆分為定型行和評估行。
② 將數據隨機拆分為定型列和評估列。
③ 用特徵進行定型，用標籤進行評估。
④ 用標籤進行定型，用特徵進行評估。

題目(九)

您有一個數據集，其中包含特定時間段內發生的計程車行程訊息，如下列選項所示。您需要定型一個模型來預測計程車行程的費用，應該用什麼選項作為特徵？

① 各計程車行程的車費　　② 各計程車行程的行程距離
③ 數據集中的計程車行程數　④ 各計程車行程的行程 ID

題目(十)

請問「預測下個月售出禮品卡的數量」方案，是屬於下列何種機器學習的類型？① 分類　② 迴歸　③ 叢集

題目(十一)

您計劃將 Azure Machine Learning 模型部署為供客戶端應用程式使用的服務，在部署模型之前應該依序執行下列哪三個程序？

①模型重新定型　②資料準備　③模型定型　④資料加密　⑤模型評估。

題目(十二)

下列哪兩個動作會在 Azure Machine Learning 資料擷取及資料準備階段執行？

①合併多個資料集　②使用即時預測的模型　③計算模型的精確度
④使用模型為測試資料評分　⑤移除具有缺少值的記錄。

Azure 機器學習實作

CHAPTER 13

13.1 Azure 機器學習服務簡介

機器學習即服務 (Machine Learning as a Service, MLaaS) 是種雲端平台，提供資料處理、模型定型 (訓練)、模型評估和部署等機器學習自動或半自動化服務，模型預測的結果可以透過 REST APIs 來查看。MLaaS 平台可以讓沒有 (或少量) 資料科學專業知識的人員，能夠快速進行定型和部署模型，解決工作或生活上的各項問題。目前 Microsoft Azure Machine Learning、Google Cloud AI 和 Amazon Machine Learning，是市場上領先的 MLaaS 平台。每個平台都有其優缺點，本書僅介紹微軟的 Azure 機器學習服務。

▲ Azure 的人工智慧服務 (取自微軟 Azure 官網)

13.1.1 Azure 機器學習服務

Azure 機器學習是一種雲端服務，可以加速開發和管理機器學習方案。一個機器學習方案的生命週期，可大致區分成定型 (或稱訓練) 和部署模型、機器學習管理作業 (MLOps) 兩個部分。利用 Azure 機器學習的內建工具、開放原始碼架構和程式庫，可以快速建置及定型模型。使用 MLOps 工具可以快速輕鬆地部署 ML 模型，並有效管理模型。使用 Azure 機器學習服務，具備以下優點：

一. 快速開發出具準確效能的模型

Azure Machine Learning Studio (Azure 機器學習工作室) 是 Azure 機器學習的網路平台，支援所有建置、定型及部署模型的機器學習開發工作。Azure 機器學習工作室提供開放原始碼架構、程式庫、Jupyter 筆記本共同作業、設計工具、自動化機器學習、提示流程、特徵工程、超參數整理、偵錯工具、分析工具 … 等強大功能，可以快速開發出具準確效能的模型，節省開發成本並快速實現 AI 的功能。

二. 使用機器學習作業 (MLOps) 大規模執行作業

利用 MLOps 工具在內部、邊緣和多重雲端環境中，加快部署及管理眾多模型的速度。使用可控的端點能協助快速部署、評分 ML 模型，並以批次和即時方式進行預測。使用可重複的管線作業，自動執行持續整合與持續傳遞 (CI / CD) 的工作流程。持續監視模型效能計量、偵測資料變動，以及必要時啟動重新定型，來改善模型的效能。整個機器學習生命週期中，都能使用 MLOps 有效追蹤和紀錄，並進行稽核和管理。

三. 提供可靠的機器學習模型評估

在機器學習模型評估方面，提供可重現且自動化的工作流程，來評估模型的公平性、可解釋性、錯誤分析、原因分析、模型績效和資料分析。

在負責任 AI 儀表板上，以計分卡方式將負責任 AI 的原則量化，方便方案關係人參與審查，並提供可靠且負責任的機器學習解決方案。

四. 在安全並符合規範的多元平台上進行

使用包含身分識別、驗證、資料、網路、監視、治理與合規性等的綜合功能，提升整個機器學習生命週期的安全性。於內部部署定型及部署模型，以符合資料管理的要求。可以利用內建包括聯邦風險與授權管理計畫 (FedRAMP High) 和健康保險流通與責任法案 (HIPAA)…等多項認證，完整有效管理機器學習模型是否符合規範。

Azure 機器學習工作室提供下列功能：

1. **Azure 自動化機器學習 (Automated machine learning)**

   自動化機器學習功能可以讓非專家從資料處理開始，不需要程式設計經驗就能快速建立機器學習解決方案。

2. **Azure 機器學習設計工具 (Azure Machine Learning designer)**

   機器學習設計工具是一種圖形化的介面，透過拖曳相關元件的操作，不需要撰寫程式碼就能進行機器學習方案的開發。

3. **提示流程 (prompt flow)**

   提示流程是一種開發工具，可簡化由大型語言模型 (LLM) 提供之 AI 應用程式的開發過程。

4. **資料和計算管理**

   專業的資料科學家可以運用雲端式資料儲存體和計算資源，來執行程式碼處理大量的資料。

5. **管線 (Pipelines)**

   資料科學家、軟體工程師和 IT 營運專家可定義管線，來協調模型定型、部署和管理工作。

13.1.2 Azure 機器學習方案的生命週期

在 Azure 機器學習工作室中可以自行建立模型，或使用從開放原始碼平台(例如 Pytorch、TensorFlow 或 scikit-learn)所建立的模型。利用 MLOps 工具可協助監視、重新定型和重新部署模型。

開發機器學習方案要先定義問題確定具體的目標，然後收集和準備相關的資料，接著就是模型的定型、評估、部署、監視和管理。機器學習方案通常需要多人參與，透過 Studio 的工作區組織方案，並允許所有使用者共同作業，來達成共同的目標。工作區中的使用者可以輕鬆地共用實驗的執行結果，或是將設定版本的資源用於環境和儲存體的作業。機器學習方案的生命週期主要如下圖所示：

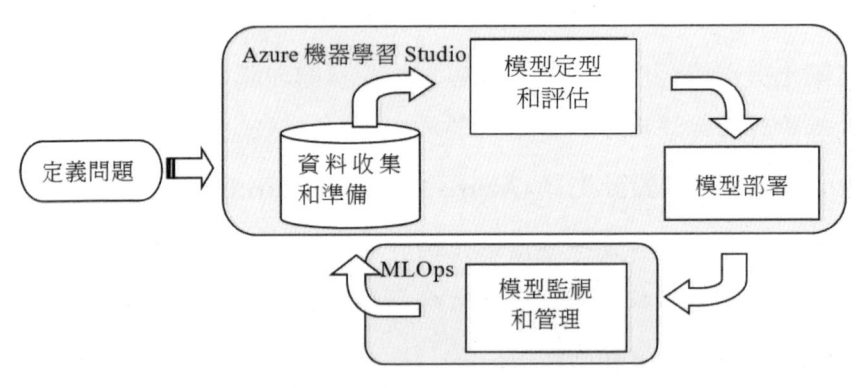

▲ Azure 機器學習方案的生命週期

13.1.3 使用 Azure ML 設計工具開發模型流程

Azure 機器學習工作室是開發機器學習模型的環境，其中提供「筆記本」、「自動化 ML」、「設計工具」三種建立機器學習模型的方式。

1. **筆記本**：可以透過 Jupyter Notebook 編輯器，用 Python 或 R 語言自己撰寫程式碼，來建立、定型、測試和部署機器學習模型。

2. **自動化 ML**：可以透過一系列的對話方塊介面，不需撰寫程式碼以自動化方式來建立 ML 模型。
3. **設計工具**：提供可視畫布使用拖放資料集和元件方式，不需撰寫程式碼就能建立 ML 管線，來定型、測試和部署機器學習模型。

不管是使用哪種設計模型方式，都要先建立一個機器學習「工作區」。因為工作區是機器學習的最上層資源，提供預先設定的雲端架構環境，用以定型、部署、自動化、管理及追蹤機器學習模型。使用「設計工具」開發機器學習模型的流程如下圖所示，下面以實作範例詳細說明操作的步驟。

開啟ML服務 → 建立ML工作區 → 建立管線 → 提交管線 → 評估模型 → 部署模型

▲ 使用 Azure ML 設計工具開發模型流程圖

13.1.4 如何建立 Azure 機器學習服務工作區

一. 開啟微軟 Azure 服務入口網站

進入 Azure 的入口網站「https://portal.azure.com/」，登入後可以點選🧪「Azure Machine Learning」項目，就可使用 Azure 機器學習服務。如果沒有出現該項目，可以在上方搜尋資源處輸入「machine」，就會列出包含 machine 關鍵詞的服務項目，選擇其中「Azure Machine Learning」項目即可。

▲ 點選「Azure Machine Learning」圖示開始 Azure 機器學習服務

二. 建立機器學習工作區

要使用 Azure 機器學習服務，必須先有一個工作區 (workspace)。工作區是 Azure 機器學習的最上層資源，會集中處理所有建立的作業，並保留所有執行的歷程記錄。如下圖操作，先點按「+ 建立」的下拉鈕ˇ，然後點選「新增工作區」項目，就會進入建立機器學習工作區的步驟。

三. 建立工作區的基本資料

在「基本」索引標籤要輸入如「資源群組」(資源群組會保留 Azure 方案的相關資源)、「工作區名稱」(可識別工作區的名稱)、「容器名稱」(必須是唯一名稱) … 等資料，這些名稱建議使用機器學習的主題加上日期或英文姓名，以方便識別也避免和別人相同。

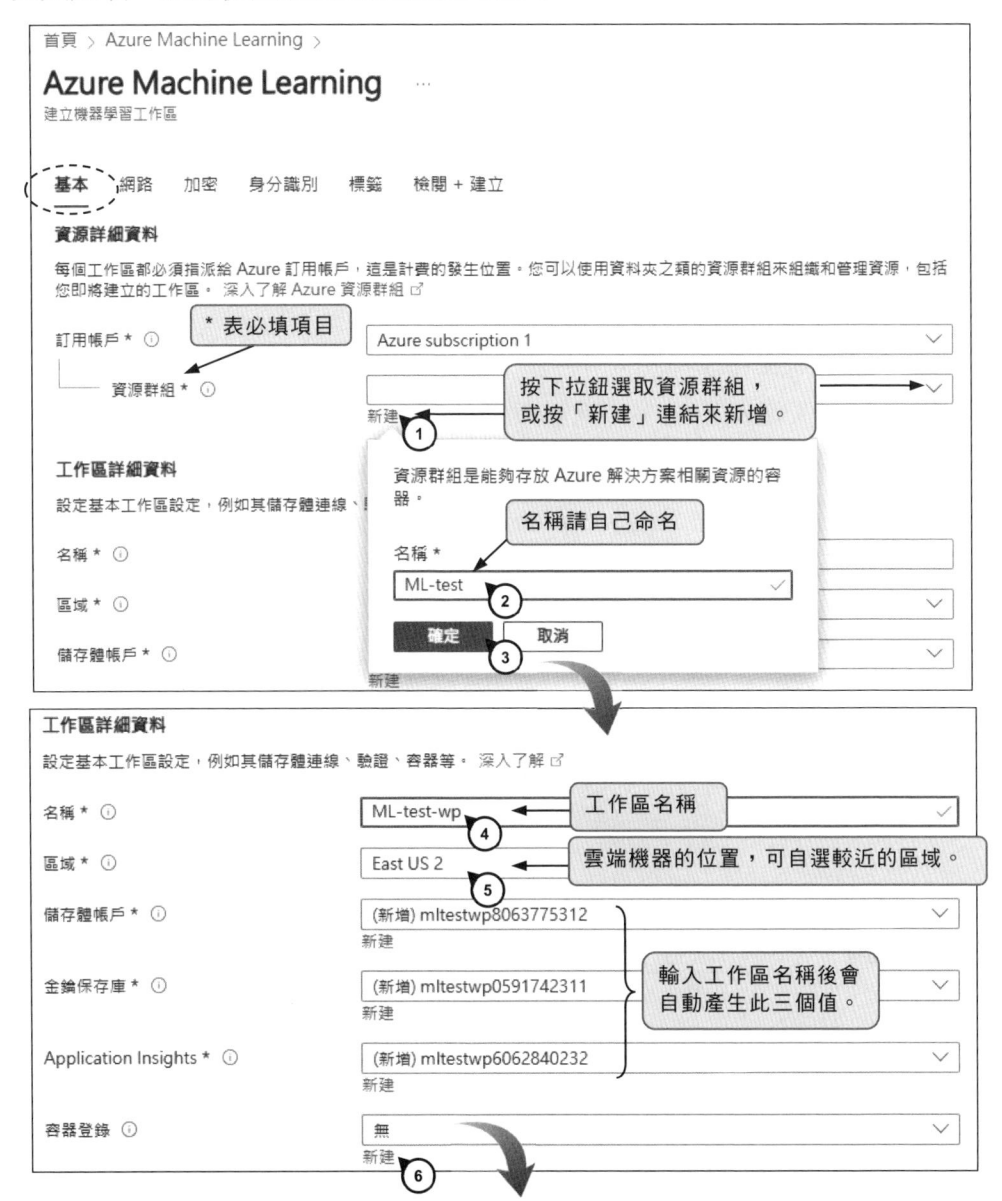

首頁 > Azure Machine Learning >

Azure Machine Learning
建立機器學習工作區

基本 網路 加密 身分識別 標籤 檢閱 + 建立

資源詳細資料

每個工作區都必須指派給 Azure 訂用帳戶，這是計費的發生位置。您可以使用資料夾之類的資源群組來組織和管理資源，包括您即將建立的工作區。深入了解 Azure 資源群組

訂用帳戶 *　　　Azure subscription 1

＊ 表必填項目

資源群組 *　　　新建

按下拉鈕選取資源群組，或按「新建」連結來新增。 ①

資源群組是能夠存放 Azure 解決方案相關資源的容器。

名稱請自己命名

名稱 *　ML-test　②

確定　取消　③

工作區詳細資料

設定基本工作區設定，例如其儲存體連線、驗證、容器等。深入了解

名稱 *　　　ML-test-wp　← 工作區名稱　④

區域 *　　　East US 2　← 雲端機器的位置，可自選較近的區域。　⑤

儲存體帳戶 *　　(新增) mltestwp8063775312
　　　　　　　　　新建

金鑰保存庫 *　　(新增) mltestwp0591742311　　輸入工作區名稱後會
　　　　　　　　　新建　　　　　　　　　　　自動產生此三個值。

Application Insights *　(新增) mltestwp6062840232
　　　　　　　　　新建

容器登錄　　　　無
　　　　　　　　　新建　⑥

13-7

建立新的容器登錄

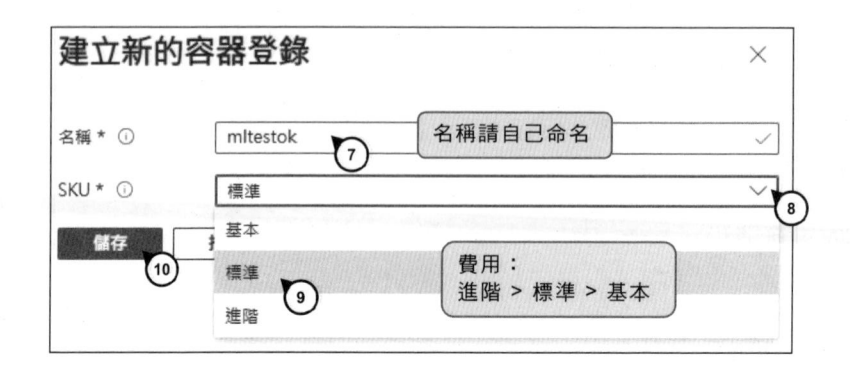

- 名稱＊：mltestok （名稱請自己命名）⑦
- SKU＊：標準 ⑧
- 基本
- 標準 ⑨
- 進階

費用：
進階 > 標準 > 基本

⑩ 儲存

> **Tips** 如果不再使用機器學習的資源時，請務必刪除所建立的資源群組以免繼續產生額外的費用。

四. 設定網路資料

設定好基本資料後，按「下一步：網路」鈕繼續。接著設定要使用公開網路或是私人網路端點，此處點選「公用」選擇公開網路，然後按「下一步：加密」鈕繼續。

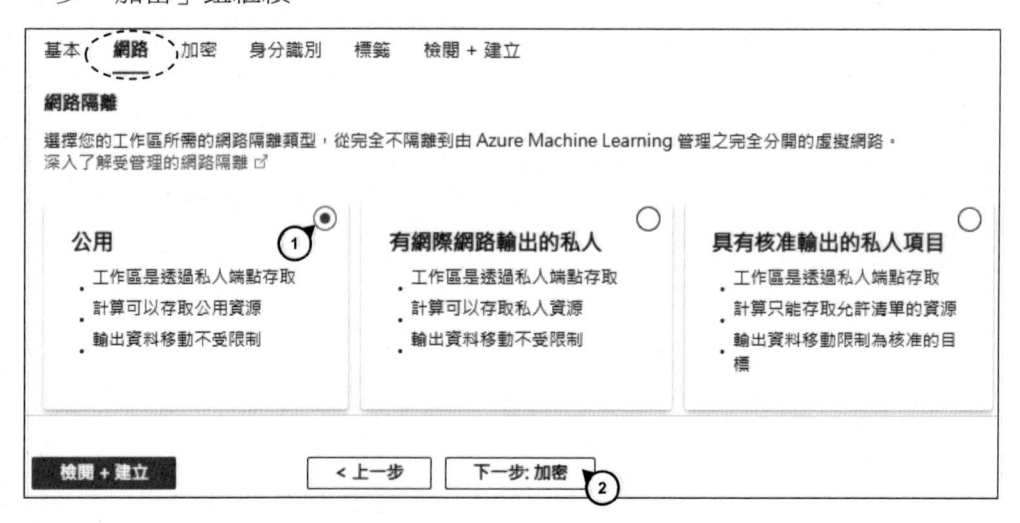

基本　網路　加密　身分識別　標籤　檢閱 + 建立

網路隔離

選擇您的工作區所需的網路隔離類型，從完全不隔離到由 Azure Machine Learning 管理之完全分開的虛擬網路。
深入了解受管理的網路隔離

公用 ①
- 工作區是透過私人端點存取
- 計算可以存取公用資源
- 輸出資料移動不受限制

有網際網路輸出的私人
- 工作區是透過私人端點存取
- 計算可以存取私人資源
- 輸出資料移動不受限制

具有核准輸出的私人項目
- 工作區是透過私人端點存取
- 計算只能存取允許清單的資源
- 輸出資料移動限制為核准的目標

檢閱 + 建立　< 上一步　下一步: 加密 ②

五. 設定加密方式

系統會預設使用 Microsoft 管理的金鑰加密，在此我們使用預設值，然後按「下一步：身分識別」鈕繼續。

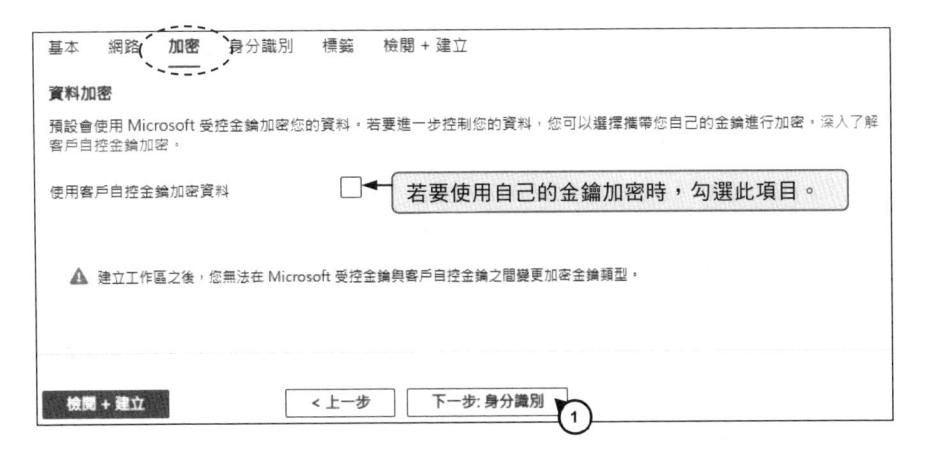

六. 設定身分識別

設定 Azure 資源的驗證、存取權限，以保護資料的安全，然後按「下一步：標籤」鈕繼續。

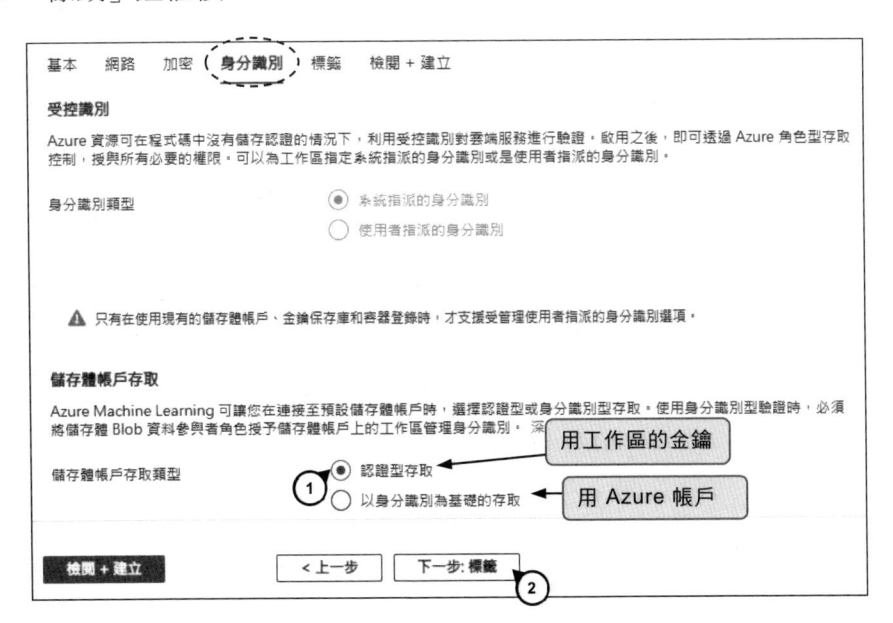

七. 設定標籤資料

標籤用來標記機器學習中資料集的目標欄位，可以集中建立、管理及監視資料標籤專案，在此先不設定按「下一步：檢閱＋建立」鈕繼續。

八. 建立機器學習工作區

在「檢閱＋建立」索引標籤中，可以查看剛才的設定資料，如果沒有錯誤就按「建立」鈕，就會建立機器學習工作區。

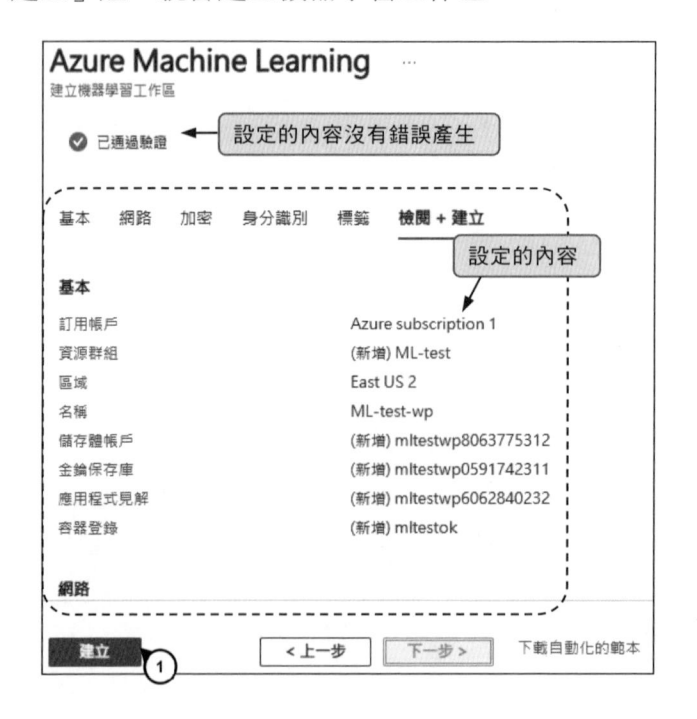

九. 前往 Azure 機器學習資源

設定好工作區之後，就會進入 Azure 機器學習服務首頁，部署會花幾分鐘。部署完成後點按下方的「前往資源」鈕，就會進入剛才建立的機器學習工作區。

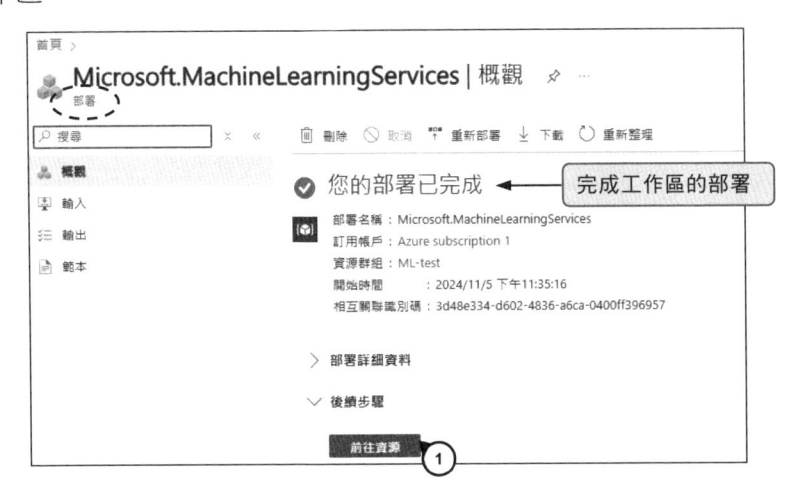

十. 啟動 Azure 機器學習工作室

點按下方的「啟動工作室」鈕，就會進入 Azure 機器學習工作室介面，來進行機器學習的作業。

十一. 設定 Azure 機器學習工作室介面

進入 Azure 機器學習工作室介面後，如果想要改變操作環境介面，例如佈景主題、語言 … 等，可以按 ⚙ 鈕來進行設定。

13.2 Azure 機器學習設計工具的工作流程

13.2.1 Azure 機器學習設計工具功能

Microsoft Azure Machine Learning Studio (Azure 機器學習工作室) 是 Azure 機器學習的網路操作環境，支援 Edge、Chrome 和 Firefox 瀏覽器。

工作室的左邊為功能表列 (工具列)，右邊會顯示目前的資源和相關訊息。功能表列主要分成「正在撰寫」、「資產」和「管理」三類。「正在撰寫」中有「筆記本」、「自動化 ML」、「設計工具」和「提示流程」四種建立機器學習模型的方式。「資產」中提供建立模型的各種元件，例如

「資料」、「元件」、「模型」…等。「管理」中提供管理模型的各種元件，例如「計算」、「正在監視」…等。在工作區的功能表列中點按「設計工具」功能項目，就可進入 Azure 機器學習工作室的設計工具介面。

13.2.2 Azure 機器學習設計工具環境

機器學習設計工具或稱機器學習設計器，提供了一個視覺化的介面稱為畫布，可以使用拖放元件(或稱模組)和連接管線(pipeline，或稱管道)方式，來構建、測試和部署機器學習模型。使用機器學習設計工具，可以不用編寫程式碼，就能建立機器學習模型器。

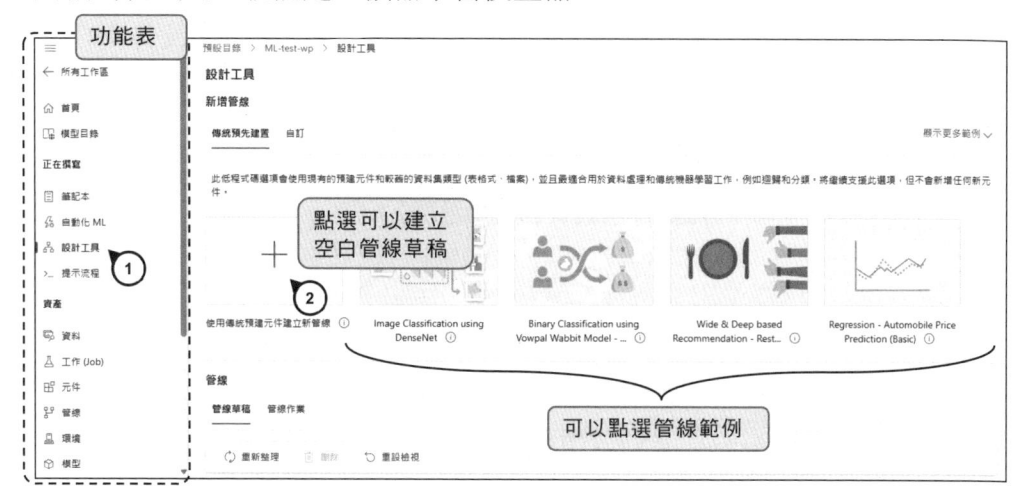

在 Azure 機器學習工作室設計工具介面，可以在上圖按「+」鈕來新增一個新的空白管線草稿。也可以點選預設的管線範例，如果模型的架構相似時可以加快設定速度。

為加大設計工具的畫布區範圍，可以在功能表的 ≡ 圖示上按一下，功能表會改為工具列，再按 ≡ 一下工具列會改回功能表。折疊按元件窗格的 《 圖示會折疊窗格，折疊後按 》 圖示會展開元件窗格。

Microsoft Azure AI Services 與 Azure OpenAI

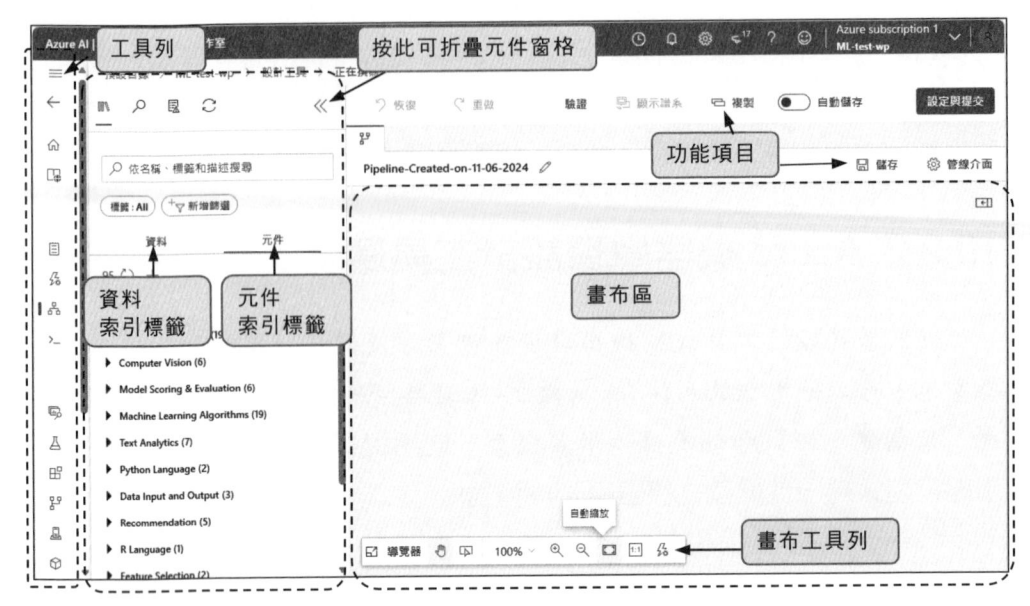

▲ Azure 機器學習工作室設計工具介面

13.2.3 Azure 機器學習的管線簡介

　　管線 (pipelines) 是由資料集和分析元件所組成，用來建立訓練單一或多個 ML 模型的管線流程，可以方便重複使用作業及組織機器學習專案。在設計工具中編輯管線時，可以隨進度儲存為管線草稿 (pipeline draft)。當管線草稿完成後，就可以提交管線執行 (pipeline run)。每次執行管線時，管線的設定和結果都會以管線執行的形式儲存在工作區，可以隨時進行編輯、錯誤排除解或稽核。管線執行會分組到各個實驗 (experiments) 中，來組織執行歷程的記錄。

13.2.4 使用設計工具建立模型管線的工作流程

　　使用設計工具來建立機器學習模型管線時，操作方式為拖放元件，其主要的工作流程如下圖所示。工作流程會因為資料的情況和預測的目標，流程的步驟可以增加或省略。

CH13 Azure 機器學習實作

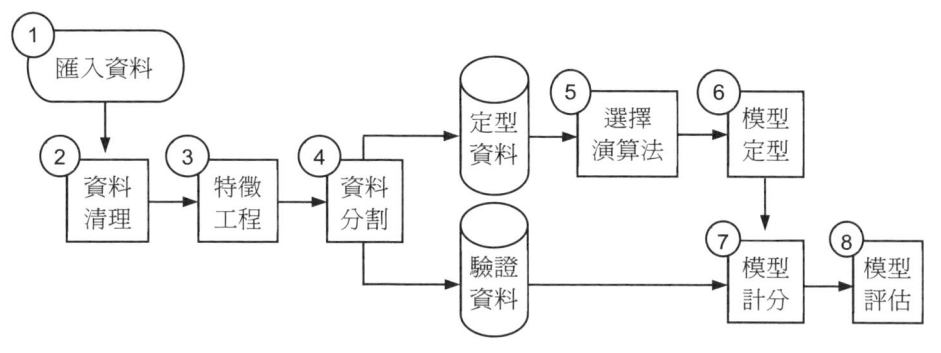

▲ Azure 機器學習設計工具的基本工作流程圖

1. **匯入資料集** (Datas)：此步驟在為模型輸入資料集，可以指定內建的資料集，甚至是自己本機或是網路中的資料集檔案。例如使用『Select Columns in Dataset』(選取資料集中的資料行) 元件，可以選取資料集中要處理的資料行。

2. **資料清理** (Data Cleaning)：此步驟為處理資料集中的資料，例如『Clean Missing Data』(清除遺漏的資料) 元件，可以移除含遺漏值 (缺失值) 的資料列。

3. **特徵工程** (Feature Engineering)：此步驟為處理資料集中的特徵欄位，例如『Impute missing values』(插補遺漏值) 元件可以針對數值特徵，使用資料行中的平均值進行插補。又例如『Generate more features』(產生更多特徵) 元件可以針對 DateTime 格式的特徵，分割成年、月、日…等多個特徵欄位。

4. **資料切割** (Data Split)：此步驟是將資料集切割為定型資料 (Training Data) 及驗證資料 (Test Data)，並可以指定定型及驗證資料的比例，通常設為 7：3。

5. **選擇演算法** (Learning Algorithms)：此步驟要根據模型目標來指定適當的演算法，例如『Linear Regression』(線性迴歸) 演算法元件可以來做監督式的迴歸模型。

13-15

6. **模型定型** (Model Training)：此步驟可以使用『Train Model』(定型模型) 元件，來定型模型。

7. **模型計分** (Score Model)：此步驟可以使用『Score Model』(評分模型) 元件，來衡量模型預測的效能。

8. **模型評估** (Evaluate Model)：此步驟可以使用『Evaluate Model』(評估模型) 元件，來評估模型效能的優劣。

13.3 使用設計工具建立模型

在本節將實作迴歸機器學習模型，透過實作來了解使用 Azure 機器學習設計工具，建立機器學習模型的具體步驟。管線經部署至計算資源後，用戶端應用程式可透過 REST 端點和 API 金鑰兩個參數來取用。

13.3.1 資料集結構介紹

本範例使用系統內建的糖尿病資料集 Diabetes dataset，資料集中有 442 筆資料，具有 10 項屬性：年齡 (AGE)、性別 (SEX)、體重指數 (BMI)、平均血壓 (BP)、六種血清測量值 (S1、S2、S3、S4、S5、S6)、一年後定量測量值 (Y)。

13.3.2 建立迴歸模型操作步驟

一. 建立新的管線

依照 13.2.2 節介紹的方法，在 Azure 機器學習工作室先點按 ⊞ 「設計工具」功能，然後點按 ＋ 建立一個新的管線，管線預設以 Pipeline-Created-on-加上日期為名稱。

二. 規劃模型管線草稿

1. 匯入資料集：

   先點按「設計工具」功能，在元件窗格中點選「資料」索引標籤，然後依照下面步驟載入內建的糖尿病資料集。最後將資料集拖曳到畫布的上方，作為機器學習模型管線的起點。

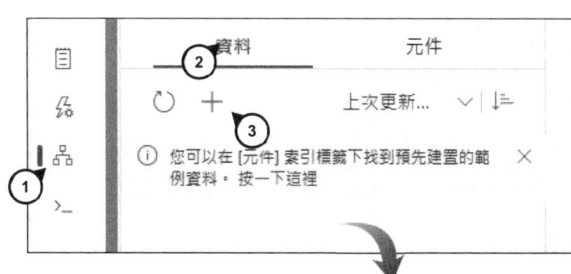

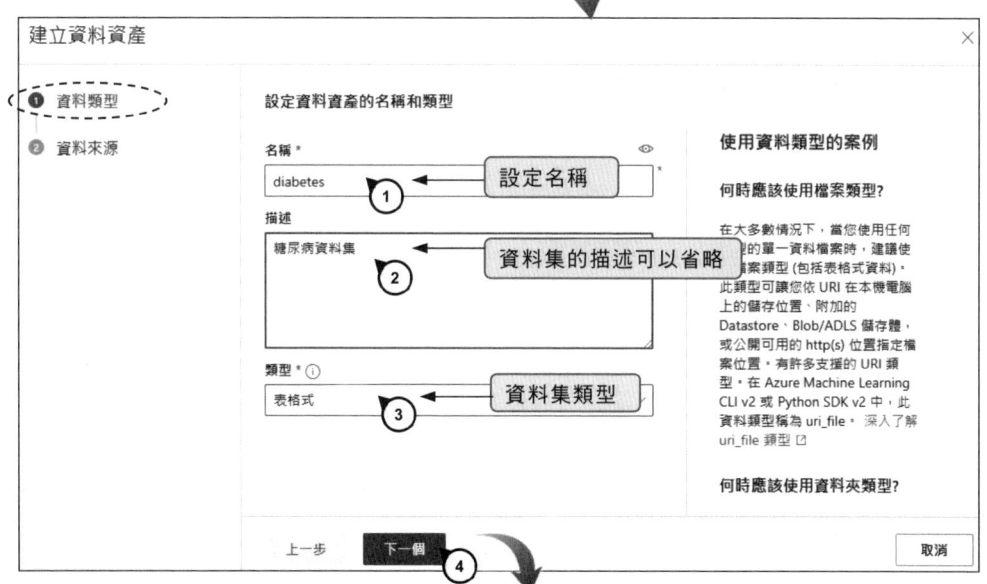

Microsoft Azure AI Services 與 Azure OpenAI

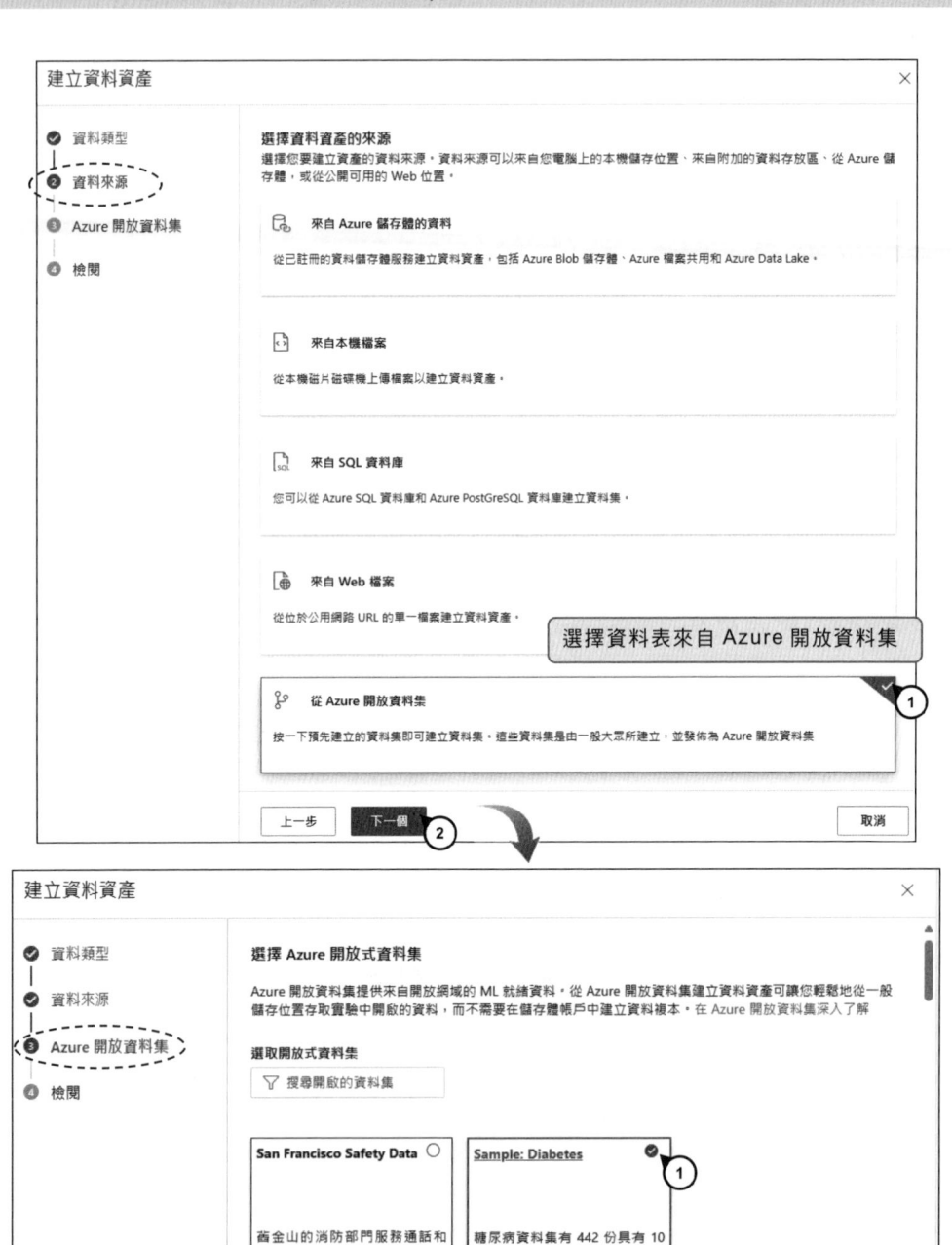

建立資料資產

- ✓ 資料類型
- ② **資料來源**
- ③ Azure 開放資料集
- ④ 檢閱

選擇資料資產的來源

選擇您要建立資料資產的資料來源。資料來源可以來自您電腦上的本機儲存位置、來自附加的資料存放區、從 Azure 儲存體，或從公開可用的 Web 位置。

- **來自 Azure 儲存體的資料**
  從已註冊的資料儲存體服務建立資料資產，包括 Azure Blob 儲存體、Azure 檔案共用和 Azure Data Lake。

- **來自本機檔案**
  從本機磁片磁碟機上傳檔案以建立資料資產。

- **來自 SQL 資料庫**
  您可以從 Azure SQL 資料庫和 Azure PostGreSQL 資料庫建立資料集。

- **來自 Web 檔案**
  從位於公用網路 URL 的單一檔案建立資料資產。

- **從 Azure 開放資料集** ① ← 選擇資料表來自 Azure 開放資料集
  按一下預先建立的資料集即可建立資料集。這些資料集是由一般大眾所建立，並發佈為 Azure 開放資料集。

[上一步] [下一個] ② [取消]

建立資料資產

- ✓ 資料類型
- ✓ 資料來源
- ③ **Azure 開放資料集**
- ④ 檢閱

選擇 Azure 開放式資料集

Azure 開放資料集提供來自開放網域的 ML 就緒資料。從 Azure 開放資料集建立資料資產可讓您輕鬆地從一般儲存位置存取實驗中開啟的資料，而不需要在儲存體帳戶中建立資料複本。在 Azure 開放資料集深入了解

選取開放式資料集

🔍 搜尋開啟的資料集

San Francisco Safety Data ○	Sample: Diabetes ✓ ①
舊金山的消防部門服務通話和 311 案件。	糖尿病資料集有 442 份具有 10 項特徵的範例，因此很適合作為機器學習演算法入門。這是熱門的
深入了解	深入了解

[上一步] [下一個] ② [取消]

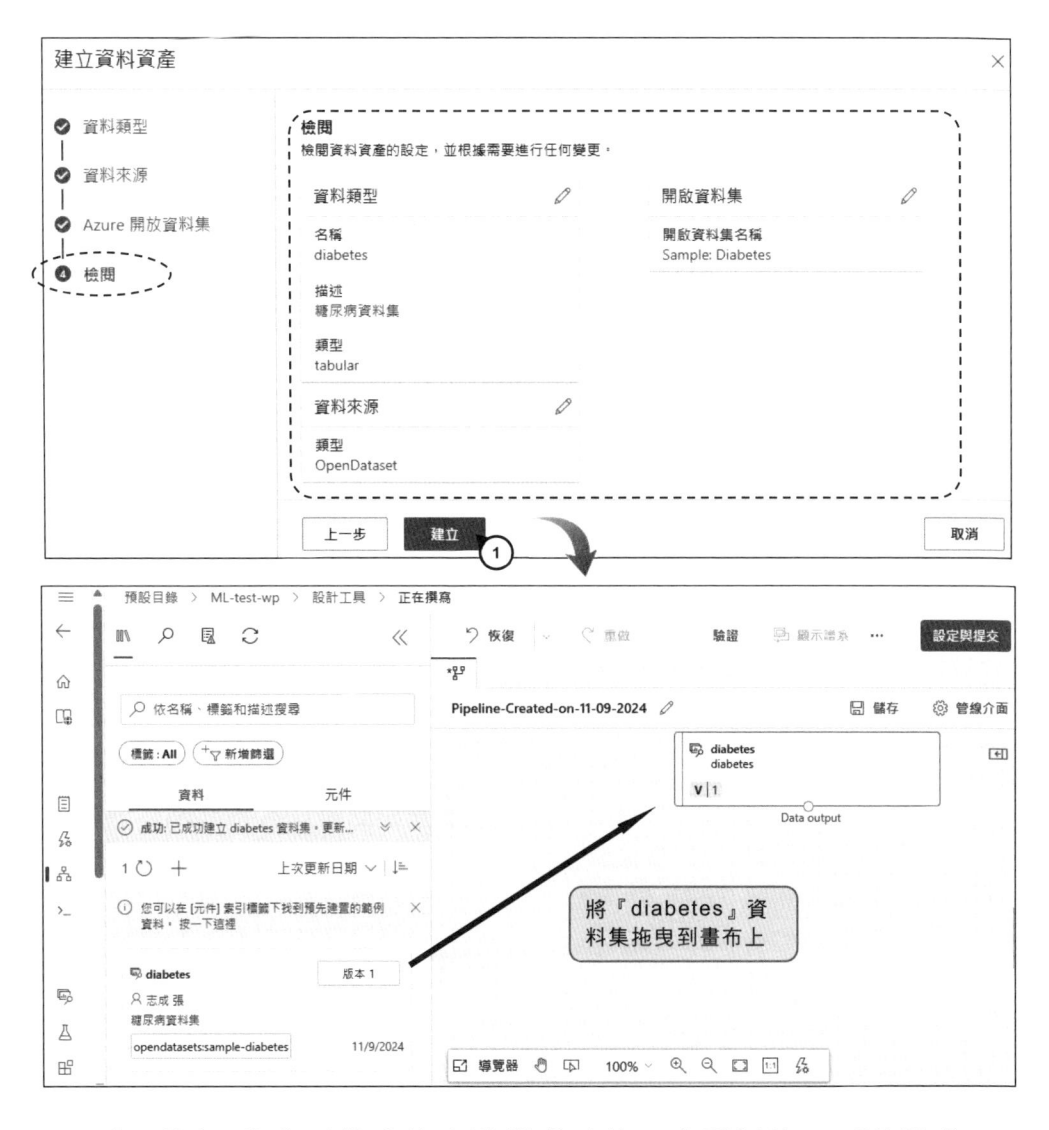

如下圖，先在元件窗格中點選「元件」索引標籤，再點選「Data Transformation」，然後找到『Select Columns in Dataset』元件。但是因為元件眾多所以最好的方式是在搜尋方塊中，輸入元件名稱可以快速找到。拖曳『Select Columns in Dataset』元件到畫布，然後在元件上快按兩下，設定選取所資料行。最後將『diabetes』資料集和『Select Columns in Dataset』元件用管線連接，來設定流程方向。

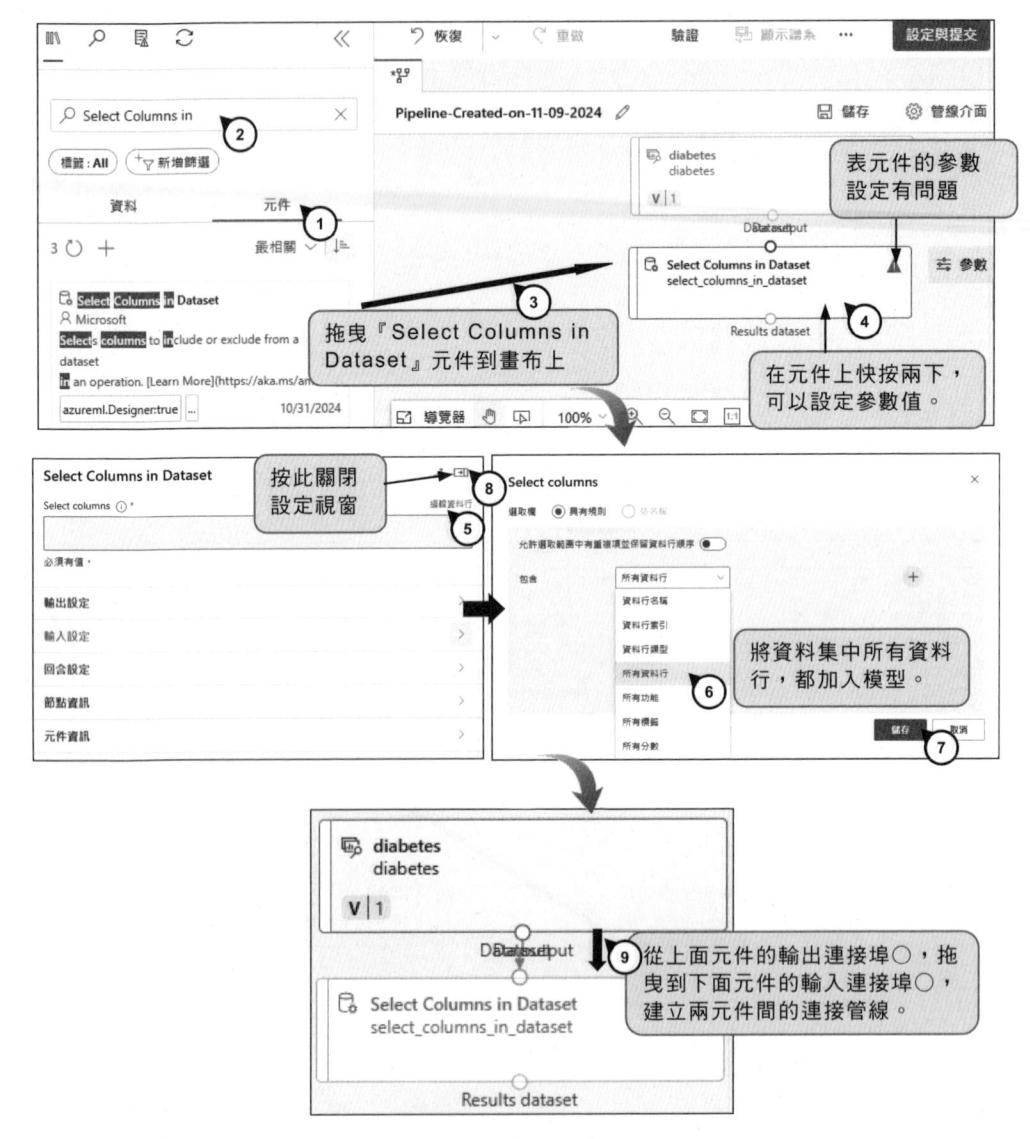

2. **資料清理**：

   因為此資料集內的資料內容未經整理，所以拖曳『Clean Missing Data』元件到畫布。在元件上快按兩下，設定選擇所有資料行，和移除含遺漏值資料列的清理方法。

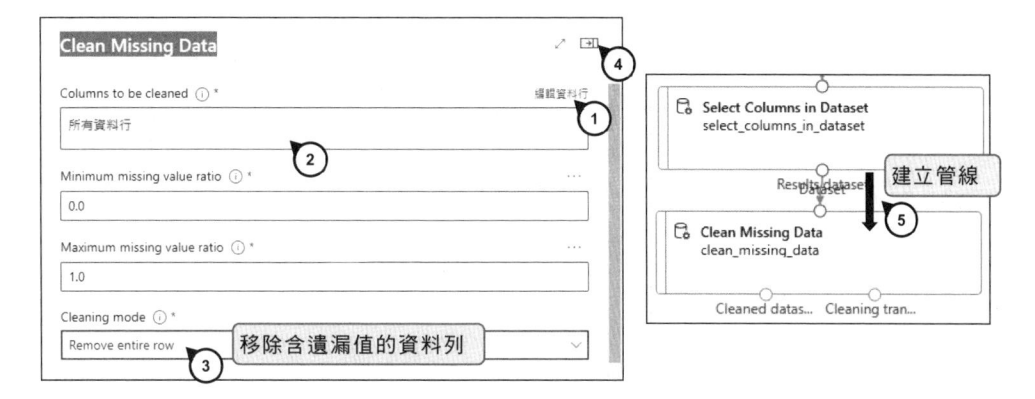

3. 特徵工程：

拖曳『Select Columns in Dataset』元件到畫布，並設定元件參數選取資料集中的 AGE、SEX、BMI、BP、S1、S3、S5、Y 八個資料行。

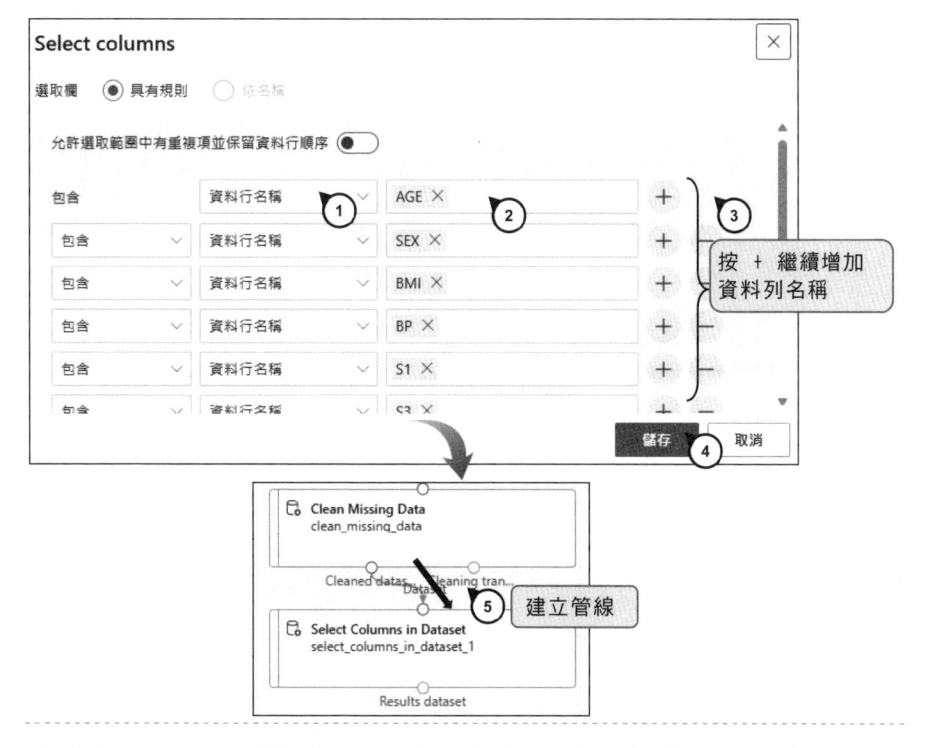

> **Tips** 本實作由 S1～S6 屬性中選擇 3 個屬性來預測 Y 值 (定量測量值)，此方式稱為降維可以提高模型執行的效率。但是所選擇的屬性可能無法和 Y 值高度相關，所以需要多次更換或增減屬性來測試模型的效能。

4. 資料切割：

   拖曳『Split Data』元件到畫布，並設定第一筆輸出資料比例的參數值為 0.7，也就是設定訓練資料及驗證資料以 7：3 比例切割。

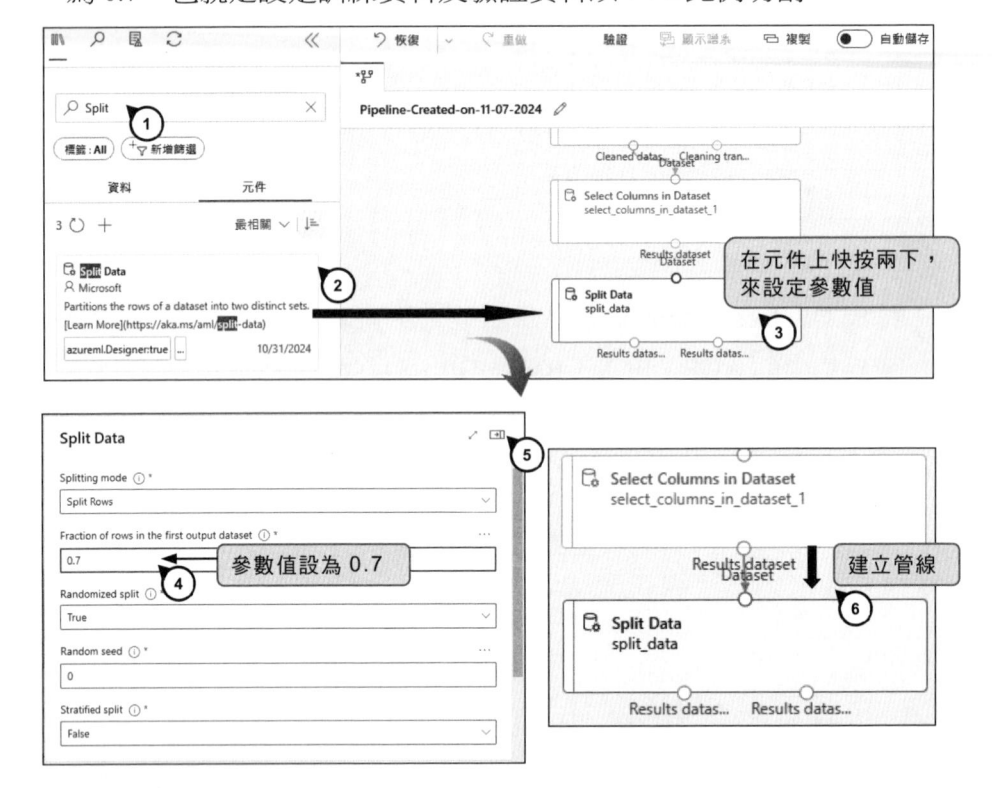

5. 選擇演算法：

   拖曳『Linear Regression』(線性迴歸) 演算法元件到畫布，用來建立監督式的迴歸模型。

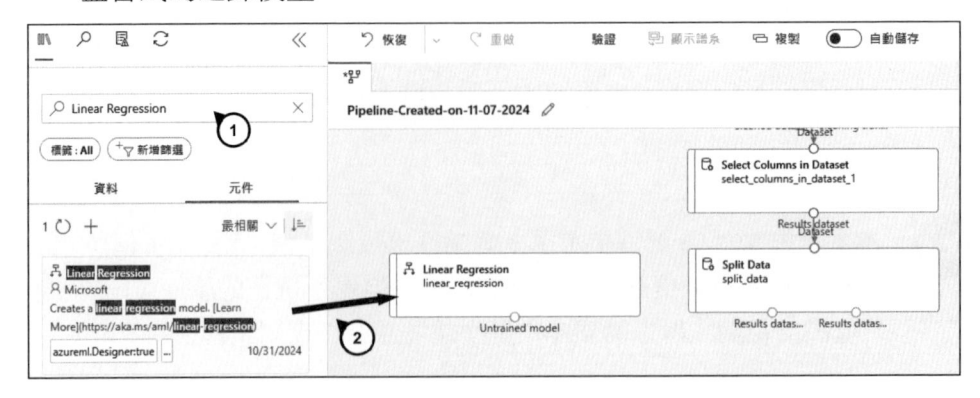

6. 模型訓練：

拖曳『Train Model』元件到畫布，來進行模型的訓練，並設定元件參數指定「Y」為標籤資料行。

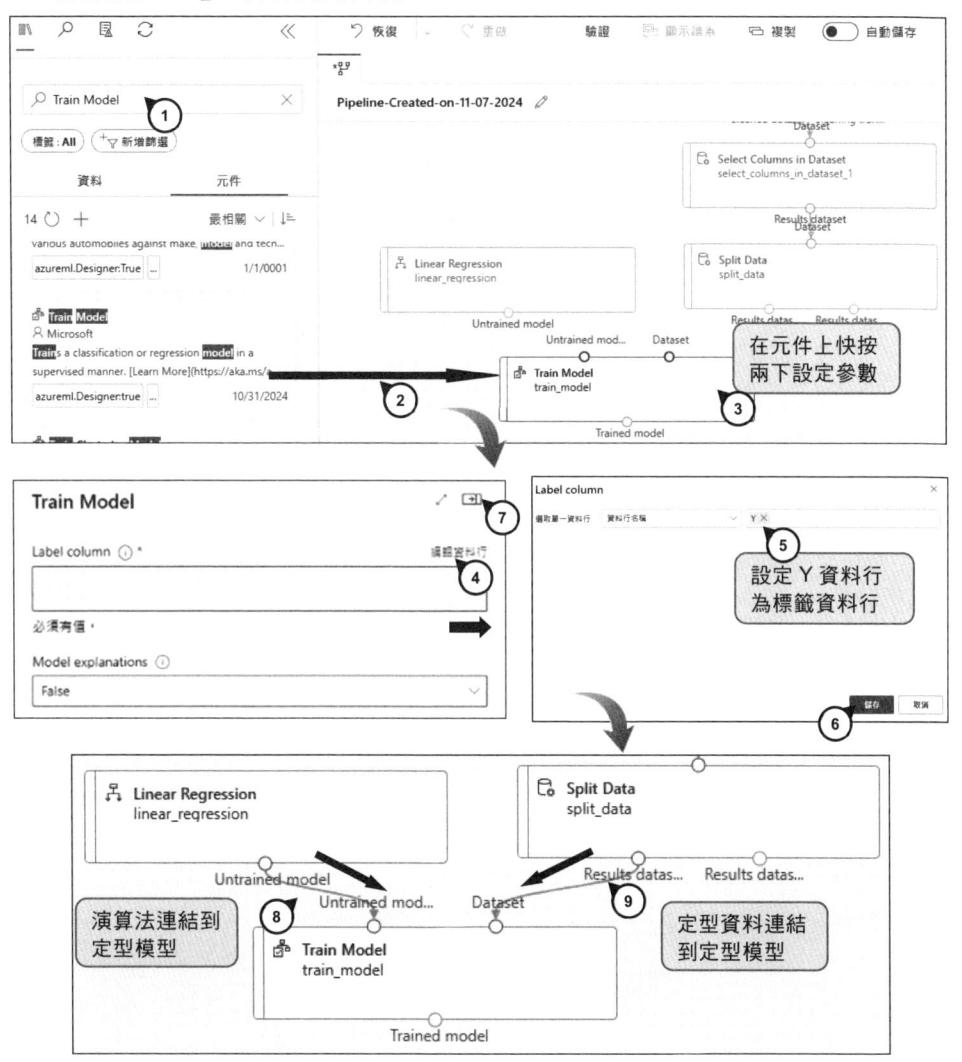

7. 模型計分：

拖曳『Score Model』元件到畫布，來衡量模型的效能。

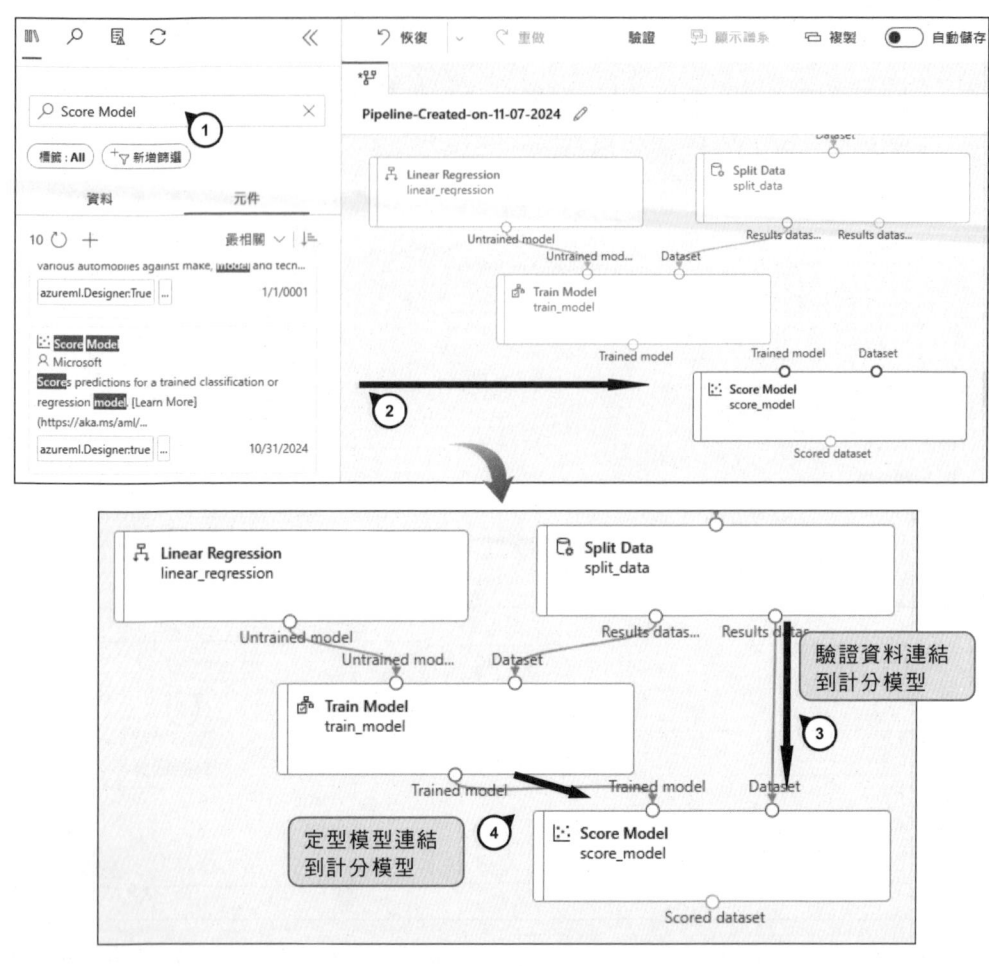

8. 模型評估：

拖曳『Evaluate Model』元件到畫布，來評估模型的優劣。

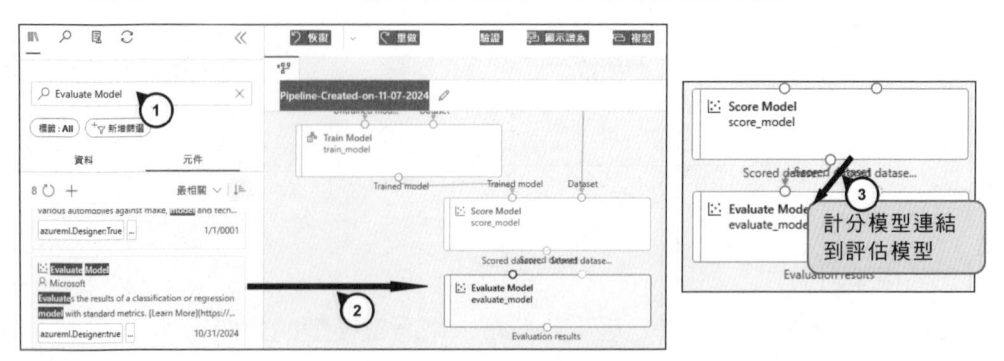

9. 管線草稿完成：

   管線草稿規劃完成，整體管線流程如下：

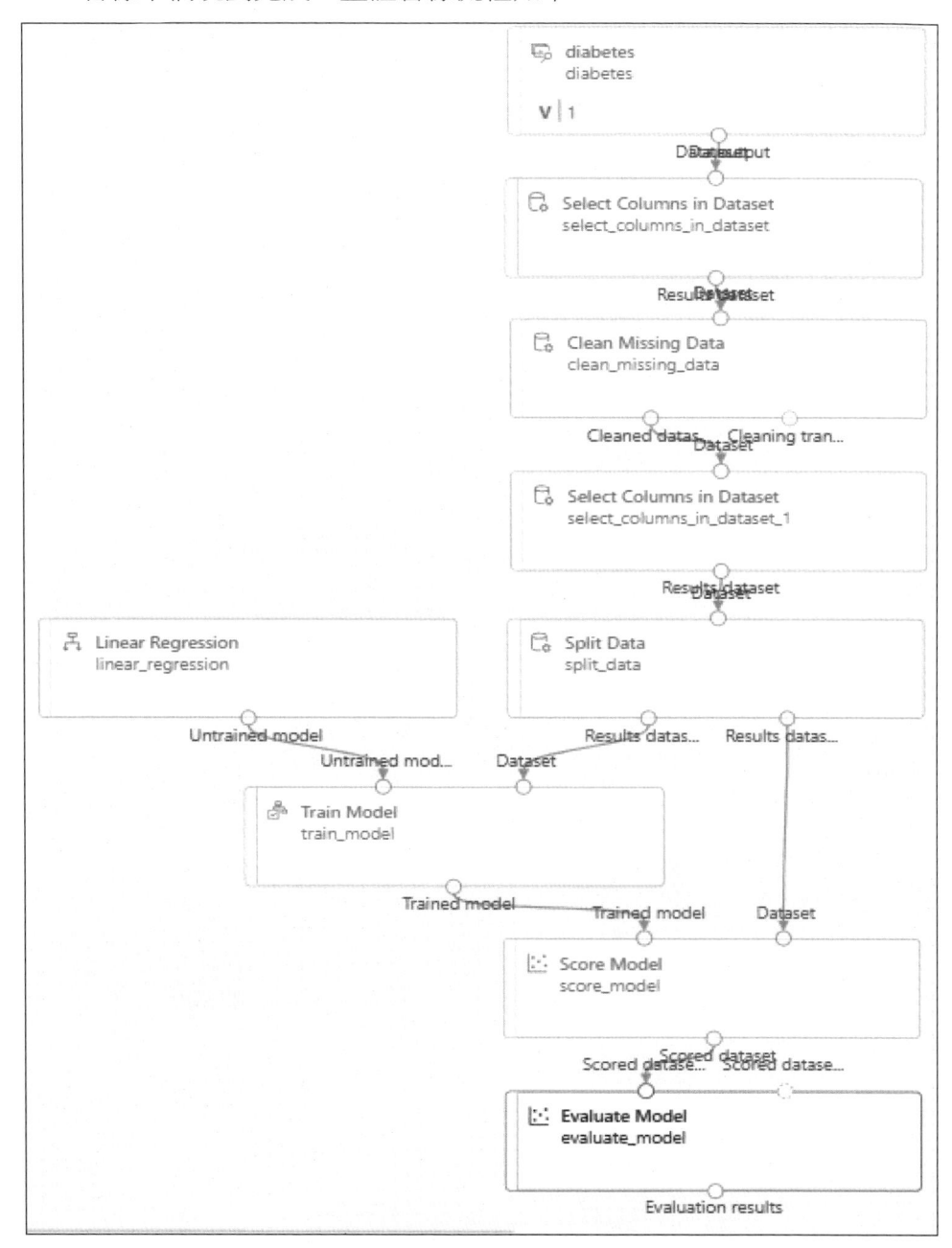

▲ 糖尿病指數迴歸模型管線圖

三. 設定和提交

迴歸機器學習模型的管線草稿規劃完後，可以點按畫布功能表右邊的「設定和提交」鈕，來設定機器學習模型管線作業計算的目標以及提交。

1. **基本資料：**

   設定管線作業的基本資料，實驗名稱此次選擇「建立新的」，然後輸入實驗名稱。如果已經做過管線實驗，可以選取現有項目。完成後按「下一個」鈕繼續。

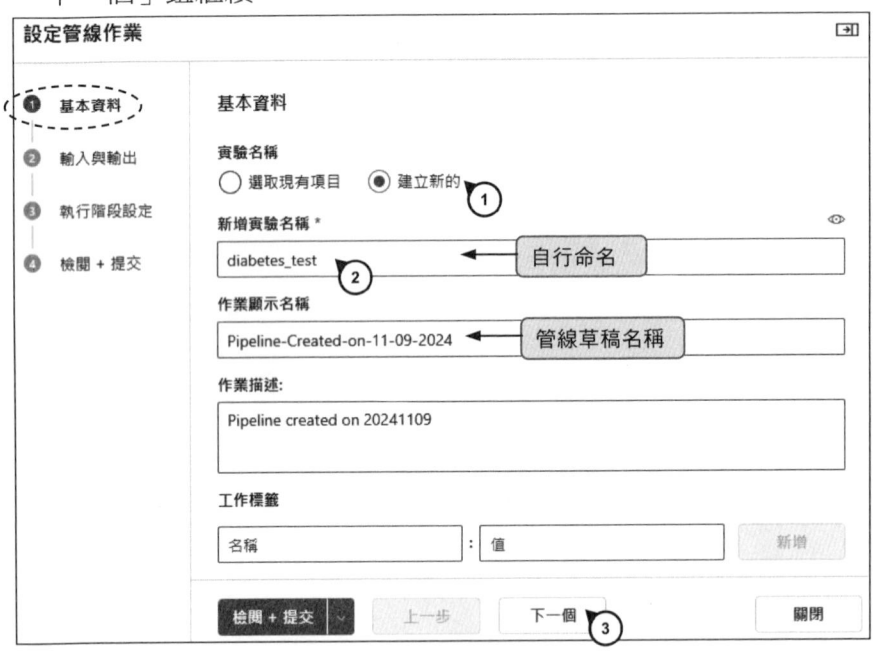

   設定管線作業

   ① 基本資料
   ② 輸入與輸出
   ③ 執行階段設定
   ④ 檢閱 + 提交

   基本資料

   實驗名稱
   ○ 選取現有項目   ● 建立新的 ← ①

   新增實驗名稱 *
   diabetes_test ← ② 自行命名

   作業顯示名稱
   Pipeline-Created-on-11-09-2024 ← 管線草稿名稱

   作業描述：
   Pipeline created on 20241109

   工作標籤
   名稱   ：   值   新增

   檢閱 + 提交   上一步   下一個ー③   關閉

2. **輸入與輸出：**

   本範例的管線作業沒有輸入和輸出，按「下一個」鈕繼續。

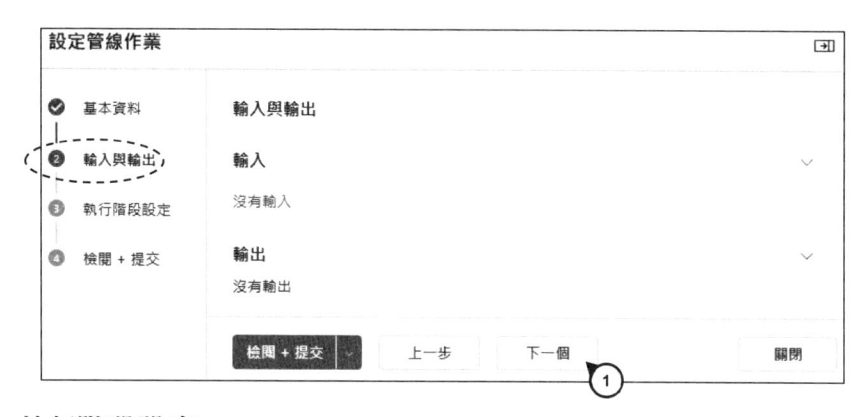

[設定管線作業畫面圖]

3. 執行階段設定：

    機器學習模型的計算類型有「計算執行個體」和「計算叢集」，做為處理資料和模型的開發工作站。「計算執行個體」是一台虛擬機器，而「計算叢集」則是多台互相支援的虛擬機器。選取「計算叢集」然後按「建立 Azure ML 計算叢集」連結，來建立計算叢集。

[執行階段設定畫面圖]

建立計算叢集

① 虛擬機器
選取虛擬機器
選取計算叢集所要用的虛擬機器大小。

位置 *
East US 2

← 可以自行選擇虛擬機器所在較近的位置

虛擬機器階層 ⓘ
◉ 專用 ○ 低優先順序

虛擬機器類型 ⓘ
◉ CPU ○ GPU   ← GPU 功能強於 CPU

虛擬機器大小 ⓘ
◉ 從建議選項中選取 ○ 從所有選項中選取

自行依照計算的複雜度和預算，來選擇虛擬機器的大小。

名稱 ↑	類別	工作負載類型	可用配額 ⓘ	費用 ⓘ
◉ Standard_DS11_v2 2 個核心, 14GB RAM, 28GB 儲存體	記憶體最佳化	Notebooks (或其他 IDE) 上的開發與輕型測試	2 個核心	$0.15/小時
○ Standard_D4s_v3	一般用途	小型資料集上的傳統 ML 模型訓練	6 個核心	$0.19/小時

上一步 **下一個** ② 取消

建立計算叢集

✓ 虛擬機器

② 進階設定
設定
為您選取的虛擬機器大小設定計算叢集設定。

名稱	類別	核心數	可用的配額	RAM	儲存體	成本/節點
Standard_DS11_v2	記憶體最佳化	2	6 個核心	14 GB	28 GB	$0.15/小時

計算名稱 * ⓘ
diabetes-count ① ← 虛擬機器名稱

節點數目下限 * ⓘ
0

節點數目上限 * ⓘ
1

相應減少之前的閒置秒數 * ⓘ
120

⬤ 啟用 SSH 存取 ⓘ

> 進階設定

新增標籤 ⓘ

上一步 **建立** ② 下載自動化的範本 取消

設定管線作業

執行階段設定

預設計算 ⓘ

選取計算類型

計算叢集

選取 Azure ML 計算叢集

diabetes-count ← 選取建立的虛擬機器名稱

建立 Azure ML 計算叢集　重新整理計算

> Identity

預設資料存放區 ⓘ

選取資料存放區 *

workspaceblobstore

進階設定

☑ 在步驟失敗時繼續 ⓘ

[檢閱 + 提交]　[上一步]　[下一個]　　　　[關閉]

4. 檢閱 + 提交：

檢閱之前所設定計算虛擬機器的資料是否正確，若沒有問題就按「提交」鈕，將管線提交虛擬機器執行。

設定管線作業

檢閱 + 提交

基本資料

作業顯示名稱
Pipeline-Created-on-11-09-2024

作業描述：
Pipeline created on 20241109

實驗
diabetes_test

標籤
ⓘ 沒有 標籤

[提交]　[上一步]　[下一個]　　　　[關閉]

> **Tips** 管線作業提交後，如果有錯誤必須排除才能執行。通常是元件的參數沒有設定正確，只要重新設定即可。另外，也可能是演算法選擇不適當，此時就要刪除原演算法元件，再更換新的演算法。

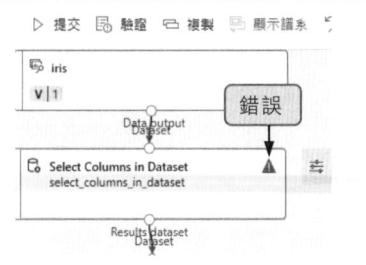

　　管線作業提交成功後，就可以點按「作業詳細資料」，查看管線執行的過程。機器學習模型管線作業會依照資料集的大小，演算法的複雜程度，以及虛擬機器的效能，花費一段時間來執行。管線作業提交後系統會依照管線草稿的流程執行，若正確無誤在元件上會出現 ✓ 圖示，否則會出現錯誤訊息。

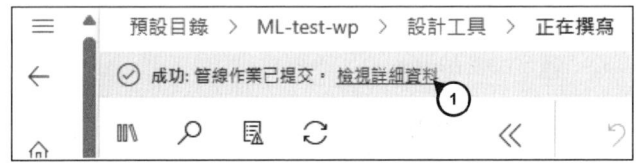

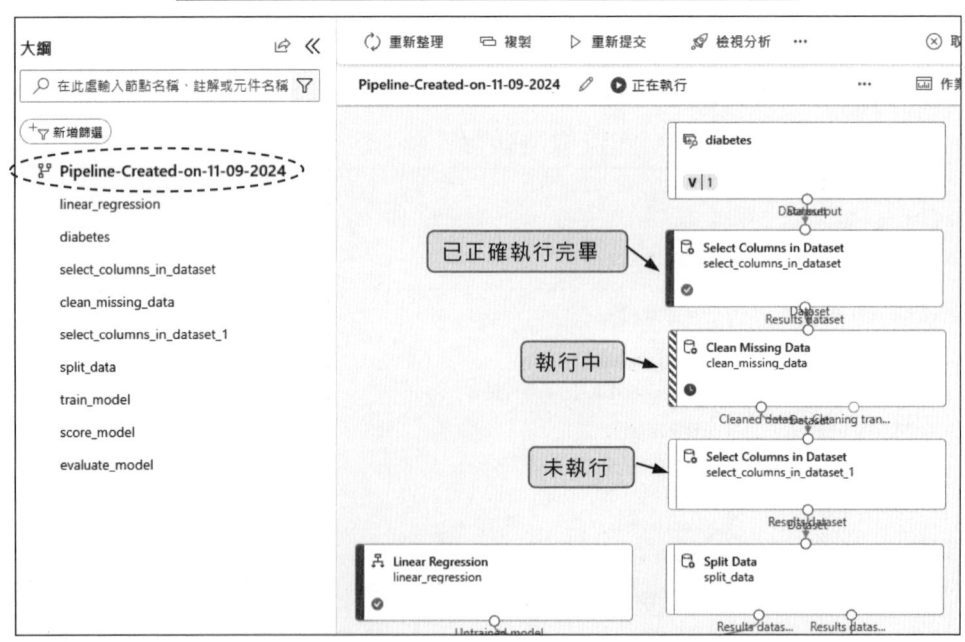

四. 評估模型

管線作業全部執行完畢後,就可以查看模型的績效。

1. **查看模型分數:**

   在『Score Model』元件上按右鍵,執行「預覽資料 / Scored dataset」項目,會顯示各筆資料列演算後的結果。

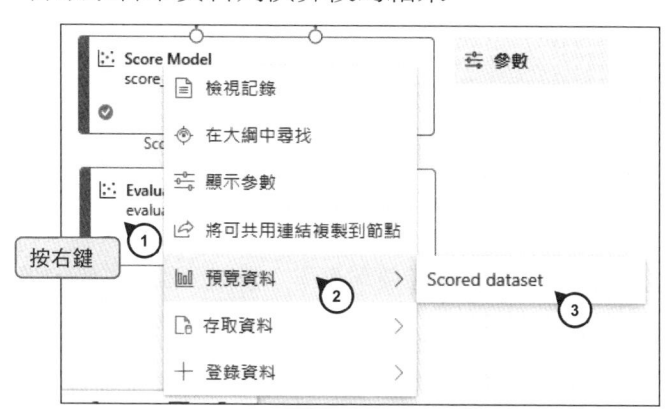

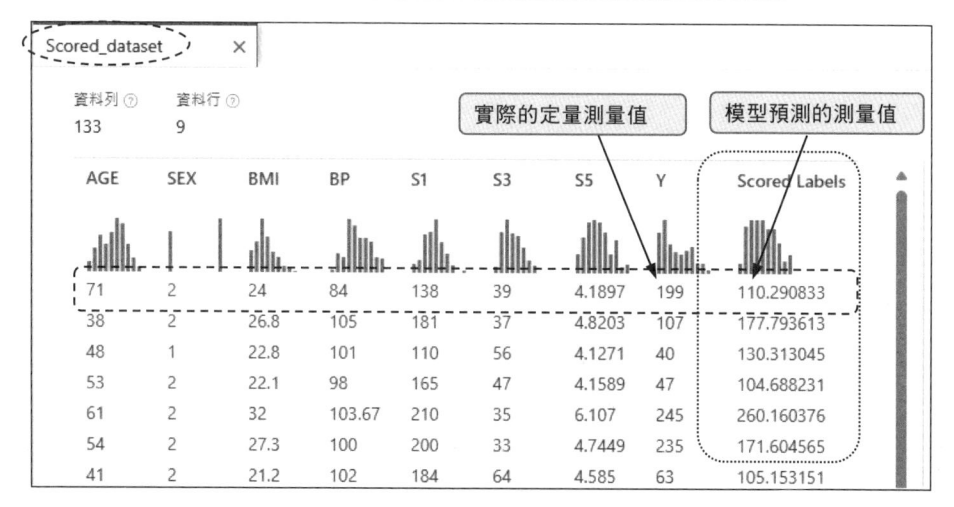

AGE	SEX	BMI	BP	S1	S3	S5	Y	Scored Labels
71	2	24	84	138	39	4.1897	199	110.290833
38	2	26.8	105	181	37	4.8203	107	177.793613
48	1	22.8	101	110	56	4.1271	40	130.313045
53	2	22.1	98	165	47	4.1589	47	104.688231
61	2	32	103.67	210	35	6.107	245	260.160376
54	2	27.3	100	200	33	4.7449	235	171.604565
41	2	21.2	102	184	64	4.585	63	105.153151

2. **查看模型評估結果:**

   在『Evaluate Model』元件上按右鍵,執行「預覽資料 / Evaluation results」項目,會顯示模型評估後的結果。平均絕對誤差和均方根誤差值越小表示模型的效能越好,但要和其他模型比較。

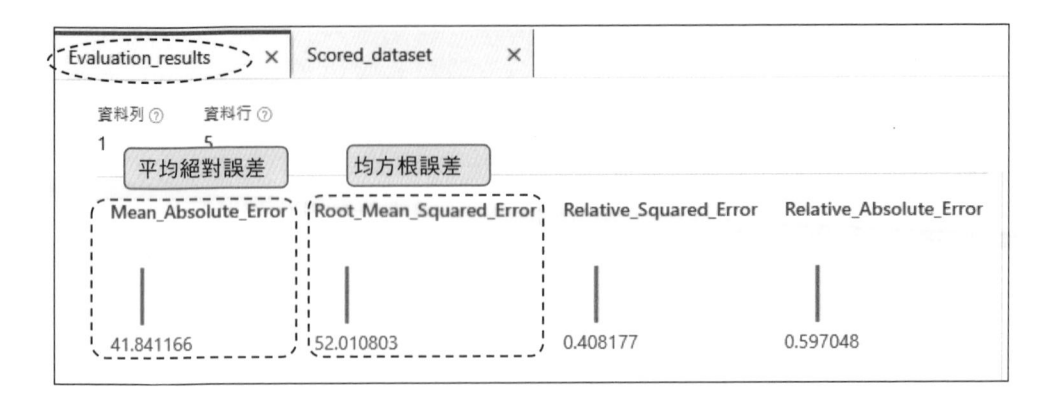

```
Evaluation_results  ×   Scored_dataset  ×

資料列 ⑦    資料行 ⑦
   1          5
     平均絕對誤差          均方根誤差

Mean_Absolute_Error   Root_Mean_Squared_Error   Relative_Squared_Error   Relative_Absolute_Error


   41.841166            52.010803                0.408177                 0.597048
```

13.4 使用 Azure 機器學習自動化 ML

　　自動化 ML 是將機器學習模型開發中，耗時的反覆流程自動化，能以高擴充性、效率和生產力來建置 ML 模型。本節將用自動化 ML 工具，對鳶尾花卉資料集進行自動化實驗，來取得最合適的機器學習模型和參數。

13.4.1 資料集結構介紹

　　本範例使用的鳶尾花卉資料集 (iris.data)，可用來預測鳶尾花的品種，是機器學習最經典的資料集。資料集記錄鳶尾屬花朵的花瓣、花萼的長、寬資料，藉此區分成山鳶尾 (setosa)、變色鳶尾 (versicolor) 和維吉尼亞鳶尾 (virginica) 三個品種。資料集中有 150 個資料列第一列為標題列，每個資料含有 4 個特徵屬性和一個標籤屬性 (class)，class 就是標籤資料行 (目標資料行)。iris.data 檔案在書附範例 dataset 資料夾中，資料集結構表列如下：

屬性	sepal_length	sepal_width	petal_length	petal_width	class
說明	花萼長度	花萼寬度	花瓣長度	花瓣寬度	品種分類
屬性值	浮點數(cm)	浮點數(cm)	浮點數(cm)	浮點數(cm)	iris_setosa, iris_versicolor, iris_virginica
範例	5.1	3.5	1.4	0.2	iris-setosa

13.4.2 自動化 ML 操作步驟

在 Azure 機器學習工作室點按 「自動化 ML」功能，然後點按「新增自動化 ML 作業」，就會進入提交自動化 ML 作業。

一. 基本設定

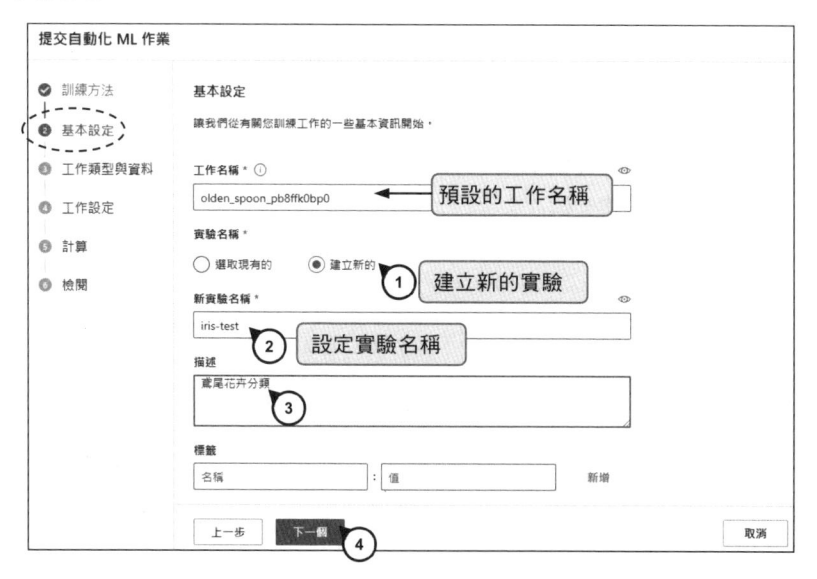

二. 設定工作類型與資料

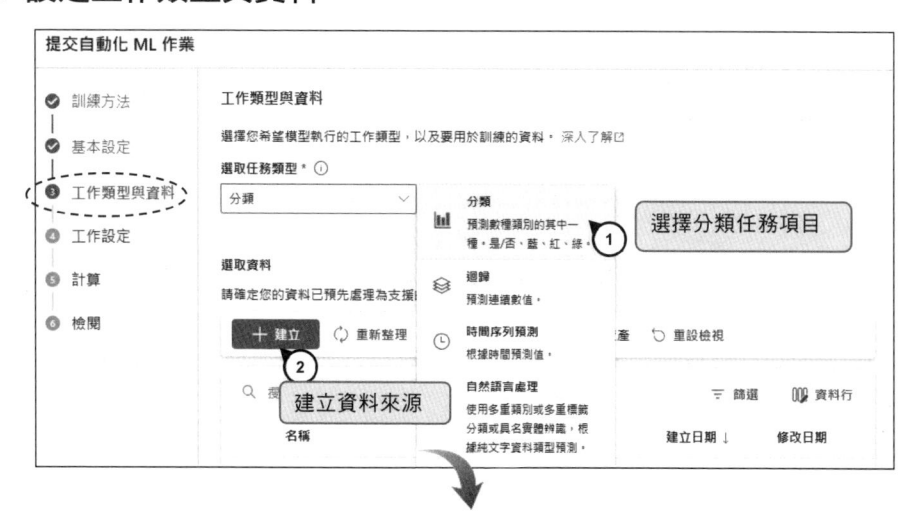

建立資料資產

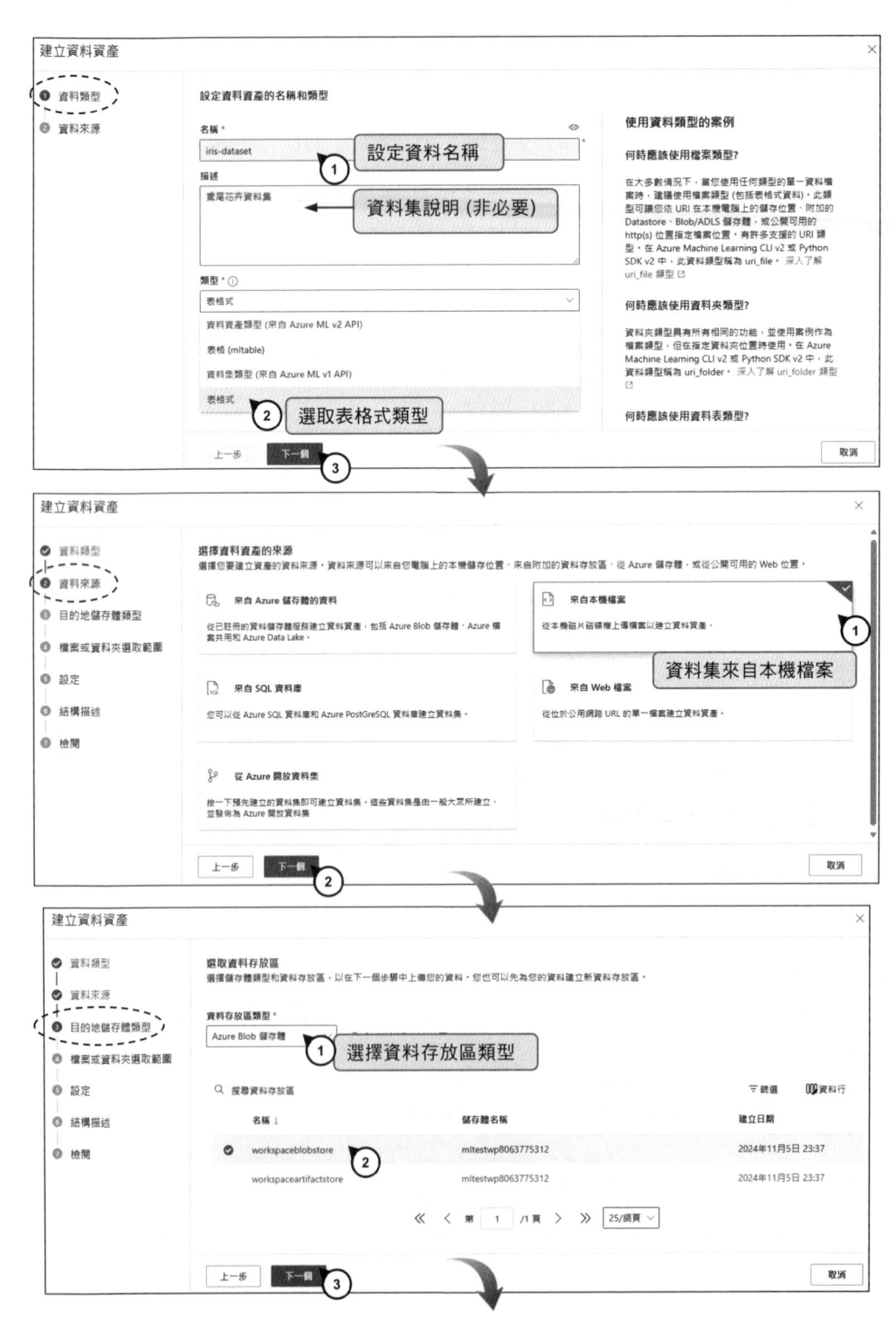

設定資料資產的名稱和類型

名稱 *
`iris-dataset` ← ① 設定資料名稱

描述
鳶尾花卉資料集 ← 資料集說明 (非必要)

類型 * ⓘ
表格式
- 資料資產類型 (來自 Azure ML v2 API)
- 表格 (mltable)
- 資料集類型 (來自 Azure ML v1 API)
- 表格式

② 選取表格式類型

使用資料類型的案例

何時應該使用檔案類型?

在大多數情況下,當您使用任何類型的單一資料檔案時,建議使用檔案類型 (包括表格式資料)。此類型可讓您依 URI 在本機電腦上的儲存位置、附加的 Datastore、Blob/ADLS 儲存體,或公開可用的 http(s) 位置指定檔案位置。有許多支援的 URI 類型。在 Azure Machine Learning CLI v2 或 Python SDK v2 中,此資料類型稱為 uri_file。深入了解 uri_file 類型 ⓘ

何時應該使用資料夾類型?

資料夾類型具有所有相同的功能,並使用案例作為檔案類型,但在指定資料位置時使用。在 Azure Machine Learning CLI v2 或 Python SDK v2 中,此資料類型稱為 uri_folder。深入了解 uri_folder 類型 ⓘ

何時應該使用資料表類型?

③ 下一個

建立資料資產

選擇資料資產的來源
選擇您要建立資產的來源。資料來源可以來自您電腦上的本機儲存位置、來自附加的資料存放區、從 Azure 儲存體,或公開可用的 Web 位置。

- 來自 Azure 儲存體的資料
  從已註冊的資料存放區服務建立資料資產,包括 Azure Blob 儲存體、Azure 檔案共用和 Azure Data Lake。

- 來自本機檔案 ✓ ①
  從本機磁碟磁碟機上傳檔案以建立資料資產。
  → 資料集來自本機檔案

- 來自 SQL 資料庫
  您可以從 Azure SQL 資料庫和 Azure PostGreSQL 資料庫建立資料集。

- 來自 Web 檔案
  從位於公用網際 URL 的單一檔案建立資料資產。

- 從 Azure 開放資料集
  按一下預先建立的資料集即可建立資料集。這些資料集是由一般大眾所建立,並發佈為 Azure 開放資料集。

② 下一個

建立資料資產

選取資料存放區
選擇儲存體類型和資料存放區,以在下一個步驟中上傳您的資料。您也可以先為您的資料建立新資料存放區。

資料存放區類型 *
`Azure Blob 儲存體` ← ① 選擇資料存放區類型

🔍 搜尋資料存放區

名稱 ↓	儲存體名稱	建立日期
✓ workspaceblobstore ②	mltestwp8063775312	2024年11月5日 23:37
workspaceartifactstore	mltestwp8063775312	2024年11月5日 23:37

《 〈 第 1 /1頁 〉 》 25/網頁

③ 下一個

CH13　Azure 機器學習實作

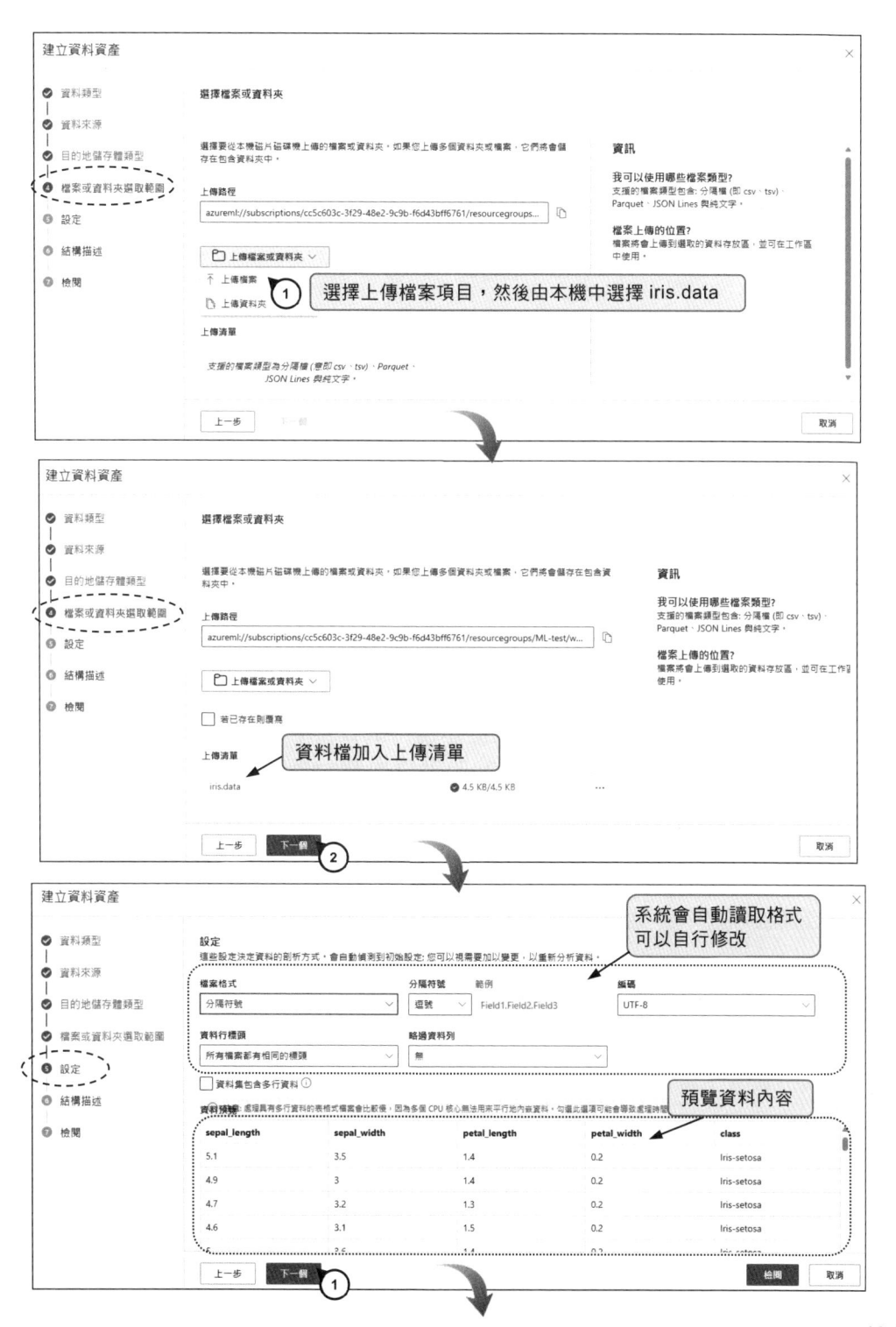

建立資料資產

- ✓ 資料類型
- ✓ 資料來源
- ✓ 目的地儲存體類型
- ❹ 檔案或資料夾選取範圍
- ❺ 設定
- ❻ 結構描述
- ❼ 檢閱

選擇檔案或資料夾

選擇要從本機磁片磁碟機上傳的檔案或資料夾。如果您上傳多個資料夾或檔案，它們將會個別存在包含資料夾中。

上傳路徑

azureml://subscriptions/cc5c603c-3f29-48e2-9c9b-f6d43bff6761/resourcegroups...

📁 上傳檔案或資料夾 ∨

① 上傳檔案
📄 上傳資料夾

選擇上傳檔案項目，然後由本機中選擇 iris.data

上傳清單

支援的檔案類型為分隔檔（意即 csv、tsv）、Parquet、JSON Lines 與純文字。

資訊

我可以使用哪些檔案類型？
支援的檔案類型包含：分隔檔（即 csv、tsv）、Parquet、JSON Lines 與純文字。

檔案上傳的位置？
檔案將會上傳到選取的資料存放區，並可在工作區中使用。

建立資料資產

- ✓ 資料類型
- ✓ 資料來源
- ✓ 目的地儲存體類型
- ❹ 檔案或資料夾選取範圍
- ❺ 設定
- ❻ 結構描述
- ❼ 檢閱

選擇檔案或資料夾

選擇要從本機磁片磁碟機上傳的檔案或資料夾。如果您上傳多個資料夾或檔案，它們將會存在包含資料夾中。

上傳路徑

azureml://subscriptions/cc5c603c-3f29-48e2-9c9b-f6d43bff6761/resourcegroups/ML-test/w...

📁 上傳檔案或資料夾 ∨

☐ 若已存在則覆寫

上傳清單　**資料檔加入上傳清單**

iris.data　　　　　　　　　　● 4.5 KB/4.5 KB

資訊

我可以使用哪些檔案類型？
支援的檔案類型包含：分隔檔（即 csv、tsv）、Parquet、JSON Lines 與純文字。

檔案上傳的位置？
檔案將會上傳到選取的資料存放區，並可在工作區使用。

建立資料資產

- ✓ 資料類型
- ✓ 資料來源
- ✓ 目的地儲存體類型
- ✓ 檔案或資料夾選取範圍
- ❺ 設定
- ❻ 結構描述
- ❼ 檢閱

設定

這些設定決定資料的剖析方式。會自動偵測到初始設定；您可以視需要加以變更，以重新分析資料。

系統會自動讀取格式可以自行修改

檔案格式	分隔符號	範例	編碼
分隔符號 ∨	逗號 ∨	Field1,Field2,Field3	UTF-8 ∨

資料行標頭	略過資料列
所有檔案都有相同的標頭 ∨	無 ∨

☐ 資料集包含多行資料 ⓘ

資料預覽：處理具有多行資料的表格式檔案會比較慢，因為多個 CPU 核心無法用來平行地內含資料。勾選此選項可能會導致處理時間較長。

預覽資料內容

sepal_length	sepal_width	petal_length	petal_width	class
5.1	3.5	1.4	0.2	Iris-setosa
4.9	3	1.4	0.2	Iris-setosa
4.7	3.2	1.3	0.2	Iris-setosa
4.6	3.1	1.5	0.2	Iris-setosa

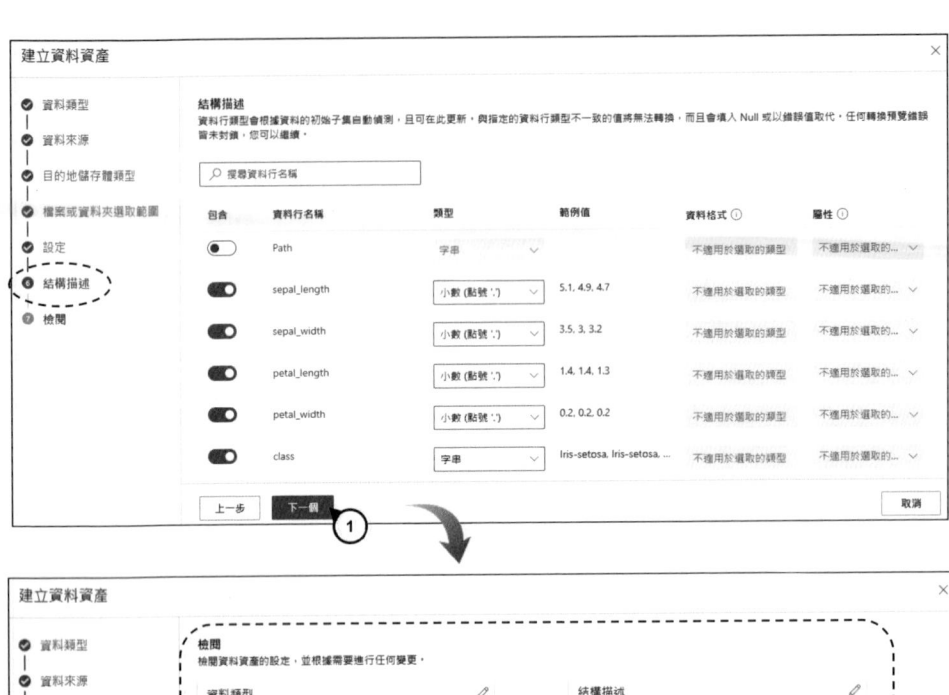

建立資料資產

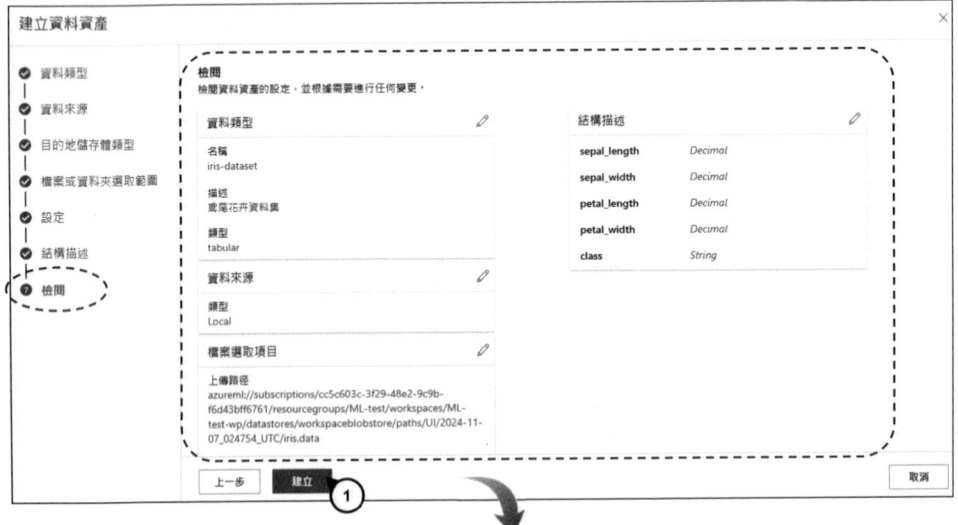

結構描述
資料行類型會根據資料的初始子集自動偵測,且可在此更新。與指定的資料行類型不一致的值將無法轉換,而且會填入 Null 或以遺漏值取代。任何轉換預覽儲存資料未對齊,您可以繼續。

包含	資料行名稱	類型	範例值	資料格式 ⓘ	屬性 ⓘ
⬤	Path	字串		不適用於選取的類型	不適用於選取的...
⬤	sepal_length	小數 (點號 '.')	5.1, 4.9, 4.7	不適用於選取的類型	不適用於選取的...
⬤	sepal_width	小數 (點號 '.')	3.5, 3, 3.2	不適用於選取的類型	不適用於選取的...
⬤	petal_length	小數 (點號 '.')	1.4, 1.4, 1.3	不適用於選取的類型	不適用於選取的...
⬤	petal_width	小數 (點號 '.')	0.2, 0.2, 0.2	不適用於選取的類型	不適用於選取的...
⬤	class	字串	Iris-setosa, Iris-setosa, ...	不適用於選取的類型	不適用於選取的...

側邊導覽:
- ✓ 資料類型
- ✓ 資料來源
- ✓ 目的地儲存體類型
- ✓ 檔案或資料夾選取範圍
- ✓ 設定
- ● **結構描述**
- ⓘ 檢閱

[上一步] [下一個] ① [取消]

建立資料資產

檢閱
檢閱資料資產的設定,並根據需要進行任何變更。

資料類型
名稱
iris-dataset
描述
鳶尾花卉資料集
類型
tabular

資料來源
類型
Local

檔案選取項目
上傳路徑
azureml://subscriptions/cc5c603c-3f29-48e2-9c9b-f6d43bff6761/resourcegroups/ML-test/workspaces/ML-test-wp/datastores/workspaceblobstore/paths/UI/2024-11-07_024754_UTC/iris.data

結構描述

sepal_length	Decimal
sepal_width	Decimal
petal_length	Decimal
petal_width	Decimal
class	String

側邊導覽:
- ✓ 資料類型
- ✓ 資料來源
- ✓ 目的地儲存體類型
- ✓ 檔案或資料夾選取範圍
- ✓ 設定
- ✓ 結構描述
- ● **檢閱**

[上一步] [建立] ① [取消]

CH13 Azure 機器學習實作

提交自動化 ML 作業

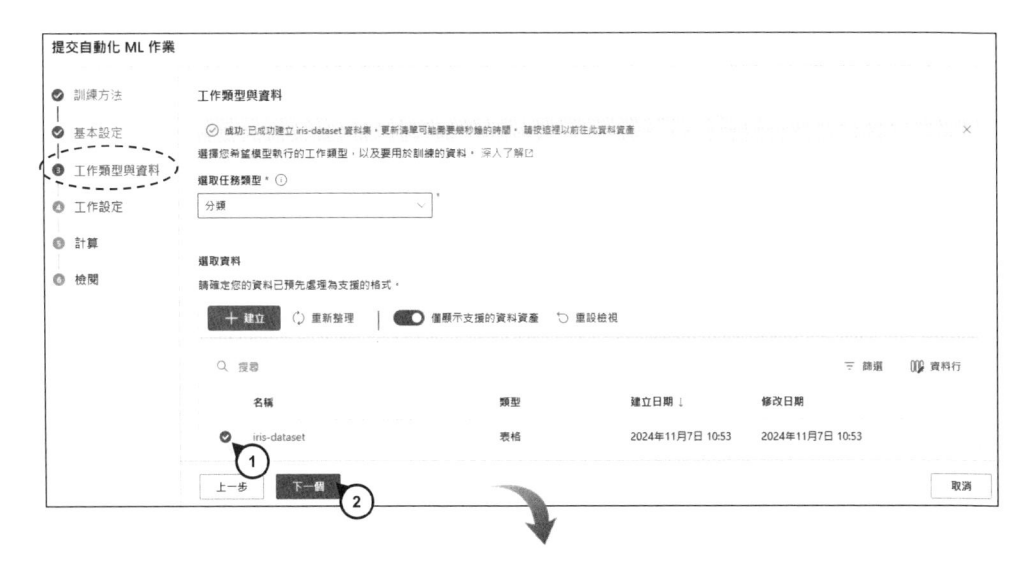

- ✓ 訓練方法
- ✓ 基本設定
- ❸ 工作類型與資料
- ❹ 工作設定
- ❺ 計算
- ❻ 檢閱

工作類型與資料

✓ 成功：已成功建立 iris-dataset 資料集，更新清單可能需要幾秒鐘的時間。請按這裡此資料資產

選取您希望模型執行的工作類型，以及要用於訓練的資料。深入了解

選取任務類型 * ⓘ

分類

選取資料

請確定您的資料已預先處理為支援的格式。

+ 建立　🗘 重新整理　　● 僅顯示支援的資料資產　🗘 重設檢視

🔍 搜尋　　　　　　　　　　　　　　　　　　　　　　　▽ 篩選　▥ 資料行

	名稱	類型	建立日期 ↓	修改日期
✓	iris-dataset ①	表格	2024年11月7日 10:53	2024年11月7日 10:53

上一步　下一個 ②　　　　　　　　　　　　　　　　　　　　　　取消

三. 工作設定

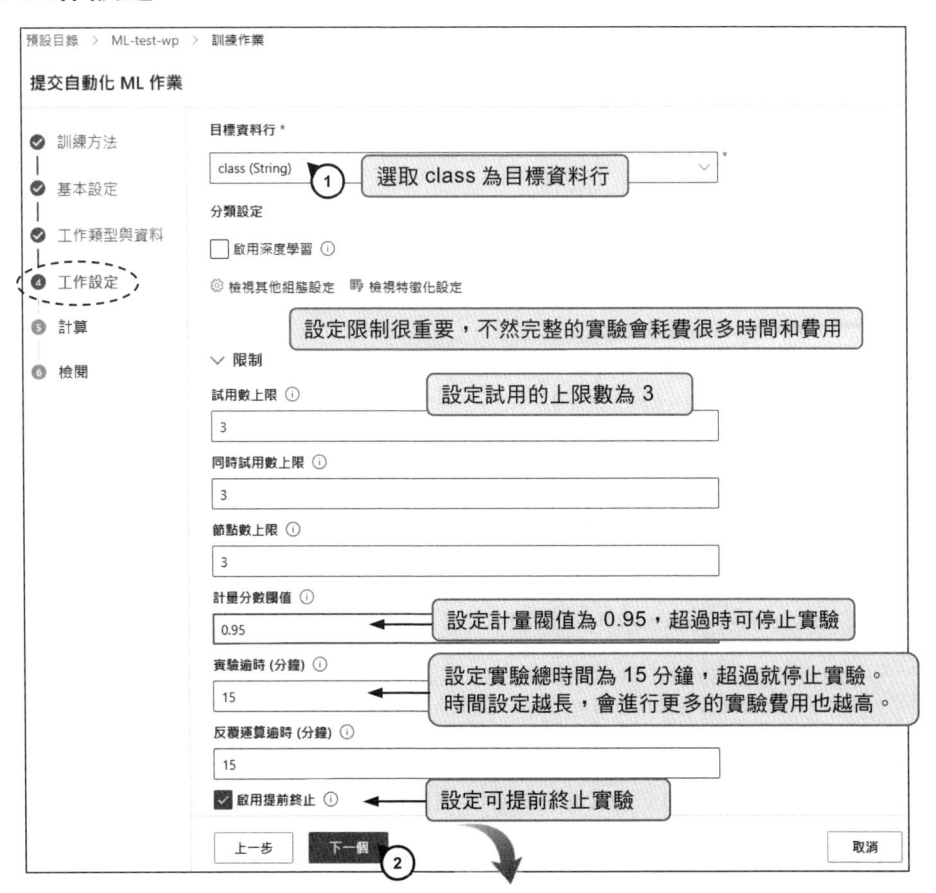

預設目錄 > ML-test-wp > 訓練作業

提交自動化 ML 作業

- ✓ 訓練方法
- ✓ 基本設定
- ✓ 工作類型與資料
- ❹ 工作設定
- ❺ 計算
- ❻ 檢閱

目標資料行 *

class (String) ①　　選取 class 為目標資料行

分類設定

☐ 啟用深度學習 ⓘ

⚙ 檢視其他組態設定　🏷 檢視特徵化設定

設定限制很重要，不然完整的實驗會耗費很多時間和費用

∨ 限制

試用數上限 ⓘ　　　　設定試用的上限數為 3
3

同時試用數上限 ⓘ
3

節點數上限 ⓘ
3

計量分數閾值 ⓘ
0.95　　　◀　　設定計量閾值為 0.95，超過時可停止實驗

實驗逾時 (分鐘) ⓘ
15　　　◀　　設定實驗總時間為 15 分鐘，超過就停止實驗。
　　　　　　　時間設定越長，會進行更多的實驗費用也越高。

反覆運算逾時 (分鐘) ⓘ
15

☑ 啟用提前終止 ⓘ　◀　設定可提前終止實驗

上一步　下一個 ②　　　　　　　　　　　　　　　　　　　　　取消

四. 計算設定

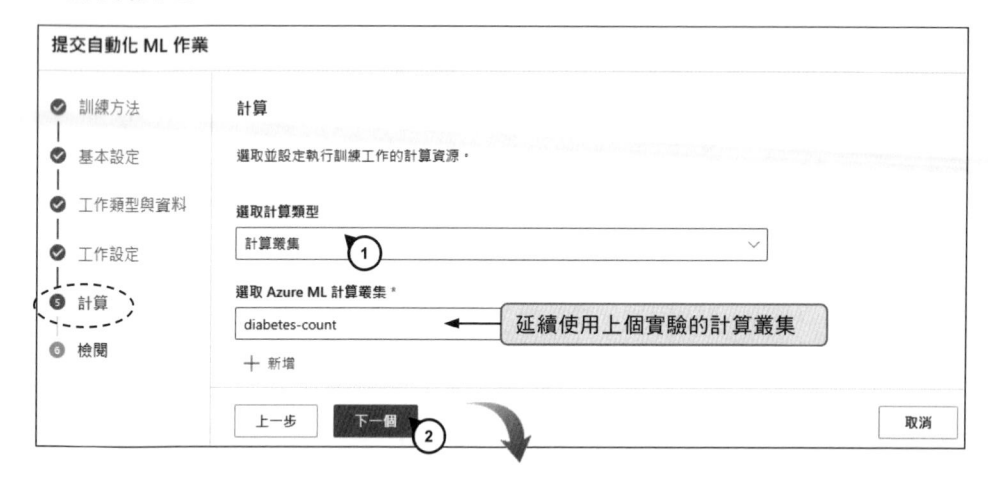

![提交自動化 ML 作業 - 計算設定畫面]

- ✓ 訓練方法
- ✓ 基本設定
- ✓ 工作類型與資料
- ✓ 工作設定
- ⑤ **計算**
- ⑥ 檢閱

計算

選取並設定執行訓練工作的計算資源。

選取計算類型
計算叢集

選取 Azure ML 計算叢集 *
diabetes-count ← 延續使用上個實驗的計算叢集

＋ 新增

上一步　　下一個 ②　　　　　　　　　　　　　　取消

五. 檢閱設定情形

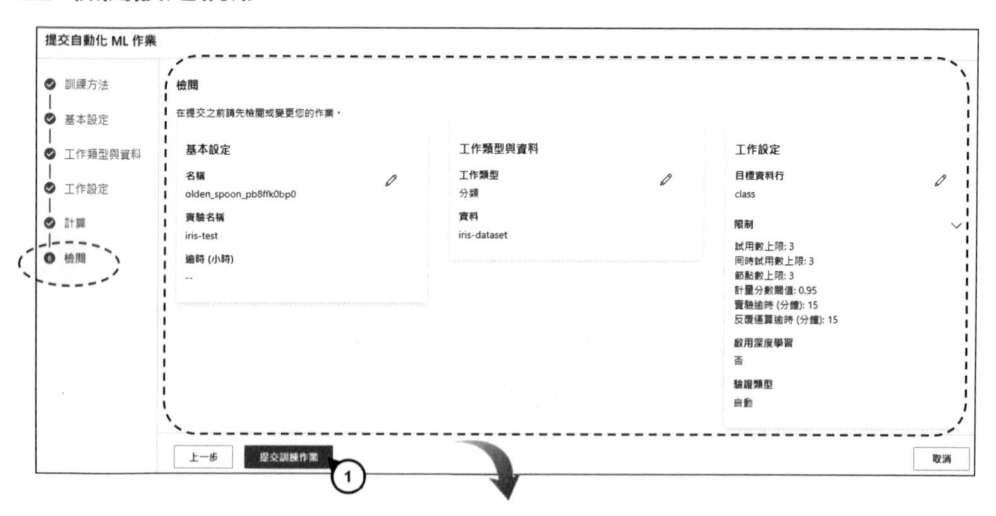

![提交自動化 ML 作業 - 檢閱畫面]

- ✓ 訓練方法
- ✓ 基本設定
- ✓ 工作類型與資料
- ✓ 工作設定
- ✓ 計算
- ⑥ **檢閱**

檢閱
在提交之前請先檢閱或變更您的作業。

基本設定
名稱
olden_spoon_pb8ffk0bp0
實驗名稱
iris-test
逾時 (小時)
--

工作類型與資料
工作類型
分類
資料
iris-dataset

工作設定
目標資料行
class
限制
試用數上限: 3
同時試用數上限: 3
範點數上限: 3
計量分數臨界值: 0.95
實驗逾時 (分鐘): 15
反覆運算逾時 (分鐘): 15
啟用深度學習
否
驗證類型
自動

上一步　　提交訓練作業 ①　　　　　　　　　　　　　　取消

六. 開始自動化 ML 作業

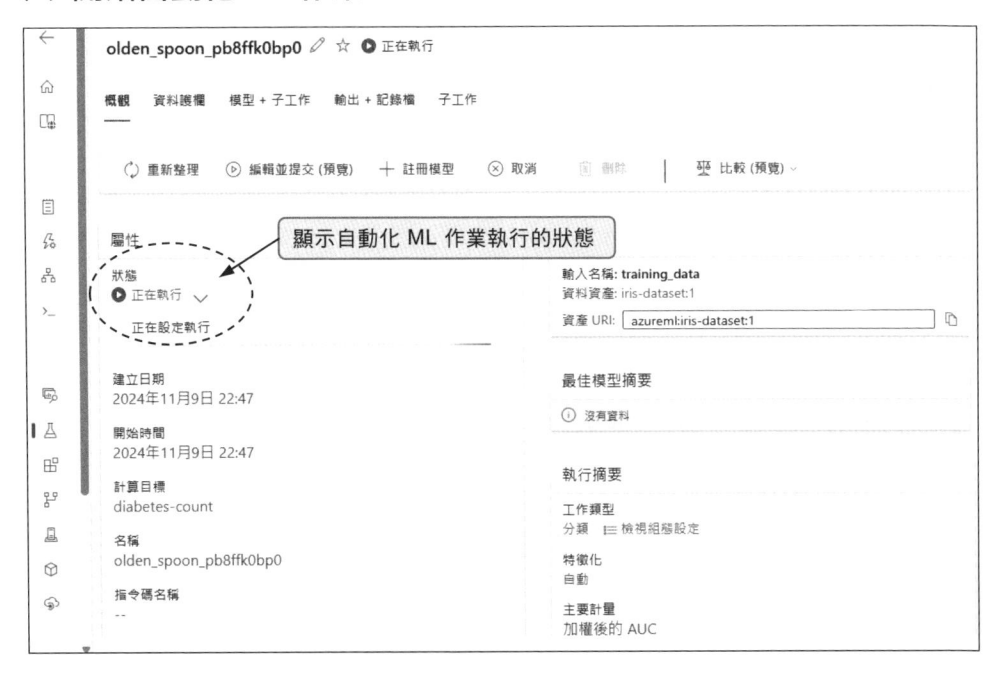

13.4.3 檢視自動化 ML 結果

　　開始自動化 ML 作業時，準備實驗作業約需要數分鐘，執行每個模型項目約要 2～3 分鐘，整個作業完成約要數個小時的時間，選擇的計算類型會影響速度。除非設定的限制條件符合，才會提前終止實驗，例如超過設定的實驗時間，或是計量值已經達到設定的閾值，為了節省時間和費用務必要設定限制條件。自動化 ML 作業結束後，系統會產生建議的最佳模型和超參數。

　　因為自動化 ML 作業所需部署檔案很大，因此儲存的成本會較高。如果不打算再使用任何檔案時，建議刪除整個資源群組以免繼續產生費用。

Microsoft Azure AI Services 與 Azure OpenAI

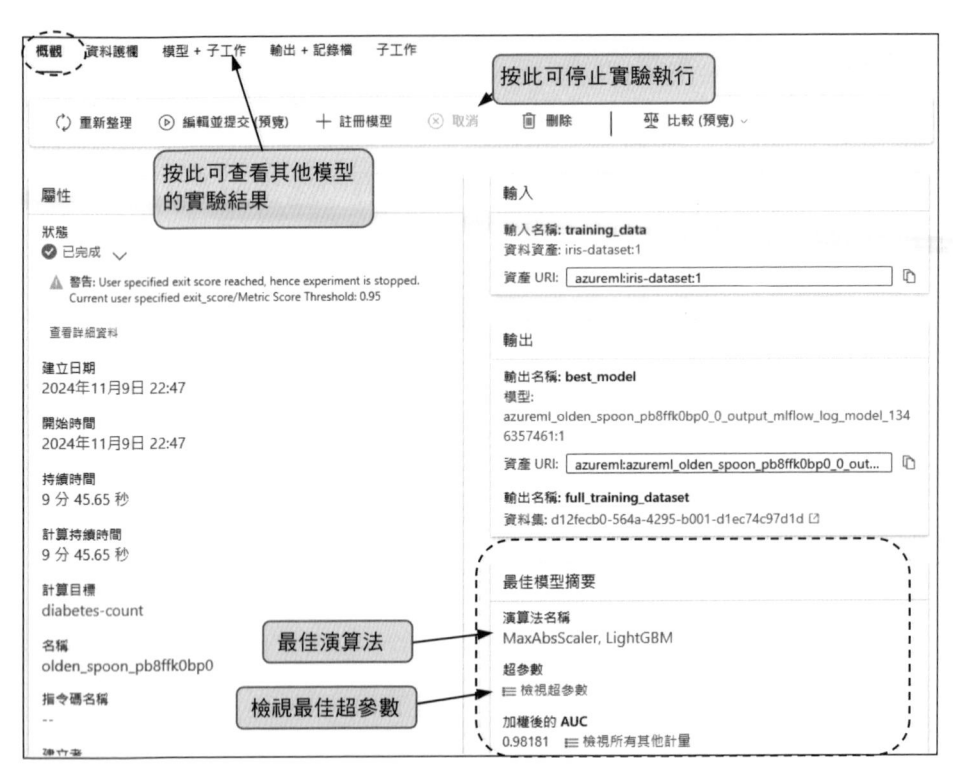

13.5 使用提示流程建立 AI 應用程式

提示流程是透過視覺化流程圖，建立可連結大型語言模型 (LLM)、提示和 Python 工具的可執行流程，簡化 AI 應用程式的開發週期。

13.5.1 建立提示流程

一. 申請 OpenAI 帳號

要使用提示流程建立 AI 應用程式之前，必須要有提供 LLM 服務的帳號，最常用的是 OpenAI 和 Azure OpenAI，請讀者自行申請本書不做說明。

二. 建立提示流程

1. 執行提示流程：

    在 Azure AI Machine Learing 工作室，工具列點選 >_ 提示流程圖示。

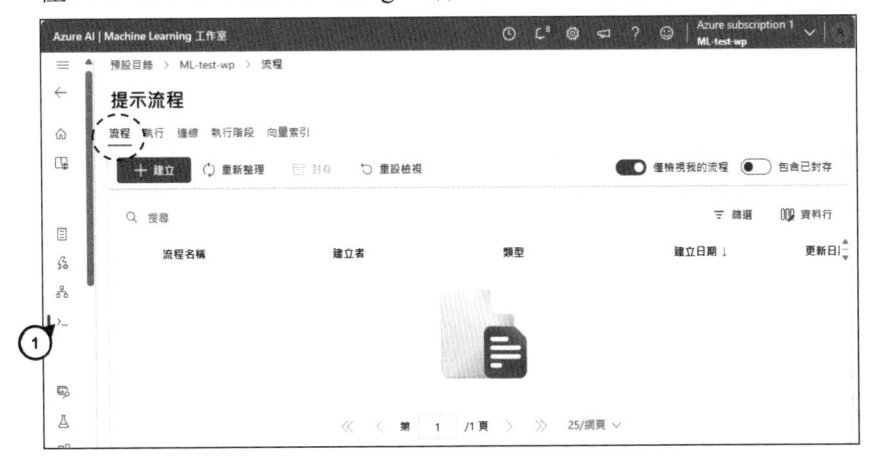

2. 建立連線：

    切換到「連線」標籤頁，然後點按 ＋建立 建立 LLM 服務的連線設定。以 OpenAI 為例必須輸入「名稱」和「API key」等資料，而 API key 就是 OpenAI 的金鑰。關於 OpenAI 金鑰申請方式可參閱由碁峰出版的 OpenAI 基礎必修課一書。

Microsoft Azure AI Services 與 Azure OpenAI

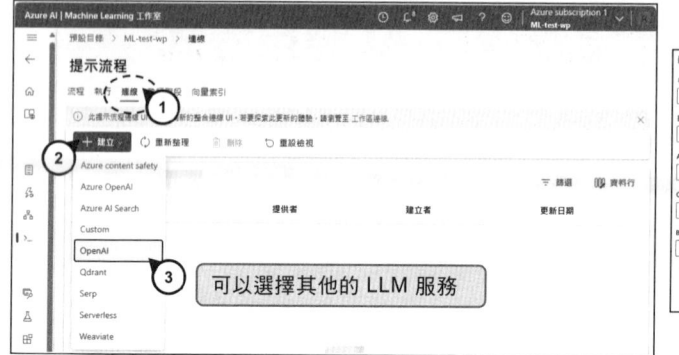

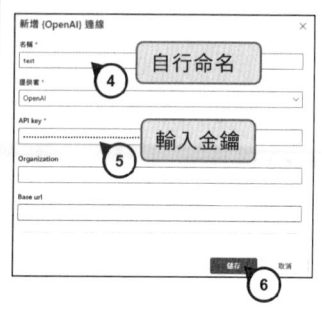

3. 建立提示流程：

切換到「流程」標籤頁，然後點按 ➕建立 建立提示流程。系統提供「標準」、「聊天」和「評估」三種流程類型，以及許多範例可以套用，在此以最簡單的「標準流程」為例。

三. 提示流程說明

建立好標準流程後，可以由「圖表」中看到流程是由「inputs」、「joke」、「echo」和「outputs」四個模組元件所組成。執行時會將「inputs」中輸入的笑話主題，傳給「joke」指定交由 LLM 連線服務處理，LLM 生成的笑話傳給「echo」，最後再交給「outputs」元件輸出。在「Flow」標籤頁中，可以看到各元件的內容，也可以修改元件的內容。

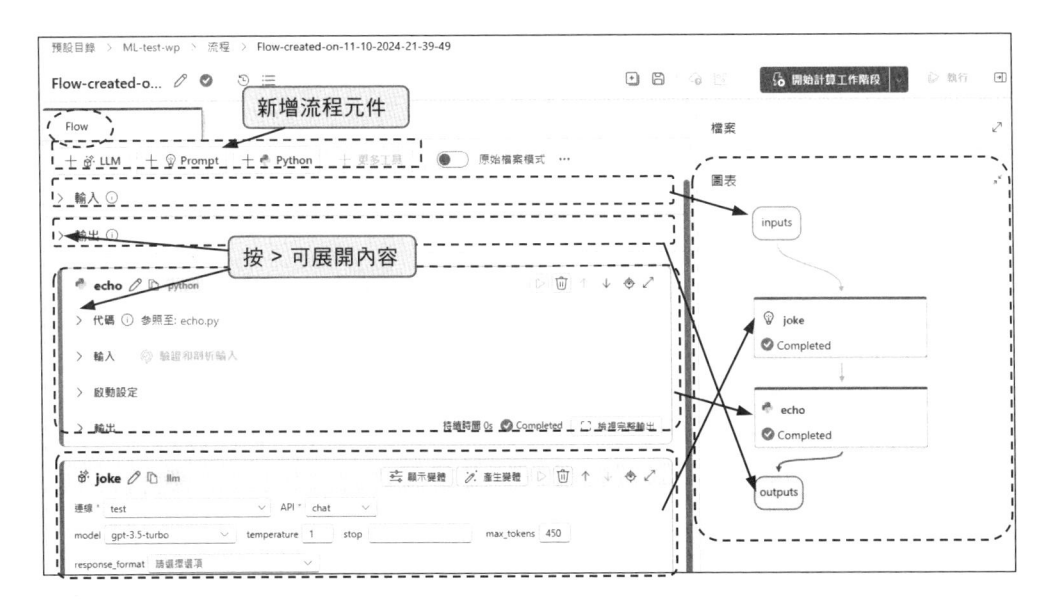

13.5.2 測試提示流程

1. 輸入 Inputs 值：

   在 inputs 元件的「值」中輸入「dog」，代表使用者的輸入值。

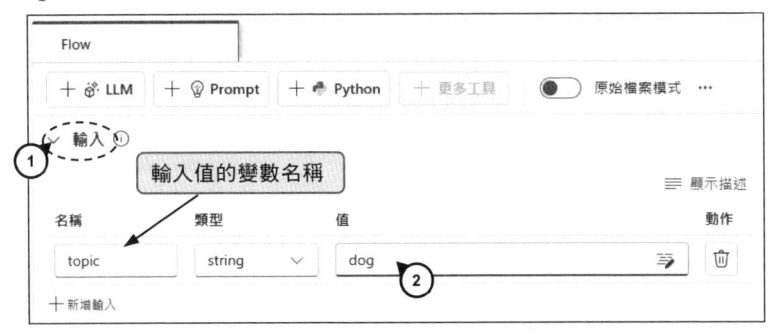

2. 設定連線：

   在 joke 元件中設定 LLM 服務的相關連線設定值。

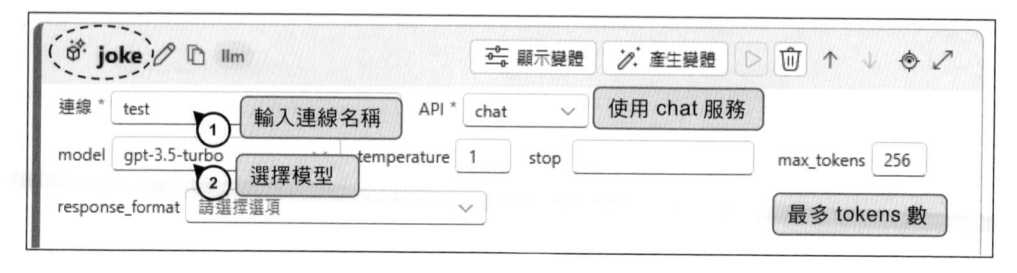

[圖示：joke / llm 節點設定]
- 連線 * : test ① 輸入連線名稱
- API * : chat　使用 chat 服務
- model : gpt-3.5-turbo ② 選擇模型
- temperature : 1
- stop :
- max_tokens : 256　最多 tokens 數
- response_format : 請選擇選項

3. 開始計算工作階段：

   點按 開始計算工作階段 的下拉鈕，執行「從進階設定開始」項目，來指定所使用的雲端計算虛擬機器，和啟用閒置關機來節省費用。要注意因閒置關機後，必須重新開始計算工作階段流程才能執行。

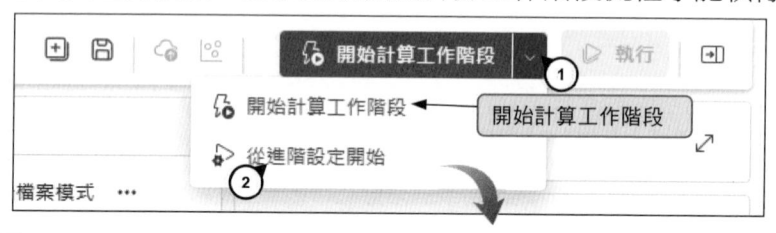

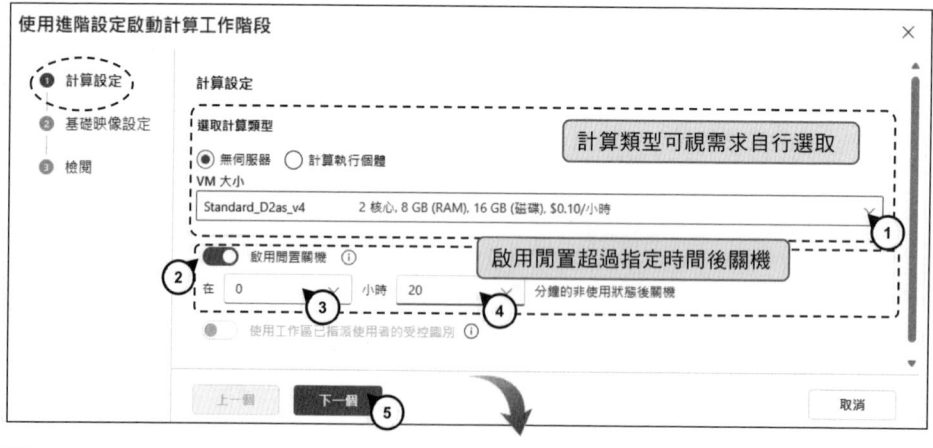

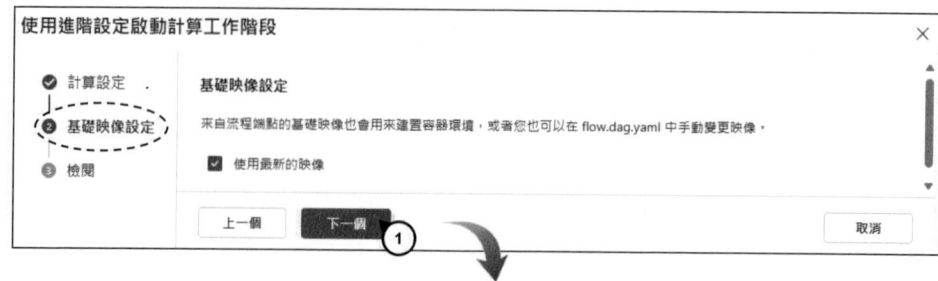

[圖示：開始計算工作階段下拉選單]
- ① 開始計算工作階段
- ② 從進階設定開始

[圖示：使用進階設定啟動計算工作階段 — 計算設定]
- ① 計算設定
- ② 基礎映像設定
- ③ 檢閱

選取計算類型：
- ● 無伺服器　○ 計算執行個體　　計算類型可視需求自行選取
- VM 大小：Standard_D2as_v4　2 核心, 8 GB (RAM), 16 GB (磁碟), $0.10/小時

② 啟用閒置關機　①
在 ③ 0 小時 ④ 20 分鐘的非使用狀態後關機
○ 使用工作區已指派使用者的受控識別

⑤ 下一個

[圖示：使用進階設定啟動計算工作階段 — 基礎映像設定]
- ✓ 計算設定
- ② 基礎映像設定
- ③ 檢閱

基礎映像設定
來自流程端點的基礎映像也會用來建置容器環境，或者您也可以在 flow.dag.yaml 中手動變更映像。
☑ 使用最新的映像

① 下一個

13-44

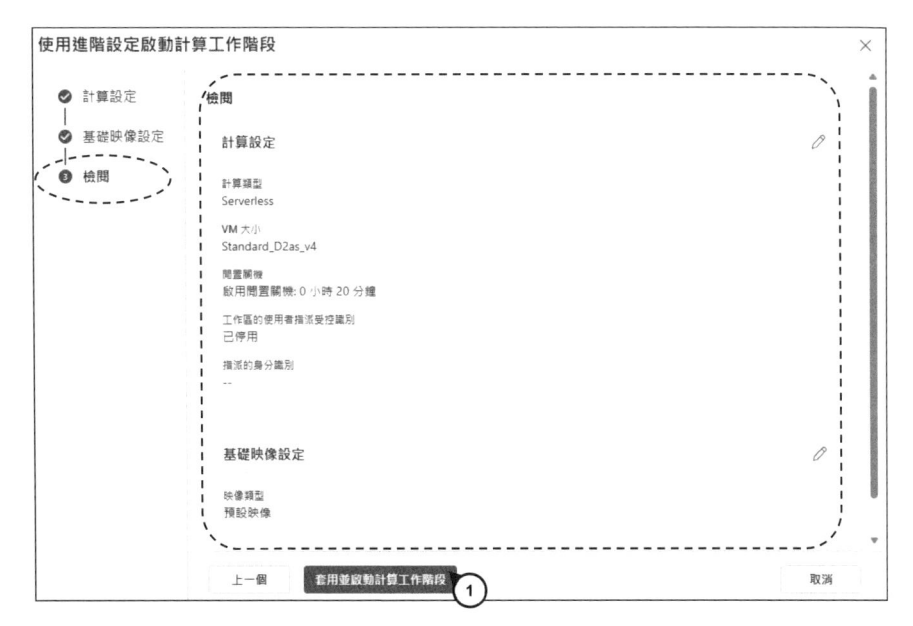

4. 執行提示流程：

    當計算工作階段啟動完成後，會在工具列顯示「⊙計算工作階段執行中」，表示計算工作階段啟動，此時就可以按 ▷ 執行 鈕執行提示流程。

5. 提示流程執行完成：

    當提示流程執行完成後，順利執行的元件會顯示 ⊙ 圖示，否則會出現警告圖示。

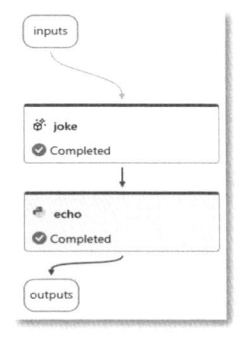

6. 查看執行結果：

    echo 元件是一段 python 函式，要查看執行結果可以點按「檢視完整輸出」，或是展開「輸出」，就可以看到執行結果。也可以點按 joke 元件的「檢視完整輸出」，查看執行結果。

```
echo  python

代碼  參照至: echo.py

1  from promptflow import tool
2
3  # The inputs section will change based on the arguments of the tool functio
4  # Adding type to arguments and return value will help the system show the t
5  # Please update the function name/signature per need
6
7  # In Python tool you can do things like calling external services or
8  # pre/post processing of data, pretty much anything you want
9
10
11 @tool
12 def echo(input: str) -> str:        ← python 函式
13     return input
14
```

輸入 驗證和剖析輸入

名稱	類型	值
input	string	${joke.output}

啟動設定

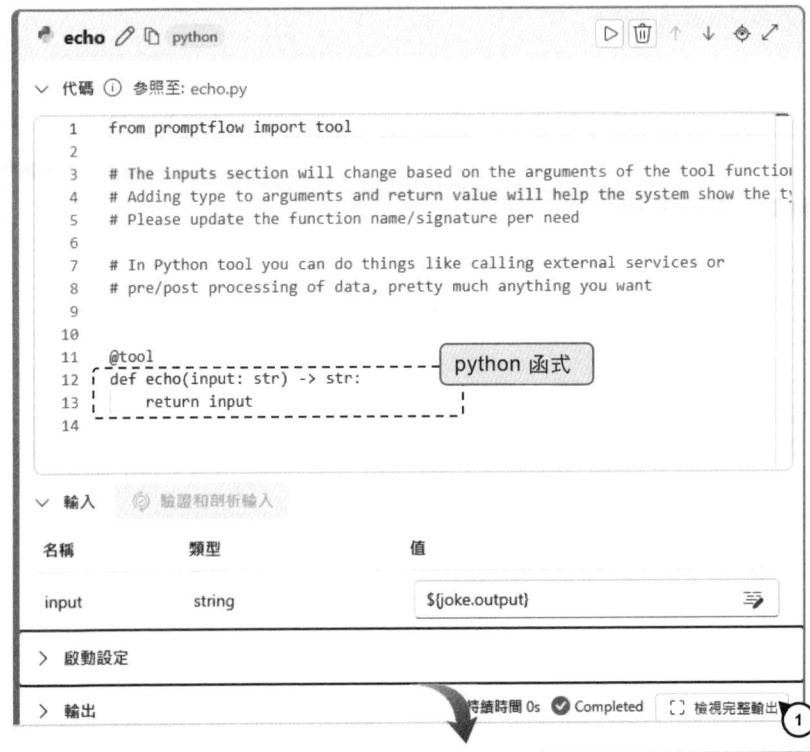

輸出   持續時間 0s ✓ Completed [ ] 檢視完整輸出 ①

輸出 ✕

輸入 輸出 追蹤 記錄

```
▼ [
  ▼ 0: {
    ▼ "system_metrics": {
        "duration": 0.000606
      }                              ← OpenAI 所生成關於狗的笑話
      "output": "Sure, here you go:\n\nWhy did the dog sit in the shade?\n\nBecause he didn't want to be a hot dog!"
    }
]
```

13.5.3 修改提示流程

經過上面測試，所建立的提示流程可以順利執行。下面我們將嘗試修改元件內容，使成為一個故事產生器。故事產生器執行結果會根據所輸入的故事主題，以繁體中文輸出 200 字以內的故事。

1. 修改 joke 元件內容：

要改變 LLM 的生成結果，就是要改變 joke 元件中的提示詞內容，原提示詞內容如下：

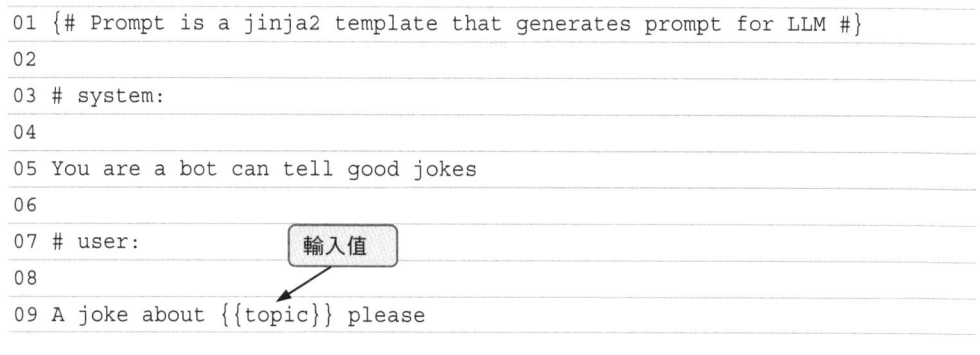

```
01 {# Prompt is a jinja2 template that generates prompt for LLM #}
02
03 # system:
04
05 You are a bot can tell good jokes
06
07 # user:          ← 輸入值
08
09 A joke about {{topic}} please
```

修改後 joke 元件中的提示詞內容如下：

```
01 {# Prompt is a jinja2 template that generates prompt for LLM #}
02
03 # system:        ← 指定系統所扮演的角色
04
05 你是一個說故事的高手
06
07 # user:          ← 指定輸出的語言和字數
08
09 請用小於 200 字繁體中文說關於 {{topic}} 的故事
```

2. 修改 joke 元件內容：

因為要生成 200 的中文字的故事，原設定的 max_tokens 值 256 不夠輸出完整內容，所以修改為 450。

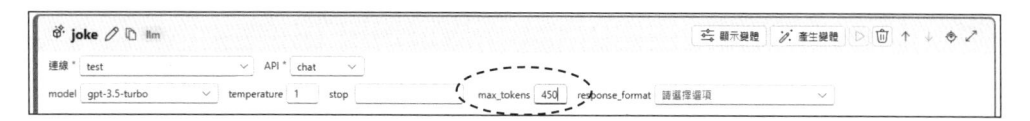

3. 修改 inputs 元件內容：

將 inputs 元件的「值」，由原輸入的「dog」改為中文「狗」。

13-7

4. 執行提示流程：

完成以上的修改後重新執行流程，執行結果範例如下：

```
輸出                                                              ×
輸入   輸出   追蹤   記錄

▼ [
  ▼ 0: {
    ▼ "system_metrics": {
        "duration": 0.000698
      }
      "output":
      "很久很久以前，有一隻名叫小黃的狗，他是村裡最快樂的夥伴。小黃喜歡在田野奔跑，和小朋友們玩耍，每天都笑顏常開。一天，小黃
      意外走丟了，全村人都來幫忙找尋，但始終找不到他。漫漫日子過去，村裡的笑聲似乎也少了許多。就在大家都以為小黃不會再回來時，
      一天清晨，小黃突然出現在村口，頭上掛著一個小信封，裡面寫著：「我去看見大海了，但我最愛的還是這個家，謝謝你們讓我回家。」
      從此，小黃的笑聲又成了村裡最美麗的音符。"
    }
]
```

13.6 模擬試題

題目(一)

( ) 自動化機器學習無需程式設計經驗即可實現機器學習解決方案，請問上面敘述是否正確？(請填 O 或 X)

題目(二)

( ) Azure 機器學習設計器提供一個拖放式可視畫布，來構建、測試和部署機器學習模型，請問上面敘述是否正確？(請填 O 或 X)

題目(三)

( ) Azure 機器學習設計器支援您將進度另存為管道草稿，請問上面敘述是否正確？(請填 O 或 X)

題目(四)

( ) Azure 機器學習設計器提供您可包含自定義的 JavaScript 函數，請問上面敘述是否正確？(請填 O 或 X)

題目(五)

您必須利用現有的資料集建立定型 (訓練) 資料集和驗證定型資料集。您應該使用 Azure 機器學習設計工具的哪些模組？
① 新增資料列　② 選取資料集中的資料行　③ 合併資料
④ 分割資料

題目(六)

Azure 機器學習設計器允許您透過以下方式建立機器學習模型？
① 在可視畫布上添加和連接模組　② 自動執行常見的數據準備任務
③ 自動選擇一種演算法來建立最準確的模型
④ 使用 Code First 的筆記本體驗。

題目(七)

您想要使用設計工具部署 Azure Machine Learning 模型，應該依序執行下列哪四項動作？(請將適當的動作按照正確順序排列)
① 內嵌及準備資料集。
② 定型(訓練)模型。
③ 對驗證資料集評估模型。
④ 對原始資料集評估模型。
⑤ 將資料隨機分割為定型(訓練)資料與驗證資料。

題目(八)

您需要使用 Azure 機器學習設計工具建置能預測汽車價格的模型。您應該使用哪種模組類型來完成此模型？(試將適合的選項放到 A,B,C 區域)

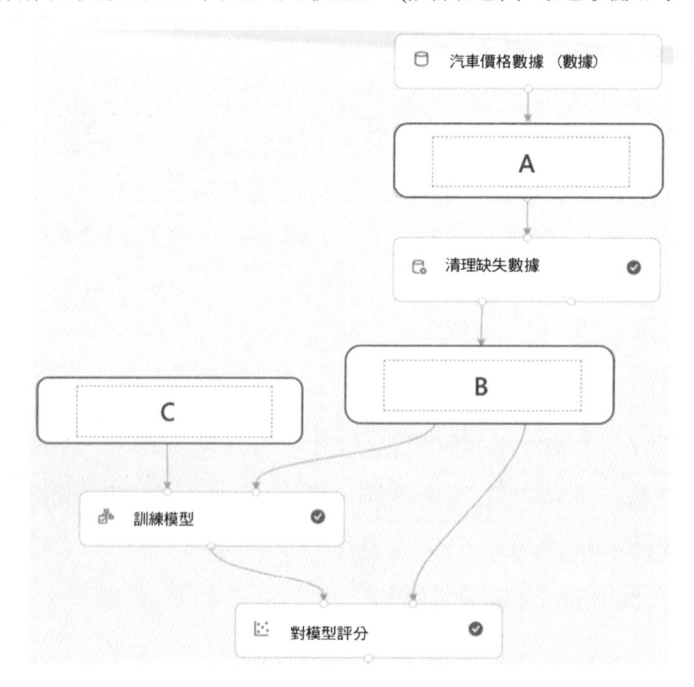

```
汽車價格數據 （數據）
        ↓
        A
        ↓
   清理缺失數據
        ↓
        B
       ↙ ↘
      C   │
       ↘ ↙
      訓練模型
        ↓
      對模型評分
```

① 轉換為 CSV　② K 均值叢集　③ 線性迴歸
④ 選擇資料集中的資料行　⑤ 分割資料　⑥ 摘要資料

題目(九)

您會使用 Azure 機器學習設計工具發佈推斷管線，您應該使用哪兩個參數以取用管線？

① 模型名稱　② 訓練端點　③ 驗證金鑰　④ REST 端點

題目(十)

請問可以使用哪兩種語言為 Azure 機器學習設計器編寫自定義代碼？

① C#　② Python　③ R　④ Scala？

Azure OpenAI

CHAPTER 14

14.1 生成式 AI 簡介

生成式 AI (generative AI) 是一種人工智慧形式，其模型可以理解使用者所輸入的自然語言內容，然後產生適當的文字、影像兩種類型的內容，甚至可以生成電腦程式碼。目前生成式 AI 已經徹底改變人類的工作方式，生成式 AI 常見的運用如下：

一. 生成自然語言

使用者可以和內建生成式 AI 的聊天應用程式互動，來處理各類問題，ChatGPT 就是最熱門的聊天機器人。例如提交「提供三種含青椒的健康食譜」，生成式 AI 會用自然語言回應要求。又例如「創作短篇文章的 AI 模型」，也可以利用生成式 AI 來建立。使用適當的提示可以讓生成式 AI 產生符合需求的回應，例如：辨識文學作品所屬的類型、根據輸入的會議文字建立重點清單、根據產品的文字描述建立廣告文案、將文字內容翻譯成指定的語言 ... 等。要注意聊天機器人可能會使用到不準確的資料，而做出不正確的回應。另外，聊天機器人不適合用來執行醫療診斷。

二. 生成影像

有些生成式 AI 應用程式可以解析自然語言要求,並產生適當的影像 (圖像、image)。例如提交「建立台北 101 大樓天空七彩極光的影像」要求,可能生成如右影像。

三. 生成程式碼

有些生成式 AI 應用程式可以協助程式設計師撰寫程式,使用自然語言、流程圖、影像,就能生成指定的程式碼。例如提交「使用 Python 語言撰寫猜拳遊戲的程式碼」的要求。

14.2 大型語言模型

生成式 AI 應用程式能夠完成任務,是因為有大型語言模型 (LLM) 的支援。LLM 是一種特殊類型的機器學習模型,用來執行自然語言處理 (NLP) 工作,包含情感判斷、分類、文字摘要、比較多個文字來源的語意相似性、產生新的自然語言…等。在上一章我們使用 Azure 機器學習工作室中的「提示流程」工具,其中呼叫 OpenAI GPT 3.5 模型的 Chat 服務,完成故事生成器的 AI 應用程式。目前 LLM 是以轉換器模型 (Transformer models) 為基礎架構,並擴充 token 化、內嵌計算…等技術,經過深度學習完成生成自然語言的任務。轉換器模型會預先用大量的文字進行訓練,讓模型能夠解析單字之間的語意關聯性,並使用這些關聯性來判斷文字序列的意義。**轉換器模型架構包含編碼器 (Encoder)、解碼器 (Decoder) 兩個區塊**,編碼器負責建立 token 語意的向量編碼,解碼器則負責生成新的文字序列。

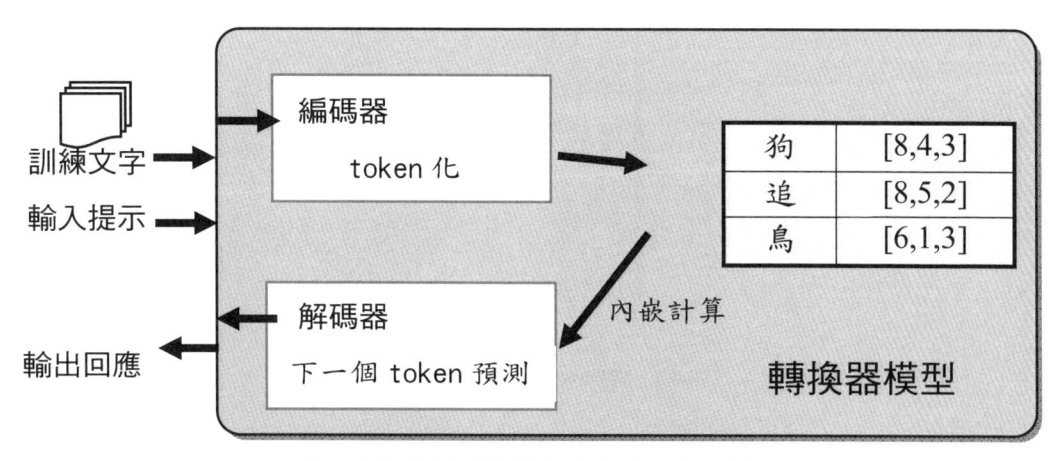

```
                                   訓練文字 → 編碼器
                                             token 化
                                   輸入提示 →

                                   解碼器 ← 輸出回應
                                   下一個 token 預測

                    狗  [8,4,3]
                    追  [8,5,2]
                    鳥  [6,1,3]

                    內嵌計算
                    轉換器模型
```

▲ LLM 轉換器模型架構和運作流程示意圖

轉換器模型運作分 token 化、內嵌計算、下一個 token 預測三個階段，分別說明如下：

一. Token 化 (Tokenization)

訓練轉換器模型的第一個步驟，就是將訓練文字分解成 token (權杖或稱詞元)，token 是模型識別文字的唯一識別碼。token 化是將句子分拆成字組，然後指定唯一的 token 識別碼 (token ID)。假設下列句子經過 token 化：(範例為 token 化的示意)

「我看到一隻狗追一隻鳥」
⇩ token 化

我 (1)、看 (2)、到 (3)、一 (4)、隻 (5)、狗 (6)、追 (7)、一 (4)、隻 (5)、鳥(8)

token 化後句子就可以用 [1 2 3 4 5 6 7 4 5 8] 來表示，依此類推「鳥追狗」的句子可以用 [8 7 6] 表示，如此就能將句子數位化。隨著模型不斷訓練，就會繼續將新的單字編制識別碼。

14-3

二. 內嵌計算 (Embeddings)

token 化後為了解各 token 的涵意，和彼此之間的關聯性，需要為每個 token 定義一個向量 (vector) 來表示 token 的語意關聯性，這個技術稱為內嵌計算 (embeddings)。內嵌的向量是屬多維度的數值向量，向量中的每個數值元素都代表語意的特定屬性，利用內嵌的向量可以將 token 的相似性和差異性量化，如此就能夠使用數學運算來處理語言問題。

將內嵌向量中的元素視為多維度空間中的座標，讓每個 token 對應到空間的特定位置。語意相關的 token 在空間的距離會更相近，也就是說相關的 token 會緊密地分組在一起。假設 token 的內嵌向量包含三個元素，例如：1 ([狗]): [8,4,3]、2 ([追]): [8,5,2]、3 ([鳥]): [6,1,3]、4 ([飛]): [6,1,2]、5 ([牙刷]): [3,9,1]，根據這些向量可以在三維空間中繪製出各 token 的位置。內嵌空間中 token 的位置包含 token 間關聯程度的資訊。例如，「狗」的向量接近「鳥」(都屬生物)；「追」的向量接近「飛」(都屬動作)；「牙刷」與其他 token 距離則較遠。

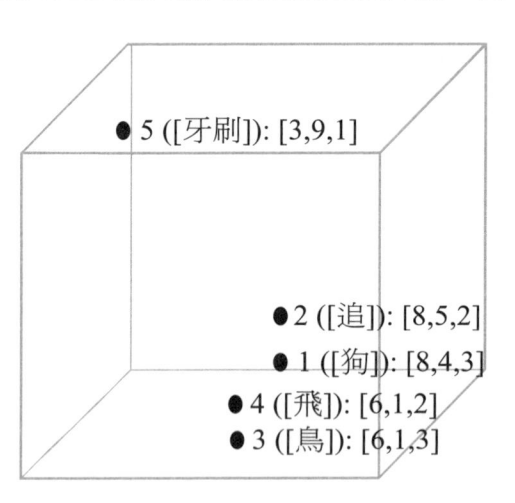

三. 下一個 token 預測 (next token)

轉換器模型中的編碼器和解碼器區塊包含多層，組成模型的類神經網路，其中注意層 (attention layer) 是很重要的部分。注意層是用來檢查 token 向量序列的技術，並量化各 token 之間的關聯性強度。而自我注意力 (self-attention) 機制會考慮到整個文本序列中的所有 token，並計算之間的相互影響，如此就能夠理解各 token 在上下文中的具體含義，從而深入理解整個文本的語義。

在編碼器區塊中注意層會仔細檢查句子中的每個 token，並判斷出其內嵌向量值。向量值是用該 token，以及和其經常搭配的 token 間的關聯性為基礎，同一個字組可能會有多個內嵌向量值，視使用的內容而定。例如「了解」和「算了」中的「了」各有不同的意義。

在解碼器區塊中，注意層是用來預測輸出文字序列中的下一個 token，模型會考量採用哪個 token 會最具影響力。假設目前序列為「我聽到狗」，注意層在考慮下一個單字時，會將更大的權重 (weights) 指派給「聽到」和「狗」，此時可能會產生文字序列為：「我聽到狗『吠』」。

14.3 Azure OpenAI 簡介

Azure OpenAI 服務是微軟公司所提供的雲端解決方案，用來部署、自訂及裝載大型語言模型，是預先訓練的生成式 AI 模型。Azure 雲端平台結合 OpenAI 模型和 API 功能，為使用者提供最佳的語言模型服務，解決方案包含文字、影像等類型。Azure OpenAI 支援多種不同需求的模型：

一. GPT-4 模型

GPT-4 模型是目前最新的生成式預先訓練 (GPT) 模型，可根據自然語言提示產生文字和程式碼等回應。GPT-4 模型又細分成 GPT-4o、GPT-4o mini、GPT-4 Turbo with Vision、GPT-4 等模型。

二. GPT 3.5 模型

GPT 3.5 模型也可以根據自然語言提示產生文字和程式碼等回應，其中 GPT-3.5-turbo 模型已針對互動式聊天進行最佳化，在大多的案例中運作良好。

三. 內嵌文字模型

內嵌文字模型可以根據文字相似性將文字轉換為數值向量，適用於語言分析，例如比較文字來源的相似處。

四. DALL‧E 模型

DALL‧E 模型可根據自然語言提示來建立影像、修改影像。例如使用文字描述為公司產品的廣告摺頁繪製卡通插圖。

五. Codex 模型

Codex 模型是 GPT 模型的子模型，可以將自然語言轉為程式碼的人工智慧系統，其主要功能如下：將註解轉換成程式碼、在內容中完成下一行或函式、重寫程式碼以提升效率。在 Microsoft Visual Studio Code 整合開發環境中，GitHub Copilot 延伸模組會使用 OpenAI Codex 模型。

六. TTS 模型

OpenAI 的 TTS (Text-to-Speech) 模型是基於深度學習技術的語音合成服務，提供自然流暢的語音輸出。該模型支援多語言、多語音選擇，能自訂語音語調、速度及情感表達，滿足個性化需求。可應用於語音助理、有聲書、客製化語音廣告等。

七. Whisper 模型

Whisper 是 OpenAI 的語音轉文字模型，可供用戶將音訊轉錄成文字或翻譯成其他語言。Whisper 模型具有處理速度快、多語言支援等優點，適合用來處理較小型的檔案，需要快速回應的場景，例如即時通訊分析、快速內容生成或是小型檔案的即時處理。

除了直接使用 Azure OpenAI 模型外，也可以上傳自己的資料進一步訓練自訂的模型，這個方法稱為微調 (fine-tuning)。例如，法律事務所可用專屬的合約和文件來微調模型，以訓練出該事務所最適合生成合約的模型。

AI 專業人員可以在 Azure AI Foundry (前一版為 Azure OpenAI Studio) 網路開發環境，部署、測試及管理大型語言模型，例如建置創作短篇文章網站的 AI 模型。也可以在「聊天遊樂場」中，調整各種參數值進行測試。例如設定 GPT-3.5 模型的存在懲罰 (presence-penalty) 參數值，使聊天解決方案能產生更多樣化的 token 回應；設定溫度 (temperature) 參數值可讓聊天方案產生更多樣化的回應。

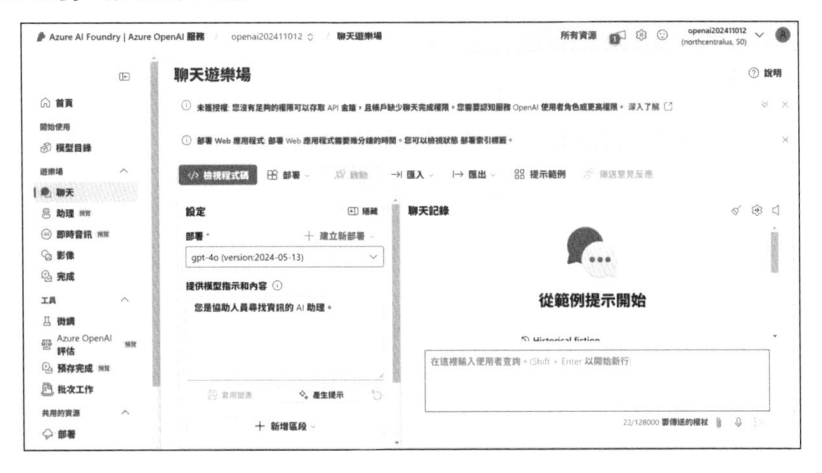

▲ Azure AI Foundry 網路開發環境與聊天遊樂場

14.4 Copilots 簡介

Copilot 起源於 Microsoft 公司，讓生成式 AI 可以整合到其他應用程式，協助完成工作提升生產力和創意。Copilot 經由協助產生初稿、資訊整合、策略規畫、聯繫人事物…等方式，改變我們的工作方式。Copilot 以通用架構為基礎，開發人員可為應用程式和服務建置自訂的 Copilot，稱為第三方 Copilot。

微軟的各種應用程式產品中，可以看 Microsoft Copilot 的功能。例如 Bing 搜尋引擎搭配 Copilot，可生成自然語言的解答，而不只是關鍵字的搜尋結果。另外 Microsoft Copilot for Microsoft 365，會和 PowerPoint 和 Outlook 等應用程式搭配運作，可以協助快速建立適用的各種 Word 文件、Excel 表格、簡報、電子郵件 … 等等。

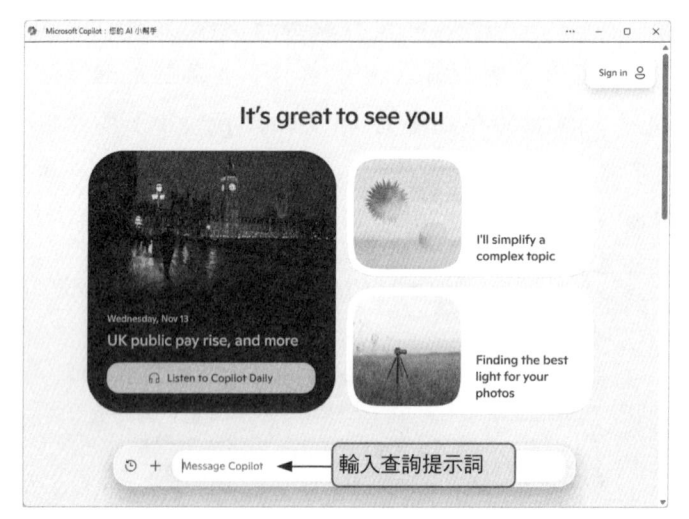

▲ Microsoft Copilot 介面

在 Visual Studio Code 開發環境 (IDE) 下，可以使用 OpenAI Codex 延伸模組來解析自然語言並生成相應的代碼支援軟體開發。OpenAI Codex 是 OpenAI GPT 的子模型，會驅動微軟的 GitHub Copilot 來分析程式碼、註解說明程式碼、建立程式碼說明文件、根據自然語言提示產生新程式碼等，協助開發人員發揮最大生產力。

14.5 使用提示工程改善生成式 AI 回應

提示 (prompt) 是告訴 AI 應用程式如何操作，提示工程 (prompt engineering) 是改善提示內容的技術，來取得較好的回應品質。改善提示的常用方法：

一. 定義系統訊息

定義系統訊息可以描述預期樣式和條件約束,來設定模型回應的方向,例如「您是一位資深的國小老師,能夠用簡單、親切的方式做出回應」。

二. 撰寫良好的提示

提示要具體明確描述期盼的回應,以取得更貼近的回應結果,例如「列出台北饒河夜市國際觀光客必吃的 3 種美食」。

三. 提供範例

提示中可以提供輸出範例,模型會生成範例相同樣式的回應,例如「以 Excel 表格產生含姓名、電話、電子郵件,三筆繁體中文客戶資料」。

四. 基礎資料

提示中可以包含一些基礎資料 (grounding data),來限制模型要根據該資料產生適當的輸出。作法就是系統訊息中指定包含相關的基礎資料或資訊,為交談提供模型額外的內容。例如在提示中包含會議內容,並要求輸出內容摘要。例如提交「你是一位資深客服經理,根據下列客戶電子郵件撰寫回覆草稿。電子郵件:[郵件內容]」。

14.6 Azure OpenAI 生成式 AI 應用程式開發實作

Azure OpenAI 提供強大的人工智慧模型,例如 GPT-4、GPT-4o 或 DALL·E 模型,結合 Azure 的企業級雲端平台,支援自然語言處理、文本生成、語意分析和繪圖等功能。開發人員可以使用 REST API 或 SDK 在應用程式中加入 AI 功能。其服務、安全性、隱私保護和可應用於醫療、客服、自動化等多元產業解決方案，有助於企業創新與效率提升。

14.6.1 Azure OpenAI 應用程式開發步驟

如下是 Azure OpenAI 生成式 AI 應用程式開發步驟，完整實作可參閱 ChatGPT01 範例。

Step 01　前往 Azure 申請 Azure OpenAI 服務金鑰 (Key) 與端點 (EndPoint，即服務的 Url)。(後面會一步步帶領申請)

Step 02　前往 Azure AI Foundry 部署使用的模型，例如要進行聊天服務即部署 GPT-4 或 GPT-4o，建立影像(AI 繪圖) 即部署 DALL·E 3 模型。

Step 03　專案安裝 Azure.AI.OpenAI 套件。

```
// 安裝 openai
!pip install openai --upgrade
```

Step 04　如下以 GPT-4o 聊天服務為例，說明程式寫法：

```
# 引用相關命名空間
import openai
from openai import AzureOpenAI

# 建立 AzureOpenAI 物件
client = AzureOpenAI(
    azure_endpoint = "Azure OpenAI 服務端點",
    api_key = "AzureOpenAI 金鑰",
    api_version = "AzureOpenAI 模型版本")

# 聊天完成
response = client.chat.completions.create(
    model="gpt-4o", # 請替換為您的模型部署名稱
    messages= [
        {"role": "system","content": "指定系統訊息"},
```

```
        {"role": "user","content":指定提示訊息} ],
)

# 傳回生成的回應
return  response.choices[0].message.content
```

14.6.2 Azure OpenAI 模型部署與測試

下面步驟部署與測試 Azure OpenAI 的 GPT-4o 與 DALL·E 3 模型。

(操作步驟)

Step 01 連上 Azure 雲端平台取得 Azure OpenAI 服務的金鑰 (Key) 和端點 (EndPoint),步驟如下:

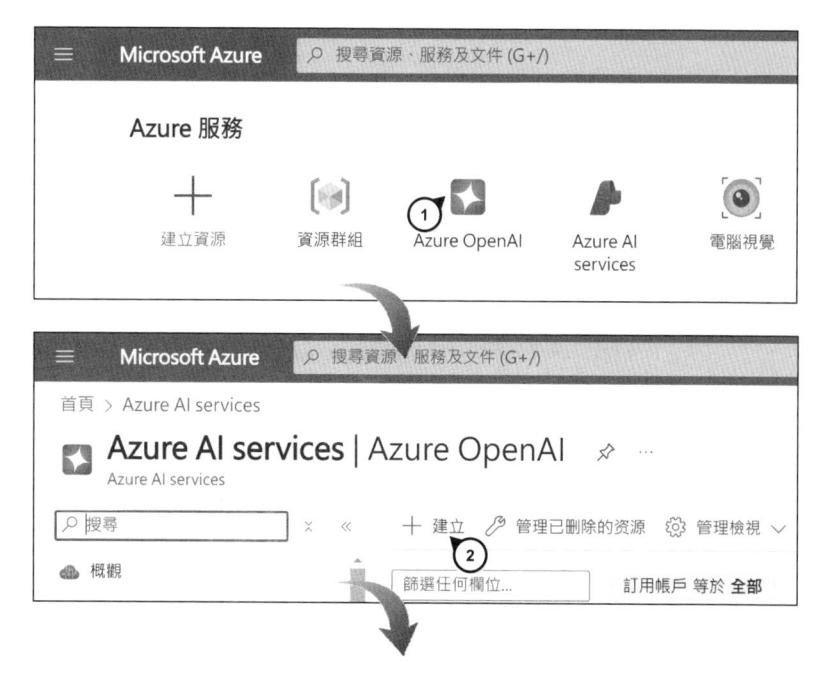

Microsoft Azure AI Services 與 Azure OpenAI

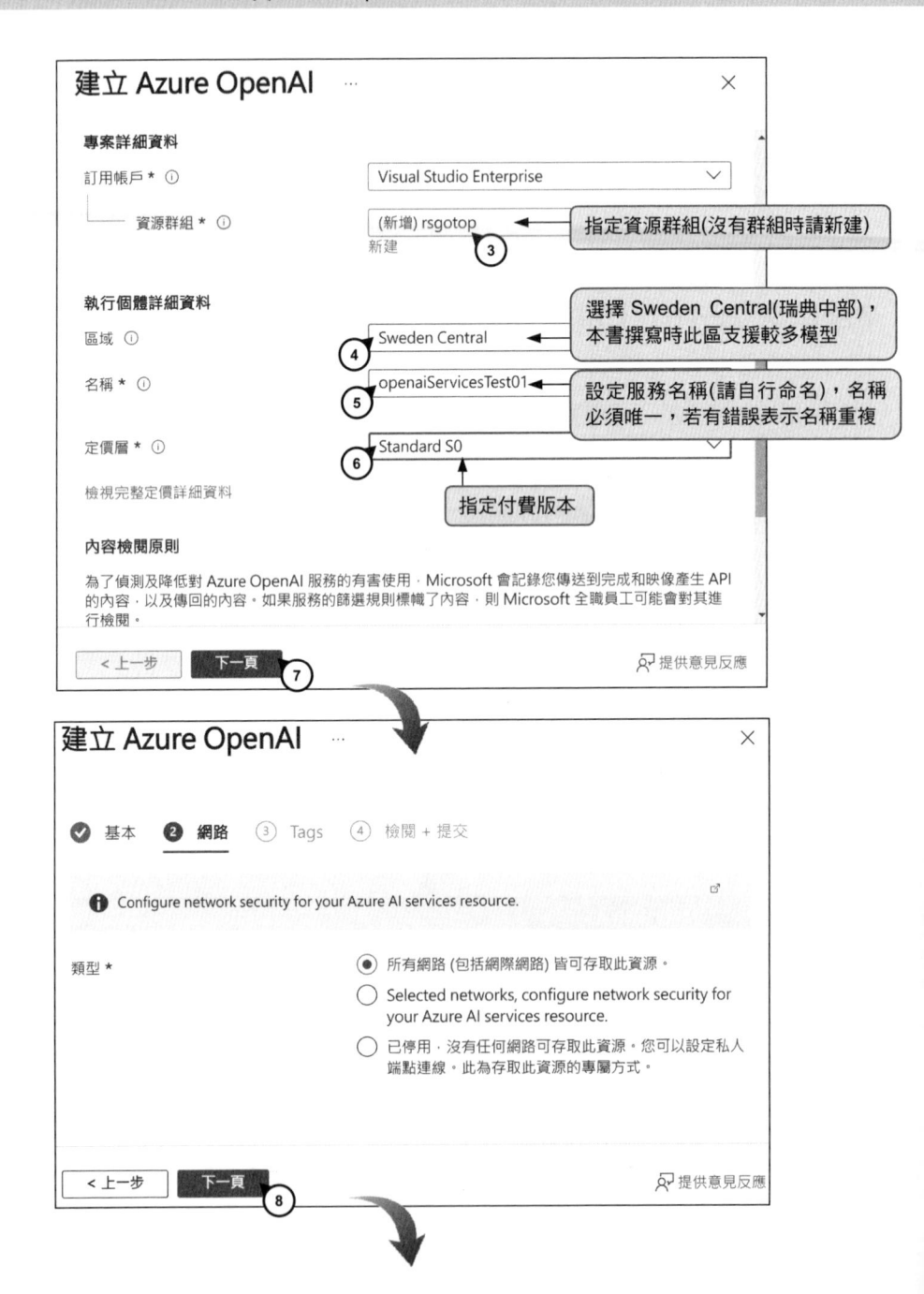

建立 Azure OpenAI

專案詳細資料

- 訂用帳戶 *：Visual Studio Enterprise
- 資源群組 *：(新增) rsgotop ← ③ 指定資源群組(沒有群組時請新建)
  新建

執行個體詳細資料

- 區域：Sweden Central ← ④ 選擇 Sweden Central(瑞典中部)，本書撰寫時此區支援較多模型
- 名稱 *：openaiServicesTest01 ← ⑤ 設定服務名稱(請自行命名)，名稱必須唯一，若有錯誤表示名稱重複
- 定價層 *：Standard S0 ← ⑥ 指定付費版本

檢視完整定價詳細資料

內容檢閱原則

為了偵測及降低對 Azure OpenAI 服務的有害使用，Microsoft 會記錄您傳送到完成和映像產生 API 的內容，以及傳回的內容。如果服務的篩選規則標幟了內容，則 Microsoft 全職員工可能會對其進行檢閱。

< 上一步 下一頁 ⑦   提供意見反應

建立 Azure OpenAI

✓ 基本 ❷ 網路 ③ Tags ④ 檢閱 + 提交

ⓘ Configure network security for your Azure AI services resource.

類型 *
- ● 所有網路 (包括網際網路) 皆可存取此資源。
- ○ Selected networks, configure network security for your Azure AI services resource.
- ○ 已停用，沒有任何網路可存取此資源。您可以設定私人端點連線。此為存取此資源的專屬方式。

< 上一步 下一頁 ⑧   提供意見反應

14-12

建立 Azure OpenAI

✓ 基本　✓ 網路　❸ Tags　④ 檢閱 + 提交

標籤為成對的名稱和數值，可讓您透過將相同標籤套用至多個資源與資源群組，進而分類資源並檢視合併的帳單。 深入了解標籤

請注意，若您在建立標籤後變更其他索引標籤上的資源設定，您的標籤將會自動更新。

名稱 ⓘ	值 ⓘ	資源
	:	Azure AI services

[< 上一步]　[**下一頁**] ⑨

建立 Azure OpenAI

✓ 基本　✓ 網路　✓ Tags　❹ 檢閱 + 提交

⊙ 下載自動化的範本

條款

按一下 [建立]，即表示我 (a) 同意上述 Marketplace 供應項目的相關法律條款及隱私權聲明; (b) 授權 Microsoft 向我目前的付款方式收取供應項目的相關費用，帳單週期與我的 Azure 訂用帳戶相同; 並 (c) 同意 Microsoft 將我的連絡資料、使用方式及交易資訊提供給供應項目的提供者，以用於支援、帳單及其他交易活動。Microsoft 不提供第三方供應項目的權利。如需其他詳細資料，請參閱 Azure Marketplace 條款。

基本

訂用帳戶	Visual Studio Enterprise
資源群組	drmasterRs
區域	Sweden Central
名稱	openaiServicesTest01
定價層	Standard S0

[< 上一步]　[下一頁]　[**建立**] ⑩

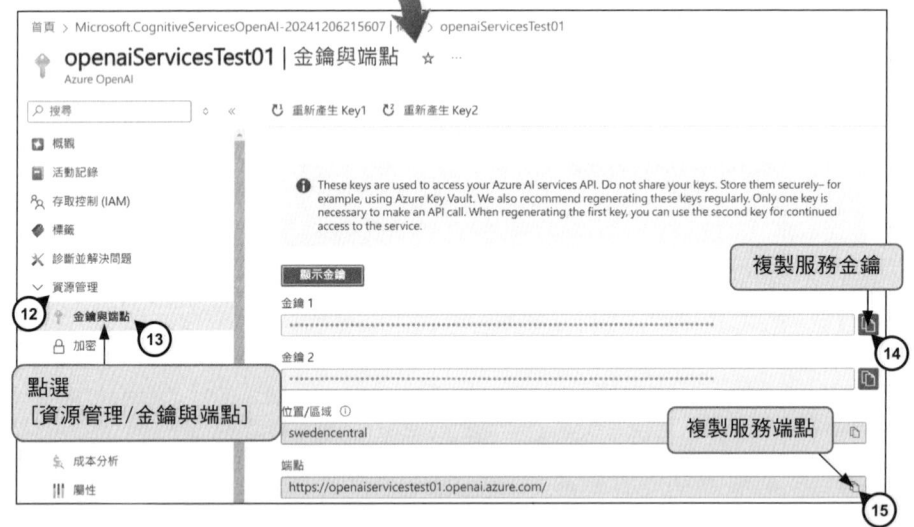

上圖的 Azure OpenAI 服務提供兩組金鑰和一個端點。請使用 📋 鈕將其中一組服務金鑰和端點複製到文字檔內，**金鑰和端點在撰寫程式時需要使用**。

目前為止 Azure OpenAI 服務並無法直接使用生成式 AI 任何模型，必須要經過部署模型才能使用。

Step 02　依下面步驟前往 Azure AI Foundry，在 Azure OpenAI 服務部署 GPT-4o 模型，同時使用聊天遊樂場測試 GPT-4o 模型。

CH14　Azure OpenAI

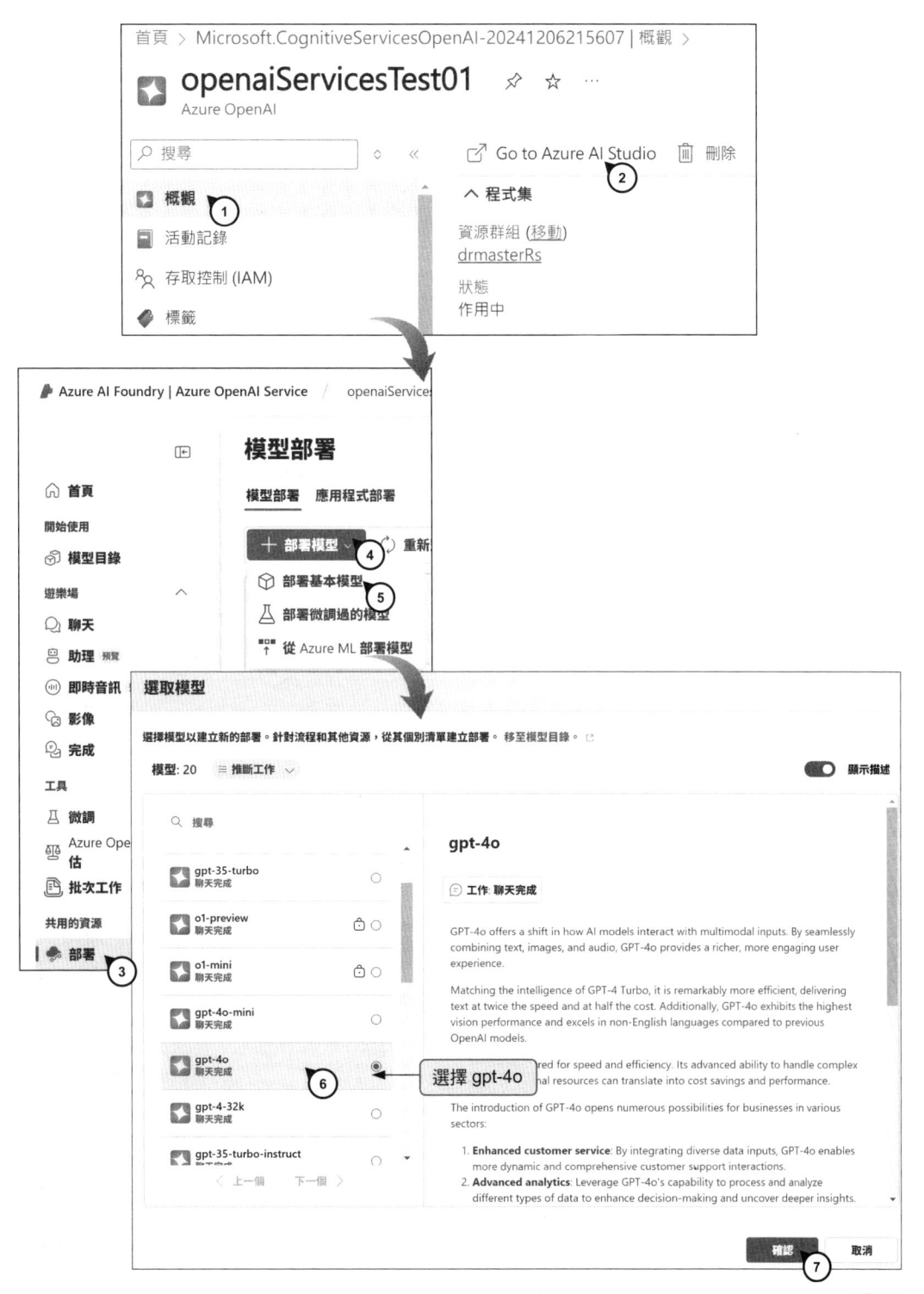

首頁 > Microsoft.CognitiveServicesOpenAI-20241206215607 | 概觀 >

openaiServicesTest01
Azure OpenAI

🔍 搜尋

- 概觀 ①
- 活動記錄
- 存取控制 (IAM)
- 標籤

↗ Go to Azure AI Studio ② 　🗑 刪除

∧ 程式集

資源群組 (移動)
drmasterRs

狀態
作用中

Azure AI Foundry | Azure OpenAI Service　/　openaiServices

模型部署

模型部署　應用程式部署

+ 部署模型 ∨ ④ 　重新
　◻ 部署基本模型 ⑤
　⚗ 部署微調過的模型
　↑ 從 Azure ML 部署模型

- ⌂ 首頁
- 開始使用
- 📋 模型目錄
- 遊樂場 ∧
- 💬 聊天
- 👤 助理　預覽
- 🔊 即時音訊
- 🖼 影像
- ✅ 完成
- 工具
- ⚗ 微調
- Azure OpenAI 估
- 📋 批次工作
- 共用的資源
- 🚀 部署 ③

選取模型

選擇模型以建立新的部署。針對流程和其他資源，從個別清單建立部署。 移至模型目錄。

模型: 20　推斷工作 ∨　　　　　　　　　　　　　　　　　🔘 顯示描述

🔍 搜尋

gpt-35-turbo 聊天完成	○
o1-preview 聊天完成	🔒 ○
o1-mini 聊天完成	🔒 ○
gpt-4o-mini 聊天完成	○
gpt-4o 聊天完成	⦿ ⑥ ← 選擇 gpt-4o
gpt-4-32k 聊天完成	○
gpt-35-turbo-instruct	○

< 上一個　下一個 >

gpt-4o

🗨 工作: 聊天完成

GPT-4o offers a shift in how AI models interact with multimodal inputs. By seamlessly combining text, images, and audio, GPT-4o provides a richer, more engaging user experience.

Matching the intelligence of GPT-4 Turbo, it is remarkably more efficient, delivering text at twice the speed and at half the cost. Additionally, GPT-4o exhibits the highest vision performance and excels in non-English languages compared to previous OpenAI models.

red for speed and efficiency. Its advanced ability to handle complex nal resources can translate into cost savings and performance.

The introduction of GPT-4o opens numerous possibilities for businesses in various sectors:

1. **Enhanced customer service**: By integrating diverse data inputs, GPT-4o enables more dynamic and comprehensive customer support interactions.
2. **Advanced analytics**: Leverage GPT-4o's capability to process and analyze different types of data to enhance decision-making and uncover deeper insights.

確認 ⑦　取消

14-15

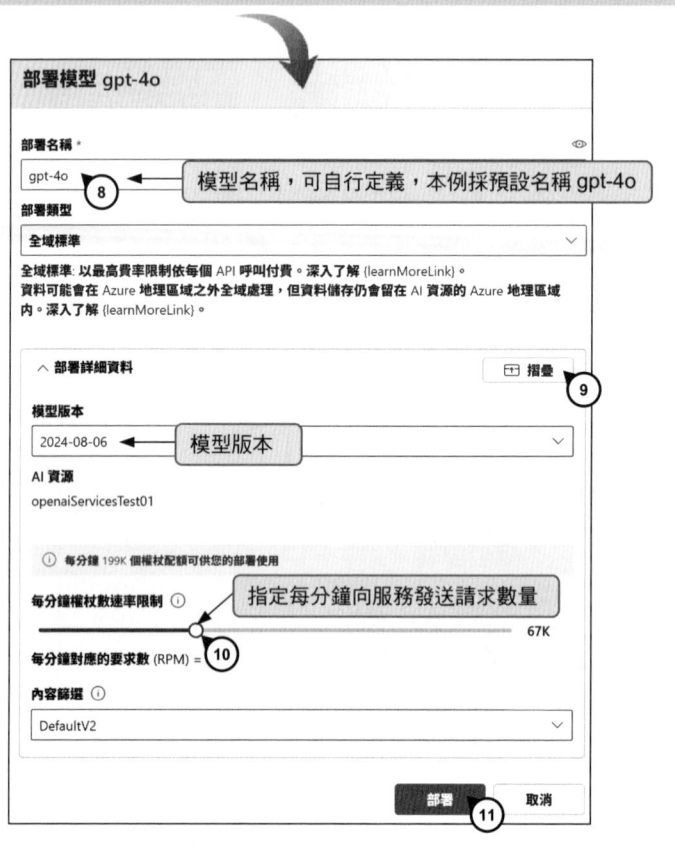

Microsoft Azure AI Services 與 Azure OpenAI

部署模型 gpt-4o

部署名稱 *

gpt-4o ← ⑧ 模型名稱，可自行定義，本例採預設名稱 gpt-4o

部署類型

全域標準

全域標準：以最高費率限額依每個 API 呼叫付費。深入了解 {learnMoreLink}。

資料可能會在 Azure 地理區域之外全域處理，但資料儲存仍會保留在 AI 資源的 Azure 地理區域內。深入了解 {learnMoreLink}。

∧ 部署詳細資料   ⊞ 摺疊

模型版本   ⑨

2024-08-06 ← 模型版本

AI 資源

openaiServicesTest01

ⓘ 每分鐘 199K 個權杖配額可供您的部署使用

每分鐘權杖數速率限制 ⓘ   指定每分鐘向服務發送請求數量

                                                              67K

每分鐘對應的要求數 (RPM) = ⑩

內容篩選 ⓘ

DefaultV2

                                           部署   取消
                                            ⑪

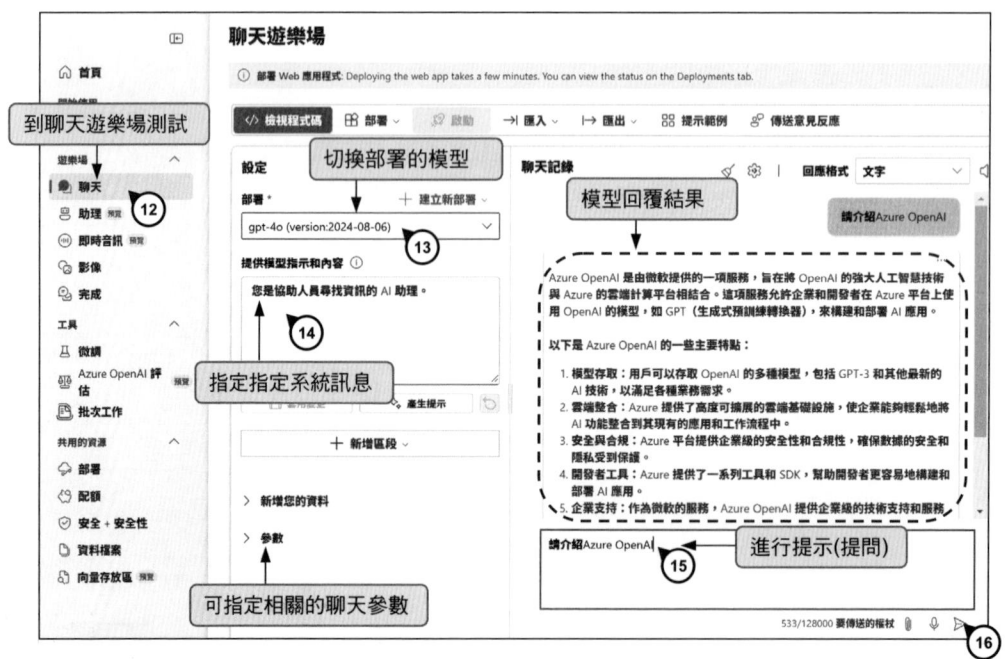

聊天遊樂場

ⓘ 部署 Web 應用程式：Deploying the web app takes a few minutes. You can view the status on the Deployments tab.

到聊天遊樂場測試

</> 檢視程式碼   部署 ∨   啟動   → 匯入 ∨   → 匯出 ∨   88 提示範例   傳送意見反應

遊樂場
  聊天
  助理 預覽   ⑫
  即時音訊 預覽
  影像
  完成

工具
  微調
  Azure OpenAI 評估
  批次工作

共用的資源
  部署
  配額
  安全 + 安全性
  資料檔案
  向量存放區 預覽

設定

部署 *   + 建立新部署 ∨   切換部署的模型

gpt-4o (version:2024-08-06) ∨   ⑬

提供模型指示和內容 ⓘ

您是協助人員尋找資訊的 AI 助理。

⑭

指定指定系統訊息

                    產生提示

+ 新增區段 ∨

> 新增您的資料

> 參數

可指定相關的聊天參數

聊天記錄   回應格式 文字 ∨

模型回覆結果   簡介 Azure OpenAI

Azure OpenAI 是由微軟提供的一項服務，旨在將 OpenAI 的強大人工智慧技術與 Azure 的雲端計算平台相結合。這項服務允許企業和開發者在 Azure 平台上使用 OpenAI 的模型，如 GPT (生成式預訓練轉換器)，來構建和部署 AI 應用。

以下是 Azure OpenAI 的一些主要特點：

1. **模型存取**：用戶可以存取 OpenAI 的多種模型，包括 GPT-3 和其他最新的 AI 技術，以滿足各種業務需求。
2. **雲端整合**：Azure 提供了高度可擴展的雲端基礎設施，使企業能夠輕鬆地將 AI 功能整合至其現有的應用和工作流程中。
3. **安全與合規**：Azure 平台提供企業級的安全性和合規性，確保數據的安全和隱私受到保護。
4. **開發者工具**：Azure 提供了一系列工具和 SDK，幫助開發者更容易地構建和部署 AI 應用。
5. **企業支持**：作為微軟的服務，Azure OpenAI 提供企業級的技術支持和服務。

簡介 Azure OpenAI   進行提示(提問)
           ⑮   ⑮

                                            533/128000 要傳送的樞杖   ⑯

14-16

完成上述設定之後，此時 Azure OpenAI 服務即可以使用 GPT-4o 模型。

Step 03 依下面步驟繼續在 Azure OpenAI 服務部署 DALL·E 3 模型，同時使用映像遊樂場測試 DALL·E 3 模型進行影像生成 (AI 繪圖)。

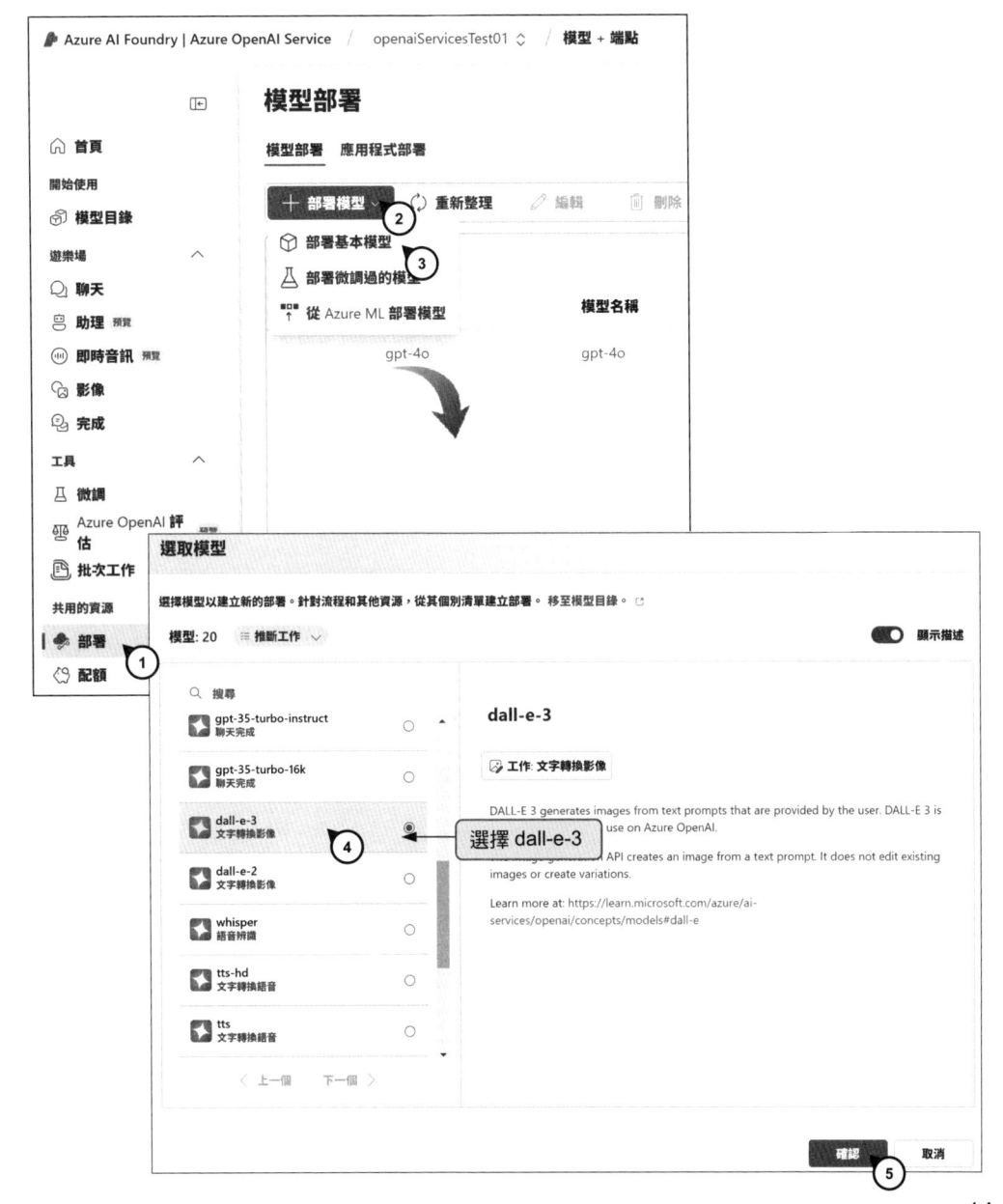

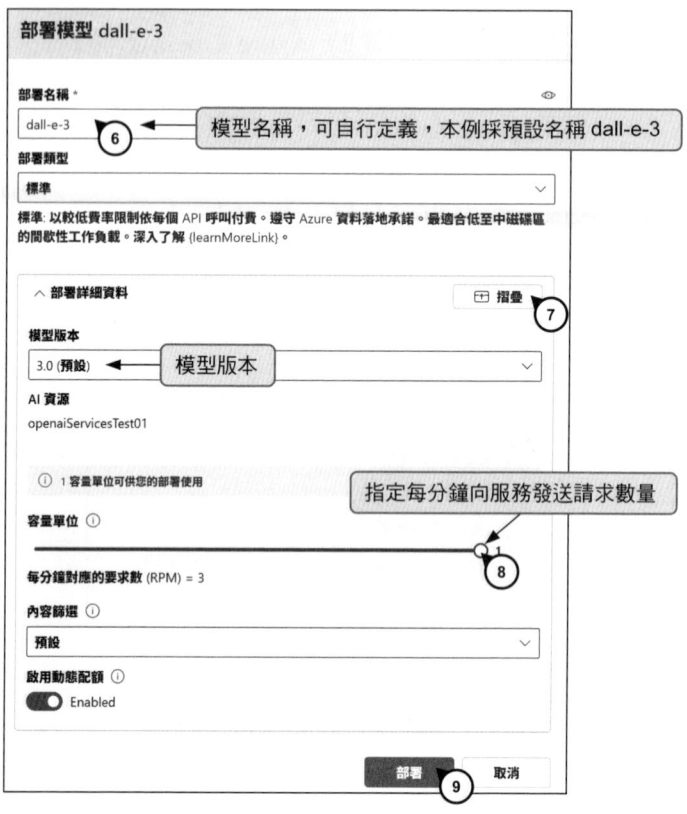

部署模型 dall-e-3

部署名稱 *
```
dall-e-3
```
⑥ ← 模型名稱，可自行定義，本例採預設名稱 dall-e-3

部署類型
```
標準
```
標準：以較低費率限制依每個 API 呼叫付費。遵守 Azure 資料落地承諾。最適合低至中磁碟區的間歇性工作負載。深入了解 (learnMoreLink)。

部署詳細資料 ⊟ 摺疊 ⑦

模型版本
```
3.0 (預設)
```
← 模型版本

AI 資源
openaiServicesTest01

ⓘ 1 容量單位可供您的部署使用

容量單位 ⓘ

⑧ ← 指定每分鐘向服務發送請求數量

每分鐘對應的要求數 (RPM) = 3

內容篩選 ⓘ
```
預設
```

啟用動態配額 ⓘ
🔘 Enabled

部署 ⑨   取消

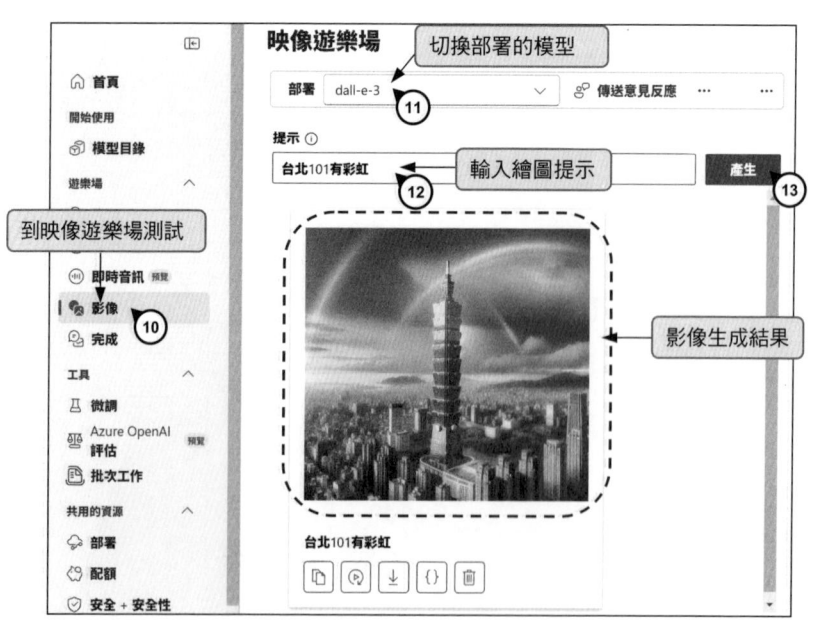

映像遊樂場

部署 `dall-e-3` ⑪ ← 切換部署的模型   傳送意見反應

提示 ⓘ
```
台北101有彩虹
```
⑫ ← 輸入繪圖提示   **產生** ⑬

⑩ 到映像遊樂場測試 → 影像

← 影像生成結果

台北101有彩虹

14-18

Step 04 完成上述操作後，可切換到模型部署頁面，Azure OpenAI 服務即會列出部署完成的 gpt-4o 和 dall-e-3 模型。

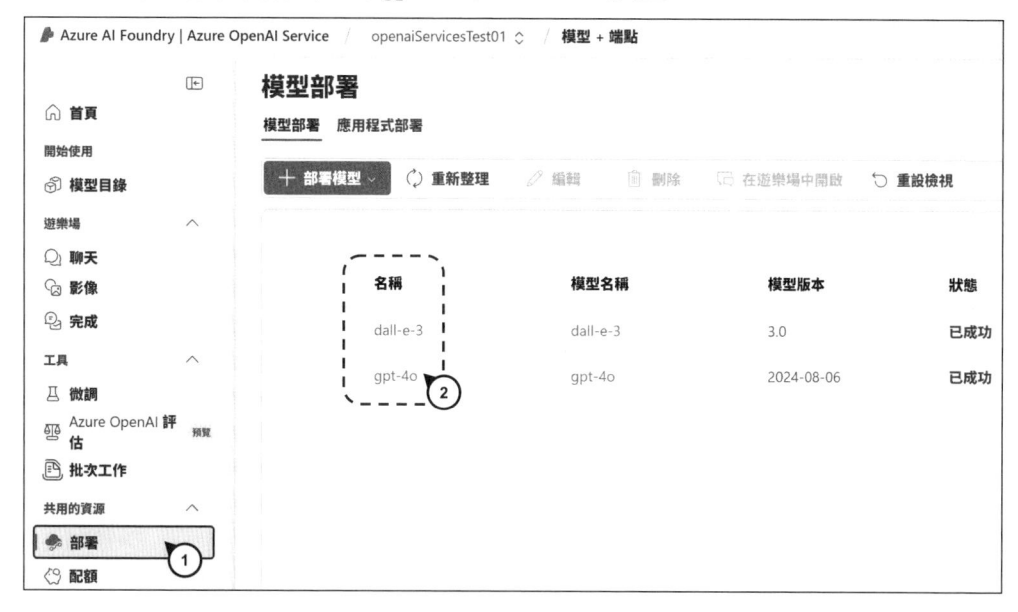

模型名稱請記下，在撰寫程式碼時必須使用到此項設定值。

Step 05 在上圖點選「gpt-4o」名稱即切換到該名稱的部署資訊，將滑鼠移到端點圖示，接著即會顯示完整端點位址，本書申請時端點參數 api-version=2024-08-01-preview，其中 api-version 參數值 2024-08-01-preview 即是模型版本，讀者請自行記下所申請的模型版本。

Step 06 再重複下面步驟，查詢 dall-e-3 模型版本。

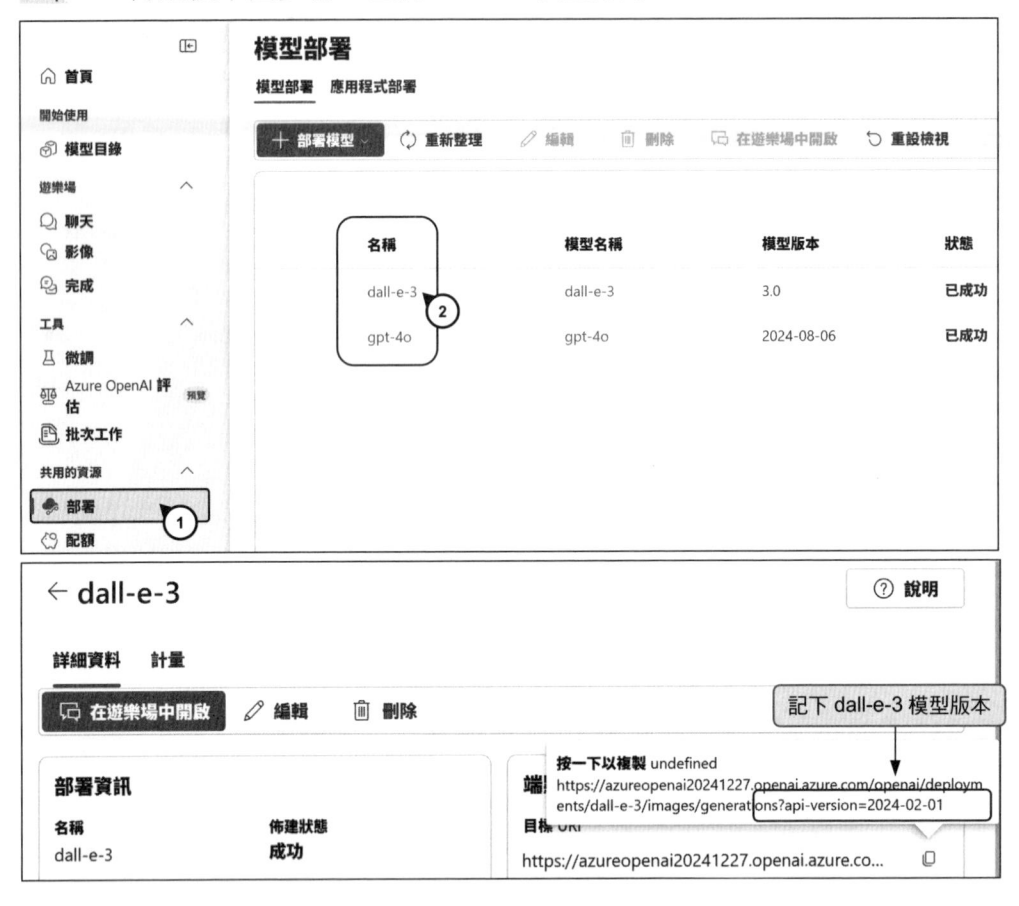

模型部署

名稱	模型名稱	模型版本	狀態
dall-e-3	dall-e-3	3.0	已成功
gpt-4o	gpt-4o	2024-08-06	已成功

← dall-e-3

記下 dall-e-3 模型版本

端點：
https://azureopenai20241227.openai.azure.com/openai/deployments/dall-e-3/images/generations?api-version=2024-02-01

> **Tips**：本節中 gpt-4o 和 dall-e-3 模型版本可能與讀者申請時的版本有所不同，建議讀者自行查詢確認目前使用的模型版本。

14.6.3 QA 聊天機器人範例實作

📥 **範例**：ChatGPT01.ipynb

使用上面所部署的 GPT-4o 模型建立 QA 聊天機器人，當輸入提示問題並按下 Submit 鈕，此時在 AI 回覆多行文字方塊內即會顯示問題回覆的結果。

執行結果

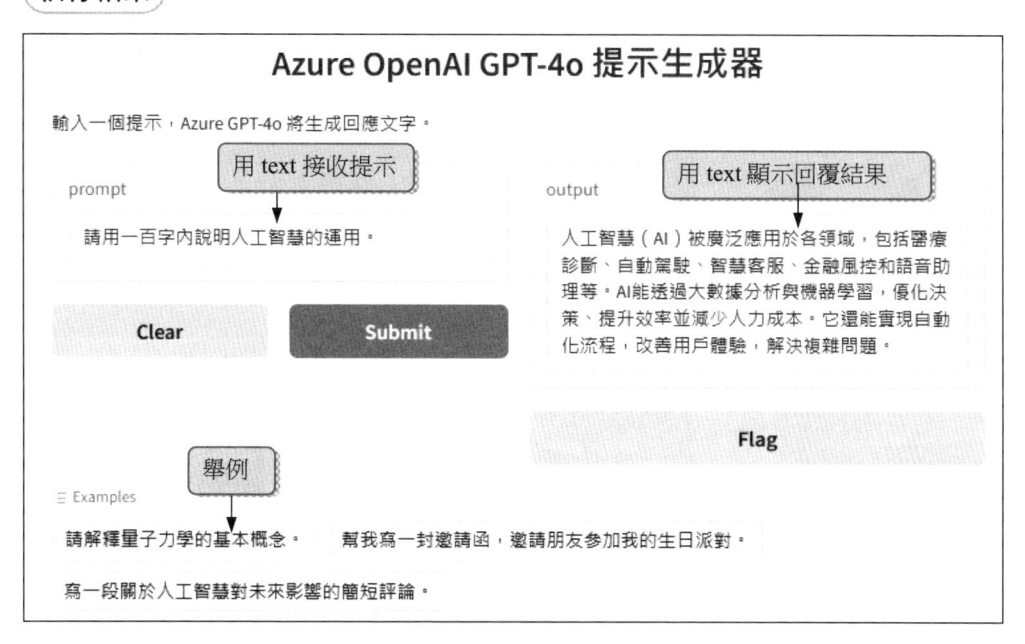

Azure OpenAI GPT-4o 提示生成器

輸入一個提示，Azure GPT-4o 將生成回應文字。

prompt　　　　　　〔用 text 接收提示〕　　　　output　　　〔用 text 顯示回覆結果〕

請用一百字內說明人工智慧的運用。

人工智慧（AI）被廣泛應用於各領域，包括醫療診斷、自動駕駛、智慧客服、金融風控和語音助理等。AI能透過大數據分析與機器學習，優化決策、提升效率並減少人力成本。它還能實現自動化流程，改善用戶體驗，解決複雜問題。

[Clear]　　[Submit]

[Flag]

≡ Examples　　〔舉例〕

請解釋量子力學的基本概念。　　幫我寫一封邀請函，邀請朋友參加我的生日派對。

寫一段關於人工智慧對未來影響的簡短評論。

程式碼　FileName : ChatGPT01.ipynb

```
1-01 !pip install gradio

2-01 !pip install openai --upgrade

3-01 import openai
3-02 import gradio as gr
3-03 from openai import AzureOpenAI

4-01 # 定義一個函數來處理上傳使用者的提示，並傳回 OpenAI 的回應
4-02 def Chat(prompt):
4-03   try:
4-04     # 建立 AzureOpenAI 物件
4-05     client = AzureOpenAI(
4-06       azure_endpoint = "Azure OpenAI 服務端點",
4-07       api_key = "AzureOpenAI 金鑰",
4-08       api_version = "AzureOpenAI 模型版本",  # 版本查詢請參考 14.6.2 節 Step05
4-09     )
4-10
```

```
4-11    # 聊天完成
4-12    response = client.chat.completions.create(
4-13        model="gpt-4o",  # 請替換為您的模型部署名稱
4-14        messages= [
4-15            {"role": "system","content": "你是一位專業助理"},
4-16            {"role": "user","content": prompt}
4-17        ],
4-18        max_tokens=500,
4-19        temperature=0.7,
4-20    )
4-21    # 傳回生成的回應
4-22    return  response.choices[0].message.content
4-23 except Exception as e:
4-24    return f"發生錯誤：{str(e)}"

5-01 # 使用 Gradio 建立介面
5-02 gr.Interface(
5-03    fn=Chat,
5-04    inputs="text",   # 使用文字輸入框
5-05    outputs="text",  # 顯示文字輸出
5-06    title="Azure OpenAI GPT-4o 提示生成器",
5-07    description="輸入一個提示，Azure GPT-4o 將生成回應文字。",
5-08    examples=[
5-09        "請解釋量子力學的基本概念。",
5-10        "幫我寫一封邀請函，邀請朋友參加我的生日派對。",
5-11        "寫一段關於人工智慧對未來影響的簡短評論。",
5-12    ]
5-13 ).launch(share=True)# 啟動 Gradio
```

說明

1. 撰寫程式前先上 Azure 雲端平台取得 Azure OpenAI 的金鑰 (Key)、端點 (EndPoint)，步驟請參閱 14.6.1 節。

2. 再前往 Azure AI Foundry 在 Azure OpenAI 服務中部署 GPT-4o 模型，並記下模型名稱和版本，步驟請參閱 14.6.2 節。

3. 第 1-01~3-03：安裝 gradio 和 openai 套件，並引用相關命名空間。

4. 第 4-01~4-24 行：定義 Chat() 函式來處理 gradio 輸出入介面的元件值。

5. 第 4-05~4-09 行：使用所部署的模型設定值，建立 AzureOpenAI 物件。

6. 第 4-12~4-20 行：使用 chat.completions.create() 方法，將使用者的提示詞 prompt 傳給 OpenAI，傳回的回應指定給 response 變數。

7. 第 4-22 行：傳回 response 中的回應本文內容。

8. 第 5-01~5-13 行：使用 Gradio 建立介面，並發布執行。

14.6.4 飯店客服機器人範例實作

前一個範例使用文本生成服務 (聊天服務)，可以發現優點是生成的文本自然流暢；但有時生成的文本會和真實世界的情況不符合，或是生成虛假的資訊。如下圖向 QA 機器人提問「請介紹碁峰大旅社」，因為真實世界不存在碁峰大旅社，結果 GPT-4o 模型生成虛假的資訊。

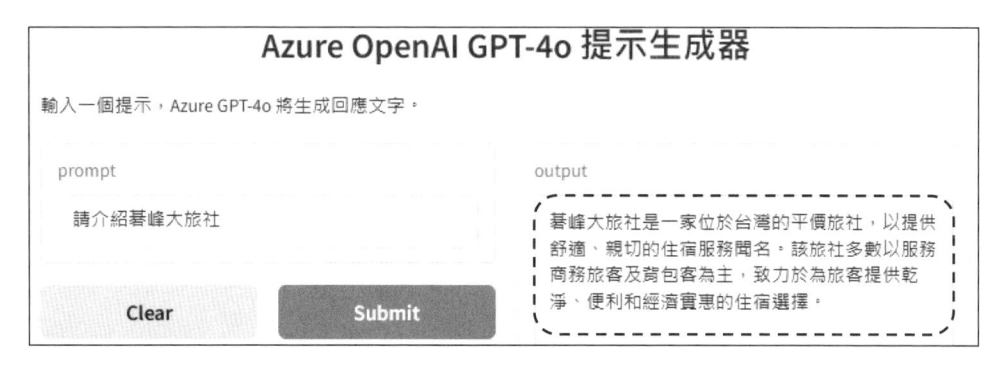

Azure OpenAI GPT-4o 提示生成器

輸入一個提示，Azure GPT-4o 將生成回應文字。

prompt
請介紹碁峰大旅社

output
碁峰大旅社是一家位於台灣的平價旅社，以提供舒適、親切的住宿服務聞名。該旅社多數以服務商務旅客及背包客為主，致力於為旅客提供乾淨、便利和經濟實惠的住宿選擇。

Clear　　Submit

為了解決生成虛假回應的問題，最簡單的方式就是在系統訊息中指定相關的基礎資料。這樣只需要加入少量資訊，可以直接把這些內容寫進設定中，像是提前告訴系統一些固定的背景知識。此種方式即是提供真實少量的基礎資訊給模型，來引導模型生成符合特定任務或要求輸出。優點在於能夠在少量基礎資訊實現高效的模型微調，具有靈活性、通用性和快速調整的能力，同時可減少人力與適用各種任務。其缺點就是為了讓模型更好地理解輸出需求，所提供的基礎資訊通常需要詳細描述任務要求，這會增加 token 的使用量，形成 token 量增加而提高計算成本。

範例：ChatGPT02.ipynb

延續上例使用 GPT-4o 模型服務與「系統訊息結合基礎資料」方式，製作「碁峰大飯店」專屬客服機器人。可向客服機器人詢問飯店相關的故事、人文記敘、房型價格、訂房說明、設備服務、行程推薦等內容。客服機器人可採用繁中、英文、日文回覆。(真實世界不存在碁峰大旅社，此為本書教學範例)

執行結果

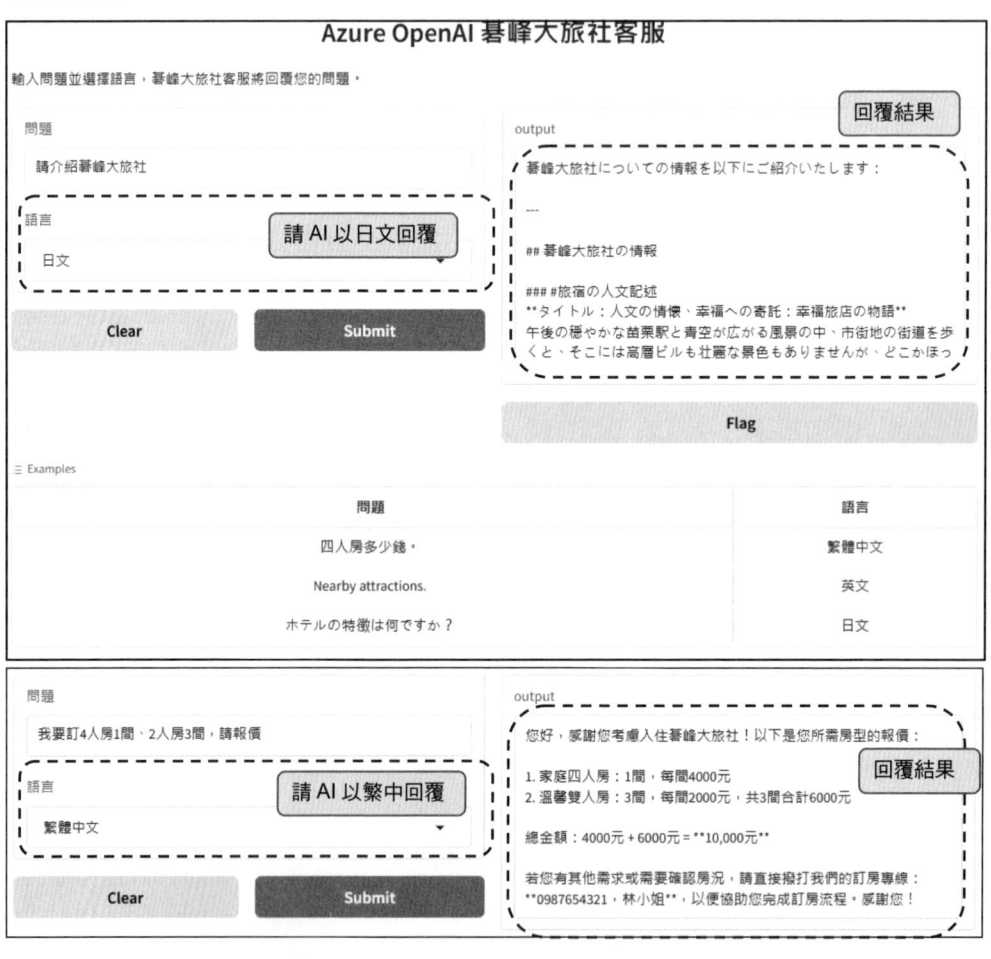

▲ 提問問題後，機器人產生正確資訊，且使用指定語系回覆

若詢問非飯店相關問題即顯示「請來電 0987654321, 洽林小姐」。

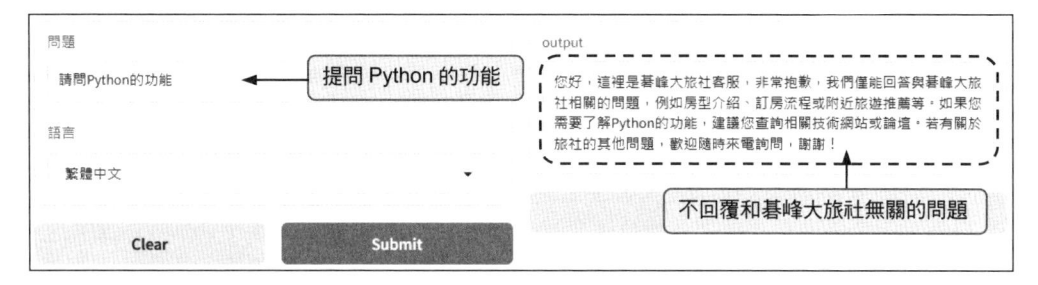

▲ 不回覆和飯店無關的問題

程式碼 FileName：ChatGPT02.ipynb

```
1-01 !pip install gradio

2-01 !pip install openai --upgrade

3-01 import openai
3-02 import gradio as gr
3-03 from openai import AzureOpenAI

4-01 # 定義一個函數來處理上傳使用者的提示，並傳回 OpenAI 的回應
4-02 def Chat(prompt):
4-03     try:
4-04         # 建立 AzureOpenAI 物件
4-05         client = AzureOpenAI(
4-06             azure_endpoint = "Azure OpenAI 服務端點",
4-07             api_key = "AzureOpenAI 金鑰",
4-08             api_version = "AzureOpenAI 模型版本",  # 版本查詢請參考 14.6.2 節 Step05
4-09         )
4-10
4-11         # 讀取飯店服務資訊 info.txt 並指定給 hotel_info 變數
4-12         with open("info.txt", "r", encoding="utf-8") as file:
4-13             hotel_info = file.read()
4-14
4-15         # 聊天完成
4-16         response = client.chat.completions.create(
4-17             model="gpt-4o",  # 請替換為您的模型部署名稱
```

14-25

```
4-18        messages= [
4-19           {"role": "system","content": f"你是碁峰大旅社客服人員，
                    請以「{hotel_info}」的內容並用{language}回覆。"},
4-20           {"role": "user","content": prompt}
4-21        ],
4-22        max_tokens=500,
4-23        temperature=0.7,
4-24     )
4-25     # 傳回生成的回應
4-26     return response.choices[0].message.content
4-27 except Exception as e:
4-28     return f"發生錯誤：{str(e)}"

5-01 # 使用 Gradio 建立介面
5-02 gr.Interface(
5-03    fn=Chat,
5-04    inputs=[
5-05       gr.Textbox(label="問題", placeholder="請輸入問題"),
5-06       gr.Dropdown(choices=["繁體中文", "英文", "日文"], label="語言")
5-07    ],   # 使用文字輸入框與下拉式清單
5-08    outputs="text",   # 顯示文字輸出
5-09    title="Azure OpenAI 碁峰大旅社客服",
5-10    description="輸入問題並選擇語言，碁峰大旅社客服將回覆您的問題。",
5-11    examples=[
5-12       ["四人房多少錢。", "繁體中文"],
5-13       ["Nearby attractions.", "英文"],
5-14       ["ホテルの特徴は何ですか？", "日文"],
5-15    ]
5-16 ).launch(share=True)     # 啟動 Gradio
```

> 說明

1. 撰寫程式前要先取得 Azure OpenAI 的金鑰、端點，並部署 GPT-4o 模型。

2. 再將 info.txt 基礎資料檔上傳到筆記本的檔案中，注意下次執行時仍需要再重傳。

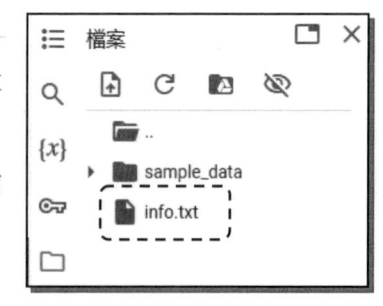

info.txt 檔中包含飯店故事、人文記敘、房型價格、訂房說明、設備服務、行程推薦等內容，用來當做飯店服務資訊的基礎資料，也就是客服機器人的回覆會被限制在「info.txt」的內容進行生成文本。(亦可放真實的飯店資訊)

3. 第 4-01~4-28 行：定義 Chat() 函式來處理 gradio 介面的元件值。

4. 第 4-12~4-13 行：讀取飯店服務資訊 info.txt 內容，並指定給 hotel_info 變數，用來當做客服機器人文本生成的基礎資訊。

5. 第 4-19 行：將系統角色 (系統訊息) 設為飯店客服人員，並提供基礎資訊提示 hotel_info，使回覆的答案較能符合真實情況。

6. 第 5-01~5-16 行：使用 Gradio 建立介面，其中 Dropdown 元件提供「繁體中文」、「英文」、「日文」選項，並發布執行。

14.6.5 Azure OpenAI 影像生成範例實作

使用 Azure OpenAI 服務建立 AzureOpenAI 物件，透過 dall-e-3 模型進行圖片生成。首先設定服務端點與金鑰，然後使用 images.generate() 方法，根據使用者所輸入的提示 (prompt) 生成 1024 x 1024 大小的圖片，最後由網址下載圖片傳回 PIL 格式圖片。程式寫法如下：

```
// 安裝 openai 並引用相關命名空間
!pip install openai --upgrade
import openai
import requests
from openai import AzureOpenAI
from PIL import Image
from io import BytesIO

# 建立 AzureOpenAI 物件
client = AzureOpenAI(
    azure_endpoint = "Azure OpenAI 服務端點",
    api_key = "AzureOpenAI 金鑰",
    api_version = "AzureOpenAI 模型版本",
)
```

```python
# 生成圖片完成
response = client.images.generate(
    model = "dall-e-3",   # 請替換為您的模型部署名稱
    prompt = 指定提示訊息,
    size = "圖片大小"     # 例如 1024x1024
)

# 取得的圖片 URL 連結
image_url=response.data[0].url

# 下載圖片並傳回 PIL 圖片
image_data = requests.get(image_url).content
image = Image.open(BytesIO(image_data))

# 傳回生成的圖片
return image
```

範例：AIDrawImage01.ipynb

使用 Azure OpenAI，製作根據使用者提示詞生成 AI 繪圖的程式。

執行結果

程式碼 FileName：AIDrawImage01.ipynb

```
1-01  !pip install gradio


2-01  !pip install openai --upgrade


3-01  import openai
3-02  import gradio as gr
3-03  import requests
3-04  from openai import AzureOpenAI
3-05  from PIL import Image
3-06  from io import BytesIO


4-01  # 定義 AI 影像生圖函式處理上傳使用者的提示，並傳回 OpenAI 生成的圖片
4-02  def Generate_Image(prompt):
4-03      try:
4-04          # 建立 AzureOpenAI 物件
4-05          client = AzureOpenAI(
4-06              azure_endpoint = " Azure OpenAI 服務端點",
4-07              api_key = "AzureOpenAI 金鑰",
4-08              api_version = "AzureOpenAI 模型版本",  # 版本查詢請參考14.6.2節 Step06
4-09          )
4-10
4-11          response = client.images.generate(
4-12              model = "dall-e-3",  # 請替換為您的模型部署名稱
4-13              prompt = prompt,
4-14              size = "1024x1024"
4-15          )
4-16          # 取得的圖片 URL
4-17          image_url=response.data[0].url
4-18          # 下載圖片並傳回 PIL 圖片
4-19          image_data = requests.get(image_url).content
4-20          image = Image.open(BytesIO(image_data))
4-21          return image
4-22      except Exception as e:
4-23          return f"發生錯誤：{str(e)}"


5-01  # 使用 Gradio 建立介面
5-02  gr.Interface(
```

```
5-03        fn=Generate_Image,
5-04        inputs=gr.Textbox(label="提示詞", placeholder="請輸入繪圖提示，
              例如：A futuristic cityscape with flying cars and neon lights."),
5-05        outputs=gr.Image(type="pil", label="生成的圖片"),
5-06        title="Azure OpenAI DALL·E-3 繪圖生成器",
5-07        description="輸入提示詞，Azure DALL·E-3 將生成對應的圖片。",
5-08        examples=[
5-09          "A futuristic cityscape with flying cars and neon lights.",
5-10          "大俠愛吃漢堡包",
5-11          "台灣黑熊在森林中跑步，使用皮克斯 3D 動畫風格"
5-12        ]
5-13    ).launch(share=True)        # 啟動 Gradio
```

說明

1. 撰寫程式前要先取得 Azure OpenAI 的金鑰、端點，並部署 DALL·E 3 模型。

2. 第 3-01~3-06 行：引用 openai、gradio 和 requests 套件中相關命名空間。

3. 第 4-01~4-23 行：定義 Generate_Image() 函式來處理 gradio 介面的元件值。

4. 第 4-11~4-15 行：使用 images.generate() 方法，傳入模型名稱、繪圖提示詞、圖片大小，AI 模型生成圖片的傳回值指定給 response 變數。

5. 第 4-17 行：由 response 變數中取得的圖片 URL。

6. 第 4-19~4-21 行：由圖片 URL 下載圖片，並傳回 PIL 格式圖片。

7. 第 5-01~5-13 行：使用 Gradio 建立介面，其中 Image 元件可顯示圖片，type 參數設為 "pil" 指定圖片格式為 PIL。

14.7 模擬試題

題目(一)

請問下列各項敘述是否正確？(請填 O 或 X)

1. ( ) Azure OpenAI 的 GPT-3.5 Turbo 模型能將語音轉成文字。

2. ( ) Azure OpenAI 的內嵌文字模型能依據文字相似性將文字轉換成數值向量。

3. ( ) Azure OpenAI 的 DALL·E 模型能根據文字提示產生對應的影像。

題目(二)

請問下列各項敘述是否正確？(請填 O 或 X)

1. ( ) 轉換器模型架構中包含編碼器和解碼器兩個區塊。

2. ( ) 轉換器模型架構中會用到自我注意力。

3. ( ) 轉換器模型架構中包含加密和解密兩個區塊。

題目(三)

請問下列各項敘述是否正確？(請填 O 或 X)

1. ( ) 必須自己建置和訓練模型，才能建立符合 Microsoft 負責任 AI 準則的解決方案。

2. ( ) Azure OpenAI 使用預先訓練的生成式 AI 模型。

3. ( ) 開發者可使用自己的資料來微調 Azure OpenAI 模型。

題目(四)

下列何者可以依據使用者所輸入的句子生成文字段落回應?

① Azure AI 語言　② Azure AI 視覺　③ Azure OpenAI
④ Azure Machine Learning

題目(五)

想要以文字描述產生宣傳手冊中的卡通插畫,應該使用下列哪一個 Azure OpenAI 模型?

① GPT-4　② GPT-3.5　③ DALL·E　④ Codex。

題目(六)

在 Microsoft Visual Studio Code 整合開發環境中,下列哪個延伸模組會使用 OpenAI Codex 模型?

①GitHub Copilot　② GitHub 原始檔控制　③ Microsoft 365 Copilot
④ IntelliSense

題目(七)

在聊天解決方案中使用 Azure OpenAI GPT-3.5 模型時,應該設定下列哪個參數,才能生成更多樣化的 Token 回應?

① 存在懲罰　② 回應上限　③ 包含過去訊息　④ 停止序列

題目(八)

想依據使用者所輸入的文字提示生成影像,應該使用下列哪個 Azure OpenAI 模型?　① GPT-4　② GPT-3.5　③ DALL·E　④ Codex

題目(九)

請問哪個 Azure OpenAI 模型可用於開發程式碼？

① DALL·E　② GPT-4　③ Whisper

④ microsoft-swinv2-base-patch4-window12-192-22k

題目(十)

以下何者可用來建置為網站創作短篇文章的 AI 模型？

① Azure OpenAI Studio　② ChatGPT　③ 文件智慧服務工作室

④ GitHub Copilot

題目(十一)

以下哪一個詞彙描述上傳您自己的資料以自訂 Azure OpenAI 模型？

① 微調　② 完成　③ 提示工程　④ 基礎知識

題目(十二)

請問如何確保 Azure OpenAI 模型會產生包含最近事件的準確回應？

① 新增基礎知識資料　② 新增訓練資料　③ 新增小樣本學習

④ 修改系統訊息

題目(十三)

您可以使用哪兩個資源來分析程式碼並產生程式碼函式的說明和程式碼註解？

① Azure OpenAI DALL·E 模型　② Azure OpenAI Whisper 模型

③ Azure OpenAI GPT-4 模型　④ GitHub Copilot 服務

MCF AI-900 人工智慧基礎國際認證模擬試題

APPENDIX A

A.1 描述人工智慧工作負載和考量

( ) 1. 說明用以定型模型的資料來源是哪一項責任 AI 準則的範例?

① 隱私權與安全性　② 公平性　③ 可靠性和安全性　④ 透明度

( ) 2. 公司正在探索語音辨識技術在其智慧型家用裝置中的使用。公司想要找出可能無意間遺漏特定使用者群組的任何屏障。

這是下列何者責任 AI 的 Microsoft 指導準則範例?

① 權責　　　　　② 公平性　③ 隱私權與安全性　④ 包容性

3. 將 AI 工作負載類型與適當的案例進行配對。每種工作負載類型可使用一或多次,也可能完全用不到。工作負載類型如下:

① 異常偵測　　　② 電腦視覺　③ 知識採礦　④ 自然語言處理

作答區

A. ＿＿＿＿＿回答退款及換貨問題的自動化聊天機器人

B. ＿＿＿＿＿判斷相片中是否有人物

C. ＿＿＿＿＿判斷評論為正面或負面

(　) 4. AI 系統不應反映用於為訓練系統的資料集偏差，是下列哪個 Microsoft 責任 AI 的準則？

①權責性　　②公平性　　③包容性　　④透明度

5. 下列各項敘述如果成立，請輸入 [是]；否則請輸入 [否]。

(　) 監視線上服務的評論是否包含不雅用語為一項自然語言處理範例。

(　) 辨識影像中品牌標誌為一項自然語言處理範例。

(　) 監視公開新聞網站是否包含產品負面陳述為一項自然語言處理範例。

(　) 6. Microsoft 責任 AI 的指導準則是哪三項？

①決斷性　　　②固執性　　　③知識性
④公平性　　　⑤包容性　　　⑥可靠性和安全性

(　) 7. 下列哪兩個案例是自然語言處理工作負載範例？每個正確答案都呈現一個完整的解決方案。

①監控機器溫度，以在溫度達到特定閾值時打開風扇
②可以回答諸如「今天天氣如何？」等問題的家用智慧型裝置
③自動將車前燈插入汽車的生產線機械
④使用知識庫以互動方式回答使用者問題的網站

(　) 8. 您的網站有一個用來協助客戶的聊天機器人。您需要根據客戶在聊天機器人中鍵入的內容，偵測客戶何時感到沮喪。
您應該使用下列哪一種類型的 AI 工作負載？

①迴歸　　②自然語言處理　　③異常偵測　　④電腦視覺

(　) 9. 貴公司想要打造瓶罐回收機。此回收機必須能夠自動識別正確形狀的瓶罐，拒收所有其他項目。公司應該使用哪種 AI 工作負載？

①自然語言處理　　②電腦視覺　　③知識採礦　　④異常偵測

( ) 10. 預測貸款是否償還的銀行系統是哪個類型的機器學習範例。

①分類　　②叢集　　③迴歸

( ) 11. 您正在建置 AI 應用程式。您需要確保應用程式使用負責任 AI 的準則。請問您應該遵循下列哪兩個準則？

①實作敏捷式軟體開發 (Agile Software Development) 方法。

②建立風險治理委員會，包括合法小組的成員、風險治理小組的成員、以及隱私保護專員。

③防止洩漏使用 AI 演算法自動做出決策。

④實作AI 模型驗證的程序，做為軟體檢閱程序的一部分。

12. 下列各項敘述如果成立，請輸入 [是]；否則請輸入 [否]。

(　) 根據歷史資料預測房價為異常偵測範例。

(　) 在慣常模式中尋找偏差藉以識別可疑的登入為異常偵測範例。

(　) 根據患者的病歷預測患者是否會罹患糖尿病為異常偵測範例。

( ) 13. 當重要欄位包含不尋常或缺少值時，確保 AI 系統不會提供預測，是負責任 AI 的什麼準則？

①包容性　　②隱私權與安全性　　③可靠性與安全性　　④透明度

( ) 14. 您要建置 AI 系統，系統該包含哪項工作以協助服務符合 Microsoft 責任 AI 透明度準則？

①確定定型資料集具有母體代表性。

②提供文件以利開發人員偵錯程式碼。

③啟用自動調整功能，以確保服務能根據需求調整。

④確定所有視覺效果都可供螢幕助讀程式讀取的相關聯文字。

(　　) 15. 建立錄音的文字記錄是下列何者的範例：

①電腦視覺工作負載　　　　②知識採礦工作負載

③自然語言處理(NLP)工作負載　④生成式 AI 工作負載

16. 將 AI 工作負載類型與適當的案例進行配對。每種工作負載類型可使用一或多次，也可能完全用不到。工作負載類型如下：

① 權責　　　　② 公平性　　　　③ 包容性

④ 隱私權和安全性　⑤ 可靠性和安全性　⑥ 透明度

作答區

A. ＿＿＿＿＿必須記錄決策流程，讓相關人員得以確認特定報價的根據

B. ＿＿＿＿＿只有決策流程相關人員可以看到客戶個人資訊

C. ＿＿＿＿＿使用螢幕助讀程式或其他輔助技術的使用者必須能存取此系統

17. 下列各項敘述如果成立，請輸入 [是]；否則請輸入 [否]。

(　　) 會回答諸如「我的下一場約會是何時？」等問題的家用智慧型裝置為交談式 AI 的範例。

(　　) 公司網站上的互動式網路聊天功能可以使用 Azure Bot Service 實作。

(　　) 為預先錄製影片自動產生字幕是交談式 AI 的範例。

(　　) 18. 您有一些儲存成文字檔案的保險理賠報表。

您需要從報表中擷取關鍵字詞以產生摘要。

您應該使用下列哪一種類型的 AI 工作負載？

①異常偵測　　②電腦視覺　　③知識採礦　　④自然語言處理

( ) 19. 下列哪一項敘述是 Microsoft 責任 AI 準則的範例？

① AI系統必須只能公開提供的資料

② AI系統必須保障公司的利益

③ AI系統必須易於理解

④ AI系統必須將個人詳細資料公開

( ) 20. 可以回答「台積電股票價格是多少？」這種問題的智慧型裝置是哪一種 AI 工作負載的範例？

① 異常偵測　② 自然語言處理　③ 電腦視覺　④ 知識採礦

( ) 21. 開發 AI 自動駕駛汽車系統時，應套用哪個 Microsof 責任 AI 的準則，以確保系統在生命週期內維持一致的作業？

① 公平性　② 可靠性和安全性　③ 權責性　④ 包容性

( ) 22. 你正在開發一套系統以預測英國駕駛的保險價格。

你需要盡量將系統的非預期偏差降至最低。

請問你應該採取什麼措施？

① 取得完全隨機的定型樣本

② 使用全球保險公司的資料建立定型資料集

③ 從資料中移除受保護特性的相關資訊，然後再進行取樣

④ 取得代表英國人口的定型樣本

( ) 23. 從大量非結構化資料中擷取資料間的關聯性，是哪一種 AI 工作負載類型？① 知識採礦　② 電腦視覺　③ 自然語言處理(NLP)　④ 異常偵測

( ) 24. 在使用生成式 AI 的聊天解決方案中實作篩選以封鎖有害內容是 Microsoft 負責任 Al 準則的範例。

① 權責性　② 公平性　③ 隱私權和安全性　④ 透明度

(　) 25. 下列哪一項敘述是 Microsoft 責任 AI 準則的範例？

① AI 系統必須透明且包容

② AI 系統必須保障公司的利益

③ AI 系統必須只使用公開提供的資料

④ AI 系統必須將個人詳細資料公開

(　) 26. 請問您應該使用哪一種 Azure AI 工作負載，根據文章的文字創作插圖？

① 電腦視覺　　　② 生成式 AI

③ 自然語言處理　④ Azure AI 文件智慧服務

(　) 27. 以下何者是 Microsoft 負責任 AI 準則的範例？

① AI 系統應該讓個人詳細資料方便存取

② AI 系統應該屬於公眾領域

③ AI 系統應該是安全的，並且尊重隱私權

④ AI 系統應該保障開發人員的利益

28. 請將 AI 解決方案與適當的工作配對。請將左邊的適當的 AI 解決方方案填至右邊對應的作答區，AI 解決方方案可重複使用或不使用。

AI 解決方案	作答區
① 電腦視覺	(　) A. 根據關鍵字建立社交媒體貼文。
② 生成式 AI	(　) B. 從社交媒體貼文中擷取關鍵字。
③ 知識採礦	(　) C. 從掃描的文件中擷取文字。
④ 自然語言處理	

A.2 描述 Azure 上自然語言處理工作負載的功能

(　) 1. 下列何種情況應該使用關鍵片語擷取？

　　① 將一些文件從英文翻譯成德文

　　② 辨識那些文件提供相同主題的資訊

　　③ 辨識餐廳的評論為正面或負面

　　④ 根據音軌為影片產生字幕

2. 下列各項敘述如果成立，請輸入 [是]；否則請輸入 [否]。

　　(　) 具名實體辨識可用來擷取文件字串中的日期與時間。

　　(　) 關鍵片語擷取可用來擷取文件字串中的重要片語。

　　(　) 關鍵片語擷取可用來擷取文件字串中的所有城市名稱。

3. 下列各項敘述如果成立，請輸入 [是]；否則請輸入 [否]。

　　(　) 聊天機器人只能使用自訂程式碼來建置。

　　(　) Azure Bot Service 提供用於裝載交談式機器人的服務。

　　(　) 使用 Azure Bot Service 建置的機器人可與 Microsoft Teams 使用者交流。

4. 下列各項敘述如果成立，請輸入 [是]；否則請輸入 [否]。

　　(　) 下列服務呼叫將接受英文文字做為輸入並且輸出法文和義大利文文字：/translate?from=it&to=fr&to=en

　　(　) 下列服務呼叫將接受英文文字做為輸入並且輸出法文和義大利文文字：/translate?from=en&to=fr&to=it

　　(　) 翻譯服務可用來將文件由英文翻譯為法文。

(　) 5. 您可以使用下列哪一種 AI 服務，擷取使用者輸入的意圖 (例如「稍後請回電」)？

① Azure 認知搜尋　　　② Azure AI 語音

③ Azure AI 翻譯工具　　④ Azure AI 語言

(　) 6. 自然語言處理可用於

① 將 E-Mail 分類為工作郵件或個人郵件。

② 預測未來的租車數。

③ 顯示溫度過高時停止工廠作業。

④ 預測哪個網站的瀏覽者會執行交易。

(　) 7. 您需要建立一套客戶支援解決方案，協助客戶存取資訊。該解決方案必須支援電話、電子郵件與即時聊天式管道。您應該使用下列哪一種 AI 解決方案？

① 自然語言處理 (NLP)　　② 聊天機器人

③ 機器學習　　　　　　　④ 電腦視覺

(　) 8. 您可以在下列哪兩種情況中使用語音合成解決方案？每個正確答案都呈現一個完整的解決方案。

① 使用電話鍵盤將信用卡號碼輸入到電話時，可以朗讀輸入號碼的自動語音。

② 可以用語音與玩家交談的電腦遊戲 AI 角色。

③ 為新聞廣播產生即時字幕。

④ 從會議錄音中擷取關鍵片語。

(　　) 9. 您建置一套自訂問題解答解決方案,並建立了一個使用知識庫回應客戶要求的機器人。您需要確認在不新增額外技能的情況下,該機器人可以執行的工作。您應該指定何者?
① 同時回答多位使用者的問題　② 登記客戶購買的商品
③ 為客戶提供退貨授權 (RMA) 號　④ 登記客訴內容

(　　) 10.您要使用自然語言處理來處理 Microsoft 新聞報導的文字。您收到如下所示輸出。

幾個星期以來,學生與教師們已經適應了遠距離教學中令人捉摸不清的行程。今天,我想要在這措手不及的遠距離教學轉變過程中,感謝所有攜手將教室與同學聯繫在一起的教育工作者。這項改變不但需要每個人共同努力,同時在現代教育史上也是前所未聞。我們已經在 175 個國家/地區中,見證 183,000 間機構使用 Microsoft Teams,使得許多地區、學區以及大學迅速進入遠距離教學環境。

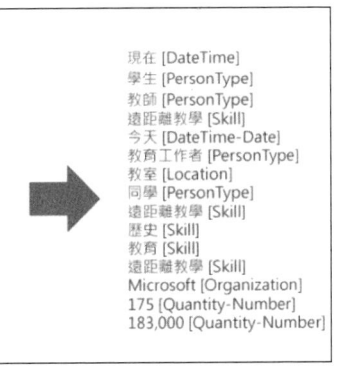

現在 [DateTime]
學生 [PersonType]
教師 [PersonType]
遠距離教學 [Skill]
今天 [DateTime-Date]
教育工作者 [PersonType]
教室 [Location]
同學 [PersonType]
遠距離教學 [Skill]
歷史 [Skill]
教育 [Skill]
遠距離教學 [Skill]
Microsoft [Organization]
175 [Quantity-Number]
183,000 [Quantity-Number]

請問您執行了下列何種類型的自然語言處理?
① 翻譯　② 關鍵片語擷取　③ 情感分析　④ 實體辨識

(　　) 11. 圖中顯示下列哪一種類型的 AI 解決方案?
① 機器學習模型　② 聊天機器人
③ 情感分析解決方案　④ 電腦視覺應用程式

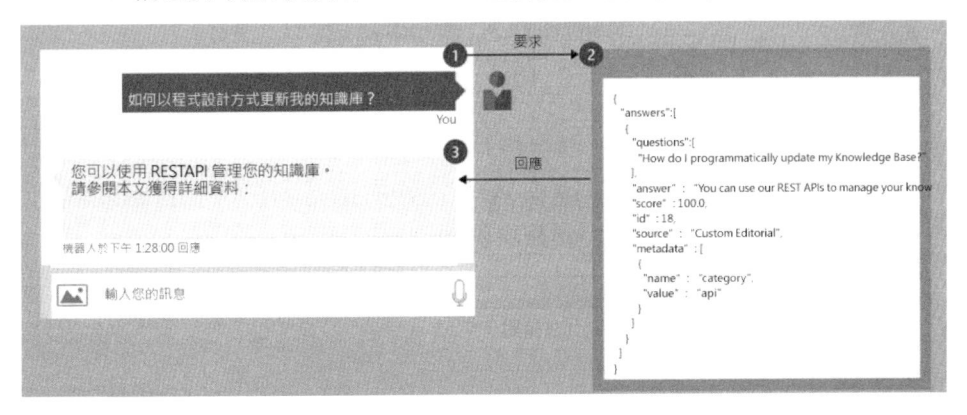

12. 您計劃使用 Azure AI 服務來開發語音控制的個人助理應用程式。請將 Azure AI 服務與適當的工作配對。作答時，請將左側資料行所列的適當服務之編號，填寫至右側對應的描述。每項服務可能使用一次或多次，甚至完全用不到。

服務：	作答區
① Azure AI 語音	（　）A.將使用者的語音轉換為文字
② Azure AI 語言服務	（　）B.識別使用者的意圖
③ Azure AI 翻譯工具文字	（　）C.向使用者提供口語回應

13. 下列各項敘述如果成立，請輸入 [是]；否則請輸入 [否]。

（　）聊天機器人可以支援語音輸入。

（　）每一種溝通管道都需要一個不同聊天機器人。

（　）聊天機器人可以結合自然語言及受限的回應選項來管理交談程序。

（　）14. 您管理一個包含客戶評論的網站。您需要儲存這些評論的英文版，然後辨識每位使用者的地理位置，並以當地語言向使用者展示評論。您應該使用下列何種類型的自然語言處理工作負載？

① 語言模組化　② 翻譯

③ 語音辨識　④ 關鍵片語擷取

15. 您計劃將 Azure AI 語言服務 API 功能套用至技術支援報修系統。請將 Azure AI 語言服務 API 功能與適當的自然語言處理案例配對。作答時，請將左側所列的適當功能，拖曳至右側的案例中。每項功能可能只使用一或多次，甚至完全用不到。

API 功能：	作答區：
① 實體辨識	(　) A. 根據支援報修中所包含文字了解客戶的不滿意程度
② 關鍵片語擷取	(　) B. 彙總支援報修中重要資訊
③ 語言偵測	(　) C. 從支援報修中擷取關鍵日期
④ 情感分析	

(　)16. 您需要為商務聊天機器人提供內容，以協助其為使用者解答簡單的查詢。下列哪三種方式是使用語言服務的問題解答來建立問與答文字？

　　① 從預先定義的資料來源匯入閒聊內容

　　② 手動輸入問題與答案

　　③ 將機器人連線到 Cortana 頻道，並且用 Cortana 提問

　　④ 從現有的網頁產生問題與答案

　　⑤ 使用 Azure Machine Learning 自動化 ML，根據包含問題與答案組的檔案來定型模型

(　) 17. 可用來建置使用內建自然語言處理模型的無程式碼應用程式？

　　① Azure Health Bot

　　② Microsoft Bot Framework

　　③ Power Virtual Agents

(　) 18. 識別電話號碼時，會使用哪種類型的自然語言處理(NLP)實體？

　　① 規則運算式　　　　② Pattern.any

　　③ machine-learned　　④ 清單

(　　) 19. 您有一個 Azure 機器人。

您要新增常見問題集 (FAQ) 的支援。

您該使用哪項 Azure AI 服務以支援常見問題集？

① Azure AI 翻譯工具　　② Azure AI 語音

③ Azure AI 語言　　　　④ Azure AI 文件智慧服務

20. 下列各項敘述如果成立，請輸入 [是]；否則請輸入 [否]。

(　　) 您可以使用Azure AI語言服務的問題解答查詢 Azure SQL 資料庫。

(　　) 若您希望知識庫針對詢問類似問題的不同使用者，提供相同答案，則應該使用Azure AI語言服務的問題解答。

(　　) Azure AI 語言服務的問題解答可以判斷使用者語句的意圖。

21. 下列各項敘述如果成立，請輸入 [是]；否則請輸入 [否]。

(　　) Azure AI語言服務可以識別文字是以何種語言撰寫。

(　　) Azure AI語言服務可以偵測文件中的手寫簽名。

(　　) Azure AI 語言服務可以識別文件中所提及的公司和組織。

(　　) 22. 您使用常見問題集 (FAQ) 頁面建置 Azure AI 語言服務的問題解答機器人。您需要新增專業的問候語及其他回應，使機器人能夠更友善地與使用者互動。您應該採取什麼措施？

① 提高回應的信賴等級閾值　　② 啟用主動式學習

③ 新增閒聊　　　　　　　　　④ 建立多回合問題

23. 下列各項敘述如果成立，請輸入 [是]；否則請輸入 [否]。

(　　) 您可以使用Azure AI語音服務將通話轉譯為文字。

(　　) 您可以使用Azure AI語言服務從通話文字記錄中擷取關鍵實體。

(　　) 您可以使用 Azure AI 語音服務將通話音訊翻譯為其他語言。

24. 您正在撰寫一個交談語言理解應用程式以支援音樂節。

您希望使用者能夠詢問預定節目的相關問題,例如:「主舞台現在正在進行哪一場表演?」問題是下列何種類型元素的範例?

① 實體　　② 意圖　　③ 領域　　④ 表達

A.3 描述 Azure 上電腦視覺工作負載的功能

( ) 1. 請問哪一個電腦視覺功能可以為數位相片產生自動標題?

① 描述影像　② 偵測物件　③ 辨識文字　④ 找出感興趣的區域

( ) 2. 要籌辦一場慈善活動,其內容包含在 Twitter 上發佈人們帶著墨鏡的相片。需要確保符合下列 A、B 兩點要求的相片:

A:包含一或多張臉部。

B:包含至少一名戴著墨鏡的人。

您應該使用下列何者來分析影像?

① Azure AI 電腦視覺服務中的 [描述影像] 作業

② 臉部服務中的 [偵測] 作業

③ Azure AI 電腦視覺服務中的 [分析影像] 作業

④ 臉部服務中的 [驗證] 作業

( ) 3. 下列何者可用於讀取輸送帶上的產品標籤?

① 影像分類　② 影像處理　③ 物件偵測　④ 光學字元辨識(OCR)

( ) 4. 下列何者用於在一個影像中識別多種項目?

① 影像分類　② 影像描述　③ 物件偵測　④ 光學字元辨識(OCR)

(　　) 5. 您為社交媒體建置影像標記解決方案，以便自動標記朋友的影像。您應該使用哪一個 Azure AI 服務？

① 臉部　② 文件智慧服務　③ 電腦視覺　④ 語言

6. 請將電腦視覺工作負載類型與適當的案例配對。

作答時，請將所列的適當工作負載類型，拖曳至作答區對應的案例。每種工作負載類型可能只使用一次或多次，甚至完全用不到。

工作負載類型如下：

① 影像分類　　② 物件偵測　　③ 光學字元辨識

作答區

A. ＿＿＿＿＿＿　產生影像標題

B. ＿＿＿＿＿＿　擷取電影海報影像中的電影名稱

C. ＿＿＿＿＿＿　找到影像中的車輛

(　　) 7. 當您在處理馬拉松賽跑比賽的相片時，為辨識相片中的跑者身份，必須讀取跑者運動衫上的號碼。您應該使用哪種電腦視覺類型？

① 影像分類　② 物件偵測　③ 光學字元辨識　④ 臉部辨識

(　　) 8. 下列何項服務的功能可從手寫文件中擷取文字？

① 臉部辨識　② 物件偵測　③ 光學字元辨識　④ 影像分類

(　　) 9. 下列哪一個範例是根據影片摘要計算某區域的動物數目？

① 預測　② 異常偵測　③ 知識採礦　④ 電腦視覺

10. 下列各項敘述如果成立，請輸入 [是]；否則請輸入 [否]。

(　　) 物件偵測可以識別影像中受損產品的位置。

(　　) 物件偵測可以識別影像中受損產品的多個實例。

(　　) 物件偵測可以識別影像中多種類型的受損產品。

(　) 11. 使用電腦視覺可執行下列哪兩項工作？每個正確答案都是一個完整的解決方案。
① 將影像中的文字翻譯為不同語言。　② 辨識手寫文字。
③ 訓練自訂影像分類模型。　④ 偵測影像中臉部。

(　) 12. 「判斷影像中汽車位置，並估計車與車之間的距離。」應該使用哪種電腦視覺類型？
① 臉部分析　② 物件偵測
③ 影像分類　④ 光學字元辨識

(　) 13. 要建置一個會識別影像中名人的應用程式，應該使用哪一項服務？
① Azure OpenAI 服務
② Azure AI 視覺
③ 交談語言理解(CLU)
④ Azure Machine Learning

(　) 14. 「若要識別影像中名人。」應該使用哪種電腦視覺工作負載類型？
① 臉部辨識　② 物件偵測　③ 影像分類　④ 光學字元辨識

(　) 15. 您的公司專門製造小工具，您擁有 2000 張小工具的數位相片。若您需要在這些相片中識別出小工具的位置，應該使用下列何者？
① Azure AI 電腦視覺空間分析　② Azure AI 自訂視覺物件偵測
③ Azure AI 電腦視覺影像分析　④ Azure AI 自訂視覺分類

(　) 16. 您可以透過下列何項服務，使用自己的影像來定型物件偵測模型？
① Azure AI 電腦視覺　② Azure AI 自訂視覺
③ Azure AI 文件智慧服務　④ 媒體用影片分析器

(　) 17. AI 解決方案可協助攝影師取得更佳人像相片,方法是提供下列哪一項臉部功能範例之曝光、雜訊與遮蔽的回饋。

① 分析　② 偵測　③ 辨識

(　) 18. 使用電腦視覺可執行下列哪兩項工作?每個正確答案都是一個完整的解決方案。

① 偵測影像中的色彩配置

② 將文字翻譯為不同語言

③ 擷取關鍵詞組

④ 預測股票價格

⑤ 偵測影像中的商標

(　) 19. 在下列哪兩種情況可以使用 Azure AI 文件智慧服務?每個正確答案都是一個完整的解決方案。

① 從發票中擷取發票號碼　② 根據收據辨識零售商

③ 在目錄中尋找產品影像　④ 將表格從法文翻譯成英文

(　) 20. 您正在建置工具來處理零售商店的影像,使能夠識別競爭對手的產品。其解決方案是必須使用您公司提供的影像來定型。則您應該使用下列哪一項 Azure AI 服務?

① Azure AI 文件智慧服務　② Azure AI 電腦視覺

③ 臉部　　　　　　　　　④ Azure AI 自訂視覺

(　) 21. 下列哪項服務可用於擷取駕照上的資訊以填入資料庫中。

① Azure AI 電腦視覺　　② 交談語言理解

③ Azure AI 自訂視覺　　④ Azure AI 文件智慧服務

(　) 22. 哪一項 Azure AI 服務可用來找出包含敏感性資訊的文件?

① Azure AI 自訂視覺　② Azure AI 文件智慧服務　③ 交談語言理解

( ) 23. 電腦視覺功能可部署來？

① 為網站部署文字聊天機器人

② 識別線上商店的異常客戶行為

③ 將臉部辨識功能整合到應用程式

④ 建議對內送電子郵件的自動化回覆

( ) 24. 您需要建置一個會建立影像描述的應用程式。
您應該使用哪一項服務？

① Azure OpenAI 服務　② Azure AI 視覺

③ 交談語言理解(CLU)

④ Azure Machine Learning

( ) 25. 您需要建立一個模型，為個人數位相片加上標籤。
您應該使用哪一項 Azure AI 服務？

① Azure AI 電腦視覺　　② Azure AI 自訂視覺

③ Azure AI 文件智慧服務　④ Azure AI 語言

( ) 26. Azure AI 自訂視覺模型如果可從共 100 張包含柳橙的影像中，正確識別 70 張包含柳橙的影像。表示產生 70%何者的計量。

① 平均精確率　　② 精確率　　③ 召回率

( ) 27. 使用 Azure AI 文件智慧服務中預建收據模型可以處理影像大小上限為何？

① 5 MB　　② 10 MB　　③ 50 MB　　④ 100 MB

( ) 28. 使用 Azure AI 電腦視覺服務可以執行哪一項動作？

① 識別直播影片中的動物品種　② 建立訓練影片的縮圖

③ 擷取手寫信件中的資料　④ 擷取文件中的關鍵片語

( ) 29. 你需要實作一套預先建置的解決方案以識別數位相片中的知名品牌。你應該使用哪一個 Azure 服務？
① Azure AI 文件智慧服務　　② Azure AI 電腦視覺
③ Azure AI 自訂視覺　　　　④ 臉部

( ) 30. 交通流量監視系統從監視器影片中收集車牌號碼是 Azure AI 電腦視覺服務中哪個範例？
① 物件偵測　　　　　　② 自然語言
③ 光學自元辨識 OCR　　④ 影像描述

( ) 31. 哪一項 Azure 服務可以使用 Azure AI 文件智慧服務中的預建收據模型？
① Azure AI 服務　　　　　　　② Azure AI 自訂視覺
③ Azure Machine Learning　　④ Azure AI 視覺

( ) 32. 在表格辨識器中使用自訂模型有何優點？
① 自訂模型可加以訓練來辨識各種表格類型。
② 自訂模型一律提供更高的精確度。
③ 只有自訂模型可以部署在內部部署環境。
④ 自訂模型比預建模型便宜。

( ) 33. 您將一張影像送至電腦視覺 API，並收到如右圖所示的標註影像。請問此處使用了哪種類型的電腦視覺？
① 物件偵測　　② 臉部偵測
③ 光學字元識別　④ 影像分類

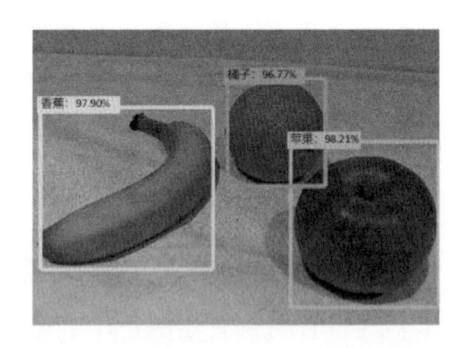

A.4 描述 Azure 上機器學習的基本原理

1. 下列各項敘述如果成立,請輸入 [是];否則請輸入 [否]。

    (　) 您使用未標記的資料定型迴歸模型。

    (　) 分類技術用來預測一段時間後的連續數值。

    (　) 依共同特性分組項目為叢集範例。

2. 下列各項敘述如果成立,請輸入 [是];否則請輸入 [否]。

    (　) 若為迴歸模型,標籤必須是數值。

    (　) 若為叢集模型,必須提供標籤。

    (　) 若為分類模型,標籤必須為數值。

3. 請將工作與適當的機器學習模型配對。每種模型可能只使用一次,也可能使用多次,甚至完全用不到。模型類型如下:

    ① 分類　　　　② 迴歸　　　　③ 叢集

    作答區

    A. _____根據人口統計資料為乘客指派類別

    B. _____根據飛行距離預測消耗的燃油量

    C. _____根據人口統計資料預測乘客是否會錯過他們的航班

(　) 4. 下例哪個模型可用以預測拍賣品售價?

    ① 分類　　②叢集　　③ 迴歸

(　) 5. 您該使用哪種機器學習類型預測下個月售出的禮品卡數量?

    ① 分類　　② 迴歸　　③ 叢集

(　　) 6. 您需要預測某個區域的動物族群規模。您應該使用下列哪一種 Azure Machine Learning 類型？ ① 分類　② 迴歸　③ 叢集

(　　) 7. 您想預測某國家公園內動物的數量，應該使用下列哪種類型的 Azure Machine Learning 模型類型？ ① 分類　② 迴歸　③ 叢集

(　　) 8. 您想找出具有相似購物習慣的人員族群，該使用下列哪種機器學習類型？ ① 分類　② 迴歸　③ 叢集

9. 有一個 Azure Machine Learning 模型的定型資料集共有 45,000 筆記錄，該模型可以預測產品的品質。下表為其資料的範例：

日期	時間	質量(公斤)	溫度(C)	品質測試
2022年11月26日	18:32:07	2.109	62.4	通過
2022年11月26日	18:32:49	2.102	62.5	通過
2022年11月27日	02:31:56	2.097	66.5	不通過

請根據上面資料回答下列敘述是否正確：

(　　) A.「質量(公斤)」為特徵。① 是　② 否

(　　) B.「品質測試」為標籤。① 是　② 否

(　　) C.「溫度(C)」為標籤。① 是　② 否

(　　) 10. 您需要使用以下資料集來預測指定客戶的收入範圍，應該將下列哪兩個欄位用作特徵？

① 名字　② 姓氏　③ 教育程度　④ 收入範圍　⑤ 年齡

名字	姓氏	年齡	教育程度	收入範圍
Jack	Chang	42	大專	25,000-50,000

Mary	Natti	38	高中	25,000-50,000
David	Shelton	54	大專	50,000-75,000
Max	Adler	25	大專	75,000-100,000
Erice	Jansen	72	高中	50,000-75,000

11. 您計劃使用下面資料集,訓練一個預測房價類別的模型。請問家庭收入和房價類別分別屬於下列何者?

( ) A.家庭收入:① 特徵(功能) ② 標籤

( ) B.房價類別:① 特徵(功能) ② 標籤

家庭收入	郵遞區號	房價類別
20,000	42055	低
23,000	52041	中
80,000	78960	高

( ) 12. 關於機器學習的過程,應如何分割用於訓練和評估的資料?

① 用特徵進行訓練,標籤則用來進行評估。

② 用標籤進行訓練,特徵則用來進行評估。

③ 將資料隨機分割為訓練資料行和評估資料行。

④ 將資料隨機分割為訓練資料列和評估資料列。

13. 下列各項敘述如果成立,請輸入 [是];否則請輸入 [否]。

( ) Azure Machine Learning設計工具提供拖放視覺效果畫布,以供建置、測試和部署機器學習模型。

( ) Azure Machine Learning設計工具提供可將進度儲存為管線草稿。

( ) Azure Machine Learning設計工具可併入自訂的JavaScript函式。

14. 下列各項敘述如果成立，請輸入 [是]；否則請輸入 [否]。

    (　) 自動化機器學習讓您能夠將自訂Python程式碼包含在訓練管線中。

    (　) 自動化機器學習實作機器學習解決方案無需程式設計經驗。

    (　) 自動化機器學習使您能夠在互動式畫布中以視覺方式連接資料集和模組。

(　　) 15. 應該如何使用 Azure Machine Learning 設計工具建立叢集模型並評估該模型？

    ① 將原始資料集分割成特徵和標籤資料集，使用特徵資料集進行評估。

    ② 將原始資料集分割成定型和測試資料集，使用測試資料集進行評估。

    ③ 將原始資料集分割成定型和測試資料集，使用定型資料集進行評估。

    ④ 使用原始資料集進行定型和評估。

(　　) 16. 使用 Azure Machine Learning 設計工具發佈推斷管線時，您應該使用下列哪兩個參數來存取 Web 服務？

    ① 模型名稱　② REST 端點　③ 驗證金鑰　④ 定型端點

17. 下列各項敘述如果成立，請輸入 [是]；否則請輸入 [否]。

    (　) 根據不同使用量來統計資料分組文件，為叢集模型的運用實例。

    (　) 根據症狀和診斷測試結果分組相似的病患，為叢集模型的運用實例。

    (　) 根據花粉數預測某人會罹患輕度、中度還是嚴重的過敏症狀，為叢集模型的運用實例。

( ) 18. 您有一個資料集,其中包含指定時間內發生的計程車行程訊息,如下列選項所示。您需要訓練一個模型來預測計程車行程的費用,應該用什麼選項作為特徵?

① 各計程車行程的車費　　② 各計程車行程的單程距離

③ 資料集中的計程車行程數　④ 各計程車行程的單程 ID

( ) 19. 使用上次的消費日期、消費頻率、消費金額 (RFM) 值,來識別客戶群中的客層,為下列何種機器學習模型的範例?

① 分類　② 迴歸　③ 叢集　④ 正規化

20. 想要使用 Azure Machine Learning 設計工具部署機器學習模型,您應該依序執行下列哪四項動作?(請將適當的動作按照正確順序排列。)

① 內嵌及準備資料集。　　② 定型模型。

③ 對驗證資料集評估模型。　④ 對原始資料集評估模型。

⑤ 將資料隨機分割為訓練資料與驗證資料。

( ) 21. 在 Azure Machine Learning 設計工具中,您可以使用下列何者,以探索潛在特徵資料行中值的分佈?

① Normalize Data(正常化資料)模組

② Select Columns in Dataset (選取資料集中的資料行)模組

③ 資料集輸出視覺化特徵

④ 評估結果視覺化特徵

( ) 22. 您必須利用現有的資料集建立訓練資料集和驗證資料集。您應該使用 Azure Machine Learning 設計工具的哪些模組?

① 選取資料集中的資料行　② 合併資料

③ 分割資料　　　　　　　④ 新增資料列

(　　) 23. 評估模型效能時，下列何者使用 0 和 1 值的網格顯示預測和實際的正負值？① AUC 計量　② 混淆矩陣　③ ROC 曲線　④ 閾值

(　　) 24. 機器學習建立迴歸模型時，標籤應該使用哪種資料型別？
① 布林值　② 日期時間　③ 數值　④ 文字

(　　) 25. 針對下列何者，您可使用資料集的其中一部分來準備機器學習模型並保持資料集平衡，以驗證結果？
① 時間限制　② 特徵工程　③ MLflow 模型　④ 模型定型

(　　) 26. Azure Machine Learning 設計工具可讓您建立機器學習模型，是藉由下列何者？
① 在視覺效果畫布上新增與連結模組
② 自動執行一般資料準備工作
③ 自動選取演算法以建置最精確的模型
④ 使用 Code First 筆記本體驗

(　　) 27. 下列何者會針對指定的計算目標執行工作，並且為實驗和工作流程進行系統化追蹤？
① 元件　② 資料集　③ 管線　④ Azure Machine Learning 作業

(　　) 28. 資料集包含右圖資料行：
你有一個根據其他數值資料行預測 ColumnE 值的機器學習模型。請問是下列哪一種模型？
① 迴歸　② 分析　③ 叢集

名稱	類型
ColumnA	整數
ColumnB	數值
ColumnC	數值
ColumnD	數值
ColumnE	數值

( ) 29. 您想要使用 Azure Machine Learning 工作室與自動化機器學習(自動化 ML)，建置一個模型並加以訓練？
您應該先建立下列哪一項？

① Jupyter Notebook　　② 資料集

③ 已註冊的資料集　　④ Machine Learning 設計工具管線

( ) 30. 請問您應該採取什麼措施以減少機器學習分類模型所產生的誤判為真之數目？

① 增加定型反覆運算的數目　　② 修改有利於錯誤否定的閾值

③ 修改有利於誤判為真的閾值　　④ 在定型資料中納入測試資料

( ) 31. 您使用自動化機器學習使用者介面 (UI) 建置機器學習模型。您必須確保此模型符合 Microsoft 責任 AI 透明度準則。試問您應該如何做？

① 將並行反覆運算上限設為[0]　　② 啟用最佳解釋模型

③ 將驗證類型設為[自動]　　④ 將主要計量設為[精確度]

( ) 32. 你需要追蹤數個使用 Azure Machine Learning 進行訓練的模型版本，請問您該怎麼做？

① 解釋模型　　② 註冊模型

③ 佈建推斷叢集　　④ 註冊訓練資料

( ) 33. 您需要使用 Azure Machine Learning 設計工具建置一個能預測單車價格的模型，請問下圖 A、B、C 中應該使用哪種模組類型來完成此模型？

① 轉換為 CSV　　② K 均值叢集　　③ 線性迴歸

④ 選擇資料集中的資料行　　⑤ 分割資料　　⑥ 摘要資料

```
單車價格數據 (未處理)
        │
        ▼
      ┌─────┐
      │  A  │
      └─────┘
        │
        ▼
   清理遺漏資料
   刪除有遺漏值的資料行
        │
        ▼
      ┌─────┐
      │  B  │
      └─────┘
   ┌─────┐
   │  C  │
   └─────┘
        │
        ▼
     訓練模型
        │
        ▼
     對模型評分
```

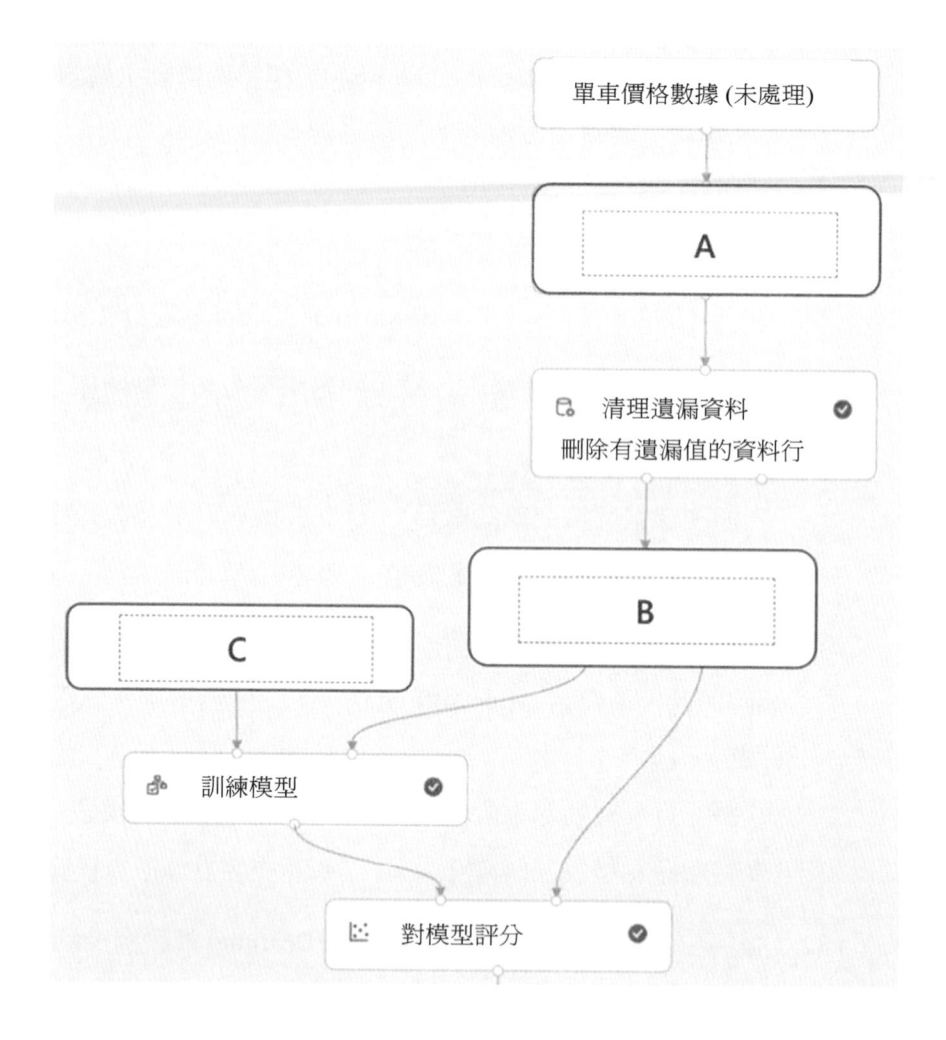

(　) 34. 您有一個資料集，包含銷售資料，並定義了客戶類型標籤。您需要建立一個模型以根據銷售資料分類客戶類型。您應該使用哪種機器學習類型？　① 分類　② 叢集　③ 迴歸

(　) 35. 下列何者可以用來在實際執行環境中裝載自動化機器學習 (自動化 ML) 模型？　① Azure Data Factory　② Azure 自動化　③ Azure Kubernetes Service (AKS)　④ Azure Logic Apps

(　　) 36. 您有一個資料集,包含了燃油樣本的實驗資料。您需要根據測量的密度預測可從樣本中取得的能量 (千焦耳)。您應該使用下列哪一種類型的 AI 工作負載?

① 分類　② 叢集　③ 迴歸

(　　) 37. 您有一個資料集。您需要建置一個 Azure Machine Learning 分類模型來識別瑕疵產品。您應該先採取什麼措施?
① 載入資料集　　　　　　　　② 建立叢集模型
③ 將資料分割成定型和測試資料集　④ 建立分類模型

(　　) 38. 您有一個 Azure Machine Learning 管線,其中包含一個分割資料模組。分割資料模組會輸出至定型模型模組和評分模型模組。
以下何者為分割資料模組的功能?

① 建立定型和驗證資料集

② 選取必須包含在模型中的資料行

③ 轉移具有缺少資料的記錄

④ 調整數值變數,將它們保持在一致的數值範圍內

A.5 描述 Azure 生成式 AI 工作負載的功能

1. 下列各項敘述若正確,請填入「是」;否則請填入「否」。

(　　) Azure OpenAI 的 GPT-3.5 Turbo 模型能將語音轉成文字。

(　　) Azure OpenAI 的內嵌文字模型能依據文字相似性將文字轉換成數值向量。

(　　) Azure OpenAI 的 DALL·E 模型能根據文字提示產生對應的影像。

2. 下列各項敘述如果正確,請填入「是」;否則請填入「否」。

( ) 轉換器模型架構中包含編碼器和解碼器兩個區塊。

( ) 轉換器模型架構中會用到自我注意力。

( ) 轉換器模型架構中包含加密和解密兩個區塊。

3. 下列各項敘述如果正確,請填入「是」;否則請填入「否」。

( ) 必須自己建置和訓練模型,才能建立符合 Microsoft 負責任 AI 準則的解決方案。

( ) Azure OpenAI 使用預先訓練的生成式 AI 模型。

( ) 開發者可使用自己的資料來微調 Azure OpenAI 模型。

( ) 4. 下列何者可以依據使用者所輸入的句子生成文字段落回應?

① Azure AI 語言　② Azure AI 視覺

③ Azure OpenAI　④ Azure Machine Learning

( ) 5. 想要以文字描述產生宣傳手冊中的卡通插畫,應該使用下列哪一個 Azure OpenAI 模型?

① GPT-4　② GPT-3.5　③ DALL·E　④ Codex

( ) 6. 在 Microsoft Visual Studio Code 整合開發環境中,下列哪個延伸模組會使用 OpenAI Codex 模型?　① GitHub Copilot　② GitHub 原始檔控制　③ Microsoft 365 Copilot　④ IntelliSense

( ) 7. 在聊天解決方案中使用 Azure OpenAI GPT-3.5 模型時,應該設定下列哪個參數,才能生成更多樣化的 Token 回應?

① 存在懲罰　② 回應上限　③ 包含過去訊息　④ 停止序列

( ) 8. 想依據使用者所輸入的文字提示生成影像,應該使用下列哪個 Azure OpenAI 模型?　① GPT-4　② GPT-3　③ DALL·E　④ Codex

( ) 9. 請問哪一個 Azure OpenAI 模型可用於開發程式碼？

① DALL·E　② GPT-4-32k

③ Whisper　④ microsoft-swinv2-base-patch4-window12-192-22k

( ) 10. 以下何者可用來建置為網站創作短篇文章的 AI 模型？

① Azure OpenAI Studio　② ChatGPT

③ 文件智慧服務工作室　④ GitHub Copilot

( ) 11. 以下哪一個詞彙是用來描述上傳您自己的資料以自訂 Azure OpenAI 模型？① 微調　② 完成　③ 提示工程　④ 基礎知識

( ) 12. 轉換器模型架構中的三個階段為何？

① 物件偵測　② 下一個 Token 預測　③ Token 化

④ 內嵌計算　⑤ 匿名化

( ) 13. 使用 Azure OpenAI 生成式 AI 應用程式可以產生下列哪兩種類型的內容？① 音訊　② 文字　③ 影像　④ 影片

( ) 14. 使用 Azure OpenAI DALL·E 模型可以執行下列哪兩項任務？

① 偵測影像中的物件　② 建立影像　③ 修改影像

④ 光學字元辨識 (OCR)　⑤ 產生影像的標題

( ) 15. 想要呼叫 Azure OpenAI 服務，可以使用下列哪兩個工具？

① Azure REST API　② 適用於 JavaScript 的 Azure SDK

③ 適用於 Python 的 Azure SDK　④ Azure 命令列介面 (CLI)

( ) 16. 您有一個使用 Azure OpenAI GPT-3.5 大型語言模型(LLM)回答技術性問題的聊天機器人。下列哪兩個敘述正確描述了該聊天機器人？每個正確答案都呈現一個完整的解決方案。

A-29

① 該聊天機器人能適切地執行醫療診斷。

② 使用基礎知識資料可以限制聊天機器人的輸出。

③ 該聊天機器人可能會使用到不準確的資料做出回應。

④ 該聊天機器人提供的資料會一律準確。

( ) 17. 您可以使用哪兩個資源來分析程式碼並產生程式碼函式的說明和程式碼註解？

　　① Azure OpenAI DALL·E 模型　　② Azure OpenAI Whisper 模型

　　③ Azure OpenAI GPT-4 模型　　④ GitHub Copilot 服務

18. 將 Azure OpenAI 大型語言模型的程序和工作做配對，請將左邊的適當的程序填至右邊對應的工作中，程序可重複使用或不使用。

程序：
① 分類
② 摘要
③ 產生
④ 翻譯

工作：
(　) A. 辨識文學作品所屬的類型。
(　) B. 根據輸入的會議文字建立重點清單。
(　) C. 根據產品的文字描述建立廣告文案。

( ) 19. 請問如何才能確保 Azure OpenAI 模型會產生包含最近事件的準確回應？　① 新增基礎知識資料　　② 新增訓練資料

　　③ 新增小樣本學習　　④ 修改系統訊息

( ) 20. 請問提供情境資訊以改善生成式 AI 解決方案的回應品質是下列哪種提示工程技術的範例？

　　① 提供範例　　② 微調　　③ 系統訊息　　④ 基礎知識資料

( ) 21. 您應該設定哪一個參數,才能透過使用 Azure OpenAI GPT-3.5 模型的聊天解決方案產生更多樣化的回應?

① 回應上限　② 存在懲罰　③ 停止序列　④ 溫度

( ) 22. _____層會使用系統輸入和額外內容來緩解生成式 AI 模型的有害輸出。

① 中繼提示和基礎知識　② 模型　③ 安全系統　④ 使用者體驗

( ) 23. 請問您應該實作下列哪一項以防止生成式 AI 解決方案傳回仇恨回應?

① 微調　② 內容篩選　③ 濫用監視　④ 提示工程

( ) 24. 您有下列 REST API 要求。

```
body = {
    "prompt": "A polar bear on the beach holding an icecream",
    "size": "1024x1024",
    "n": 1,
    "style": "vivid"
}
```

請問應該使用下列哪一個 Azure OpenAI 模型來處理要求?

① DALL·E　② Codex　③ GPT　④ Whisper

( ) 25. 請問生成式 AI 模型有兩種類型?

① DALL·E　② 轉換器　③ GPT　④ 電腦視覺

( ) 26. 請問應該使用哪個 Azure OpenAI 模型以摘要處理文件中的文字?

① DALL·E　② Codex　③ GPT　④ Whisper

( ) 27. _____是指在大型語言模型 (LLM) 中指派給每個字詞或權杖的多維度向量。

① 內嵌　② 注意力　③ 完成度　④ 轉換器

Microsoft Azure AI Services 與 Azure OpenAI 從入門到人工智慧程式開發--使用 Python

作　　者：蔡文龍 / 張志成 / 何嘉益 / 張力元
企劃編輯：江佳慧
文字編輯：江雅鈴
設計裝幀：張寶莉
發 行 人：廖文良

發 行 所：碁峰資訊股份有限公司
地　　址：台北市南港區三重路 66 號 7 樓之 6
電　　話：(02)2788-2408
傳　　真：(02)8192-4433
網　　站：www.gotop.com.tw
書　　號：ACL072300
版　　次：2025 年 04 月初版
建議售價：NT$560

國家圖書館出版品預行編目資料

Microsoft Azure AI Services 與 Azure OpenAI 從入門到人工智慧程式開發：使用 Python / 蔡文龍, 張志成, 何嘉益, 張力元著. -- 初版. -- 臺北市：碁峰資訊, 2025.04
　　面；　公分
ISBN 978-626-425-048-1(平裝)

1.CST：人工智慧　2.CST：機器學習　3.CST：自然語言處理
4.CST：Python(電腦程式語言)

312.83　　　　　　　　　　　　　　114003523

商標聲明：本書所引用之國內外公司各商標、商品名稱、網站畫面，其權利分屬合法註冊公司所有，絕無侵權之意，特此聲明。

版權聲明：本著作物內容僅授權合法持有本書之讀者學習所用，非經本書作者或碁峰資訊股份有限公司正式授權，不得以任何形式複製、抄襲、轉載或透過網路散佈其內容。
版權所有・翻印必究

本書是根據寫作當時的資料撰寫而成，日後若因資料更新導致與書籍內容有所差異，敬請見諒。若是軟、硬體問題，請您直接與軟、硬體廠商聯絡。